“十三五”国家重点出版物出版规划项目

中 国 生 物 物 种 名 录

第一卷 植物

总名录（上册）

王利松 贾 渝 张宪春 覃海宁 编著

科 学 出 版 社
北 京

内 容 简 介

本书收录了中国苔藓、蕨类和种子植物共462科，4017属，35 856种。每一种的内容包括中文名、学名和国内外地理分布。

本书可作为中国植物学和生物多样性研究的基础资料，也可作为环境保护、林业、医学等从业人员及高等院校师生的参考书。

图书在版编目（CIP）数据

中国生物物种名录. 第一卷，植物总名录：全3册/王利松等编著. —北京：科学出版社, 2018.3

“十三五”国家重点出版物出版规划项目　国家出版基金项目

ISBN 978-7-03-056824-3

Ⅰ. ①中…　Ⅱ. ①王…　Ⅲ. ①生物–物种–中国–名录 ②植物–中国–名录
Ⅳ. ①Q152-62 ②Q948.52-62

中国版本图书馆CIP数据核字（2018）第046864号

责任编辑：马　俊　孙　青　王　静 / 责任校对：郑金红
责任印制：张　伟 / 封面设计：刘新新

科学出版社 出版
北京东黄城根北街16号
邮政编码：100717
http://www.sciencep.com

北京虎彩文化传播有限公司 印刷
科学出版社发行　各地新华书店经销

*

2018年3月第　一　版　开本：889×1194 1/16
2019年4月第二次印刷　印张：102
字数：3 598 000

定价：580.00元

（如有印装质量问题，我社负责调换）

Species Catalogue of China

Volume 1 Plants

A Synoptic Checklist（I）

Authors: Lisong Wang　Yu Jia　Xianchun Zhang　Haining Qin

Science Press

Bei jing

《中国生物物种名录》编委会

总　序

生物多样性保护研究、管理和监测等许多工作都需要翔实的物种名录作为基础。建立可靠的生物物种名录也是生物多样性信息学建设的首要工作。通过物种唯一的有效学名可查询关联到国内外相关数据库中该物种的所有资料，这一点在网络时代尤为重要，也是整合生物多样性信息最容易实现的一种方式。此外，“物种数目”也是一个国家生物多样性丰富程度的重要统计指标。然而，像中国这样生物种类非常丰富的国家，各生物类群研究基础不同，物种信息散见于不同的志书或不同时期的刊物中，加之分类系统及物种学名也在不断被修订。因此建立实时更新、资料翔实，且经过专家审订的全国性生物物种名录，对我国生物多样性保护具有重要的意义。

生物多样性信息学的发展推动了生物物种名录编研工作。比较有代表性的项目，如全球鱼类数据库（FishBase）、国际豆科数据库（ILDIS）、全球生物物种名录（CoL）、全球植物名录（TPL）和全球生物名称（GNA）等项目；最有影响的全球生物多样性信息网络（GBIF）也专门设立子项目处理生物物种名称（ECAT）。生物物种名录的核心是明确某个区域或某个类群的物种数量，处理分类学名称，厘清生物分类学上有效发表的拉丁学名的性质，即接受名还是异名及其演变过程；好的生物物种名录是生物分类学研究进展的重要标志，是各种志书编研必需的基础性工作。

自 2007 年以来，中国科学院生物多样性委员会组织国内外 100 多位分类学专家编辑中国生物物种名录；并于 2008 年 4 月正式发布《中国生物物种名录》光盘版和网络版（http://www.sp2000.org.cn/），此后，每年更新一次；2012 年版名录已于同年 9 月面世，包括 70 596 个物种（含种下等级）。该名录自发布受到广泛使用和好评，成为环境保护部物种普查和农业部作物野生近缘种普查的核心名录库，并为环境保护部中国年度环境公报物种数量的数据源，我国还是全球首个按年度连续发布全国生物物种名录的国家。

电子版名录发布以后，有大量的读者来信索取光盘或从网站上下载名录数据，取得了良好的社会效果。有很多读者和编者建议出版《中国生物物种名录》印刷版，以方便读者、扩大名录的影响。为此，在 2011 年 3 月 31 日中国科学院生物多样性委员会换届大会上正式征求委员的意见，与会者建议尽快编辑出版《中国生物物种名录》印刷版。该项工作得到原中国科学院生命科学与生物技术局的大力支持，设立专门项目，支持《中国生物物种名录》的编研，项目于 2013 年正式启动。

组织编研出版《中国生物物种名录》（印刷版）主要基于以下几点考虑。①及时反映和推动中国生物分类学工作。“三志”是本项工作的重要基础。从目前情况看，植物方面的基础相对较好，2004 年 10 月《中国植物志》80 卷 126 册全部正式出版，*Flora of China* 的编研也已完成；动物方面的基础相对薄弱，《中国动物志》虽已出版 130 余卷，但仍有很多类群没有出版；《中国孢子植物志》已出版 80 余卷，很多类群仍有待编研，且微生物名录数字化基础比较薄弱，在 2012 年版中国生物物种名录光盘版中仅收录 900 多种，而植物有 35 000 多种，动物有 24 000 多种。需要及时总结分类学研究成果，把新种和新的修订，包括分类系统修订的信息及时整合到生物物种名录中，以克服志书编写出版周期长的不足，让各个方面的读者和用户及时了解和使用新的分类学成果。②生物物种名称的审订和处理是志书编写的基础性工作，名录的编研出版可以推动生物志书的编研；相关学科，如生物地理学、保护生物学、生态学等的研究工作需要及时更新的生物物种名录。③政府部门和社会团体等在生物多样性保护和可持续利用的实践中，希望及时得到中国物种多样性的统计信息。④全球生物物种名录等国际项目需要中国生物物种名录等区域性名录信息不断更新完善，因此，我们的工作也可以在一定程度上推动全球生物多样性编目与保护工作的进展。

编研出版《中国生物物种名录》（印刷版）是一项艰巨的任务，尽管不追求短期内涉及所有类群，难度也是很大的。衷心感谢各位参编人员的严谨奉献，感谢几位副主编和工作组的把关和协调，特别感谢不幸过世的副主编刘瑞玉院士的积极支持。感谢国家出版基金和科学出版社的资助和支持，保证了本系列丛书的顺利出版。在此，对所有为《中国生物物种名录》编研出版付出艰辛努力的同仁表示诚挚的谢意。

虽然我们在《中国生物物种名录》网络版和光盘版的基础上，组织有关专家重新审订和编写名录的印刷版。但限于资料和编研队伍等多方面因素，肯定会有诸多不尽如人意之处，恳请各位同行和专家批评指正，以便不断更新完善。

陈宜瑜

2013 年 1 月 30 日于北京

植物卷总名录册编写说明

植物卷总名录册全面收录了在中国有分布记录的野生高等植物，包括部分重要栽培和外来归化植物，共 462 科 4017 属 35 856 种，其中 829 种为重要栽培植物，242 种为外来归化植物。苔藓植物 151 科 609 属 3082 种，116 变种，31 亚种；蕨类植物 38 科 176 属 2127 种；裸子植物 10 科 45 属 268 种；被子植物 263 科 3187 属 30 379 种。相关物种信息以截至 2013 年年底之前发表的文献资料为据。总名录由于内容较多，因此按照内容多少，兼顾类群分为上、中、下三册，其中上册内容包括全部苔藓、蕨类和裸子植物，全部被子植物分为中册和下册，按照科学名首字母顺序，A—L 为中册，M—Z 为下册。

与植物卷各分册一样，本册编研工作是以 2007 年中国科学院生物多样性委员会发起的物种 2000 中国节点项目(http://www.sp2000.org.cn/)的网络编目数据为基础，整合了《中国植物志》、*Flora of China* 等重大分类学成果及其后发表的新分类学研究成果。截至目前，物种 2000 中国节点项目已向社会公布了多个版本的年度中国生物物种名录，2015 年版名录有 8 万余种(含种下单元)在中国有分布记录的生物物种，包括全部高等植物。植物工作组曾于 2007 年和 2009 年分别邀请国内外 80 余位分类学家对高等植物名录进行了较为全面的审核工作。物种 2000 中国节点 2014 年年度名录(截至 2013 年年底资料)包括中国高等植物名称 105 835 条，其中接受名 40 837 条，含 438 科 3995 属 35 493 种，另有异名 64 998 条；每条生物物种条目包括 10 余个信息项(http://www.catalogueoflife.org/annual-checklist/2016/info/about)。出于简洁和方便使用的考虑，本册只包括了其中的学名(接受名)、中名及分布 3 项内容。从这个意义上说，本册是物种 2000 中国节点高等植物名录的简化版本。但在原有数据基础上，根据大量原始文献考证，我们对网络版数据曾存在的错误和遗漏进行了订正。本册收录的数据反映了 *Flora of China* 出版后，中国植物分类学研究近 10 余年的研究进展。比如，收录了新科，如节蒴木科(Borthwickiaceae J. X. Su, Wei Wang, Li Bing Zhang et Z. D. Chen)；新属，如孔药楠属(*Sinopora* J. Li, N. H. Xia et H. W. Li)、征镒麻属(*Zhengyia* T. Deng, D. G. Zhang et H. Sun)、尚武菊属(新拟) (*Shangwua* Y. J. Wang, E. von Raab-Straube, A. Susanna et J. Q. Liu)、拟合头菊属(新拟) (*Parasyncalathium* J. W. Zhang, D. E. Boufford et H. Sun)和海南菊属(*Hainanecio* Y. Liu et Q. E. Yang)；新记录属，如菲比芥属(新拟) (*Fibigia* Medicus)、厚棱芥属(新拟)(*Pachyneurum* Bunge)、红药草属(新拟) (*Erythranthe* Spach)、拟蛇舌草属(新拟) (*Oldenlandiopsis* Terrell et W. H. Lewis)、拟线柱兰属(*Zeuxinella* Aver.)、藏菊属(新拟) (*Tibetoseris* Sennikov)等。据我们粗略统计，*Flora of China* 完成后，平均每年仍有 200 余种中国新植物被发现和描述。

考虑到与国际接轨，在丛书编委和专家建议下，各大类群的分类系统相应采用了国际广泛使用的新系统，被子植物从原来沿用的恩格勒系统更新为 APG III 分类系统(Chase and Reveal, 2009)，裸子植物从原来的郑万钧系统更新为克氏系统(Christenhusz *et al.*, 2011)。科下属级类群的概念原则上遵照 *Flora of China* 的处理，也根据类群专家意见酌情采纳部分新的研究结论，如《兰科植物属志》(*Genera Orchidacearum* 1–6 卷) (Pridgeon *et al.*, 1999, 2001, 2003, 2005, 2009, 2014; Chase *et al.*, 2015)。苔藓植物与 2013 年出版的《中国生物物种名录》植物卷苔藓分册系统一致，蕨类植物则按照 *Flora of China* 的分类处理。

本册的编研遵循植物卷编写指南，主要原则包括：①收录截至 2013 年 12 月 31 日前有正式文献发表记录的中国高等植物种类；②收录范围以在中国境内有分布记录的野生高等植物种类[包括种、记载的中国野生植物种、亚种和变种(不包括变型)]为主，并包括部分分布较为广泛的栽培植物和外来归化植物；③包括的基本信息为：中文名、学名和地理分布。

中文名以在《中国植物志》、*Flora of China*、《中国高等植物图鉴》《中国树木志》《中国药用植物志》和《中国孢子植物志志》(苔藓部分)中曾使用，并广为熟知的中文名为主要依据。对发表在国外杂志的新种类和新分布记录的类群，依据植物的区别特征、产地或作者的原始意图新拟定中文名，以(新拟)表示。如麻栗坡檬果樟(新拟) (*Caryodaphnopsis malipoensis* Bing Liu et Y. Yang)和厚棱芥属(新拟)(*Pachyneurum* Bunge)。学名只包括该类群目前所使用的名称(接受名)，不包括其分类学和命名学异名；名称作者参考 *Authors of Plant Names* (Brummitt and Powell, 1992)和 IPNI(The International Plant Names Index: http://www.ipni.org/)采用的作者缩写规范。地理分布为该类群已知的国内和国外分布，描述顺序为先国内后国外，其间由分号分隔。国内分布详细到省级，国外分布详细到洲、地区或国家，并按地理连续性顺序排列，分布地点存疑的在该分布地点前加"?"提示。栽培和外来归化植物请参考丛书其他各分册，本总名录册不做标识。

按丛书原编研计划，本册为植物卷其余分册的索引版本，所收录物种应与各个分册(共 12 册)保持一致。苔藓、蕨类和裸子植物基本上如此，但被子植物部分稍有变化，由于总名录和分册同步编研，出版时间紧凑，本册在部分分类群的信息上有别于相关分册，主要体现在个别属的概念及归属问题上。例如，苦苣苔科依 *Flora of China* 处理，接受所有属，而分册则作大量属的归并；广义糯米条属(*Abelia* R. Br.)仍留在忍冬科(Caprifoliaceae)，分册则采纳狭义概念并置于北极花科(Linnaeaceae)中；五叶参属(*Pentapanax* Seem.)保持独立，分册则并入楤木属(*Aralia* L.)中。

本册苔藓植物和蕨类植物部分分别由中国科学院植物研究所贾渝研究员和张宪春研究员编著；王利松博士和覃海宁博士负责种子植物部分编著，并负责全书统稿。

作者特别感谢丛书副主编洪德元院士和马克平研究员的支持和指导。感谢赵一之教授协助审稿；薛纳新女士协助录入；中国科学院生物多样性委员会刘忆南和黄祥忠女士负责课题组织协调；科学出版社编辑为图书的出版花费大量心血！感谢诸位分类学前辈及同仁的卓越贡献，协助和指导，在此未能一一提及，深表歉意。本书得到了中国科学院重点部署项目"《中国生物物种名录》编制"和国家出版基金的资助。本书类群覆盖非常广，参考资料众多，由于编研时间较短，加上作者水平所限，纰漏之处在所难免，敬请读者批评指正。

作者谨识

2015 年国庆节于北京香山

目　录

总序
植物卷总名录册编写说明

苔藓植物 BRYOPHYTES*

1. 顶苞苔科 Acrobolbaceae E. A. Hodgs.

顶苞苔属 **Acrobolbus** Nees

钝角顶苞苔 **Acrobolbus ciliatus** (Mitt.) Schiffn.
分布：湖南、湖北、四川、云南、西藏、台湾；泰国、印度、尼泊尔、不丹、日本、朝鲜、巴布亚新几内亚；北美洲(东部)

囊蒴苔属 **Marsupidium** Mitt.

囊蒴苔 **Marsupidium knightii** Mitt.
分布：云南、台湾；日本、新西兰、澳大利亚

2. 隐蒴苔科 Adelanthaceae Grolle

无萼苔属 **Wettsteinia** Schiffn.

无萼苔 **Wettsteinia inversa** (Sande Lac.) Schiffn.
分布：台湾；菲律宾、印度尼西亚

圆叶无萼苔 **Wettsteinia rotundifolia** (Horik.) Grolle
分布：西藏、台湾

3. 苞叶苔科 Allisoniaceae Schljakov

苞片苔属 **Calycularia** Mitt.

苞片苔 **Calycularia crispula** Mitt.
分布：云南、台湾、广东、广西；印度、尼泊尔、不丹、缅甸、泰国、日本、朝鲜；非洲、北美洲

4. 柳叶藓科 Amblystegiaceae Kindb.

柳叶藓属 **Amblystegium** Bruch et Schimp.

柳叶藓 **Amblystegium serpens** (Hedw.) Bruch et Schimp.
分布：黑龙江、吉林、辽宁、内蒙古、河北、北京、山西、山东、宁夏、甘肃、青海、新疆、江苏、上海、湖南、云南、贵州；日本、朝鲜、巴基斯坦、印度、俄罗斯、墨西哥、秘鲁、新西兰；欧洲、非洲

柳叶藓(原变种) **Amblystegium serpens** var. **serpens**
分布：黑龙江、吉林、辽宁、内蒙古、河北、山东、宁夏、甘肃、青海、新疆、上海、湖南、云南；日本、朝鲜、巴基斯坦、印度、俄罗斯、墨西哥、秘鲁、新西兰；欧洲、非洲

柳叶藓长叶变种 **Amblystegium serpens** var. **juratzkanum** (Schimp.) Rau et Herv.
分布：黑龙江、辽宁、内蒙古、北京、山西、山东、青海、江苏、贵州；巴基斯坦、印度、日本、朝鲜、俄罗斯、新西兰；欧洲、北美洲

多姿柳叶藓 **Amblystegium varium** (Hedw.) Lindb.
分布：黑龙江、吉林、内蒙古、北京、山东、新疆、云南；日本、印度、俄罗斯、秘鲁、澳大利亚；欧洲、非洲(北部)、北美洲

反齿藓属 **Anacamptodon** Brid.

柳叶反齿藓 **Anacamptodon amblystegioides** Cardot
分布：吉林、新疆、云南、台湾；日本

华东反齿藓 **Anacamptodon fortunei** Mitt.
分布：河北、浙江；日本

阔叶反齿藓 **Anacamptodon latidens** (Besch.) Broth.
分布：吉林、辽宁、山东、新疆、湖北、贵州、云南、西藏；日本、俄罗斯

曲茎藓属 **Callialaria** Ochyra

曲茎藓 **Callialaria curvicaulis** (Jur.) Ochyra
分布：云南、西藏；印度、尼泊尔、蒙古国、俄罗斯；欧洲、大洋洲、北美洲

拟细湿藓属 **Campyliadelphus** (Kindb.) R. S. Chopra

短尖拟细湿藓 **Campyliadelphus glaucocarpoides** (E. S. Salmon) Hedenäs
分布：黑龙江

阔叶拟细湿藓 **Campyliadelphus polygamum** (Bruch et Schimp.) Kanda
分布：黑龙江、吉林、辽宁、内蒙古、河北、北京、山西、

---

* 苔藓植物部分的编著者：中国科学院植物研究所 贾渝。

山东、河南、陕西、甘肃、新疆、江西、湖南、湖北、四川、贵州、云南、西藏；日本、俄罗斯；欧洲、非洲、大洋洲、美洲、南极洲

多态拟细湿藓 **Campyliadelphus protensus** (Brid.) Kanda

分布：黑龙江、吉林、辽宁、内蒙古、山西、山东、陕西、新疆、四川、重庆、贵州；日本、俄罗斯；欧洲、大洋洲、北美洲

仰叶拟细湿藓 **Campyliadelphus stellatus** (Hedw.) Kanda

分布：黑龙江、吉林、内蒙古、山西、山东、河南、甘肃、青海、新疆、江西、湖北、四川、贵州、云南、台湾；日本、朝鲜；欧洲、非洲(北部)、大洋洲、北美洲

细湿藓属 Campylium (Sull.) Mitt.

黄叶细湿藓 **Campylium chrysophyllum** (Brid.) J. Lange

分布：黑龙江、吉林、辽宁、内蒙古、河北、山西、山东、河南、陕西、甘肃、安徽、上海、江西、湖北、贵州、云南；日本、朝鲜、印度、俄罗斯；欧洲、非洲(北部)、北美洲

细湿藓 **Campylium hispidulum** (Brid.) Mitt.

分布：黑龙江、吉林、辽宁、内蒙古、河北、山西、山东、陕西、宁夏、甘肃、青海、新疆、浙江、湖北、西藏、云南；巴基斯坦

细湿藓(原变种) **Campylium hispidulum** var. **hispidulum**

分布：黑龙江、吉林、辽宁、内蒙古、河北、山西、陕西、甘肃、青海、新疆、浙江、湖北、贵州、云南、西藏；日本、秘鲁；欧洲、北美洲

细湿藓稀齿变种 **Campylium hispidulum** var. **sommerfeltii** (Myrin) Lindb.

分布：黑龙江、吉林、辽宁、内蒙古、山东、陕西、宁夏、甘肃、青海、新疆、贵州、云南；巴基斯坦、日本、印度、俄罗斯；欧洲、北美洲

长肋细湿藓静水变种 **Campylium polygamum** var. **stagnatum** Wilson ex Dixon

分布：浙江

紫色细湿藓 **Campylium porphyriticum** Müll. Hal.

分布：内蒙古、陕西、贵州

粗肋细湿藓 **Campylium squarrosulum** (Besch. et Cardot) Kanda

分布：辽宁、内蒙古、河北、湖北、贵州；日本、朝鲜

列胞藓属 Conardia H. Rob.

列胞藓 **Conardia compacta** (Müll. Hal.) H. Rob.

分布：内蒙古、青海、新疆；欧洲、北美洲、中美洲

牛角藓属 Cratoneuron (Sull.) Spruce

牛角藓 **Cratoneuron filicinum** (Hedw.) Spruce

分布：黑龙江、吉林、辽宁、内蒙古、河北、北京、山西、河南、陕西、宁夏、甘肃、青海、新疆、安徽、湖南、湖北、四川、重庆、贵州、云南、西藏、台湾；孟加拉国、日本、尼泊尔、不丹、印度、巴基斯坦、俄罗斯、新西兰；欧洲、非洲(北部)、南美洲

牛角藓(原变种) **Cratoneuron filicinum** var. **filicinum**

分布：黑龙江、吉林、辽宁、内蒙古、河北、北京、山西、河南、陕西、宁夏、甘肃、青海、新疆、安徽、湖南、湖北、四川、重庆、贵州、云南、西藏、台湾；孟加拉国、日本、尼泊尔、不丹、印度、巴基斯坦、俄罗斯、新西兰；欧洲、非洲(北部)、南美洲

牛角藓宽肋变种 **Cratoneuron filicinum** var. **atrovirens** (Brid.) Ochyra

分布：辽宁、内蒙古、河北、北京、山西、河南、甘肃、新疆、江苏、四川、贵州、云南；俄罗斯；欧洲、非洲(北部)、北美洲

镰刀藓属 Drepanocladus (Müll. Hal.) G. Roth

镰刀藓 **Drepanocladus aduncus** (Hedw.) Warnst.

分布：黑龙江、吉林、辽宁、内蒙古、河北、北京、甘肃、青海、新疆、安徽、江苏、上海、浙江、江西、贵州、云南、西藏；巴基斯坦、日本、印度、俄罗斯、格陵兰、坦桑尼亚；欧洲、大洋洲、美洲

镰刀藓(原变种) **Drepanocladus aduncus** var. **aduncus**

分布：黑龙江、吉林、辽宁、内蒙古、甘肃、青海、新疆、浙江、贵州、云南、西藏；巴基斯坦、日本、印度、俄罗斯、格陵兰、坦桑尼亚；欧洲、大洋洲、美洲

镰刀藓直叶变种 **Drepanocladus aduncus** var. **kneiffii** (Bruch et Schimp.) Mönk.

分布：黑龙江、吉林、辽宁、内蒙古、河北、北京、新疆、安徽、江苏、上海、浙江、江西、贵州、云南、西藏；日本、俄罗斯、智利；欧洲、非洲(北部)、北美洲

大叶镰刀藓 **Drepanocladus cossonii** (Schimp.) Loeske

分布：青海；俄罗斯；欧洲、美洲

扭叶镰刀藓 **Drepanocladus revolvens** (Sw.) Warnst.

分布：吉林、内蒙古、陕西、新疆；日本、俄罗斯；欧洲、美洲

粗肋镰刀藓 **Drepanocladus sendtneri** (Schimp.) Warnst.

分布：黑龙江、内蒙古、河北、新疆、云南；日本；欧洲、非洲(北部)、大洋洲、美洲

细肋镰刀藓 **Drepanocladus tenuinervis** Perss. ex T. J. Kop.
分布：黑龙江、内蒙古、云南、西藏；欧洲

毛叶镰刀藓 **Drepanocladus trichophyllus** (Warnst.) Podp.
分布：黑龙江；日本、俄罗斯；欧洲、北美洲

漆光镰刀藓 **Drepanocladus vernicosus** (Mitt.) Warnst.
分布：黑龙江、吉林、内蒙古、甘肃、新疆、四川；巴基斯坦、日本、俄罗斯；北美洲

湿柳藓属 **Hygroamblystegium** Loeske

水生湿柳藓 **Hygroamblystegium fluviatile** (Hedw.) Loeske
分布：山西、江西；美国、加拿大、墨西哥、危地马拉

湿柳藓 **Hygroamblystegium tenax** (Hedw.) Jenn.
分布：辽宁、内蒙古、山西、山东、河南、陕西、新疆；巴基斯坦、印度、俄罗斯、墨西哥；欧洲、非洲(北部)、北美洲

湿柳藓(原变种) **Hygroamblystegium tenax** var. **tenax**
分布：辽宁、内蒙古、山西、山东、河南、陕西、新疆；巴基斯坦、印度、俄罗斯；欧洲、非洲(北部)、北美洲

湿柳藓刺叶变种 **Hygroamblystegium tenax** var. **spinifolium** (Schimp.) Jenn.
分布：内蒙古；秘鲁；欧洲、北美洲

水灰藓属 **Hygrohypnum** Lindb.

高寒水灰藓 **Hygrohypnum alpestre** (Hedw.) Loeske
分布：辽宁、河南、陕西、湖南、湖北、贵州；俄罗斯；欧洲、北美洲

高山水灰藓 **Hygrohypnum alpinum** (Lindb.) Loeske
分布：陕西；日本；欧洲

扭叶水灰藓 **Hygrohypnum eugyrium** (Bruch et Schimp.) Broth.
分布：黑龙江、吉林、辽宁、内蒙古、陕西、甘肃、安徽、上海、浙江、湖南、湖北、贵州；日本；欧洲、北美洲

长枝水灰藓 **Hygrohypnum fontinaloides** P. C. Chen
分布：黑龙江、辽宁、内蒙古、新疆

水灰藓 **Hygrohypnum luridum** (Hedw.) Jenn.
分布：吉林、辽宁、内蒙古、河北、山西、山东、河南、陕西、甘肃、青海、新疆、湖北、四川、重庆、贵州、云南、西藏；巴基斯坦、日本、印度、俄罗斯；欧洲、北美洲

水灰藓(原变种) **Hygrohypnum luridum** var. **luridum**
分布：吉林、辽宁、内蒙古、河北、山西、山东、河南、陕西、甘肃、青海、新疆、湖北、四川、重庆、贵州、云南、西藏；巴基斯坦、日本、印度、俄罗斯；欧洲、北美洲

水灰藓圆蒴变种 **Hygrohypnum luridum** var. **subsphaericarpum** (Brid.) C. E. O. Jensen
分布：青海、新疆、湖北、四川、云南、西藏；日本、印度、俄罗斯；欧洲、北美洲

圆叶水灰藓 **Hygrohypnum molle** (Hedw.) Loeske
分布：吉林、辽宁、陕西、新疆、江西、贵州、云南；印度、俄罗斯；欧洲、北美洲

山地水灰藓 **Hygrohypnum montanum** (Lindb.) Broth.
分布：山西、山东、新疆；欧洲、北美洲

褐黄水灰藓 **Hygrohypnum ochraceum** (Wilson) Loeske
分布：黑龙江、吉林、内蒙古、山西、山东、宁夏；日本、朝鲜、俄罗斯；欧洲、北美洲

紫色水灰藓 **Hygrohypnum purpurascens** Broth.
分布：辽宁、浙江、贵州；日本、朝鲜

钝叶水灰藓 **Hygrohypnum smithii** (Sw.) Broth.
分布：黑龙江、辽宁、内蒙古、山东、陕西、安徽、浙江、西藏、台湾；俄罗斯；欧洲、北美洲

薄网藓属 **Leptodictyum** (Schimp.) Warnst.

曲肋薄网藓 **Leptodictyum humile** (P. Beauv.) Ochyra
分布：黑龙江、吉林、辽宁、内蒙古、河北、山西、上海、江西、贵州、西藏；日本、俄罗斯、墨西哥；欧洲、北美洲

薄网藓 **Leptodictyum riparium** (Hedw.) Warnst.
分布：黑龙江、吉林、辽宁、内蒙古、河北、河南、陕西、宁夏、新疆、江苏、上海、浙江、贵州、云南；巴基斯坦、越南、日本、朝鲜、巴布亚新几内亚、俄罗斯、墨西哥、智利；欧洲、非洲、北美洲

沼地藓属 **Palustriella** Ochyra

沼地藓 **Palustriella commutata** (Hedw.) Ochyra
分布：黑龙江、吉林、辽宁、内蒙古、山东、河南、陕西、甘肃、新疆、四川、贵州；日本、喜马拉雅地区；欧洲、非洲、北美洲

拟湿原藓属 **Pseudocalliergon** (Limpr.) Loeske

褶叶拟湿原藓 **Pseudocalliergon lycopodioides** (Brid.) Hedenäs
分布：黑龙江、内蒙古、甘肃、新疆、西藏；俄罗斯；欧洲、北美洲

大拟湿原藓 **Pseudocalliergon turgescens** (T. Jensen) Loeske
分布：贵州、云南；俄罗斯、美国；欧洲

类牛角藓属 **Sasaokaea** Broth.

类牛角藓 **Sasaokaea aomoriensis** (Paris) Kanda
分布：台湾；日本

厚边藓属 **Sciaromiopsis** Broth.

厚边藓 **Sciaromiopsis sinensis** (Broth.) Broth.
分布：四川、重庆、云南

华原藓属 **Sinocalliergon** Sakurai

华原藓 **Sinocalliergon satoi** Sakurai
分布：山西

5. 瓶藓科 Amphidiaceae M. Stech

瓶藓属 **Amphidium** Schimp.

瓶藓 **Amphidium lapponicum** (Hedw.) Schimp.
分布：黑龙江、内蒙古、陕西、新疆、西藏；巴基斯坦、日本、高加索地区、冰岛、格陵兰岛；中亚地区、欧洲、北美洲

6. 挺叶苔科 Anastrophyllaceae L. Söderstr., De Roo et Hedd.

卷叶苔属 **Anastrepta** (Lindb.) Schiffn.

卷叶苔 **Anastrepta orcadensis** (Hook.) Schiffn.
分布：山东、四川、云南、西藏、台湾；印度、尼泊尔、不丹、日本、美国(夏威夷)；欧洲、北美洲

挺叶苔属 **Anastrophyllum** (Spruce) Steph.

抱茎挺叶苔 **Anastrophyllum assimile** (Mitt.) Steph.
分布：黑龙江、吉林、内蒙古、四川、云南、西藏；印度、不丹、尼泊尔、泰国、马来西亚、印度尼西亚、加拿大、菲律宾、朝鲜、日本、巴布亚新几内亚、所罗门群岛、奥地利、瑞士、意大利、挪威、格陵兰岛、美国

挺叶苔 **Anastrophyllum donianum** (Hook.) Steph.
分布：四川、云南、西藏；尼泊尔、不丹、印度、苏格兰、法罗群岛、挪威、波兰、捷克、美国、加拿大

绿挺叶苔 **Anastrophyllum hellerianum** (Nees ex Lindenb.) R. M. Schust.
分布：云南；不丹、日本、墨西哥；欧洲、北美洲(东部和西部)

高山挺叶苔 **Anastrophyllum joergensenii** Schiffn.
分布：四川、云南、西藏；尼泊尔、不丹、印度、英国、挪威、美国

红胞挺叶苔 **Anastrophyllum lignicola** D. Schill et D. G. Long
分布：云南；不丹

密叶挺叶苔 **Anastrophyllum michauxii** (F. Weber) H. Buch
分布：陕西、四川、云南、台湾；日本；欧洲、北美洲

小挺叶苔 **Anastrophyllum minutum** (Schreb.) R. M. Schust.
分布：黑龙江、吉林、内蒙古、四川、云南、西藏、福建、台湾；尼泊尔、印度、不丹、印度尼西亚、日本、朝鲜、巴布亚新几内亚、墨西哥、委内瑞拉；欧洲、非洲(南部和东部)

小挺叶苔(原变种) **Anastrophyllum minutum** var. **minutum**
分布：黑龙江、吉林、内蒙古、四川、云南、西藏、福建、台湾；尼泊尔、印度、不丹、印度尼西亚、日本、朝鲜、巴布亚新几内亚、俄罗斯、墨西哥、委内瑞拉；欧洲、非洲

小挺叶苔尖叶变种 **Anastrophyllum minutum** var. **acuminatum** (Horik.) T. Cao et J. Sun
分布：台湾

小挺叶苔高山变种 **Anastrophyllum minutum** var. **apiculatum** (Schiffn.) Kern.
分布：黑龙江、吉林；欧洲

毛口挺叶苔 **Anastrophyllum piligerum** (Nees) Steph.
分布：海南；菲律宾、玻利维亚；大洋洲

石生挺叶苔 **Anastrophyllum saxicola** (Schrad.) R. M. Schust.
分布：黑龙江、吉林、辽宁、内蒙古；日本、俄罗斯；欧洲、北美洲

细裂瓣苔属 **Barbilophozia** Loeske

大西洋细裂瓣苔 **Barbilophozia atlantica** (Kaal.) K. Müller
分布：陕西；欧洲、北美洲

纤枝细裂瓣苔 **Barbilophozia attenuata** (Mart.) Loeske
分布：黑龙江、吉林、内蒙古、陕西、甘肃、四川；日本、朝鲜、俄罗斯；欧洲、北美洲

细裂瓣苔 **Barbilophozia barbata** (Schmid.) Loeske
分布：黑龙江、吉林、内蒙古、河北、陕西、新疆、四川；朝鲜；北半球各大洲的寒温带高山地区

狭基细裂瓣苔 **Barbilophozia hatcheri** (A. Evans) Loeske
分布：新疆、云南；日本、俄罗斯；欧洲、北美洲，南极

和北极地区

二裂细裂瓣苔 **Barbilophozia kunzeana** (Huebener) K. Müller

分布：黑龙江、内蒙古；俄罗斯；欧洲、北美洲

阔叶细裂瓣苔 **Barbilophozia lycopodioides** (Wallr.) Loeske

分布：黑龙江、陕西、四川、西藏；日本、俄罗斯、格陵兰岛；欧洲、北美洲

四裂细裂瓣苔 **Barbilophozia quadriloba** (Lindb.) Loeske

分布：黑龙江、内蒙古；南极和北极地区

圆瓣苔属 **Biantheridion** (Grolle) Konstant. et Vilnet

波叶圆瓣苔 **Biantheridion undulifolium** (Nees) Konstant. et Vilnet

分布：黑龙江、吉林、辽宁、山东、安徽、浙江、江西、湖北、云南、西藏、福建；朝鲜；欧洲、北美洲

广萼苔属 **Chandonanthus** Mitt.

广萼苔(新拟) **Chandonanthus squarrosus** (Menzies ex Hook.) Mitt.

分布：江西；新西兰

拟卷叶苔属(新拟) **Hamatostrepta** Váňa et D. G. Long

拟卷叶苔(新拟) **Hamatostrepta concinna** Váňa et D. G. Long

分布：云南；缅甸

褶萼苔属 **Plicanthus** R. M. Schust.

全缘褶萼苔 **Plicanthus birmensis** (Steph.) R. M. Schust.

分布：辽宁、浙江、江西、湖南、湖北、四川、重庆、贵州、云南、西藏、福建、台湾、广东、广西、香港；印度、喜马拉雅地区、朝鲜、俄罗斯、马达加斯加

齿边褶萼苔 **Plicanthus hirtellus** (F. Weber) R. M. Schust.

分布：浙江、江西、湖南、四川、贵州、云南、西藏、福建、台湾、广西；尼泊尔、不丹、印度、菲律宾、太平洋岛屿、澳大利亚、新西兰、加拿大、马达加斯加；热带非洲

深裂苔属(新拟)**Schizophyllopsis** Váňa et L. Söderstr.

双齿深裂苔(新拟)**Schizophyllopsis bidens** (Reinw., Blume et Nees) Váňa et L. Söderstr.

分布：台湾；印度、尼泊尔、不丹、斯里兰卡、泰国、马来西亚、印度尼西亚、菲律宾、日本、巴布亚新几内亚

拟折瓣苔属 **Sphenolobopsis** R. M. Schust. et N. Kitag.

拟折瓣苔 **Sphenolobopsis pearsonii** (Spruce) R. M. Schust.

分布：云南、台湾；尼泊尔、不丹、英国、挪威、美国

小广萼苔属 **Tetralophozia** (R. M. Schust.) Schjakov

纤细小广萼苔 **Tetralophozia filiformis** (Steph.) Urmi

分布：湖南、四川、云南、西藏、台湾；印度、尼泊尔、不丹、印度尼西亚、日本、加拿大；欧洲

7. 黑藓科 Andreaeaceae Dumort.

黑藓属 **Andreaea** Hedw.

玉山黑藓 **Andreaea morrisonensis** Nog.

分布：台湾

多态黑藓 **Andreaea mutabilis** Hook. f. et Wilson

分布：台湾；印度尼西亚、智利；欧洲、大洋洲、北美洲、南美洲

欧黑藓 **Andreaea rupestris** Hedw.

分布：吉林、内蒙古、陕西、甘肃、新疆、浙江、云南、西藏、福建、台湾；世界广布

欧黑藓(原亚种) **Andreaea rupestris** subsp. **rupestris**

分布：吉林、内蒙古、陕西、新疆、浙江、云南、西藏、福建；世界广布

欧黑藓东亚亚种 **Andreaea rupestris** subsp. **fauriei** (Besch.) W. Schultze-Motel

分布：吉林、甘肃、台湾；日本

台湾黑藓 **Andreaea taiwanensis** T. Y. Chiang

分布：陕西、云南、西藏、台湾

王氏黑藓 **Andreaea wangiana** P. C. Chen

分布：陕西、云南、西藏、台湾

8. 绿片苔科 Aneuraceae H. Klinggr.

绿片苔属 **Aneura** Dumort.

大绿片苔 **Aneura maxima** (Schiffn.) Steph.

分布：台湾；印度、印度尼西亚、日本、新喀里多尼亚、美国

绿片苔 **Aneura pinguis** (L.) Dumort.

分布：黑龙江、吉林、内蒙古、山东、陕西、新疆、浙江、

江西、湖北、四川、贵州、云南、福建、台湾、香港、澳门；印度、尼泊尔、不丹、菲律宾、日本、朝鲜、玻利维亚；欧洲、北美洲

宽片苔属 **Lobatiriccardia** (Mizut. et S. Hatt.) Furuki

宽片苔 **Lobatiriccardia coronopus** (De Not.) Furuki
分布：海南；印度尼西亚、马来西亚、日本、新喀里多尼亚、新西兰

云南宽片苔 **Lobatiriccardia yunnanensis** Furuki et D. G. Long
分布：云南

片叶苔属 **Riccardia** Gray

狭片叶苔 **Riccardia angustata** Horik.
分布：台湾、海南

多枝片叶苔 **Riccardia chamaedryfolia** (With.) Grolle
分布：中国各地均有分布；朝鲜、巴西；欧洲、北美洲

长白山片叶苔 **Riccardia changbaishanensis** C. Gao
分布：吉林

中华片叶苔 **Riccardia chinensis** C. Gao
分布：吉林、江西、云南

细圆齿片叶苔 **Riccardia crenulata** Schiffn.
分布：台湾；马来西亚、印度尼西亚、菲律宾

线枝片叶苔 **Riccardia diminuta** Schiffn.
分布：海南；印度尼西亚

宽翅片叶苔(新拟)**Riccardia elata** (Steph.) Schiffn.
分布：海南；印度尼西亚、新加坡、菲律宾；大洋洲

鞭枝片叶苔 **Riccardia flagelifrons** C. Gao
分布：黑龙江、云南

南亚片叶苔 **Riccardia jackii** Schiffn.
分布：香港；菲律宾

单胞片叶苔 **Riccardia kodamae** Mizut. et S. Hatt.
分布：浙江、香港；日本；东南亚

宽片叶苔 **Riccardia latifrons** (Lindb.) Lindb.
分布：黑龙江、吉林、内蒙古、新疆、浙江、江西、湖南、湖北、重庆、贵州、云南、福建、台湾、香港；尼泊尔、日本、俄罗斯；北美洲

东亚片叶苔 **Riccardia miyakeana** Schiffn.
分布：香港；日本

片叶苔 **Riccardia multifida** (L.) Gray
分布：黑龙江、吉林、浙江、江西、重庆、贵州、云南、福建、台湾、香港；朝鲜、美国(夏威夷)、俄罗斯、日本；欧洲、非洲、大洋洲、北美洲

掌状片叶苔 **Riccardia palmata** (Hedw.) Carrington
分布：黑龙江、吉林、山东、新疆、浙江、江西、湖南、湖北、四川、云南、福建、台湾、香港、澳门；俄罗斯；欧洲、北美洲

宽枝片叶苔 **Riccardia platyclada** Schiffn.
分布：台湾；印度尼西亚

具羽片叶苔 **Riccardia plumosa** (Mitt.) E. O. Campb.
分布：海南；美国、印度尼西亚

波叶片叶苔 **Riccardia sinuata** (Hook.) Trevis.
分布：黑龙江、吉林、四川、云南、台湾、广东；北半球广布

羽枝片叶苔 **Riccardia submultifida** Horik.
分布：台湾

9. 牛舌藓科 Anomodontaceae Kindb.

牛舌藓属 **Anomodon** Hook. et Taylor

单疣牛舌藓 **Anomodon abbreviatus** Mitt.
分布：山东、河南、陕西、贵州、西藏；日本、朝鲜

齿缘牛舌藓 **Anomodon dentatus** C. Gao
分布：吉林、山东、陕西、贵州

尖叶牛舌藓 **Anomodon giraldii** Müll. Hal.
分布：辽宁、内蒙古、山东、河南、安徽、江苏、浙江、江西、湖南、湖北、四川、重庆、贵州；巴基斯坦、日本、朝鲜、俄罗斯

长叶牛舌藓 **Anomodon longifolius** (Schleich. ex Brid.) Hartm.
分布：黑龙江、吉林；日本、俄罗斯；欧洲

小牛舌藓 **Anomodon minor** (Hedw.) Lindb.
分布：内蒙古、河北、山西、山东、河南、陕西、宁夏、新疆、江苏、湖北、四川、重庆、贵州、云南、西藏；巴基斯坦、缅甸、日本、朝鲜、印度、尼泊尔、不丹

带叶牛舌藓 **Anomodon perlingulatus** Broth. ex P. C. Wu et Y. Jia
分布：陕西、湖北、贵州、云南

皱叶牛舌藓 **Anomodon rugelii** (Müll. Hal.) Keissl.
分布：吉林、辽宁、山西、山东、河南、陕西、甘肃、新疆、江苏、上海、浙江、江西、湖北、四川、重庆、贵州、云南、

广东；日本、朝鲜、印度、越南、俄罗斯；欧洲、北美洲

东亚牛舌藓 **Anomodon solovjovii** Lazarenko

分布：河南、陕西；朝鲜、俄罗斯

碎叶牛舌藓 **Anomodon thraustus** Müll. Hal.

分布：黑龙江、吉林、江苏、上海、浙江、湖北、四川、云南、西藏；巴基斯坦、日本、朝鲜、尼泊尔、印度、俄罗斯、墨西哥

牛舌藓 **Anomodon viticulosus** (Hedw.) Hook. et Taylor

分布：吉林、北京、山西、河南、陕西、宁夏、江苏、上海、湖北、四川、重庆、贵州、云南、台湾；日本、朝鲜、印度、巴基斯坦、缅甸、越南、俄罗斯；欧洲、非洲(北部)、北美洲

多枝藓属 **Haplohymenium** Dozy et Molk.

鞭枝多枝藓 **Haplohymenium flagelliforme** L. I. Savicz

分布：内蒙古、湖北、贵州；日本、俄罗斯

长肋多枝藓 **Haplohymenium longinerve** (Broth.) Broth.

分布：山西、山东、河南、安徽、浙江、台湾；智利

拟多枝藓 **Haplohymenium pseudo-triste** Müll. Hal. Broth.

分布：江西、重庆、贵州、福建、台湾、香港；斯里兰卡、越南、泰国、菲律宾、日本、朝鲜、澳大利亚、新西兰、南非

多枝藓 **Haplohymenium sieboldii** (Dozy et Molk.) Dozy et Molk.

分布：山东、河南、台湾；朝鲜、日本

暗绿多枝藓 **Haplohymenium triste** (Ces.) Kindb.

分布：内蒙古、山东、河南、新疆、安徽、江苏、上海、浙江、江西、湖北、四川、贵州、西藏、台湾；朝鲜、日本、美国(夏威夷)、俄罗斯；欧洲、北美洲

羊角藓属 **Herpetineuron** (Müll. Hal.) Cardot

尖叶羊角藓 **Herpetineuron acutifolium** (Mitt.) Granzow

分布：四川、云南；日本、尼泊尔、印度、墨西哥

羊角藓 **Herpetineuron toccoae** (Sull. et Lesq.) Cardot

分布：黑龙江、吉林、内蒙古、山西、山东、河南、安徽、江苏、上海、浙江、江西、湖南、湖北、四川、重庆、贵州、云南、福建、台湾、广东、海南、香港、澳门；日本、朝鲜、印度、巴基斯坦、尼泊尔、不丹、斯里兰卡、泰国、老挝、越南、印度尼西亚、菲律宾；大洋洲、美洲

拟附干藓属 **Schwetschkeopsis** Broth.

拟附干藓 **Schwetschkeopsis fabronia** (Schwägr.) Broth.

分布：山东、上海、贵州、香港；印度、巴基斯坦、斯里兰卡、菲律宾、印度尼西亚、日本、巴布亚新几内亚、斐济

台湾拟附干藓 **Schwetschkeopsis formosana** Nog.

分布：云南、西藏、台湾

10. 兔耳苔科 Antheliaceae R. M. Schust.

兔耳苔属 **Anthelia** Dumort.

兔耳苔 **Anthelia julacea** (L.) Dumort.

分布：黑龙江、西藏；亚洲(北部)、欧洲、北美洲

小兔耳苔 **Anthelia juratzkana** (Limpr.) Trey.

分布：黑龙江、吉林、四川、云南；玻利维亚；亚洲(北部)、欧洲、北美洲

11. 角苔科 Anthocerotaceae Dumort.

角苔属 **Anthoceros** L.

空腔角苔 **Anthoceros aerolatus** (Steph.) P. C. Chen ex Y. Jia et S. He

分布：中国

高山角苔(新拟) **Anthoceros alpinus** Steph.

分布：云南；印度

台湾角苔 **Anthoceros angustus** Steph.

分布：贵州、福建、台湾；不丹、尼泊尔、印度、日本

印度角苔(新拟) **Anthoceros bharadwajii** Udar et A. K. Asthana, Proc.

分布：云南；印度、尼泊尔

钟氏角苔 **Anthoceros chungii** Khanna.

分布：江西、台湾；印度

纺锤角苔 **Anthoceros fusiformis** Austin

分布：台湾；日本；北美洲

纺锤角苔(原变种) **Anthoceros fusiformis** var. **fusiformis**

分布：台湾

纺锤角苔台湾变种(新拟) **Anthoceros fusiformis** var. **taiwanensis** J. Haseg.

分布：台湾

角苔 **Anthoceros punctatus** L.

分布：黑龙江、吉林、辽宁、陕西、安徽、浙江、江西、湖北、贵州、云南、福建、台湾、广东、香港；印度、朝鲜、日本；欧洲、非洲、大洋洲、美洲

微小角苔(新拟) **Anthoceros subtilis** Steph.

分布：黑龙江、吉林、辽宁、贵州、云南；日本、印度、泰国、越南

12. 逆毛藓科 Antitrichiaceae Ignatov et Ignatova

逆毛藓属 **Antitrichia** Brid.

逆毛藓 **Antitrichia curtipendula** (Hedw.) Brid.

分布：台湾；欧洲、非洲、美洲

13. 昂氏藓科 Aongstroemiaceae De Not.

昂氏藓属 **Aongstroemia** Bruch et Schimp.

东亚昂氏藓 **Aongstroemia orientalis** Mitt.

分布：四川、贵州、云南、西藏、台湾；菲律宾、印度、缅甸、印度尼西亚、日本、俄罗斯；美洲

拟昂氏藓属 **Aongstroemiopsis** M. Fleisch.

拟昂氏藓 **Aongstroemiopsis julacea** (Dozy et Molk.) M. Fleisch.

分布：浙江、四川、云南、西藏；喜马拉雅地区、印度尼西亚

裂齿藓属 **Dichodontium** Schimp.

全缘裂齿藓 **Dichodontium integrum** Sakurai

分布：陕西

裂齿藓 **Dichodontium pellucidum** (Hedw.) Schimp.

分布：黑龙江、内蒙古、河北、新疆、云南、台湾；不丹、日本、巴基斯坦、俄罗斯；欧洲、北美洲

14. 无轴藓科 Archidiaceae Schimp.

无轴藓属 **Archidium** Brid.

无轴藓 **Archidium alternifolium** (Dicks. ex Hedw.) Mitt.

分布：江苏；欧洲、非洲(北部)、北美洲

中华无轴藓 **Archidium ochioense** Schimp. et Müll. Hal.

分布：山东、河南、江苏、浙江、香港；印度、斯里兰卡、日本、新喀里多尼亚；非洲、美洲

云南无轴藓 **Archidium yunnanense** T. Arts et R. Magill

分布：云南

15. 阿氏苔科 Arnelliaceae Nakai

对叶苔属 **Gongylanthus** Nees

喜马拉雅对叶苔 **Gongylanthus himalayensis** Grolle

分布：云南；喜马拉雅地区

横叶苔属 **Southbya** Spruce

圆叶横叶苔 **Southbya gollanii** Steph.

分布：云南；尼泊尔

16. 皱蒴藓科 Aulacomniaceae Schimp.

皱蒴藓属 **Aulacomnium** Schwägr.

沼泽皱蒴藓 **Aulacomnium androgynum** (Hedw.) Schwägr.

分布：吉林、内蒙古、新疆、云南；朝鲜、俄罗斯；欧洲、北美洲

异枝皱蒴藓 **Aulacomnium heterostichum** (Hedw.) Bruch et Schimp.

分布：黑龙江、吉林、辽宁、内蒙古、陕西、甘肃、湖南、湖北、四川、重庆、贵州；日本、朝鲜、俄罗斯；北美洲

皱蒴藓 **Aulacomnium palustre** (Hedw.) Schwägr.

分布：黑龙江、吉林、辽宁、内蒙古、陕西、甘肃、新疆、湖北、四川、云南、西藏；巴基斯坦、不丹、尼泊尔、印度、蒙古国、日本、朝鲜、俄罗斯、智利；欧洲、非洲、大洋洲、北美洲

大皱蒴藓 **Aulacomnium turgidum** (Wahlenb.) Schwägr.

分布：黑龙江、吉林、内蒙古、新疆、云南；不丹、日本、朝鲜、俄罗斯；欧洲、非洲、北美洲

17. 疣冠苔科 Aytoniaceae Cavers

花萼苔属 **Asterella** P. Beauv.

狭叶花萼苔 **Asterella angusta** (Steph.) Pandé, K. P. Sirvast et Sultan Khan

分布：四川、贵州、云南、广西；喜马拉雅地区

十字花萼苔 **Asterella cruciata** (Steph.) Horik.

分布：重庆、云南；日本、韩国

纤细花萼苔(新拟) **Asterella gracilis** (F. Weber) Underw

分布：云南；伊朗、日本、朝鲜、俄罗斯

加萨花萼苔 **Asterella khasyana** (Griff.) Pandé et al.

分布：湖南、四川、云南；印度、尼泊尔、不丹、巴基斯坦、泰国、印度尼西亚、菲律宾、乌干达

网纹花萼苔 **Asterella leptophylla** (Mont.) Grolle

分布：辽宁、新疆、四川、云南；印度、不丹、日本、俄罗斯

柔叶花萼苔 **Asterella mitsuminensis** Schimizu et S. Hatt.

分布：贵州、云南、广西；日本

单纹花萼苔 Asterella monospiris (Horik.) Horik.
分布：台湾

多托花萼苔 Asterella multiflora (Steph.) Pandé, K. P. Sirvastava et Sultan Khan
分布：四川、云南；印度

侧托花萼苔 Asterella mussuriensis (Kashyap) Kashyap
分布：四川、贵州、云南、甘肃；印度、尼泊尔、不丹

卷边花萼苔 Asterella reflexa (Herzog) P. C. Chen
分布：四川

囊苞花萼苔 Asterella saccata (Wahlenb.) A. Evans
分布：新疆；北美洲

矮网花萼苔 Asterella sanguinea (Lehm. et Lindenb.) Pandé, K. P. Srivastava et Sultan Khan
分布：贵州、云南；印度、尼泊尔

花萼苔 Asterella tenella (L.) P. Beauv.
分布：台湾；北美洲

瓦氏花萼苔 Asterella wallichiana (Lehm.) Grolle
分布：甘肃；印度、缅甸、孟加拉国、泰国、日本

东亚花萼苔 Asterella yoshinagana (Horik.) Horik.
分布：吉林、贵州、台湾；日本

薄地钱属 Cryptomitrium Austin ex Underw.

喜马拉雅薄地钱 Cryptomitrium himalayense Kashyap
分布：四川、贵州、云南；印度、尼泊尔、不丹

疣冠苔属 Mannia Opiz

反向疣冠苔亚洲亚种 Mannia controversa (Meyl.) Schill subsp. **asiatica** Schill et D. G. Long
分布：青海、新疆；印度、塔吉克斯坦

无隔疣冠苔 Mannia fragrans (Balb.) Frye et Clark
分布：黑龙江、内蒙古、陕西、宁夏、贵州、云南；俄罗斯；欧洲、北美洲

纤细疣冠苔(新拟) Mannia gracilis (F. Weber) D. B. Schill et D. G. Long
分布：云南；伊朗、日本、朝鲜、俄罗斯(远东地区)

西伯利亚疣冠苔 Mannia sibirica (K. Müller) Frye et Clark
分布：黑龙江、内蒙古、甘肃、新疆、贵州、云南；俄罗斯；欧洲、北美洲

拟毛柄疣冠苔 Mannia subpilosa (Horik.) Horik.
分布：台湾

疣冠苔 Mannia triandra (Scop.) Grolle
分布：辽宁、内蒙古、宁夏、湖南、贵州、云南；日本；欧洲、北美洲

紫背苔属 Plagiochasma Lehm. et Lindenb.

钝鳞紫背苔 Plagiochasma appendiculatum Lehm. et Lindenb.
分布：四川、云南、台湾；阿富汗、缅甸、斯里兰卡、印度、尼泊尔、巴基斯坦、越南、菲律宾；非洲

紫背苔 Plagiochasma cordatum Lehm. et Lindenb.
分布：江苏、上海、贵州、云南、福建、台湾；世界广布

无纹紫背苔 Plagiochasma intermedium Lindenb. et Gottsche
分布：黑龙江、辽宁、内蒙古、山西、山东、陕西、江苏、上海、江西、四川、贵州、云南、台湾；日本、墨西哥

日本紫背苔 Plagiochasma japonicum (Steph.) C. Massal.
分布：黑龙江、北京、陕西、甘肃、青海、云南、广东；不丹、朝鲜、日本

短柄紫背苔 Plagiochasma pterospermum C. Massal.
分布：陕西、青海、四川、云南、福建、台湾；日本、印度、巴基斯坦、菲律宾

小孔紫背苔 Plagiochasma rupestre (Forst.) Steph.
分布：黑龙江、吉林、辽宁、内蒙古、山东、陕西、宁夏、新疆、安徽、上海、江西、四川、贵州、云南、福建、台湾；日本；欧洲、美洲

石地钱属 Reboulia Raddi

石地钱 Reboulia hemisphaerica (L.) Raddi
分布：中国各地均有分布；世界广布

石地钱澳洲亚种(新拟) Reboulia hemisphaerica subsp. **australis** R. M. Schust.
分布：贵州；新西兰；欧洲、北美洲

18. 小袋苔科 Balantiopsaceae H. Buch

直蒴苔属 Isotachis Mitt.

瓢叶直蒴苔 Isotachis armata (Nees) Gottsche
分布：云南；菲律宾、印度尼西亚、巴布亚新几内亚

中华直蒴苔 Isotachis chinensis C. Gao, T. Cao et J. Sun
分布：湖南、广西

东亚直蒴苔 **Isotachis japonica** Steph.

分布：云南、福建、台湾、广西；日本、菲律宾

19. 珠藓科 Bartramiaceae Schwägr.

刺毛藓属 **Anacolia** Schimp.

平果刺毛藓 **Anacolia laevisphaera** (Taylor) Flowers

分布：四川、台湾；印度、坦桑尼亚；中美洲、南美洲

中华刺毛藓 **Anacolia sinensis** Broth.

分布：四川、贵州、云南、广西；尼泊尔、印度

珠藓属 **Bartramia** Hedw.

亮叶珠藓 **Bartramia halleriana** Hedw.

分布：黑龙江、吉林、辽宁、内蒙古、陕西、新疆、安徽、江西、湖南、湖北、四川、重庆、贵州、云南、西藏、福建、台湾；巴基斯坦、印度、不丹、缅甸、日本、印度尼西亚、巴布亚新几内亚、澳大利亚；欧洲、非洲、美洲

直叶珠藓 **Bartramia ithyphylla** Brid.

分布：黑龙江、吉林、甘肃、新疆、浙江、湖北、四川、重庆、贵州、云南、福建、台湾、广西；巴基斯坦、印度、不丹、日本、印度尼西亚、俄罗斯、澳大利亚；欧洲、非洲(北部)、美洲

单齿珠藓 **Bartramia leptodonta** Wilson

分布：四川、云南、西藏；斯里兰卡、印度

梨蒴珠藓 **Bartramia pomiformis** Hedw.

分布：黑龙江、吉林、辽宁、内蒙古、河北、新疆、安徽、浙江、江西、湖北、四川、重庆、贵州、云南、台湾；巴基斯坦、日本、俄罗斯、智利、新西兰；欧洲、非洲、北美洲

毛叶珠藓 **Bartramia subpellucida** Mitt.

分布：四川、云南、西藏；斯里兰卡、印度、尼泊尔

绿珠藓 **Bartramia subulata** Bruch et Schimp.

分布：四川、贵州、云南、西藏；日本、印度；欧洲、北美洲

热泽藓属 **Breutelia** (Bruch et Schimp.) Schimp.

大热泽藓 **Breutelia arundinifolia** (Duby) M. Fleisch.

分布：贵州、云南、台湾、广东；日本、印度尼西亚、菲律宾、印度、澳大利亚

仰叶热泽藓 **Breutelia dicranacea** (Müll. Hal.) Mitt.

分布：贵州、广西；斯里兰卡、尼泊尔、印度

云南热泽藓 **Breutelia yunnanensis** Besch.

分布：江西、贵州、云南；尼泊尔、印度

长柄藓属 **Fleischerobryum** Loeske

长柄藓 **Fleischerobryum longicolle** (Hampe) Loeske

分布：陕西、湖北、四川、贵州、云南、台湾；缅甸、斯里兰卡、印度、日本、菲律宾、印度尼西亚

大叶长柄藓 **Fleischerobryum macrophyllum** Broth.

分布：吉林、贵州、云南、台湾；菲律宾、印度

泽藓属 **Philonotis** Brid.

珠状泽藓 **Philonotis bartramioides** (Griff.) Griffin et W. R. Buck

分布：山西、山东、湖南、四川、贵州、云南、福建、台湾；印度、缅甸、泰国、越南、印度尼西亚；欧洲

钙土泽藓 **Philonotis calcarea** (Bruch et Schimp.) Schimp.

分布：青海、新疆、浙江、贵州、云南、西藏；巴基斯坦、印度；欧洲、北美洲

小泽藓 **Philonotis calomicra** Broth.

分布：四川、云南；马来西亚、菲律宾、巴布亚新几内亚

垂蒴泽藓 **Philonotis cernua** (Wilson) Griffin et W. R. Buck

分布：山东、贵州、云南、台湾、海南；印度；欧洲、非洲、美洲

偏叶泽藓 **Philonotis falcata** (Hook.) Mitt.

分布：内蒙古、山东、河南、宁夏、江苏、湖北、四川、重庆、贵州、云南、西藏、福建、台湾、广东；孟加拉国、巴基斯坦、不丹、缅甸、越南、朝鲜、日本、菲律宾、尼泊尔、印度、美国(夏威夷)；非洲

泽藓 **Philonotis fontana** (Hedw.) Brid.

分布：吉林、内蒙古、河北、山东、河南、陕西、甘肃、新疆、安徽、浙江、江西、湖南、湖北、四川、贵州、云南、西藏、福建、台湾；巴基斯坦、日本、蒙古国、俄罗斯、坦桑尼亚；欧洲、美洲

密叶泽藓 **Philonotis hastata** (Duby) Wijk et Margad.

分布：山东、江苏、上海、浙江、湖南、湖北、贵州、云南、西藏、福建、台湾、广东、海南、香港、澳门；缅甸、越南、柬埔寨、日本、菲律宾、印度尼西亚、美国(夏威夷)、马达加斯加、秘鲁、巴西、坦桑尼亚

赖氏泽藓 **Philonotis laii** T. J. Kop.

分布：湖南、云南、台湾、香港；印度、尼泊尔、缅甸、泰国、印度尼西亚、巴布亚新几内亚

毛叶泽藓 **Philonotis lancifolia** Mitt.

分布：吉林、辽宁、内蒙古、山东、安徽、江苏、浙江、湖南、四川、重庆、贵州、云南、福建、广东、广西、海

南；泰国、日本、朝鲜、印度、印度尼西亚

残齿泽藓 **Philonotis lizangii** T. J. Kop.

分布：云南

直叶泽藓 **Philonotis marchica** (Hedw.) Brid.

分布：吉林、山东、浙江、云南；巴基斯坦、俄罗斯；欧洲、北美洲

柔叶泽藓 **Philonotis mollis** (Dozy et Molk.) Mitt.

分布：山东、浙江、贵州、云南、福建、台湾、广东；不丹、缅甸、孟加拉国、泰国、日本、菲律宾、越南、印度、印度尼西亚、巴布亚新几内亚

罗氏泽藓 **Philonotis roylei** (Hook. f.) Mitt.

分布：山东、云南、台湾、海南；日本、印度、斯里兰卡、印度尼西亚

倒齿泽藓 **Philonotis runcinata** Müll. Hal. ex Angstr.

分布：山东、贵州、云南、台湾；印度、马来西亚、伊朗、太平洋岛屿

斜叶泽藓 **Philonotis secunda** (Dozy et Molk.) Bosch et Sande Lac.

分布：四川、贵州、云南、西藏、台湾；缅甸、印度尼西亚

齿缘泽藓 **Philonotis seriata** Mitt.

分布：黑龙江、内蒙古、山西、青海、安徽、江西、贵州；蒙古国、朝鲜、日本；欧洲、非洲、北美洲

细叶泽藓 **Philonotis thwaitesii** Mitt.

分布：辽宁、山西、山东、河南、陕西、安徽、江苏、上海、浙江、江西、湖南、湖北、四川、重庆、贵州、云南、西藏、福建、台湾、广东、广西、海南、香港、澳门；孟加拉国、印度、尼泊尔、不丹、斯里兰卡、缅甸、泰国、马来西亚、印度尼西亚、菲律宾、日本、朝鲜、美国；大洋洲

东亚泽藓 **Philonotis turneriana** (Schwägr.) Mitt.

分布：吉林、山东、宁夏、新疆、江苏、江西、湖南、湖北、四川、重庆、贵州、云南、西藏、福建、台湾、广东、香港、澳门；巴基斯坦、缅甸、越南、日本、朝鲜、菲律宾、印度尼西亚、美国(夏威夷)

粗尖泽藓 **Philonotis yezoana** Besch. et Cardot

分布：黑龙江、内蒙古、山东；朝鲜；欧洲、北美洲

平珠藓属 **Plagiopus** Brid.

平珠藓 **Plagiopus oederianus** (Sw.) H. A. Crum et L. E. Anderson

分布：吉林、辽宁、河北、陕西、青海、新疆、四川、贵州、云南、西藏、台湾；巴基斯坦、不丹、日本、朝鲜、菲律宾、喜马拉雅地区；欧洲、北美洲

20. 壶苞苔科 Blasiaceae H. Klinggr.

壶苞苔属 **Blasia** L.

壶苞苔 **Blasia pusilla** L.

分布：黑龙江、吉林、辽宁、内蒙古、上海、浙江、贵州、云南、福建、台湾；朝鲜、日本、俄罗斯；欧洲、北美洲

21. 睫毛苔科 Blepharostomataceae W. Frey et M. Stech

睫毛苔属 **Blepharostoma** (Dumort.) Dumort.

小睫毛苔 **Blepharostoma minus** Horik.

分布：陕西、浙江、四川、重庆、贵州、云南、西藏、福建、广西；日本、朝鲜

睫毛苔 **Blepharostoma trichophyllum** (L.) Dumort.

分布：黑龙江、吉林、内蒙古、河北、山东、陕西、甘肃、浙江、江西、四川、云南、西藏、福建、台湾；印度、不丹、尼泊尔、朝鲜、印度尼西亚、菲律宾、巴布亚新几内亚、俄罗斯；欧洲、美洲

22. 青藓科 Brachytheciaceae Schimp.

气藓属 **Aerobryum** Dozy et Molk.

气藓 **Aerobryum speciosum** Dozy et Molk.

分布：江西、湖南、湖北、四川、重庆、贵州、云南、西藏、台湾、广西、海南；印度、不丹、斯里兰卡、泰国、越南、老挝、日本、菲律宾、印度尼西亚、巴布亚新几内亚

青藓属 **Brachythecium** Bruch et Schimp.

灰白青藓 **Brachythecium albicans** (Hedw.) Bruch et Schimp.

分布：内蒙古、山西、山东、陕西、宁夏、新疆、湖南、湖北、四川、重庆、贵州、云南、西藏；美国、加拿大、高加索地区、格陵兰、智利、澳大利亚、新西兰；欧洲

密枝青藓 **Brachythecium amnicola** Müll. Hal.

分布：吉林、内蒙古、山西、陕西、甘肃、贵州

耳叶青藓 **Brachythecium auriculatum** A. Jaeger

分布：陕西、甘肃、新疆、浙江、江西、四川、贵州、云南、西藏；日本、俄罗斯

贵州青藓 **Brachythecium bodinieri** Cardot et Thér.

分布：贵州

勃氏青藓 Brachythecium brotheri Paris
分布：河北、山西、陕西、江苏、上海、浙江、江西、重庆、贵州、云南；日本

多褶青藓 Brachythecium buchananii (Hook.) A. Jaeger
分布：黑龙江、内蒙古、山西、山东、陕西、甘肃、青海、新疆、安徽、江苏、上海、江西、湖南、湖北、重庆、贵州、云南；巴基斯坦、不丹、斯里兰卡、泰国、老挝、越南、日本、朝鲜

田野青藓 Brachythecium campestre (Müll. Hal.) Schimp.
分布：山西、陕西、新疆、江苏、四川、贵州、西藏；日本、俄罗斯；欧洲、北美洲

斜枝青藓 Brachythecium campylothallum Müll. Hal.
分布：黑龙江、陕西、浙江、四川、重庆、贵州、云南、西藏、广西

山地青藓 Brachythecium collinum (Müll. Hal.) Bruch et Schimp.
分布：新疆；伊朗、哈萨克斯坦、俄罗斯、加拿大、美国

尖叶青藓 Brachythecium coreanum Cardot
分布：北京、陕西、新疆、安徽、江苏、湖南、贵州、云南、西藏、广西；日本、朝鲜

曲枝青藓 Brachythecium dicranoides Müll. Hal.
分布：陕西、贵州、西藏

赤根青藓 Brachythecium erythrorrhizon Bruch et Schimp.
分布：陕西、宁夏、新疆、湖北、四川、西藏；俄罗斯；中欧

多枝青藓 Brachythecium fasciculirameum Müll. Hal.
分布：吉林、辽宁、陕西、湖北、四川、重庆、贵州、云南、广西

台湾青藓 Brachythecium formosanum Takaki
分布：吉林、辽宁、内蒙古、河北、陕西、宁夏、安徽、江苏、浙江、江西、湖南、四川、重庆、贵州、云南、西藏、广东

圆枝青藓 Brachythecium garovaglioides Müll. Hal.
分布：内蒙古、山东、陕西、新疆、江苏、浙江、江西、湖南、湖北、四川、重庆、贵州、云南、福建、香港；印度、巴基斯坦、尼泊尔、不丹、缅甸、印度尼西亚、日本、朝鲜、俄罗斯

冰川青藓 Brachythecium glaciale Bruch et Schimp.
分布：黑龙江、山西、陕西、甘肃、安徽、四川、贵州、西藏、广西；欧洲、北美洲

石地青藓 Brachythecium glareosum (Spruce) Bruch et Schimp.
分布：吉林、辽宁、内蒙古、河南、陕西、新疆、江苏、湖南、四川、重庆、贵州、云南；巴基斯坦、日本、俄罗斯；北美洲

灰青藓 Brachythecium glauculum Müll. Hal.
分布：陕西、上海、贵州

平枝青藓 Brachythecium helminthocladum Broth. et Paris
分布：黑龙江、辽宁、内蒙古、山东、陕西、安徽、浙江、湖南、四川、贵州、云南；日本

同枝青藓 Brachythecium homocladum Müll. Hal.
分布：陕西、江西、湖北、贵州

皱叶青藓 Brachythecium kuroishicum Besch.
分布：内蒙古、山西、山东、陕西、宁夏、新疆、江西、湖北、四川、贵州、云南、福建；日本

柔叶青藓 Brachythecium moriense Besch.
分布：河北、陕西、安徽、江西、重庆、贵州、云南、西藏、香港；日本

裸叶青藓 Brachythecium nakazimae Iisiba
分布：上海；日本

野口青藓 Brachythecium noguchii Takaki
分布：吉林、内蒙古、陕西、江西、四川、重庆、贵州、云南、西藏、广西；日本

宽叶青藓 Brachythecium oedipodium (Mitt.) A. Jaeger
分布：陕西、贵州；日本、俄罗斯、新西兰；北美洲

苍白青藓 Brachythecium pallescens Dixon et Thér.
分布：安徽、贵州；日本

悬垂青藓 Brachythecium pendulum Takaki
分布：河北、安徽、浙江、江西、湖南、四川、重庆、贵州、福建、广西；日本

小青藓 Brachythecium perminusculum Müll. Hal.
分布：黑龙江、内蒙古、山西、山东、陕西、安徽、湖南、四川、重庆、贵州、云南、西藏

疣柄青藓 Brachythecium perscabrum Broth.
分布：内蒙古、贵州、云南

毛尖青藓 Brachythecium piligerum Cardot
分布：黑龙江、吉林、辽宁、内蒙古、北京、陕西、安徽、江苏、浙江、江西、湖南、湖北、重庆、贵州、云南、西藏、福建、广西；日本

华北青藓 Brachythecium pinnirameum Müll. Hal.

分布：陕西、宁夏、安徽、四川、贵州、云南

扁枝青藓 Brachythecium planiusculum Müll. Hal.

分布：陕西、贵州

羽枝青藓 Brachythecium plumosum (Hedw.) Bruch et Schimp.

分布：黑龙江、吉林、辽宁、内蒙古、河北、山东、陕西、宁夏、甘肃、青海、新疆、安徽、江苏、上海、浙江、江西、湖南、湖北、四川、重庆、贵州、云南、西藏、福建、广西、香港；巴基斯坦、不丹、斯里兰卡、印度尼西亚、智利、坦桑尼亚

长肋青藓 Brachythecium populeum (Hedw.) Bruch et Schimp.

分布：吉林、辽宁、内蒙古、北京、山东、河南、陕西、甘肃、新疆、安徽、江苏、上海、浙江、江西、湖南、湖北、四川、重庆、贵州、西藏；巴基斯坦、不丹、日本、印度尼西亚、哥伦比亚；亚洲(中部)、欧洲

匐枝青藓 Brachythecium procumbens (Mitt.) A. Jaeger

分布：山西、陕西、宁夏、新疆、安徽、江西、湖北、贵州、云南、西藏；巴基斯坦、斯里兰卡、朝鲜、日本、印度、尼泊尔

羽状青藓 Brachythecium propinnatum Redf.

分布：吉林、山东、陕西、宁夏、新疆、安徽、上海、湖南、四川、贵州、云南；日本

青藓 Brachythecium pulchellum Broth. et Paris

分布：黑龙江、吉林、辽宁、内蒙古、山西、山东、陕西、新疆、湖南、湖北、四川、贵州、云南；日本

弯叶青藓 Brachythecium reflexum (Stark.) Bruch et Schimp.

分布：黑龙江、吉林、辽宁、内蒙古、河北、山西、山东、陕西、新疆、安徽、江苏、上海、浙江、江西、湖南、四川、重庆、贵州、云南、西藏、福建；巴基斯坦、日本、俄罗斯、克什米尔地区、格陵兰；欧洲、北美洲

溪边青藓 Brachythecium rivulare Bruch et Schimp.

分布：黑龙江、吉林、辽宁、内蒙古、河北、山西、山东、河南、陕西、新疆、安徽、浙江、湖南、湖北、四川、重庆、贵州、云南、福建；巴基斯坦、俄罗斯；欧洲、美洲

长叶青藓 Brachythecium rotaeanum De Not.

分布：吉林、陕西、浙江、湖南、四川、重庆、贵州、云南；日本；欧洲、北美洲

卵叶青藓 Brachythecium rutabulum (Hedw.) Bruch et Schimp.

分布：辽宁、内蒙古、山东、陕西、新疆、安徽、浙江、湖南、湖北、重庆、贵州、云南、西藏；巴基斯坦、俄罗斯、叙利亚、智利；欧洲、非洲、北美洲

撒氏青藓 Brachythecium sakuraii Broth.

分布：河北、云南、台湾；日本

褶叶青藓 Brachythecium salebrosum (F. Weber et D. Mohr) Bruch et Schimp.

分布：吉林、内蒙古、河北、山东、河南、陕西、宁夏、新疆、湖南、四川、重庆、贵州、云南、西藏、广西；巴基斯坦、俄罗斯、亚速尔群岛、摩洛哥、塔斯马尼亚；欧洲、北美洲

林地青藓 Brachythecium starkii (Brid.) Schimp.

分布：吉林、辽宁、山西、甘肃、新疆、湖北、重庆、贵州；俄罗斯；欧洲、北美洲

脆枝青藓 Brachythecium thraustum Müll. Hal.

分布：陕西、重庆、贵州

膨叶青藓 Brachythecium turgidum (Hartm.) Kindb.

分布：山东；哈萨克斯坦、俄罗斯；北美洲

钩叶青藓 Brachythecium uncinifolium Broth. et Paris

分布：黑龙江、吉林、内蒙古、北京、山东、陕西、安徽、江苏、浙江、江西、重庆、贵州、云南、西藏、福建；日本

绒叶青藓 Brachythecium velutinum (Hedw.) Bruch et Schimp.

分布：吉林、辽宁、内蒙古、山西、河南、陕西、宁夏、青海、新疆、安徽、江苏、浙江、江西、湖南、湖北、四川、重庆、贵州、云南、西藏、广西；巴基斯坦；欧洲、非洲、美洲

绿枝青藓 Brachythecium viridefactum Müll. Hal.

分布：陕西、贵州、云南

云南青藓 Brachythecium yunnanense Herzog

分布：云南

燕尾藓属 Bryhnia Kaurin

短枝燕尾藓 Bryhnia brachycladula Cardot

分布：陕西、安徽、湖南、贵州、云南、西藏；日本

短尖燕尾藓 Bryhnia hultenii E. B. Bartram

分布：黑龙江、辽宁、陕西、四川、贵州、云南、西藏；日本

燕尾藓 Bryhnia novae-angliae (Sull. et Lesq.) Grout

分布：吉林、河北、山西、山东、陕西、甘肃、新疆、安徽、江苏、上海、江西、湖南、湖北、四川、重庆、贵州、云南、西藏、福建；巴基斯坦；欧洲、北美洲

毛尖燕尾藓 Bryhnia trichomitria Dixon et Thér.

分布：陕西、安徽、湖北、贵州、广西；日本

斜蒴藓属 **Camptothecium** Schimp.

斜蒴藓 **Camptothecium lutescens** (Hedw.) Schimp.

分布：黑龙江、吉林、辽宁、内蒙古、河北、山东、陕西、宁夏、新疆、浙江、江西、重庆、贵州、云南、西藏；中亚、欧洲、非洲(北部)、美洲

毛尖藓属 **Cirriphyllum** Grout

匙叶毛尖藓 **Cirriphyllum cirrosum** (Schwägr.) Grout

分布：吉林、内蒙古、山西、陕西、宁夏、甘肃、青海、新疆、浙江、四川、重庆、贵州、云南、西藏、台湾；巴基斯坦、日本、俄罗斯、土耳其；北美洲

强肋毛尖藓 **Cirriphyllum crassinervium** (Taylor) Loeske et M. Fleisch.

分布：山东、云南；欧洲

毛尖藓 **Cirriphyllum piliferum** (Hedw.) Grout

分布：吉林、辽宁、内蒙古、陕西、宁夏、甘肃、新疆、安徽、浙江、湖南、四川、贵州、云南、西藏、台湾；日本、俄罗斯；北美洲

短肋毛尖藓 **Cirriphyllum subnerve** Dixon

分布：甘肃

美喙藓属 **Eurhynchium** Bruch et Schimp.

短尖美喙藓 **Eurhynchium angustirete** (Broth.) T. J. Kop.

分布：内蒙古、山西、山东、陕西、甘肃、青海、江西、湖南、湖北、四川、重庆、贵州；亚洲(东部)、欧洲

疣柄美喙藓 **Eurhynchium asperisetum** (Müll. Hal.) E. B. Bartram

分布：山东、陕西、安徽、浙江、湖北、贵州、云南、台湾、香港；日本、泰国、印度尼西亚、菲律宾

狭叶美喙藓 **Eurhynchium coarctum** Müll. Hal.

分布：山西、陕西、重庆、贵州

尖叶美喙藓 **Eurhynchium eustegium** (Besch.) Dixon

分布：黑龙江、吉林、辽宁、内蒙古、河北、北京、河南、陕西、江苏、江西、湖南、湖北、四川、重庆、贵州、云南、西藏、广西；日本

小叶美喙藓 **Eurhynchium filiforme** (Müll. Hal.) Y. F. Wang et R. L. Hu

分布：吉林、内蒙古、陕西、重庆、贵州、云南

宽叶美喙藓 **Eurhynchium hians** (Hedw.) Sande Lac.

分布：黑龙江、吉林、辽宁、内蒙古、山东、河南、陕西、江苏、浙江、江西、湖南、湖北、四川、贵州、云南、福建、广西、香港；巴基斯坦、尼泊尔、不丹、日本、俄罗斯；北美洲、非洲

扭尖美喙藓 **Eurhynchium kirishimense** Takaki

分布：辽宁、山西、陕西、湖南、四川、贵州、福建、广东；日本

阔叶美喙藓 **Eurhynchium latifolium** Cardot

分布：广东；朝鲜、日本

疏网美喙藓 **Eurhynchium laxirete** Broth.

分布：山东、陕西、安徽、江苏、上海、江西、湖南、湖北、四川、重庆、贵州、云南、西藏、福建、广西；日本、朝鲜

羽枝美喙藓 **Eurhynchium longirameum** (Müll. Hal.) Y. F. Wang et R. L. Hu

分布：陕西、重庆、贵州

美喙藓 **Eurhynchium pulchellum** (Hedw.) Jenn.

分布：黑龙江、吉林、辽宁、内蒙古、山西、山东、新疆、江苏、上海；巴基斯坦、蒙古国、日本、朝鲜、俄罗斯；欧洲、非洲、美洲

密叶美喙藓 **Eurhynchium savatieri** Schimp. ex Besch.

分布：黑龙江、内蒙古、山西、山东、河南、陕西、新疆、安徽、江苏、上海、浙江、江西、湖南、湖北、四川、重庆、贵州、云南、西藏、广西、香港；朝鲜、日本；大洋洲

糙叶美喙藓 **Eurhynchium squarrifolium** Broth. ex Iisiba

分布：贵州、云南、西藏、广西；日本

卵叶美喙藓 **Eurhynchium striatulum** (Spruce) Schimp.

分布：甘肃；俄罗斯；欧洲

旋齿藓属 **Helicodontium** (Mitt.) A. Jaeger

大旋齿藓 **Helicodontium doii** (Sakurai) Taoda

分布：四川、云南；日本

台湾旋齿藓 **Helicodontium formosicum** (Cardot) W. R. Buck

分布：台湾；日本

拟同蒴藓属 **Homalotheciella** (Cardot) Broth.

中华拟同蒴藓 **Homalotheciella sinensis** Cardot et Thér.

分布：贵州

同蒴藓属 **Homalothecium** Bruch et Schimp.

无疣同蒴藓 **Homalothecium laevisetum** Sande Lac.

分布：辽宁、河北、河南、陕西、甘肃、新疆、安徽、江苏、浙江、湖南、湖北、四川、贵州、云南、西藏、广东、

广西；日本、朝鲜

白色同蒴藓 **Homalothecium leucodonticaule** (Müll. Hal.) Broth.

分布：山东、河南、安徽、江苏、上海、浙江、江西、湖北、重庆、贵州、云南、西藏、福建

同蒴藓 **Homalothecium sericeum** (Hedw.) Schimp.

分布：内蒙古、宁夏、甘肃、新疆；尼泊尔、印度；中亚、西亚、欧洲、非洲(北部)、北美洲

拟无毛藓属 **Juratzkaeella** W. R. Buck

中华拟无毛藓 **Juratzkaeella sinensis** (M. Fleisch. ex Broth.) W. R. Buck

分布：江苏、上海、浙江、贵州、云南、西藏

异叶藓属 **Kindbergia** Ochyra

树状异叶藓 **Kindbergia arbuscula** (Broth.) Ochyra

分布：吉林、浙江、湖南、四川、云南、西藏；日本

异叶藓 **Kindbergia praelonga** (Hedw.) Ochyra

分布：内蒙古、河北、山西、山东、甘肃、新疆、湖南、云南、西藏；印度、日本、俄罗斯、澳大利亚、秘鲁；欧洲、非洲、北美洲

鼠尾藓属 **Myuroclada** Besch.

鼠尾藓 **Myuroclada maximowiczii** (G. G. Borshch.) Steere et W. B. Schofield

分布：黑龙江、吉林、辽宁、内蒙古、山西、山东、陕西、甘肃、江苏、上海、浙江、江西、湖南、四川、重庆、贵州、云南；日本、朝鲜、俄罗斯；欧洲、北美洲

褶藓属 **Okamuraea** Broth.

短枝褶藓 **Okamuraea brachydictyon** (Cardot) Nog.

分布：吉林、辽宁、内蒙古、湖南、湖北、贵州、台湾、广东；朝鲜、日本

长枝褶叶藓 **Okamuraea hakoniensis** (Mitt.) Broth.

分布：黑龙江、吉林、辽宁、山东、安徽、江苏、上海、浙江、江西、湖南、湖北、四川、重庆、贵州、西藏、广西；日本、不丹

长枝褶叶藓(原变种) **Okamuraea hakoniensis** var. **hakoniensis**

分布：黑龙江、吉林、辽宁、山东、安徽、江苏、上海、浙江、江西、湖南、湖北、四川、重庆、贵州、西藏、广西；日本、不丹

长枝褶叶藓乌苏里变种 **Okamuraea hakoniensis** var. **ussuriensis** (Broth.) Nog.

分布：黑龙江、吉林、辽宁、内蒙古；朝鲜、日本、俄罗斯

小叶褶藓 **Okamuraea micrangia** (Müll. Hal.) Y. F. Wang et R. L. Hu

分布：陕西

褶叶藓属 **Palamocladium** Müll. Hal.

深绿褶叶藓 **Palamocladium euchloron** (Müll. Hal.) Wijk et Margad.

分布：河南、陕西、甘肃、新疆、安徽、浙江、江西、湖南、湖北、四川、贵州、云南、西藏、福建；巴基斯坦、伊朗、阿塞拜疆、希腊、土耳其、格鲁吉亚、俄罗斯、乌克兰

褶叶藓 **Palamocladium leskeoides** (Hook.) E. Britton

分布：黑龙江、吉林、辽宁、内蒙古、河北、陕西、新疆、安徽、贵州；印度、越南、印度尼西亚、日本、朝鲜、菲律宾、新西兰、哥斯达黎加、危地马拉、西印度群岛、巴西、阿根廷、玻利维亚、秘鲁、厄瓜多尔、哥伦比亚、委内瑞拉、美国、索马里、埃塞俄比亚、肯尼亚、乌干达、卢旺达、坦桑尼亚、斯威士兰、南非、马达加斯加

平灰藓属 **Platyhypnidium** M. Fleisch.

贵州平灰藓 **Platyhypnidium esquirolii** (Cardot et Thér.) Broth.

分布：贵州

拟异叶藓属 **Pseudokindbergia** M. Li, Y. F. Wang, Ignatov. et B. C. Tan

拟异叶藓 **Pseudokindbergia dumosa** (Mitt.) M. Li, Y. F. Wang, Ignatov et B. C. Tan

分布：内蒙古、陕西、甘肃、湖南、四川、重庆、西藏、云南、台湾；不丹、印度

细喙藓属 **Rhynchostegiella** (Bruch et Schimp.) Limpr.

日本细喙藓 **Rhynchostegiella japonica** Dixon et Thér.

分布：陕西、新疆、湖南、重庆、贵州、云南、广东；日本

光柄细喙藓 **Rhynchostegiella laeviseta** Broth.

分布：陕西、新疆、浙江、江西、湖南、重庆、贵州、云南

细肋细喙藓 **Rhynchostegiella leptoneura** Dixon et Thér.

分布：吉林、辽宁、内蒙古、山东、四川、贵州、云南、台湾

锐尖细喙藓 **Rhynchostegiella menadensis** (Sande Lac.) E. B. Bartram

分布：海南；菲律宾

毛尖细喙藓 **Rhynchostegiella sakuraii** Takaki
分布：云南、广东；日本

华东细喙藓 **Rhynchostegiella sinensis** Broth. et Paris
分布：江苏、上海、浙江

长喙藓属 **Rhynchostegium** Bruch et Schimp.

短尖长喙藓 **Rhynchostegium acicula** (Broth.) Broth.
分布：陕西；越南

西伯里长喙藓 **Rhynchostegium celebicum** (Sande Lac.) A. Jaeger
分布：云南、台湾、广东、海南；印度、印度尼西亚、巴布亚新几内亚、美国(夏威夷)

长喙藓 **Rhynchostegium confertum** (Dicks.) Schimp.
分布：山东、陕西、安徽、浙江、湖南、四川、贵州、云南、福建；日本、朝鲜；欧洲

缩叶长喙藓 **Rhynchostegium contractum** Cardot
分布：河南、陕西、安徽、江苏、浙江、湖南、四川、贵州、云南、福建、台湾、广东；日本、朝鲜

杜氏长喙藓 **Rhynchostegium duthiei** Müll. Hal. ex Dixon
分布：四川、云南、广东；印度、不丹

狭叶长喙藓 **Rhynchostegium fauriei** Cardot
分布：内蒙古、山西、陕西、安徽、浙江、四川、重庆、贵州、云南、福建；朝鲜

湖南长喙藓 **Rhynchostegium hunanense** Ignatova et Huttunen
分布：湖南

斜枝长喙藓 **Rhynchostegium inclinatum** (Mitt.) A. Jaeger
分布：山东、河南、陕西、新疆、安徽、江苏、湖南、重庆、贵州、云南、西藏、广西；日本

凹叶长喙藓 **Rhynchostegium murale** (Hedw.) Bruch et Schimp.
分布：陕西、新疆、浙江、湖南；哈萨克斯坦；欧洲

卵叶长喙藓 **Rhynchostegium ovalifolium** S. Okamura
分布：吉林、陕西、湖南、四川、重庆、贵州、云南；日本

淡枝长喙藓 **Rhynchostegium pallenticaule** Müll. Hal.
分布：陕西、贵州

淡叶长喙藓 **Rhynchostegium pallidifolium** (Mitt.) A. Jaeger
分布：吉林、山西、山东、河南、陕西、新疆、安徽、上海、浙江、江西、湖南、湖北、四川、重庆、贵州、云南、西藏、海南、香港；日本

长肋长喙藓 **Rhynchostegium patulifolium** Cardot et Thér.
分布：湖南、贵州；阿富汗

水生长喙藓 **Rhynchostegium riparioides** (Hedw.) Cardot
分布：吉林、辽宁、河北、山东、陕西、甘肃、上海、浙江、湖南、湖北、重庆、贵州、云南、广东、广西；印度、不丹、尼泊尔、巴基斯坦、日本、朝鲜、坦桑尼亚；欧洲、美洲

匐枝长喙藓 **Rhynchostegium serpenticaule** (Müll. Hal.) Broth.
分布：山西、陕西、湖南、四川、重庆、贵州；越南

中华长喙藓 **Rhynchostegium sinense** (Broth. et Paris) Broth.
分布：上海

美丽长喙藓 **Rhynchostegium subspeciosum** (Müll. Hal.) Müll. Hal.
分布：陕西、重庆、贵州

泛生长喙藓 **Rhynchostegium vagans** A. Jaeger
分布：安徽、浙江、湖南、四川、贵州、云南、台湾；印度、巴基斯坦、尼泊尔、缅甸、泰国、越南、老挝、斯里兰卡、印度尼西亚、马来西亚、菲律宾、美国(夏威夷)

拟青藓属 **Sciuro-hypnum** Hampe

宽叶拟青藓 **Sciuro-hypnum curtum** (Lindb.) Ignatova
分布：陕西、贵州、云南；日本、俄罗斯、美国、加拿大、新西兰；欧洲

四川拟青藓(新拟) **Sciuro-hypnum sichuanicum** Ignatov et Hedenäs
分布：四川、云南；日本

中华拟青藓(新拟) **Sciuro-hypnum sinolatifolium** Ignatov et Hedenäs
分布：四川

疣柄藓属 **Scleropodium** Bruch et Schimp.

细齿疣柄藓 **Scleropodium coreense** Cardot
分布：吉林、辽宁、山东；朝鲜

23. 小烛藓科 Bruchiaceae Schimp.

小烛藓属 **Bruchia** Schwägr.

小孢小烛藓 **Bruchia microspora** Nog.
分布：广东；日本

中华小烛藓 **Bruchia sinensis** P. C. Chen ex T. Cao et C. Gao

分布：福建

小烛藓 **Bruchia vogesiaca** Nestl. ex Schwägr.

分布：福建；美国；欧洲

拟小烛藓属 **Eobruchia** W. R. Buck

四川拟小烛藓(新拟) **Eobruchia sichuaniana** W. Z. Ma, S. He et Shevock

分布：四川

并列藓属 **Pringleella** Cardot

中华并列藓 **Pringleella sinensis** Broth.

分布：云南

长蒴藓属 **Trematodon** Michx.

北方长蒴藓 **Trematodon ambiguus** (Hedw.) Hornsch.

分布：黑龙江、山东、青海、新疆、贵州、云南；日本、尼泊尔、缅甸、俄罗斯、巴西；欧洲、北美洲、中美洲

长蒴藓 **Trematodon longicollis** Michx.

分布：辽宁、山东、安徽、江苏、上海、浙江、江西、湖南、湖北、四川、重庆、贵州、云南、西藏、福建、台湾、广东、广西、海南、香港、澳门；孟加拉国、日本、朝鲜、印度、斯里兰卡、缅甸、泰国、柬埔寨、马来西亚、菲律宾、印度尼西亚、斐济、俄罗斯、巴布亚新几内亚、社会群岛；欧洲

24. 真藓科 Bryaceae Schwägr.

银藓属 **Anomobryum** Schimp.

金黄银藓 **Anomobryum auratum** (Mitt.) A. Jaeger

分布：内蒙古、陕西、新疆、安徽、贵州、云南、西藏、台湾、广东、广西；斯里兰卡；东南亚、非洲

芽胞银藓 **Anomobryum gemmigerum** Broth.

分布：吉林、辽宁、河北、山东、陕西、甘肃、安徽、江西、湖南、湖北、四川、重庆、贵州、云南、西藏、广西；尼泊尔、菲律宾

银藓 **Anomobryum julaceum** (Gärtn., Meyer et Scherb.) Schimp.

分布：吉林、辽宁、内蒙古、山西、陕西、宁夏、新疆、湖北、四川、重庆、贵州、云南、台湾、广东、海南；世界广布

挺枝银藓 **Anomobryum yasudae** Broth.

分布：陕西、四川、重庆、台湾、广东、海南；尼泊尔、日本

短月藓属 **Brachymenium** Schwägr.

尖叶短月藓 **Brachymenium acuminatum** Harv.

分布：北京、山东、贵州、云南、西藏；巴基斯坦、斯里兰卡、缅甸、泰国、印度尼西亚、澳大利亚、南非；中美洲、南美洲

宽叶短月藓 **Brachymenium capitulatum** (Mitt.) Kindb.

分布：宁夏、重庆、贵州、云南、西藏、台湾、广东；尼泊尔、印度、不丹、巴布亚新几内亚；非洲

纤枝短月藓 **Brachymenium exile** (Dozy et Molk.) Bosch et Sande Lac.

分布：河北、山东、新疆、安徽、江苏、上海、湖北、四川、贵州、云南、西藏、福建、台湾、广东、广西、海南、香港、澳门；巴基斯坦、斯里兰卡、印度、缅甸、泰国、越南、马来西亚、印度尼西亚、菲律宾、日本、朝鲜；非洲、中美洲、南美洲

无边短月藓 **Brachymenium immarginatum** C. Gao et G. C. Chang

分布：西藏

吉林短月藓 **Brachymenium jilinense** J. Kop.

分布：吉林

黄肋短月藓 **Brachymenium klotzschii** (Schwägr.) Paris

分布：贵州；美国、墨西哥；中美洲、南美洲

多枝短月藓 **Brachymenium leptophyllum** (Müll. Hal.) A. Jaeger

分布：贵州、云南、广西；印度；非洲

大孢短月藓 **Brachymenium longicolle** Thér.

分布：云南；斯里兰卡、尼泊尔、印度、泰国；非洲中部热带地区

饰边短月藓 **Brachymenium longidens** Renauld et Cardot

分布：安徽、四川、重庆、贵州、云南；印度

砂生短月藓 **Brachymenium muricola** Broth.

分布：四川、重庆、贵州、云南、西藏

短月藓 **Brachymenium nepalense** Hook.

分布：黑龙江、吉林、辽宁、内蒙古、河北、山东、河南、陕西、甘肃、安徽、江苏、上海、浙江、湖北、四川、重庆、贵州、云南、西藏、福建、台湾、广东、广西；斯里兰卡、尼泊尔、不丹、缅甸、泰国、越南、印度尼西亚、日本、巴布亚新几内亚、毛里求斯、马达加斯加

丛生短月藓 **Brachymenium pendulum** Mont.

分布：陕西、湖南、贵州、云南；印度

皱朔短月藓 Brachymenium ptychothecium (Besch.) Ochi
分布：湖北、贵州、云南、西藏；印度、尼泊尔

中华短月藓 Brachymenium sinense Cardot et Thér.
分布：山东、安徽、贵州、云南、西藏、福建；东南亚

粗肋短月藓 Brachymenium systylium (Müll. Hal.) A. Jaegr.
分布：四川、贵州、云南、西藏；印度、斯里兰卡、印度尼西亚、秘鲁、南非

真藓属 Bryum Hedw.

网真藓 Bryum algovicum Sendtn. ex Müll.
分布：内蒙古、山东、陕西、宁夏、青海、新疆、安徽、四川、贵州；亚洲、欧洲、非洲、大洋洲、美洲、北极地区、北半球高海拔地带

高山真藓 Bryum alpinum Huds. ex With.
分布：黑龙江、吉林、辽宁、内蒙古、山西、山东、陕西、宁夏、新疆、江西、四川、贵州、云南、西藏；缅甸、越南、柬埔寨、印度尼西亚、波多黎各；南亚、欧洲、非洲

钝盖真藓 Bryum amblyodon Müll. Hal.
分布：河北；欧洲、南美洲

毛状真藓 Bryum apiculatum Schwägr.
分布：山西、山东、四川、贵州、云南、西藏、台湾、广东；斯里兰卡、印度尼西亚；南美洲

弯蒴真藓 Bryum archangelicum Bruch et Schimp.
分布：吉林；阿拉斯加、新西兰；欧洲

极地真藓 Bryum arcticum (R. Br. bis) Bruch et Schimp.
分布：黑龙江、吉林、辽宁、内蒙古、河北、山西、山东、新疆、安徽、四川、贵州、西藏；日本；北极或靠近北极的地区

真藓 Bryum argenteum Hedw.
分布：中国各地均有分布；世界广布

红蒴真藓 Bryum atrovirens Brid.
分布：山东、新疆、江苏、浙江、江西、贵州、西藏、台湾、香港、澳门；巴基斯坦、缅甸、越南

比拉真藓 Bryum billarderi Schwägr.
分布：山东、陕西、新疆、安徽、江苏、浙江、江西、湖南、湖北、四川、重庆、贵州、云南、西藏、福建、台湾、广西、香港；斯里兰卡、印度、尼泊尔、不丹、缅甸、泰国、越南、印度尼西亚、菲律宾、日本、秘鲁、巴西、智利；非洲、大洋洲、北美洲、中美洲

卵蒴真藓 Bryum blindii Bruch et Schimp.
分布：山东、宁夏、新疆、贵州、云南；巴基斯坦；欧洲、北美洲

瘤根真藓 Bryum bornholmense Winkelm. et Ruthe
分布：山东、江苏、贵州；欧洲

丛生真藓 Bryum caespiticium Hedw.
分布：黑龙江、吉林、辽宁、内蒙古、河北、山西、山东、河南、陕西、甘肃、新疆、安徽、江苏、上海、浙江、江西、湖北、四川、重庆、贵州、云南、台湾、广东、香港；世界广布

卵叶真藓 Bryum calophyllum R. Br.
分布：辽宁、内蒙古、山西、陕西、宁夏、新疆、上海、贵州、西藏；亚洲(东北部)、欧洲、非洲、北美洲

细叶真藓 Bryum capillare Hedw.
分布：吉林、辽宁、内蒙古、山西、山东、河南、陕西、宁夏、新疆、安徽、江苏、上海、浙江、湖北、四川、重庆、贵州、云南、西藏、福建、台湾、广东、广西、香港、澳门；世界广布

柔叶真藓 Bryum cellulare Hook.
分布：山东、陕西、新疆、安徽、江苏、上海、浙江、江西、湖北、重庆、贵州、云南、西藏、福建、台湾、广东、香港、澳门；巴基斯坦、泰国、越南、印度尼西亚、日本、澳大利亚；非洲(南部)、北美洲、中美洲

棒槌真藓 Bryum clavatum (Schimp.) Müll. Hal.
分布：海南；印度尼西亚、波多黎各、智利；南半球近南极地带

蕊形真藓 Bryum coronatum Schwägr.
分布：山东、陕西、宁夏、江苏、湖南、贵州、云南、西藏、台湾、广东、香港、澳门；巴基斯坦、不丹、缅甸、泰国、柬埔寨、越南、马来西亚、新加坡、印度尼西亚、日本、澳大利亚；非洲、南美洲

圆叶真藓 Bryum cyclophyllum (Schwägr.) Bruch et Schimp.
分布：吉林、辽宁、内蒙古、山东、河南、陕西、新疆、安徽、江苏、四川、贵州、云南、西藏、广西；北半球

双色真藓 Bryum dichotomum Hedw.
分布：内蒙古、北京、山东、陕西、宁夏、甘肃、新疆、安徽、江苏、湖北、四川、重庆、贵州、云南、西藏、台湾、广东、澳门；世界广布

幽美真藓 Bryum elegans Nees ex Brid.
分布：宁夏；欧洲

宽叶真藓 Bryum funkii Schwägr.
分布：河南、新疆、贵州、西藏；东亚、欧洲、非洲

绵毛真藓 Bryum gossypinum C. Gao et G. C. Zhang

分布：西藏

韩氏真藓 Bryum handelii Broth.

分布：陕西、湖南、湖北、四川、重庆、贵州、云南、西藏、台湾、广西；日本、喜马拉雅地区

喀什真藓 Bryum kashmirense Broth.

分布：湖南、贵州、云南、西藏；克什米尔地区、印度、喜马拉雅地区

沼生真藓 Bryum knowltonii Barnes

分布：黑龙江、山东、陕西、新疆、浙江、贵州、西藏；亚洲、欧洲、北美洲

纤茎真藓 Bryum leptocaulon Cardot

分布：贵州、台湾；日本

白叶真藓 Bryum leucophylloides Broth.

分布：云南

刺叶真藓 Bryum lonchocaulon Müll. Hal.

分布：黑龙江、吉林、辽宁、内蒙古、山西、山东、河南、陕西、宁夏、新疆、江苏、浙江、江西、四川、贵州、云南、西藏；北极、北半球高地

长柄真藓 Bryum longisetum Blandow et Schwägr.

分布：新疆、西藏；亚洲、欧洲、北美洲

卷尖真藓(原变种) Bryum neodamense var. **neodamense**

分布：黑龙江、内蒙古、山东、河南、新疆、贵州、西藏；亚洲(北部)、欧洲、美洲

卷尖真藓圆叶变种 Bryum neodamense var. **ovatum** Lindb. et Arn.

分布：黑龙江、新疆；俄罗斯；欧洲、北美洲

灰白真藓 Bryum ochianum Redf. et B. C. Tan

分布：云南

拟双色真藓 Bryum pachytheca Müll. Hal.

分布：西藏、台湾；印度尼西亚、日本、巴布亚新几内亚、澳大利亚；南亚

灰黄真藓 Bryum pallens Sw.

分布：辽宁、内蒙古、山东、河南、陕西、青海、新疆、安徽、上海、湖南、四川、重庆、贵州、云南、西藏；巴基斯坦、秘鲁、智利；北半球广布，南半球高海拔地区也有

黄色真藓 Bryum pallescens Schleich. ex Schwägr.

分布：黑龙江、吉林、辽宁、内蒙古、河北、山西、山东、河南、陕西、新疆、安徽、上海、浙江、江西、四川、重庆、贵州、云南、西藏、福建、台湾、广东；巴基斯坦、秘鲁、智利、新西兰；北极、北半球温带高纬度及高海拔地区、南美洲高海拔或高纬度地区也有分布

黄色真藓(原变种) Bryum pallescens var. **pallescens**

分布：黑龙江、吉林、辽宁、内蒙古、河北、山西、山东、河南、陕西、新疆、安徽、上海、浙江、江西、四川、重庆、贵州、云南、西藏、福建、台湾、广东；巴基斯坦、秘鲁、智利、新西兰；北极、北半球温带高纬度及高海拔地区、南美洲高海拔或高纬度地区也有分布

黄色真藓近圆叶变种 Bryum pallescens var. **subrotundum** (Brid.) Bruch et Schimp.

分布：西藏；欧洲

近高山真藓 Bryum paradoxum Schwägr.

分布：辽宁、山东、河南、陕西、甘肃、安徽、湖南、贵州、云南、西藏、台湾、广东、广西；斯里兰卡、印度、尼泊尔、日本、韩国、秘鲁、智利

拟纤枝真藓 Bryum petelotii Thér. et Henry

分布：贵州、台湾；越南、日本；美洲中部热带地区

拟三列真藓 Bryum pseudotriquetrum (Hedw.) Gaertn.

分布：黑龙江、吉林、辽宁、内蒙古、河北、山西、山东、河南、陕西、新疆、安徽、江苏、浙江、湖南、湖北、四川、重庆、贵州、云南、西藏、福建、台湾、广东；巴基斯坦、不丹、越南、秘鲁、智利、巴西；广布于南北半球温带地区

紫色真藓 Bryum purpurascens (R. Br.) Bruch et Schimp.

分布：吉林、辽宁、山东、河南、陕西、新疆、安徽、西藏；亚洲、欧洲(北部)、北美洲

球根真藓 Bryum radiculosum Brid.

分布：山东、江苏、福建；日本；新西兰、秘鲁、埃及；欧洲、北美洲

弯叶真藓 Bryum recurvulum Mitt.

分布：吉林、山西、山东、陕西、新疆、安徽、湖南、湖北、四川、贵州、云南、西藏、台湾；不丹、泰国、印度尼西亚、日本

弯叶真藓(原变种) Bryum recurvulum var. **recurvulum**

分布：吉林、山西、山东、陕西、新疆、安徽、湖南、湖北、四川、贵州、云南、西藏、台湾；不丹、泰国、印度尼西亚、日本

弯叶真藓曲柄变种 Bryum recurvulum var. **flexicaule** (Müll. Hal.) Ochi

分布：陕西、甘肃

橙色真藓 Bryum rutilans Brid.

分布：内蒙古、山东、新疆、西藏；俄罗斯；中亚、欧洲、北美洲

拟大叶真藓 Bryum salakense Cardot

分布：江西、贵州、云南、台湾；不丹、印度尼西亚

沙氏真藓 Bryum sauteri Bruch et Schimp.

分布：山东、宁夏、新疆、湖南、湖北、重庆、贵州、西藏；欧洲

卷叶真藓 Bryum thomsonii Mitt.

分布：内蒙古、山东、贵州、西藏；巴基斯坦、斯里兰卡、印度尼西亚

土生真藓 Bryum tuberosum Mohamed et Damanhuri

分布：宁夏、贵州、云南；东南亚热带地区

球蒴真藓 Bryum turbinatum (Hedw.) Turner

分布：内蒙古、河北、山西、河南、陕西、新疆、江苏、浙江、湖南、贵州、云南、西藏；巴基斯坦、智利；北半球多有，非洲南部高海拔地区也有

垂蒴真藓 Bryum uliginosum (Brid.) Bruch et Schimp.

分布：内蒙古、河北、山西、山东、河南、陕西、宁夏、新疆、江苏、浙江、江西、四川、重庆、贵州、云南、西藏；智利、新西兰；北极、北半球温带高山地区

云南真藓 Bryum yuennanense Broth.

分布：安徽、浙江、四川、贵州、云南、西藏

平蒴藓属 Plagiobryum Lindb.

尖叶平蒴藓 Plagiobryum demissum (Hook.) Lindb.

分布：辽宁、内蒙古、山东、陕西、新疆、贵州、云南、西藏；北半球广布

钝叶平蒴藓 Plagiobryum giraldii (Müll. Hal.) Paris

分布：内蒙古、陕西；喜马拉雅(东部)

日本平蒴藓 Plagiobryum japonicum Nog.

分布：云南；日本

平蒴藓 Plagiobryum zierii (Hedw.) Lindb.

分布：辽宁、内蒙古、山东、陕西、青海、新疆、湖南、湖北、四川、贵州、云南、西藏、广东；俄罗斯；亚洲、欧洲、非洲、北美洲

大叶藓属 Rhodobryum (Schimp.) Hampe

暖地大叶藓 Rhodobryum giganteum (Schwägr.) Paris

分布：河南、陕西、宁夏、甘肃、安徽、浙江、江西、湖南、湖北、四川、重庆、贵州、云南、西藏、福建、台湾、广东、广西、香港；印度、尼泊尔、不丹、斯里兰卡、缅甸、老挝、越南、泰国、马来西亚、菲律宾、印度尼西亚、日本、朝鲜、巴布亚新几内亚、美国(夏威夷)、马达加斯加

阔边大叶藓 Rhodobryum laxelimbatum (Ochi) Z. Iwats. et T. J. Kop.

分布：安徽、云南、西藏、台湾；尼泊尔、印度

狭边大叶藓 Rhodobryum ontariense (Kindb.) Paris

分布：吉林、辽宁、山西、陕西、宁夏、安徽、湖南、四川、重庆、贵州、云南、西藏、台湾、广东、广西、香港；亚洲、非洲的温带地区

大叶藓 Rhodobryum roseum (Hedw.) Limpr.

分布：吉林、内蒙古、山西、山东、甘肃、新疆、贵州、台湾；俄罗斯、哈萨克斯坦、印度、缅甸、泰国、越南、朝鲜、日本、美国、加拿大；欧洲

25. 蔓枝藓科 Bryowijkiaceae M. Stech et W. Frey

蔓枝藓属 Bryowijkia Nog.

蔓枝藓 Bryowijkia ambigua (Hook.) Nog.

分布：四川、贵州、云南、西藏；印度、不丹、缅甸、泰国、越南

26. 虾藓科 Bryoxiphiaceae Besch.

虾藓属 Bryoxiphium Mitt.

虾藓 Bryoxiphium norvegicum (Brid.) Mitt.

分布：吉林、辽宁、内蒙古、陕西、安徽、湖南、四川、云南、台湾；冰岛、印度尼西亚、日本、朝鲜、俄罗斯；北美洲

虾藓(原亚种) Bryoxiphium norvegicum subsp. **norvegicum**

分布：吉林、辽宁、内蒙古、湖南、贵州；冰岛；北美洲

虾藓东亚亚种 Bryoxiphium norvegicum subsp. **japonicum** (Berggr.) Löve et Löve

分布：陕西、安徽、湖南、四川、贵州、云南、台湾；印度尼西亚、日本、朝鲜、俄罗斯

27. 烟杆藓科 Buxbaumiaceae Schwägr.

烟杆藓属 Buxbaumia Hedw.

筒蒴烟杆藓 Buxbaumia minakatae S. Okamura

分布：吉林、陕西、台湾；巴基斯坦、日本、朝鲜、俄罗斯；北美洲(东部)

花斑烟杆藓 Buxbaumia punctata P. C. Chen et X. J. Li

分布：陕西、四川、云南、西藏

圆蒴烟杆藓 **Buxbaumia symmetrica** P. C. Chen et X. J. Li

分布：陕西

28. 湿原藓科 Calliergonaceae Vanderp., Hedenäs et C. J. Cox et A. J. Shaw

湿原藓属 **Calliergon** (Sull.) Kindb.

湿原藓 **Calliergon cordifolium** (Hedw.) Kindb.

分布：黑龙江、吉林、辽宁、内蒙古、山东、甘肃、新疆、贵州；日本、尼泊尔、格陵兰、俄罗斯；欧洲、大洋洲、北美洲

大叶湿原藓 **Calliergon giganteum** (Schimp.) Kindb.

分布：黑龙江、吉林、内蒙古、新疆；俄罗斯；欧洲、北美洲

圆叶湿原藓 **Calliergon megalophyllum** Mikut.

分布：黑龙江、内蒙古；俄罗斯；欧洲、北美洲

蔓枝湿原藓 **Calliergon sarmentosum** (Wahlenb.) Kindb.

分布：黑龙江、内蒙古；尼泊尔、俄罗斯、新西兰；欧洲、非洲(中部)、北美洲、南极洲

黄色湿原藓 **Calliergon stramineum** (Brid.) Kindb.

分布：黑龙江、吉林、内蒙古、新疆、浙江、贵州；日本；俄罗斯、智利；欧洲、北美洲

范氏藓属 **Warnstorfia** (Broth.) Loeske

范氏藓 **Warnstorfia exannulata** (Bruch et Schimp.) Loeske

分布：黑龙江、吉林、内蒙古、山西、青海、新疆、重庆、贵州、云南；日本、印度、尼泊尔、俄罗斯、新西兰；欧洲、非洲(北部)、北美洲

浮生范氏藓 **Warnstorfia fluitans** (Hedw.) Loeske

分布：黑龙江、吉林、内蒙古、陕西；日本、朝鲜、印度、俄罗斯、新西兰；欧洲、非洲(北部)、北美洲

29. 花叶藓科 Calymperaceae Kindb.

脆尖藓属 **Arthrocormus** Dozy et Molk.

脆尖藓 **Arthrocormus schimperi** (Dozy et Molk.) Dozy et Molk.

分布：云南；柬埔寨、印度尼西亚、马来西亚、菲律宾、斯里兰卡、新加坡、斐济、巴布亚新几内亚、萨摩亚、澳大利亚

花叶藓属 **Calymperes**

梯网花叶藓 **Calymperes afzelii** Swartz.

分布：云南、台湾、广东、海南、香港；斯里兰卡、泰国、老挝、越南、柬埔寨、马来西亚、新加坡、印度尼西亚、菲律宾、巴布亚新几内亚、澳大利亚；美洲

圆网花叶藓 **Calymperes erosum** Müll. Hal.

分布：广东、广西、海南、香港、澳门；孟加拉国、印度、斯里兰卡、缅甸、泰国、马来西亚、新加坡、菲律宾、印度尼西亚、澳大利亚；非洲、美洲

剑叶花叶藓 **Calymperes fasciculatum** Dozy et Molk.

分布：云南、台湾、广东、广西、海南、香港；缅甸、泰国、斯里兰卡、柬埔寨、越南、马来西亚、印度尼西亚、菲律宾、日本、美国(夏威夷)；大洋洲

拟兜叶花叶藓 **Calymperes graeffeanum** Müll. Hal.

分布：云南、台湾、香港；孟加拉国、斯里兰卡、泰国、菲律宾、印度尼西亚、澳大利亚；非洲

拟花叶藓海南变种 **Calymperes levyanum** Besch. var. **hainanense** Reese et P. J. Lin

分布：海南

花叶藓 **Calymperes lonchophyllum** Schwägr.

分布：台湾、海南、香港；斯里兰卡、缅甸、泰国、马来西亚、印度尼西亚、菲律宾、日本、澳大利亚；非洲、美洲

兜叶花叶藓 **Calymperes moluccense** Schwägr.

分布：海南、香港；缅甸、泰国、孟加拉国、斯里兰卡；泛热带地区

齿边花叶藓 **Calymperes serratum** A. Braun ex Müll. Hal.

分布：台湾、海南；斯里兰卡、泰国、越南、柬埔寨、印度尼西亚、日本、马来西亚、澳大利亚；热带非洲(西部)

南亚花叶藓 **Calymperes strictifolium** (Mitt.) G. Roth

分布：台湾；马来西亚、澳大利亚、太平洋群岛(西部)

海岛花叶藓 **Calymperes tahitense** (Sull.) Mitt.

分布：台湾、海南；孟加拉国、泰国、老挝、越南、印度、马来西亚、印度尼西亚、澳大利亚、太平洋群岛；热带非洲(东部)

细叶花叶藓 **Calymperes tenerum** Müll. Hal.

分布：云南、台湾、广东、海南、香港；孟加拉国、斯里兰卡、印度、老挝、越南、泰国、柬埔寨、马来西亚、新加坡、菲律宾、印度尼西亚；大洋洲、美洲

拟外网藓属 Exostratum L. T. Ellis

拟外网藓 **Exostratum blumii** (Nees ex Hampe) L. T. Ellis
分布：台湾、海南；日本、印度、斯里兰卡、泰国、越南、柬埔寨、印度尼西亚、马来半岛、新加坡、菲律宾、新喀里多尼亚、澳大利亚；非洲

白睫藓属 Leucophanes Brid.

狭叶白睫藓(新拟) **Leucophanes angustifolium** Renauld et Cardot
分布：台湾；印度、菲律宾、斯里兰卡、泰国、马来西亚、印度尼西亚、日本、越南；大洋洲

白睫藓 **Leucophanes candidum** (Schwägr.) Lindb.
分布：台湾；孟加拉国、泰国、马来西亚、巴布亚新几内亚、斐济、萨摩亚

刺肋白睫藓 **Leucophanes glaucum** (Schwägr.) Mitt.
分布：台湾、海南、香港；孟加拉国、日本、印度、越南、泰国、马来西亚、印度尼西亚、菲律宾；大洋洲

匍网藓属 Mitthyridium H. Rob.

匍网藓 **Mitthyridium fasciculatum** (Hook. et Grev.) H. Rob.
分布：海南、香港；印度、尼泊尔、斯里兰卡、缅甸、越南、泰国、柬埔寨、马来西亚、新加坡、菲律宾、印度尼西亚；非洲、大洋洲、南美洲

黄匍网藓 **Mitthyridium flavum** (Müll. Hal.) H. Rob.
分布：云南、海南、香港；越南、泰国、柬埔寨、菲律宾、马来西亚、新加坡、印度尼西亚、巴布亚新几内亚、澳大利亚；非洲

八齿藓属 Octoblepharum Hedw.

八齿藓 **Octoblepharum albidum** Hedw.
分布：贵州、云南、台湾、广东、广西、海南、香港、澳门；孟加拉国、越南、柬埔寨、老挝、缅甸、泰国、马来西亚、印度尼西亚、菲律宾、印度、澳大利亚；非洲、美洲

网藓属 Syrrhopodon Schwägr.

芒穗网藓 **Syrrhopodon aristifolius** Mitt.
分布：台湾；新加坡、印度尼西亚、马来西亚、菲律宾、巴布亚新几内亚

刺网藓 **Syrrhopodon armatispinosus** P. J. Lin
分布：海南

鞘刺网藓 **Syrrhopodon armatus** Mitt.
分布：贵州、四川、云南、台湾、广东、海南、香港、澳门；日本、印度、越南、泰国、新加坡、马来西亚、印度尼西亚、菲律宾、美国(夏威夷)；热带非洲、大洋洲

陈氏网藓 **Syrrhopodon chenii** Reese et P. J. Lin
分布：广东、广西、香港

红肋网藓 **Syrrhopodon flammeonervis** Müll. Hal.
分布：广西、海南；越南、泰国、柬埔寨、菲律宾、印度尼西亚、日本、瓦努阿图

网藓 **Syrrhopodon gardneri** (Hook.) Schwägr.
分布：江西、贵州、云南、台湾、广东、广西、海南、香港；缅甸、泰国、越南、柬埔寨、印度尼西亚；南美洲

海南网藓 **Syrrhopodon hainanensis** Reese et P. J. Lin
分布：海南

香港网藓 **Syrrhopodon hongkongensis** L. Zhang
分布：香港

卷叶网藓 **Syrrhopodon involutus** Schwägr.
分布：海南；印度、泰国、老挝、越南、柬埔寨、澳大利亚、太平洋群岛；热带非洲

日本网藓 **Syrrhopodon japonicus** (Besch.) Broth.
分布：浙江、江西、湖南、四川、贵州、云南、福建、台湾、广东、广西、海南、香港；日本、越南、泰国、马来西亚、菲律宾、印度尼西亚；大洋洲

舌叶网藓 **Syrrhopodon loreus** (Sande Lac.) W. D. Reese
分布：台湾、海南；印度尼西亚、日本、密克罗尼西亚

直叶网藓 **Syrrhopodon muelleri** (Dozy et Molk.) Sande Lac.
分布：海南；泰国、柬埔寨、印度尼西亚、澳大利亚、太平洋群岛

东方网藓 **Syrrhopodon orientalis** Reese et P. J. Lin
分布：广东；马来西亚

拟网藓 **Syrrhopodon parasiticus** (Brid.) Besch.
分布：云南、海南；泰国、越南；南美洲

巴西网藓 **Syrrhopodon prolifer** Schwägr.
分布：江西、福建、台湾、广东、广西、海南、香港；泰国、越南、日本；南美洲

巴西网藓(原变种) **Syrrhopodon prolifer** var. **prolifer**
分布：台湾、海南；南美洲

巴西网藓鞘齿变种 **Syrrhopodon prolifer** var. **tosaensis** (Cardot) Orbán et Resse
分布：江西、福建、台湾、广东、广西、海南、香港；泰国、越南、日本

阔叶网藓 Syrrhopodon semiliber (Mitt.) Besch.

分布：海南；孟加拉国、缅甸、泰国、柬埔寨、马来半岛、印度尼西亚、美国(夏威夷)

细刺网藓 Syrrhopodon spiculosus Hook. et Grev.

分布：海南、香港；孟加拉国、斯里兰卡、泰国、越南、柬埔寨、菲律宾、马来西亚、新加坡、印度尼西亚；非洲、大洋洲

暖地网藓 Syrrhopodon tjibodensis M. Fleisch.

分布：云南、海南；泰国、老挝、越南、印度尼西亚

鞘齿网藓 Syrrhopodon trachyphyllus Mont.

分布：台湾、广东、海南、香港；孟加拉国、斯里兰卡、泰国、柬埔寨、越南、安达曼群岛、马来西亚、新加坡、菲律宾、印度尼西亚、日本、澳大利亚、新喀里多尼亚

30. 护蒴苔科 Calypogeiaceae Arnell

护蒴苔属 Calypogeia Raddi

绿色护蒴苔 Calypogeia aeruginosa Mitt.

分布：台湾；印度、日本、美国

刺叶护蒴苔 Calypogeia arguta Nees et Mont. ex Nees

分布：辽宁、山东、江苏、上海、浙江、湖南、湖北、贵州、云南、福建、台湾、广东、广西、海南、香港、澳门；日本、朝鲜；欧洲、北美洲

三角护蒴苔 Calypogeia azurea Stotler et Crotz

分布：吉林、内蒙古、江苏、浙江、湖南、四川、重庆、贵州、云南、西藏、福建、广西；日本、朝鲜；欧洲、北美洲

护蒴苔 Calypogeia fissa (L.) Raddi

分布：浙江、江西、湖南、四川、贵州、云南、福建、台湾；日本；欧洲、北美洲

台湾护蒴苔 Calypogeia formosana Horik.

分布：台湾

北方护蒴苔 Calypogeia integristipula Steph.

分布：吉林；日本、俄罗斯

全缘护蒴苔 Calypogeia japonica Steph.

分布：福建；日本

芽胞护蒴苔 Calypogeia muelleriana (Schiffn.) K. Müller

分布：黑龙江、吉林、江苏、浙江、四川、福建、广西；日本；欧洲、北美洲

钝叶护蒴苔 Calypogeia neesiana (C. Massal. et Carest.) K. Müller ex Loeske

分布：黑龙江、吉林、辽宁、内蒙古、甘肃、浙江、江西、四川、贵州、福建、台湾；日本、朝鲜；欧洲、北美洲

沼生护蒴苔 Calypogeia sphagnicola (Arnell et Perss.) Wharnst et Loeske

分布：吉林、湖南、四川、贵州、云南、广西；日本；欧洲、北美洲

远东护蒴苔 Calypogeia suecica (Arnell et J. Perss.) K. Müller

分布：吉林；俄罗斯

双齿护蒴苔 Calypogeia tosana (Steph.) Steph.

分布：江苏、上海、浙江、江西、湖南、四川、重庆、贵州、云南、福建、台湾、广西、香港；日本、朝鲜、美国

假护蒴苔属 Metacalypogeia (S. Hatt.) Inoue

疏叶假护蒴苔 Metacalypogeia alternifolia (Nees) Grolle

分布：四川、贵州、云南、西藏、台湾；印度、尼泊尔、不丹、日本、美国(夏威夷)

假护蒴苔 Metacalypogeia cordifolia (Steph.) Inoue

分布：黑龙江、吉林、浙江、贵州、台湾；日本、朝鲜

疣胞苔属 Mnioloma Herzog

棕色疣胞苔 Mnioloma fuscum (Lehm.) R. M. Schust.

分布：台湾；印度尼西亚、泰国、斯里兰卡、所罗门群岛、巴布亚新几内亚、萨摩亚、美国(夏威夷)、埃塞俄比亚、乌干达、塞舌尔群岛、坦桑尼亚、斯威士兰

31. 大萼苔科 Cephaloziaceae Mig.

柱萼苔属 Alobiellopsis R. M. Schust.

柱萼苔 Alobiellopsis parvifolius (Steph.) R. M. Schust.

分布：浙江、贵州、云南、福建；日本

大萼苔属 Cephalozia Dumort.

钝瓣大萼苔 Cephalozia ambigua C. Massal.

分布：黑龙江、辽宁、河北、山西、山东、甘肃、新疆、浙江、江西、湖南、贵州、福建；亚洲(北部)、欧洲、北美洲

大萼苔 Cephalozia bicuspidata (L.) Dumort.

分布：黑龙江、吉林、辽宁、浙江、江西、四川、云南、福建、台湾；日本、俄罗斯、玻利维亚；欧洲、北美洲

曲枝大萼苔 Cephalozia catenulata (Huebener) Lindb.

分布：黑龙江、吉林、山西、湖南、四川、重庆、贵州、西藏、台湾、广西；朝鲜；亚洲(北部)、欧洲、北美洲

耳状大萼苔(新拟) Cephalozia conchata (Grolle et Váňa) Váňa

分布：云南；尼泊尔

喙叶大萼苔 **Cephalozia connivens** (Dicks) Lindb.

分布：黑龙江、吉林、山西、新疆、四川、云南；不丹、日本、俄罗斯、亚速尔群岛；欧洲、北美洲

南亚大萼苔 **Cephalozia gollanii** Steph.

分布：江西、湖南、湖北、四川、重庆、贵州、云南、福建、台湾、广东、广西；印度、不丹、泰国、日本

弯叶大萼苔 **Cephalozia hamatiloba** Steph.

分布：湖南、福建、香港、澳门；日本、俄罗斯；亚洲(东南部)

毛口大萼苔 **Cephalozia lacinulata** (J. B. Jack) Spruce

分布：黑龙江、吉林、辽宁、浙江、四川、云南、福建、广西；朝鲜、俄罗斯；欧洲、北美洲

厚壁大萼苔 **Cephalozia leucantha** Spruce

分布：吉林、浙江、江西、广西；朝鲜、日本；欧洲、北美洲

月瓣大萼苔 **Cephalozia lunulifolia** (Dumort.) Dumort.

分布：黑龙江、吉林、新疆、浙江、湖南、云南、西藏、福建；俄罗斯；欧洲、北美洲

短瓣大萼苔 **Cephalozia macounii** (Austin) Austin

分布：黑龙江、吉林、辽宁、浙江、湖南、湖北、四川、贵州、云南、西藏、福建、广西、香港；俄罗斯；欧洲、北美洲

薄壁大萼苔 **Cephalozia otaruensis** Steph.

分布：浙江、湖南、四川、重庆、云南、广西、香港；日本、朝鲜；北美洲

细瓣大萼苔 **Cephalozia pleniceps** (Austin) Lindb.

分布：黑龙江、吉林、河北、陕西、新疆、江西、四川、重庆、云南；不丹、俄罗斯；欧洲、美洲

钝叶苔属 **Cladopodiella** H. Buch

角胞钝叶苔 **Cladopodiella francisci** (Hook.) Buch

分布：西藏；欧洲、北美洲

长胞苔属 **Hygrobiella** Spruce

长胞苔 **Hygrobiella laxifolia** (Hook.) Spruce

分布：云南；朝鲜、日本；欧洲、北美洲

拳叶苔属 **Nowellia** Mitt.

拳叶苔 **Nowellia curvifolia** (Dicks.) Mitt.

分布：黑龙江、吉林、内蒙古、安徽、浙江、江西、湖南、四川、重庆、贵州、云南、西藏、福建、台湾、广西；泰国、朝鲜

裂齿苔属 **Odontoschisma** (Dumort.) Dumort.

裂齿苔 **Odontoschisma denudatum** (Dumort.) Dumort.

分布：贵州、重庆、福建、台湾、广西；尼泊尔、不丹、泰国、马来西亚、印度尼西亚、菲律宾、日本、朝鲜、新喀里多尼亚、俄罗斯、南非；欧洲、美洲

角胞裂齿苔(新拟) **Odontoschisma francisci** (Hook.) L. Söderstr. et Váňa

分布：西藏；欧洲、北美洲

瘤壁裂齿苔 **Odontoschisma grosseverrucosum** Steph.

分布：湖南、四川、福建、台湾、浙江、广西、广东；日本、泰国

湿生裂齿苔 **Odontoschisma sphagni** (Dicks.) Dumort.

分布：重庆、贵州、广西；欧洲、北美洲

朱氏裂齿苔(新拟) **Odontoschisma zhui** Gradst., S. C. Aranda et Vanderp.

分布：广西、湖南、浙江；日本

侧枝苔属 **Pleurocladula** Grolle

侧枝苔 **Pleurocladula albescens** (Hook.) Grolle

分布：辽宁、广西；日本；欧洲、北美洲

塔叶苔属 **Schiffneria** Steph.

塔叶苔 **Schiffneria hyaline** Steph.

分布：浙江、江西、湖南、四川、贵州、云南、西藏、福建、台湾、海南；不丹、印度、泰国、马来西亚、印度尼西亚、日本、巴布亚新几内亚

云南塔叶苔 **Schiffneria yunnanensis** C. Gao et W. Li

分布：云南

32. 拟大萼苔科 Cephaloziellaceae Douin

拟大萼苔属 **Cephaloziella** (Spruce) Schiffn.

短萼拟大萼苔 **Cephaloziella breviperianthia** C. Gao

分布：黑龙江、吉林、内蒙古、山东、贵州、福建

粗齿拟大萼苔 **Cephaloziella dentata** (Raddi) K. Müller

分布：江西、湖南、贵州；欧洲

挺枝拟大萼苔 **Cephaloziella divaricata** (Sm.) Schiffn.

分布：黑龙江、山东、陕西、贵州；朝鲜；亚洲(北部)、欧洲、北美洲

狭叶拟大萼苔 **Cephaloziella elachista** (J. B. Jack) Schiffn.

分布：黑龙江、江西、湖南；欧洲

狭叶拟大萼苔(原变种) **Cephaloziella elachista** var. **elachista**

分布：江西、湖南；欧洲

狭叶拟大萼苔刺苞叶变种 **Cephaloziella elachista** var. **spinophylla** (C. Gao) C. Gao

分布：黑龙江

扭叶拟大萼苔 **Cephaloziella flexuosa** C. Gao et G. C. Zhang
分布：浙江

哈氏拟大萼苔 **Cephaloziella hampeana** (Nees) Schiffn. ex Loeske
分布：新疆；德国、瑞典、俄罗斯、墨西哥、美国、加拿大

鳞叶拟大萼苔 **Cephaloziella kiaeri** (Austin) S. W. Arnell
分布：辽宁、山东、江苏、浙江、江西、湖南、贵州、云南、福建；印度、不丹、斯里兰卡、泰国、马来西亚、印度尼西亚、菲律宾、日本；欧洲、非洲、大洋洲、北美洲

小叶拟大萼苔 **Cephaloziella microphylla** (Steph.) Douin
分布：内蒙古、浙江、湖南、贵州、福建、广西、香港、澳门；印度、尼泊尔、不丹、泰国、日本、朝鲜

红色拟大萼苔 **Cephaloziella rubella** (Nees) Warnst.
分布：黑龙江、吉林、辽宁、内蒙古、山东、河南、陕西、宁夏、湖南、贵州、云南；日本、俄罗斯；欧洲、北美洲

刺茎拟大萼苔 **Cephaloziella spinicaulis** Douin
分布：黑龙江、山东、陕西、湖南、福建；日本、朝鲜；北美洲(东部)

仰叶拟大萼苔 **Cephaloziella stepanii** Schiffn. ex Douin
分布：云南；泰国、印度尼西亚

筒萼苔属 **Cylindrocolea** R. M. Schust.

弯叶筒萼苔 **Cylindrocolea recurvifolia** (Steph.) Inoue
分布：浙江、湖南、福建、台湾；日本、朝鲜

东亚筒萼苔 **Cylindrocolea tagawae** (N. Kitag.) R. M. Schust.
分布：辽宁、山东、福建、香港；泰国、马来西亚、日本、所罗门群岛

33. 星孔苔科 Cleveaceae Cavers

高山苔属 **Athalamia** Falconer

云南高山苔 **Athalamia handelii** (Herzog) S. Hatt.
分布：云南

高山苔 **Athalamia pinguis** Falconer
分布：四川；喜马拉雅地区

克氏苔属 **Clevea** Lindb.

托鳞克氏苔 **Clevea hyalina** (Sommerf.) Lindb.
分布：新疆；俄罗斯；欧洲、北美洲

小克氏苔 **Clevea pusilla** (Steph.) Rubasinghe et D. G. Long
分布：黑龙江、吉林、山东、陕西、云南；日本

月鳞苔属 **Peltolepis** Lindl.

方月鳞苔 **Peltolepis quadrata** (Saut.) K. Müller
分布：云南；欧洲

星孔苔属 **Sauteria** Nees

星孔苔 **Sauteria alpina** (Nees et Bisch.) Nees
分布：甘肃、云南；北半球温带地区

膨柄星孔苔 **Sauteria inflata** C. Gao et G. C. Zhang
分布：云南、西藏

球孢星孔苔 **Sauteria spongiosa** (Kashyap) S. Hatt.
分布：云南、西藏；印度、巴基斯坦、尼泊尔

34. 万年藓科 Climaciaceae Kindb.

万年藓属 **Climacium** F. Weber et D. Mohr

万年藓 **Climacium dendroides** (Hedw.) F. Weber et D. Mohr
分布：黑龙江、吉林、内蒙古、河北、山西、河南、甘肃、新疆、安徽、湖北、四川、贵州、云南；北半球地区、新西兰

东亚万年藓 **Climacium japonicum** Lindb.
分布：黑龙江、吉林、山西、山东、河南、陕西、宁夏、甘肃、安徽、浙江、江西、湖南、湖北、四川、重庆、贵州、云南、西藏、台湾；日本、朝鲜、俄罗斯

树藓属 **Pleuroziopsis** Kindb. ex E. Britton

树藓 **Pleuroziopsis ruthenica** (Weinm.) Kindb. ex E. Britton
分布：黑龙江、吉林、宁夏、新疆、四川、重庆、贵州；日本；北美洲

35. 蛇苔科 Conocephalaceae K. Müller ex Grolle

蛇苔属 **Conocephalum** F. H. Wigg.

蛇苔 **Conocephalum conicum** (L.) Dumort.
分布：中国各地均有分布；印度、尼泊尔、不丹、朝鲜、日本、俄罗斯；欧洲、北美洲

小蛇苔 **Conocephalum japonicum** (Thunb.) Grolle
分布：辽宁、山东、陕西、甘肃、上海、浙江、江西、湖

南、重庆、贵州、云南、福建、台湾、香港；印度、尼泊尔、不丹、柬埔寨、菲律宾、朝鲜、日本、俄罗斯、美国(夏威夷)

暗色蛇苔 **Conocephalum salebrosum** Szweyk.

分布：青海、四川、云南；印度、尼泊尔、不丹、日本；欧洲、北美洲

36. 花地钱科 Corsiniaceae Engl.

花地钱属 **Corsinia** Raddi

花地钱 **Corsinia coriandrina** (Spreng.) Lindb.

分布：云南、广西；欧洲、非洲、北美洲

37. 隐蒴藓科 Cryphaeaceae Schimp.

隐蒴藓属 **Cryphaea** D. Mohr et F. Weber

披针叶隐蒴藓 **Cryphaea lanceolata** P. C. Rao et Enroth

分布：湖南、湖北、四川

卵叶隐蒴藓 **Cryphaea obovatocarpa** S. Okamura

分布：云南、台湾；日本

峨嵋隐蒴藓 **Cryphaea omeiensis** P. C. Rao

分布：四川

松潘隐蒴藓 **Cryphaea songpanensis** Enroth et T. J. Kop.

分布：四川

线齿藓属 **Cyptodontopsis** Dixon

线齿藓 **Cyptodontopsis leveillei** (Thér.) P. C. Rao et Enroth

分布：贵州；越南、老挝、印度尼西亚、巴布亚新几内亚

毛枝藓属 **Pilotrichopsis** Besch.

毛枝藓 **Pilotrichopsis dentate** (Mitt.) Besch.

分布：安徽、浙江、江西、湖南、贵州、西藏、福建、广西、香港；越南、菲律宾、印度尼西亚、日本

粗毛枝藓 **Pilotrichopsis robusta** P. C. Chen

分布：广东

顶隐蒴藓属 **Schoenobryum** Dozy et Molk.

凹叶顶隐蒴藓 **Schoenobryum concavifolium** (Griff.) Gangulee

分布：四川、贵州、云南、西藏；孟加拉国、尼泊尔、不丹、印度、缅甸、斯里兰卡、泰国、越南、印度尼西亚、菲律宾、巴布亚新几内亚

球蒴藓属 **Sphaerotheciella** M. Fleisch.

科氏球蒴藓 **Sphaerotheciella koponenii** P. C. Rao

分布：湖南

中华球蒴藓 **Sphaerotheciella sinensis** (E. B. Bartram) P. C. Rao

分布：甘肃、湖北、四川、贵州

球蒴藓 **Sphaerotheciella sphaerocarpa** (Hook.) M. Fleisch.

分布：四川、贵州、云南、西藏、台湾；尼泊尔、印度、不丹

38. 光苔科 Cyathodiaceae Stotler et Crand.-Stotl.

光苔属 **Cyathodium** Kunze

黄光苔 **Cyathodium aureo-nitens** (Griff.) Schiffn.

分布：四川、云南；印度、缅甸、越南、印度尼西亚；非洲

光苔 **Cyathodium cavernarum** Kunze

分布：四川、云南；印度、缅甸、印度尼西亚、澳大利亚、巴西

艳绿光苔 **Cyathodium smaragdium** Schiffn. ex Keissl.

分布：湖南、四川、云南；印度、缅甸、日本、斯里兰卡、越南、印度尼西亚；非洲(中西部)

细疣光苔 **Cyathodium tuberculatum** Udar et Singh

分布：湖南、云南；印度

芽胞光苔 **Cyathodium tuberosum** Kash.

分布：云南；印度、缅甸

39. 小黄藓科 Daltoniaceae Schimp.

毛柄藓属 **Calyptrochaeta** Desv.

日本毛柄藓 **Calyptrochaeta japonica** (Cardot et Thér.) Z. Iwats. et Nog.

分布：江西、湖南、湖北、贵州、云南、福建、台湾、广西；日本

小毛柄藓 **Calyptrochaeta parviretis** (M. Fleisch.) Z. Iwats.

分布：台湾；印度尼西亚

多枝毛柄藓刺齿亚种 **Calyptrochaeta ramosa** subsp. **spinosa** (Nog.) B. C. Tan et P. J. Lin

分布：四川、重庆、贵州、云南、台湾、广东、广西、海

南；尼泊尔、越南

小黄藓属 **Daltonia** Hook. et Taylor

狭叶小黄藓 **Daltonia angustifolia** Dozy et Molk.
分布：重庆、贵州、台湾；越南、澳大利亚、坦桑尼亚

芒尖小黄藓 **Daltonia aristifolia** Renauld et Cardot
分布：台湾；越南

折叶小黄藓 **Daltonia semitorta** Mitt.
分布：四川；印度、尼泊尔

黄藓属 **Distichophyllum** Dozy et Molk.

折叶黄藓 **Distichophyllum carinatum** Dixon ex Nichols
分布：四川、重庆；日本；欧洲(西部)

卷叶黄藓 **Distichophyllum cirratum** Renauld et Cardot
分布：台湾、广西、海南；马来西亚、泰国、印度尼西亚、菲律宾

卷叶黄藓(原变种) **Distichophyllum cirratum** var. **cirratum**
分布：贵州、广西、海南；马来西亚、泰国

卷叶黄藓南亚变种 **Distichophyllum cirratum** var. **elmeri** (Broth.) B. C. Tan et P. J. Lin
分布：贵州、台湾、海南；泰国、印度尼西亚、马来西亚、菲律宾

厚角黄藓 **Distichophyllum collenchymatosum** Cardot
分布：浙江、湖南、四川、贵州、云南、西藏、福建、台湾、广东、海南、香港；朝鲜、日本、菲律宾

厚角黄藓短喙变种 **Distichophyllum collenchymatosum** var. **brevirostratum** (Thér.) B. C. Tan et P. J. Lin
分布：四川、贵州、西藏

厚角黄藓(原变种) **Distichophyllum collenchymatosum** var. **collenchymatosum**
分布：广西、海南；马来西亚、泰国

厚角黄藓宽边变种 **Distichophyllum collenchymatosum** var. **pseudosinense** B. C. Tan et P. J. Lin
分布：安徽、浙江、江西、福建、广东、海南、香港

尖叶黄藓 **Distichophyllum cuspidatum** (Dozy et Molk.) Dozy et Molk.
分布：重庆、台湾、海南；斯里兰卡、印度、泰国、越南、马来西亚、印度尼西亚、菲律宾、巴布亚新几内亚

东亚黄藓 **Distichophyllum maibarae** Besch.
分布：江苏、浙江、江西、湖南、重庆、贵州、云南、福建、台湾、广东、广西、海南、香港；印度、越南、马来西亚、菲律宾、日本

兜叶黄藓 **Distichophyllum meizhiae** B. C. Tan et P. J. Lin
分布：云南

钝叶黄藓 **Distichophyllum mittenii** Bosch et Sande Lac.
分布：西藏、台湾、海南；斯里兰卡、泰国、越南、柬埔寨、马来西亚、印度尼西亚、菲律宾、巴布亚新几内亚

匙叶黄藓 **Distichophyllum oblongum** B. C. Tan et P. J. Lin
分布：江西、贵州、广西

匙叶黄藓(原变种) **Distichophyllum oblongum** var. **oblongum**
分布：广西

匙叶黄藓贵州变种 **Distichophyllum oblongum** var. **fanjingensis** P. J. Lin et B. C. Tan
分布：江西、贵州

钝尖黄藓 **Distichophyllum obtusifolium** Thér.
分布：贵州；日本、菲律宾

大型黄藓 **Distichophyllum osterwaldii** M. Fleisch.
分布：福建、台湾、广西；日本、越南、印度尼西亚、马来西亚、菲律宾

屏东黄藓 **Distichophyllum pseudo-malayense** T. Y. Chiang et C. M. Kuo
分布：台湾

黑茎黄藓 **Distichophyllum subnigricaule** Broth.
分布：重庆、贵州、云南、海南；马来西亚、菲律宾、印度尼西亚

黑茎黄藓(原变种) **Distichophyllum subnigricaule** var. **subnigricaule**
分布：重庆、云南、海南；马来西亚、菲律宾、印度尼西亚

黑茎黄藓海南变种 **Distichophyllum subnigricaule** var. **hainanensis** P. J. Lin et B. C. Tan
分布：海南

粗尖黄藓 **Distichophyllum tortile** Dozy et Molk. ex Bosch et Sande Lac.
分布：海南；泰国、越南、马来西亚、菲律宾、印度尼西亚

万氏黄藓 **Distichophyllum wanianum** B. C. Tan et P. J. Lin
分布：云南、广东、海南

40. 树角苔科 Dendrocerotaceae J. Haseg.

树角苔属 **Dendroceros** Nees

日本树角苔 **Dendroceros japonicus** Steph.
分布：云南、台湾；日本

爪哇树角苔 **Dendroceros javanicus** (Nees) Nees
分布：台湾；印度尼西亚

东亚树角苔 **Dendroceros tubercularis** S. Hatt.
分布：台湾、香港；日本

大角苔属 **Megaceros** D. Campb.

东亚大角苔 **Megaceros flagellaris** (Mitt.) Steph.
分布：湖南、云南、福建、台湾、香港；泰国、印度、菲律宾、印度尼西亚、日本、巴布亚新几内亚、新喀里多尼亚、萨摩亚、社会群岛、美国(夏威夷)；非洲

41. 曲尾藓科 Dicranaceae Schimp.

高苞藓属 **Braunfelsia** Paris

高苞藓 **Braunfelsia enervis** (Dozy et Molk.) Paris
分布：海南；马来西亚、印度尼西亚、菲律宾、巴布亚新几内亚

锦叶藓属 **Dicranoloma** (Renauld) Renauld

大锦叶藓 **Dicranoloma assimile** (Hampe) Paris
分布：浙江、江西、贵州、西藏、福建、台湾、海南、香港；越南、泰国、菲律宾、印度尼西亚、马来西亚；大洋洲

直叶锦叶藓 **Dicranoloma blumii** (Nees) Paris
分布：湖南、四川、云南、西藏、福建、台湾；泰国、越南、菲律宾、马来西亚、印度尼西亚、巴布亚新几内亚、新喀里多尼亚

短柄锦叶藓 **Dicranoloma brevisetum** (Dozy et Molk.) Paris
分布：台湾、海南；越南、菲律宾、印度尼西亚、马来西亚、斯里兰卡、巴布亚新几内亚、越南

短柄锦叶藓(原变种) **Dicranoloma brevisetum** var. **brevisetum**
分布：海南；越南、菲律宾、印度尼西亚、马来西亚、斯里兰卡、巴布亚新几内亚

短柄锦叶藓芽胞变种 **Dicranoloma brevisetum** var. **samoanum** (Broth.) B. C. Tan et T. J. Kop.
分布：台湾、海南；泰国、菲律宾、印度尼西亚、马来西亚、越南

长蒴锦叶藓 **Dicranoloma cylindrothecium** (Mitt.) Sakurai
分布：浙江、贵州、福建、台湾、广西、香港；朝鲜、日本、俄罗斯

锦叶藓 **Dicranoloma dicarpum** (Nees) Paris
分布：江西、云南、广东、海南；印度尼西亚、马来西亚、澳大利亚、新西兰、秘鲁

曲尾藓属 **Dicranum** Hedw.

阿萨姆曲尾藓 **Dicranum assamicum** Dixon
分布：四川、重庆、贵州、西藏；印度

细肋曲尾藓 **Dicranum bonjeanii** De Not.
分布：黑龙江、吉林、内蒙古；俄罗斯；欧洲、北美洲

焦氏曲尾藓 **Dicranum cheoi** E. B. Bartram
分布：贵州、西藏

卷叶曲尾藓 **Dicranum crispifolium** Müll. Hal.
分布：四川、云南、西藏；印度、不丹、尼泊尔

大曲尾藓 **Dicranum drummondii** Müll. Hal.
分布：吉林、内蒙古、陕西、四川、贵州、西藏；朝鲜、日本、俄罗斯；欧洲

长叶曲尾藓 **Dicranum elongatum** Schleich. ex Schwägr.
分布：吉林、内蒙古、河北、新疆、四川、贵州、云南；日本、俄罗斯；欧洲、北美洲

鞭枝曲尾藓 **Dicranum flagellare** Hedw.
分布：黑龙江、吉林、内蒙古、山东、湖北；朝鲜、日本、俄罗斯；欧洲、北美洲

折叶曲尾藓 **Dicranum fragilifolium** Lindb.
分布：黑龙江、内蒙古、新疆、湖北、四川、重庆、贵州、云南、台湾；不丹、日本、俄罗斯；欧洲、北美洲

绒叶曲尾藓 **Dicranum fulvum** Hook.
分布：四川、重庆、贵州；朝鲜、日本、俄罗斯；欧洲、北美洲

棕色曲尾藓 **Dicranum fuscescens** Turner
分布：黑龙江、吉林、辽宁、内蒙古、贵州、西藏；朝鲜、日本、俄罗斯；欧洲、北美洲

格陵兰曲尾藓 **Dicranum groenlandicum** Brid.
分布：黑龙江、吉林、内蒙古、新疆、贵州、云南；日本、俄罗斯；欧洲、北美洲

钩叶曲尾藓 **Dicranum hamulosum** Mitt.
分布：吉林、浙江、四川、贵州、云南、西藏、台湾、广西、海南；日本、俄罗斯

喜马拉雅曲尾藓 **Dicranum himalayanum** Mitt.

分布：四川、贵州、云南、西藏；不丹、印度、尼泊尔

日本曲尾藓 **Dicranum japonicum** Mitt.

分布：黑龙江、吉林、内蒙古、山东、河南、陕西、甘肃、安徽、江苏、浙江、江西、湖南、湖北、四川、重庆、贵州、云南、西藏、福建、台湾、广东、广西；日本、朝鲜、俄罗斯

克什米尔曲尾藓 **Dicranum kashmirense** Broth.

分布：江西、湖南、湖北、四川、重庆、贵州、广西；巴基斯坦、印度

无褶曲尾藓 **Dicranum leiodontum** Cardot

分布：吉林、新疆、贵州、西藏、广西；朝鲜、日本

林芝曲尾藓 **Dicranum linzianum** C. Gao

分布：西藏

硬叶曲尾藓 **Dicranum lorifolium** Mitt.

分布：甘肃、浙江、江西、重庆、贵州、云南、西藏、福建；尼泊尔、不丹、印度

多蒴曲尾藓 **Dicranum majus** Turner

分布：黑龙江、吉林、内蒙古、山东、甘肃、新疆、江西、湖南、湖北、重庆、贵州、西藏、台湾、广西；朝鲜、日本、俄罗斯；欧洲、北美洲

马氏曲尾藓 **Dicranum mayrii** Broth.

分布：黑龙江、重庆、台湾；朝鲜、日本

直毛曲尾藓 **Dicranum montanum** Hedw.

分布：黑龙江、吉林、内蒙古、河北、湖北、贵州、西藏、海南；朝鲜、日本、俄罗斯；欧洲

细叶曲尾藓 **Dicranum muehlenbeckii** Bruch et Schimp.

分布：吉林、新疆、浙江、四川、贵州、西藏、台湾；朝鲜、日本、俄罗斯；欧洲、北美洲

东亚曲尾藓 **Dicranum nipponense** Besch.

分布：黑龙江、吉林、新疆、江苏、湖南、湖北、四川、重庆、贵州、福建、台湾、广西；朝鲜、日本

疣齿曲尾藓 **Dicranum papillidens** Broth.

分布：四川

波叶曲尾藓 **Dicranum polysetum** Swartz.

分布：黑龙江、吉林、内蒙古、新疆、云南、西藏；朝鲜、日本、俄罗斯；欧洲、北美洲

脆叶锦叶藓 **Dicranum psathyrum** Klazenga

分布：安徽、浙江、湖南、四川、贵州、云南、西藏、福建、广东、广西、海南；尼泊尔

直叶曲尾藓 **Dicranum rectifolium** Müll.

分布：陕西

曲尾藓 **Dicranum scoparium** Hedw.

分布：黑龙江、吉林、辽宁、内蒙古、河北、山东、陕西、甘肃、新疆、安徽、江苏、浙江、江西、湖南、湖北、四川、重庆、贵州、云南、西藏、福建、台湾；不丹、日本、朝鲜、俄罗斯；欧洲、北美洲

全缘曲尾藓 **Dicranum scottianum** Turner ex Scott

分布：黑龙江、吉林、内蒙古；欧洲、北美洲

毛叶曲尾藓 **Dicranum setifolium** Cardot

分布：吉林、贵州、四川；日本

齿肋曲尾藓 **Dicranum spurium** Hedw.

分布：黑龙江、吉林、内蒙古；朝鲜、日本、俄罗斯；欧洲、北美洲

拟孔网曲尾藓 **Dicranum subporodictyon** (Broth.) C. Gao et T. Cao

分布：云南

皱叶曲尾藓 **Dicranum undulatum** Schrad. ex Brid.

分布：黑龙江、吉林、内蒙古；日本、俄罗斯；欧洲、北美洲

绿色曲尾藓 **Dicranum viride** (Sull. et Lesq.) Lindb.

分布：湖北、四川、重庆、贵州、云南；朝鲜、日本；北美洲

苞领藓属 **Holomitrium** Brid.

柱鞘苞领藓 **Holomitrium cylindraceum** (P. Beauv.) Wijk et Margad.

分布：湖南、湖北、贵州、福建、广西、香港；菲律宾、印度尼西亚、社会群岛；非洲

密叶苞领藓 **Holomitrium densifolium** (Wilson) Wijk et Margad.

分布：安徽、江西、湖北、贵州、福建、台湾、广东、广西、香港；印度、不丹、斯里兰卡、泰国、缅甸、越南、老挝、菲律宾、日本

白锦藓属 **Leucoloma** Brid.

梅氏白锦藓(新拟) **Leucoloma mittenii** M. Fleisch.

分布：海南；印度、泰国、越南、马来西亚

柔叶白锦藓 **Leucoloma molle** (Müll. Hal.) Mitt.

分布：台湾、广东、广西、海南、香港；越南、泰国、柬埔寨、马来西亚、菲律宾、印度尼西亚、日本、美国(夏威夷)；大洋洲

东亚白锦藓 **Leucoloma okamurae** Broth.

分布：广东、广西；日本

狭叶白锦藓 **Leucoloma walkeri** Broth.

分布：香港；印度、缅甸、泰国、马来西亚、印度尼西亚、菲律宾

拟白发藓属 **Paraleucobryum** (Lindb. ex Limpr.) Loeske

拟白发藓 **Paraleucobryum enerve** (Thed.) Loeske

分布：吉林、陕西、新疆、浙江、四川、云南、西藏、台湾；不丹、印度、日本、俄罗斯；北美洲

长叶拟白发藓 **Paraleucobryum longifolium** (Hedw.) Loeske

分布：黑龙江、吉林、陕西、四川、云南、西藏；日本、印度、俄罗斯；欧洲、北美洲

狭肋拟白发藓 **Paraleucobryum sauteri** (Bruch et Schimp.) Loeske

分布：云南；俄罗斯；欧洲、北美洲

疣肋拟白发藓 **Paraleucobryum schwarzii** (Schimp.) C. Gao et Vitt

分布：内蒙古、陕西、江西、四川、重庆、贵州、云南、西藏、台湾、广东、广西、海南；尼泊尔、印度、日本；欧洲、北美洲

无齿藓属 **Pseudochorisodontium** (Broth.) C. Gao

错那无齿藓 **Pseudochorisodontium conanenum** (C. Gao) C. Gao

分布：贵州、云南、西藏

无齿藓 **Pseudochorisodontium gymnostomum** (Mitt.) C. Gao

分布：四川、贵州、云南、西藏；印度

韩氏无齿藓 **Pseudochorisodontium hokinense** (Besch.) C. Gao

分布：四川、云南、西藏

瘤叶无齿藓 **Pseudochorisodontium mamillosum** (C. Gao et Z. W. Aur) C. Gao

分布：西藏

多枝无齿藓 **Pseudochorisodontium ramosum** (C. Gao et Z. W. Aur) C. Gao

分布：西藏

四川无齿藓 **Pseudochorisodontium setschwanicum** (Broth.) C. Gao

分布：四川、西藏；尼泊尔

42. 小曲尾藓科 Dicranellaceae M. Stech

扭柄藓属 **Campylopodium** (Müll. Hal.) Besch.

扭柄藓 **Campylopodium medium** (Duby) Giese et J.-P. Frahm

分布：贵州、云南、西藏、台湾；缅甸、日本、菲律宾、印度尼西亚、泰国、越南、美国(夏威夷)、新西兰；非洲(东部)

小曲尾藓属 **Dicranella** (Müll. Hal.) Schimp.

小曲尾藓 **Dicranella amplexans** (Mitt.) A. Jaeger

分布：云南、海南；孟加拉国、尼泊尔

华南小曲尾藓 **Dicranella austro-sinensis** Herzog et Dixon

分布：云南、广东

短颈小曲尾藓 **Dicranella cerviculata** (Hedw.) Schimp.

分布：黑龙江、山西、山东、浙江、湖北、贵州、广东、广西；日本、俄罗斯；欧洲、北美洲

南亚小曲尾藓 **Dicranella coarctata** (Müll. Hal.) Bosch et Sande Lac.

分布：吉林、甘肃、江苏、上海、江西、湖南、湖北、贵州、云南、福建、台湾、广西、海南、香港、澳门；孟加拉国、斯里兰卡、缅甸、泰国、越南、马来西亚、菲律宾、印度尼西亚、日本、澳大利亚

南亚小曲尾藓(原变种) **Dicranella coarctata** var. **coarctata**

分布：吉林、甘肃、江苏、上海、江西、湖南、湖北、贵州、云南、福建、台湾、广西、海南、香港、澳门；孟加拉国、斯里兰卡、缅甸、泰国、越南、马来西亚、菲律宾、印度尼西亚、日本、澳大利亚

南亚小曲尾藓急流变种 **Dicranella coarctata** var. **torrentium** Cardot

分布：台湾、香港

疏叶小曲尾藓 **Dicranella divaricatula** Besch.

分布：辽宁、江苏、浙江、湖北、四川、贵州、云南、广西

福建小曲尾藓 **Dicranella fukienensis** Broth.

分布：江西、福建、海南

短柄小曲尾藓 **Dicranella gonoi** Cardot

分布：黑龙江、山东、湖南、海南；日本

多形小曲尾藓 Dicranella heteromalla (Hedw.) Schimp.

分布：黑龙江、吉林、山东、新疆、安徽、江苏、上海、浙江、湖南、湖北、四川、重庆、贵州、台湾、海南；北半球广布

陕西小曲尾藓 Dicranella liliputana (Müll. Hal.) Paris

分布：吉林、陕西

细叶小曲尾藓 Dicranella micro-divariata (Müll. Hal.) Paris

分布：山东、陕西、浙江、重庆、贵州、西藏

沼生小曲尾藓 Dicranella palustris (Dicks.) Crundw.

分布：吉林、辽宁；日本、俄罗斯；欧洲、北美洲

圆叶小曲尾藓 Dicranella rotundata (Broth.) Takaki

分布：云南

红色小曲尾藓 Dicranella rufescens (With.) Schimp.

分布：江西；欧洲、北美洲

史贝小曲尾藓 Dicranella schreberiana (Hedw.) Hilf. ex H. A. Crum et L. E. Anderson

分布：黑龙江、宁夏、新疆、贵州、西藏；日本、俄罗斯；欧洲、北美洲

偏叶小曲尾藓 Dicranella subulata (Hedw.) Schimp.

分布：吉林、安徽、浙江、湖北、四川、贵州、西藏、福建、海南；日本；欧洲、北美洲

变形小曲尾藓 Dicranella varia (Hedw.) Schimp.

分布：辽宁、内蒙古、山东、河南、新疆、上海、浙江、江西、湖南、湖北、四川、贵州、云南、广东、广西、澳门；巴基斯坦、日本、俄罗斯；欧洲、非洲、北美洲

纤毛藓属 Leptotrichella (Müll. Hal.) Lindb.

梨蒴纤毛藓 Leptotrichella brasiliensis (Duby) Ochyra

分布：山东、上海、四川、云南、西藏、海南；印度、斯里兰卡、缅甸、印度尼西亚、菲律宾；南美洲

红柄纤毛藓 Leptotrichella miqueliana (Mont.) Lindb. ex Broth.

分布：海南；印度尼西亚、菲律宾、巴布亚新几内亚

中华纤毛藓 Leptotrichella sinensis (Herzog) Ochyra

分布：云南

云南纤毛藓 Leptotrichella yuennanensis (C. Gao) Ochyra

分布：云南

小曲柄藓属 Microcampylopus (Müll. Hal.) M. Fleisch.

小曲柄藓 Microcampylopus khasianus (Griff.) Giese et J.-P. Frahm

分布：湖南、云南、西藏；印度尼西亚、斯里兰卡、缅甸、印度

阔叶小曲柄藓 Microcampylopus laevigatus (Thér.) Giese et J.-P. Frahm.

分布：贵州、云南、台湾；菲律宾、斯里兰卡、印度、缅甸；非洲

43. 短颈藓科 Diphysciaceae M. Fleisch.

短颈藓属 Diphyscium D. Mohr

乳突短颈藓 Diphyscium chiapense Norris var. **unipapillosum** (Deguchi) T. Y. Chiang et S. H. Lin

分布：江西、湖南、台湾；日本、菲律宾

短颈藓 Diphyscium foliosum (Hedw.) D. Mohr

分布：四川、重庆、贵州、台湾；日本、俄罗斯、高加索地区；欧洲、北美洲

东亚短颈藓 Diphyscium fulvifolium Mitt.

分布：安徽、江苏、江西、湖南、湖北、重庆、贵州、云南、福建、台湾、广东、广西；日本、朝鲜、菲律宾

齿边短颈藓 Diphyscium longifolium Griff.

分布：贵州、云南、台湾、海南；喜马拉雅地区、印度、泰国、太平洋岛屿；东南亚、中美洲、南美洲

厚叶短颈藓 Diphyscium lorifolium (Cardot) Magombo

分布：吉林、辽宁；朝鲜、日本、克什米尔地区

卷叶短颈藓 Diphyscium mucronifolium Mitt.

分布：湖南、重庆、贵州、云南、福建、台湾、广东、海南、香港；日本、斯里兰卡、印度、泰国、柬埔寨、马来西亚、菲律宾、印度尼西亚；北美洲

小短颈藓 Diphyscium satoi Tuzibe

分布：吉林；韩国、日本

44. 牛毛藓科 Ditrichaceae Limpr.

高地藓属 Astomiopsis Müll. Hal.

中华高地藓 Astomiopsis julacea (Besch.) K. L. Yip et Snider

分布：四川、重庆、云南、台湾；日本

角齿藓属 **Ceratodon** Brid.

角齿藓 **Ceratodon purpureus** (Hedw.) Brid.

分布：黑龙江、吉林、辽宁、内蒙古、河北、山东、甘肃、青海、新疆、江苏、上海、湖北、四川、贵州、云南、西藏、台湾、广东；世界广布

疣蒴角齿藓 Ceratodon stenoearpus Bruch et Schimp.

分布：贵州、云南、西藏、台湾；世界广布

闭蒴藓属 **Cleistocarpidium** Ochyra et Bednarek-Ochyra

东亚闭蒴藓 **Cleistocarpidium japonicum** (Deguchi, Matsui et Z. Iwats.) K. L. Yip

分布：浙江；日本

对叶藓属 **Distichium** Bruch et Schimp.

短柄对叶藓 **Distichium brevisetum** C. Gao

分布：河北、西藏

短叶对叶藓 **Distichium bryoxiphioidium** C. Gao

分布：西藏

对叶藓 **Distichium capillaceum** (Hedw.) Bruch et Schimp.

分布：黑龙江、吉林、内蒙古、河北、山西、陕西、宁夏、甘肃、青海、新疆、贵州、云南、西藏、台湾；世界广布

小对叶藓 **Distichium hagenii** Ryan ex Philib.

分布：河北、甘肃、青海、新疆、西藏；蒙古国、俄罗斯、美国；欧洲

斜蒴对叶藓 **Distichium inclinatum** (Hedw.) Bruch et Schimp.

分布：内蒙古、河北、山西、宁夏、青海、新疆、云南、西藏；巴基斯坦、印度、高加索地区；中亚、欧洲、非洲(北部)、北美洲

拟牛毛藓属 **Districhopsis** Broth.

闭蒴拟牛毛藓 **Districhopsis gymnostoma** Broth.

分布：四川、贵州

牛毛藓属 **Ditrichum** Hampe

金黄牛毛藓 **Ditrichum aureum** E. B. Bartram

分布：贵州

短齿牛毛藓 **Ditrichum brevidens** Nog.

分布：四川、贵州、云南、台湾

印度牛毛藓 **Ditrichum darjeelingense** Renauld et Cardot

分布：云南；印度

卷叶牛毛藓 **Ditrichum difficile** (Duby) M. Fleisch.

分布：内蒙古、山西、新疆、贵州、福建、台湾；孟加拉国、印度、印度尼西亚、俄罗斯；非洲、大洋洲、南美洲

叉枝牛毛藓 **Ditrichum divaricatum** Mitt.

分布：吉林、上海、浙江、重庆；日本、韩国

细牛毛藓 **Ditrichum flexicaule** (Schwägr.) Hampe

分布：内蒙古、陕西、甘肃、新疆、贵州、云南、西藏；俄罗斯；欧洲、北美洲

扭叶牛毛藓 **Ditrichum gracile** (Mitt.) O. Kuntze

分布：吉林、河北、山西、陕西、青海、新疆、四川、贵州、云南、西藏、台湾；日本、巴布亚新几内亚、新西兰、俄罗斯；欧洲、美洲

牛毛藓 **Ditrichum heteromallum** (Hedw.) E. Britton

分布：山东、上海、浙江、江西、湖南、湖北、四川、重庆、贵州、云南、西藏、台湾、广东、广西、海南；印度、日本、朝鲜、美国、哥伦比亚；欧洲

黄牛毛藓 **Ditrichum pallidum** (Hedw.) Hampe

分布：山东、上海、浙江、江西、湖南、湖北、四川、重庆、贵州、云南、西藏、台湾、广东、广西、海南；印度、日本、朝鲜、美国、哥伦比亚；欧洲

细叶牛毛藓 **Ditrichum pusillum** (Hedw.) Hampe

分布：吉林、内蒙古、河北、山东、宁夏、湖南、湖北、四川、贵州、云南、西藏、广东、海南；俄罗斯；欧洲、北美洲、非洲

长齿牛毛藓 **Ditrichum rhynchostegium** Kindb.

分布：台湾；日本、朝鲜；北美洲

拟扭叶牛毛藓 **Ditrichum tortuloides** Grout

分布：云南；西喜马拉雅、印度；欧洲、北美洲

裂蒴藓属 **Eccremidium** E. H. Wilson

龙骨裂蒴藓 **Eccremidium brisbanicum** (Broth.) Steere et G. A. M. Scott

分布：广东、香港；印度、尼泊尔、不丹、斯里兰卡、缅甸、越南、泰国、柬埔寨、马来西亚、新加坡、菲律宾、印度尼西亚、巴布亚新几内亚、日本、澳大利亚、马达加斯加；中美洲、南美洲

荷包藓属 **Garckea** Müll. Hal.

荷包藓 **Garckea flexuosa** (Griff.) Margad. et Nork.

分布：湖南、四川、云南、福建、台湾、广东、广西、海南、香港、澳门；孟加拉国、印度、尼泊尔、不丹、斯里兰卡、缅甸、泰国、柬埔寨、越南、马来西亚、新加坡、菲律宾、印度尼西亚、巴布亚新几内亚、澳大利亚、马达

加斯加；中美洲、南美洲

丛毛藓属 **Pleuridium** Rabenh.

尖叶丛毛藓 **Pleuridium acuminatum** Lindb.

分布：陕西、甘肃；新西兰；欧洲、北美洲(东部)、非洲(南部)

丛毛藓 **Pleuridium subulatum** (Hedw.) Rabenh.

分布：河南、新疆、上海、浙江、贵州、云南；日本；欧洲、北美洲(东部)

曲喙藓属 **Rhamphidium** Mitt.

鞘叶曲喙藓 **Rhamphidium vaginatum** Mitt.

分布：香港；印度尼西亚

石缝藓属 **Saelania** Lindb.

石缝藓 **Saelania glaucescens** (Hedw.) Broth.

分布：黑龙江、吉林、内蒙古、陕西、新疆、贵州；巴基斯坦、日本、俄罗斯、新西兰、南非；欧洲、北美洲

毛齿藓属 **Trichodon** Schimp.

毛齿藓 **Trichodon cylindricus** (Hedw.) Schimp.

分布：内蒙古；日本、俄罗斯；欧洲、北美洲

云南毛齿藓 **Trichodon muricatus** Herzog

分布：贵州、云南、西藏、广西

立毛藓属 **Tristichium** Müll. Hal.

中华立毛藓 **Tristichium sinense** Broth.

分布：四川、云南

威氏藓属 **Wilsoniella** Müll. Hal.

威氏藓 **Wilsoniella decipiens** (Mitt.) Alston

分布：云南、台湾、海南；印度、斯里兰卡、泰国、印度尼西亚、菲律宾、巴布亚新几内亚

45. 木衣藓科 Drummondiaceae Goffinet

木衣藓属 **Drummondia** Hook.

木衣藓宽叶变种 **Drummondia prorepens** var. **latifolia** C. Gao

分布：吉林

中华木衣藓 **Drummondia sinensis** Müll. Hal.

分布：吉林、内蒙古、河北、河南、陕西、甘肃、新疆、安徽、江苏、上海、浙江、江西、湖南、四川、重庆、贵州、云南、福建；日本、印度、俄罗斯

西南木衣藓 **Drummondia thomsonii** Mitt.

分布：新疆、西藏；阿富汗、巴基斯坦

46. 毛地钱科 Dumortieraceae D. G. Long

毛地钱属 **Dumortiera** Nees

毛地钱 **Dumortiera hirsuta** (Sw.) Nees

分布：黑龙江、江苏、浙江、江西、湖南、湖北、重庆、贵州、云南、台湾、香港；印度、尼泊尔、不丹、日本、朝鲜、巴西、玻利维亚；东南亚、欧洲、北美洲

47. 大帽藓科 Encalyptaceae Schimp.

大帽藓属 **Encalypta** Hedw.

高山大帽藓 **Encalypta alpina** Smith

分布：内蒙古、河北、陕西、甘肃、青海、新疆、云南、西藏；巴基斯坦、日本、蒙古国；中亚、欧洲、北美洲

贯顶大帽藓 **Encalypta asiatica** J. C. Zhao et L. Li

分布：河北

拟烟杆大帽藓 **Encalypta buxbaumioida** T. Cao, C. Gao et X. L. Bai

分布：内蒙古

大帽藓 **Encalypta ciliata** Hedw.

分布：黑龙江、吉林、内蒙古、河北、山西、陕西、甘肃、青海、新疆、四川、贵州、云南、西藏、台湾；日本、伊朗、秘鲁、智利、巴布亚新几内亚；欧洲、北美洲、非洲

沼泽大帽藓 **Encalypta intermedia** Jur.

分布：青海；俄罗斯；亚洲(中西部)、欧洲

尖叶大帽藓 **Encalypta rhaptocarpa** Schwägr.

分布：内蒙古、河北、山西、宁夏、甘肃、青海、新疆、云南、西藏、台湾；巴基斯坦、日本、冰岛、格陵兰岛、智利；亚洲(北部和中部)、欧洲(北部和中部)、北美洲

西伯利亚大帽藓 **Encalypta sibirica** (Weinm.) Warnst.

分布：内蒙古、河北、新疆、四川、西藏；尼泊尔、俄罗斯、蒙古国；北美洲

中华大帽藓 **Encalypta sinica** J. C. Zhao et M. Li

分布：河北

剑叶大帽藓 **Encalypta spathulata** Müll. Hal.

分布：内蒙古、河北、宁夏、新疆、贵州、西藏；俄罗斯；欧洲、北美洲、非洲

扭蒴大帽藓 **Encalypta streptocarpa** Hedw.

分布：贵州；印度、日本、哈萨克斯坦；欧洲

天山大帽藓 Encalypta tianschanica J. C. Zhao

分布：新疆

西藏大帽藓 Encalypta tibetana Mitt.

分布：内蒙古、河北、宁夏、新疆、西藏；巴基斯坦

钝叶大帽藓 Encalypta vulgaris Hedw.

分布：内蒙古、山西、宁夏、青海、新疆、贵州、西藏；巴基斯坦、蒙古国、俄罗斯、澳大利亚、新西兰、智利、俄罗斯；中亚、欧洲、非洲、北美洲

48. 绢藓科 Entodontaceae Kindb.

绢藓属 Entodon Müll. Hal.

暖地绢藓 Entodon calycinus Cardot

分布：安徽、浙江；日本

柱蒴绢藓 Entodon challengeri (Paris) Cardot

分布：黑龙江、吉林、辽宁、内蒙古、河北、山西、山东、陕西、新疆、安徽、江苏、上海、浙江、江西、湖南、湖北、四川、贵州、云南、福建、广东、广西；蒙古国、朝鲜、日本、俄罗斯、美国

绢藓 Entodon cladorrhizans (Hedw.) Müll. Hal.

分布：辽宁、内蒙古、河北、山西、山东、甘肃、安徽、江苏、浙江、江西、湖南、湖北、四川、重庆、贵州、云南、西藏、福建、广西、香港；欧洲、北美洲

兜叶绢藓 Entodon conchophyllus Cardot

分布：山东、安徽、江西、湖南、湖北、四川、云南；日本

厚角绢藓 Entodon concinnus (De Not.) Paris

分布：黑龙江、吉林、内蒙古、河北、北京、山西、山东、河南、陕西、宁夏、甘肃、新疆、安徽、江苏、浙江、江西、湖北、四川、重庆、贵州、云南、西藏；尼泊尔、日本、朝鲜、巴布亚新几内亚；北美洲、欧洲

曲枝绢藓 Entodon curvatirameus Cardot

分布：辽宁、河北、浙江；日本、朝鲜

变枝绢藓 Entodon divergens Broth.

分布：江西、云南、西藏

长帽绢藓 Entodon dolichocucullatus S. Okamura

分布：黑龙江、山西、安徽、浙江、江西、湖南、湖北、四川、贵州、云南、台湾

广叶绢藓 Entodon flavescens (Hook.) A. Jaeger

分布：黑龙江、吉林、辽宁、山东、河南、安徽、浙江、江西、四川、重庆、贵州、云南、福建、台湾、广东、广西；尼泊尔、不丹、印度、缅甸、越南、菲律宾、朝鲜、日本

细绢藓 Entodon giraldii Müll. Hal.

分布：黑龙江、吉林、辽宁、内蒙古、河北、北京、山东、陕西、浙江、湖南、四川、重庆、贵州、云南；朝鲜、日本

贡山绢藓 Entodon kungshanensis R. L. Hu

分布：山东、湖北、云南

长叶绢藓 Entodon longifolius (Müll. Hal.) A. Jaeger

分布：江西、湖南、湖北、重庆、贵州、云南、西藏、广东、广西；印度

深绿绢藓 Entodon luridus (Griff.) A. Jaeger

分布：黑龙江、吉林、辽宁、内蒙古、河北、山西、山东、陕西、甘肃、新疆、安徽、上海、浙江、湖南、湖北、四川、重庆、贵州、云南、福建、广东、广西；朝鲜、日本、俄罗斯

长柄绢藓 Entodon macropodus (Hedw.) Müll. Hal.

分布：黑龙江、吉林、内蒙古、河北、山西、山东、陕西、安徽、江苏、上海、浙江、江西、湖南、四川、重庆、贵州、云南、西藏、福建、台湾、广东、广西、海南、香港；日本、尼泊尔、印度、缅甸、泰国、老挝、越南；非洲、北美洲、南美洲

短柄绢藓 Entodon micropodus Besch.

分布：内蒙古、河北、安徽、上海、浙江、湖南、贵州、云南

玉山绢藓 Entodon morrisonensis Nog.

分布：浙江、贵州、云南、台湾

猫尾绢藓 Entodon myurus (Hook.) Hampe

分布：云南、福建、海南；尼泊尔、日本、朝鲜

尼泊尔绢藓 Entodon nepalensis Mizush.

分布：贵州、西藏；印度、尼泊尔

钝叶绢藓 Entodon obtusatus Broth.

分布：吉林、山西、山东、陕西、新疆、安徽、浙江、湖南、湖北、重庆、贵州、云南、福建、台湾、海南、香港；日本、印度

皱叶绢藓 Entodon plicatus Müll. Hal.

分布：吉林、河北、宁夏、安徽、贵州、云南、广西；印度、尼泊尔、不丹、印度尼西亚、斯里兰卡、泰国、菲律宾、缅甸、澳大利亚

横生绢藓 Entodon prorepens (Mitt.) A. Jaeger

分布：吉林、内蒙古、河北、陕西、安徽、浙江、江西、湖南、湖北、四川、贵州、云南、福建、广东、广西；尼泊尔、不丹、缅甸

娇美绢藓 Entodon pulchellus (Griff.) A. Jaeger

分布：贵州、云南；印度

锦叶绢藓 Entodon pylaisioides R. L. Hu et Y. F. Wang

分布：江西、贵州、云南、西藏

疣齿绢藓 Entodon scabridens Lindb.

分布：云南；日本

薄叶绢藓 Entodon scariosus Renauld et Cardot

分布：安徽、湖北、四川、重庆、云南；印度

陕西绢藓 Entodon schensianus Müll. Hal.

分布：黑龙江、吉林、内蒙古、河北、山西、山东、陕西、湖南、四川、贵州、云南、西藏、广西；泰国、越南

亮叶绢藓 Entodon schleicheri (Schimp.) Demet.

分布：黑龙江、吉林、内蒙古、河北、陕西、甘肃、新疆、安徽、江西、四川、贵州、云南、广东、海南；朝鲜、蒙古国；欧洲、北美洲

中华绢藓 Entodon smaragdinus Paris et Broth.

分布：河北、北京、山东、安徽、江苏、江西、湖南、四川、重庆、贵州

亚美绢藓 Entodon sullivantii (Müll. Hal.) Lindb.

分布：黑龙江、吉林、辽宁、河北、山东、河南、安徽、江苏、浙江、江西、湖南、四川、重庆、贵州、云南、西藏、福建、台湾、广东、广西；日本、朝鲜；北美洲

亚美绢藓(原变种) Entodon sullivantii (Müll. Hal.) Lindb. var. **sullivantii**

分布：黑龙江、吉林、辽宁、山东、河南、安徽、江苏、浙江、江西、湖南、四川、重庆、贵州、云南、西藏、福建、广东、广西；日本；北美洲

亚美绢藓多色变种 Entodon sullivantii (Müll. Hal.) Lindb. var. **versicolor** (Besch.) Mizush.

分布：辽宁、河北、山东、安徽、江苏、浙江、江西、四川、贵州、云南、福建、台湾、广西；日本、朝鲜

宝岛绢藓 Entodon taiwanensis C. K. Wang et S. H. Lin

分布：安徽、浙江、重庆、贵州、云南、台湾、广东

绿叶绢藓 Entodon viridulus Cardot

分布：辽宁、山东、安徽、江苏、上海、浙江、江西、湖南、四川、重庆、贵州、云南、福建、广东、广西、海南、香港；日本、朝鲜

云南绢藓 Entodon yunnanensis Thér.

分布：贵州、云南、西藏

赤齿藓属 **Erythrodontium** Hampe

穗枝赤齿藓 Erythrodontium julaceum (Schwägr.) Paris

分布：陕西、甘肃、江苏、上海、浙江、湖南、四川、重庆、贵州、云南、广东、广西；孟加拉国、印度、尼泊尔、不丹、缅甸、泰国、老挝、越南、印度尼西亚、菲律宾、巴布亚新几内亚、埃塞俄比亚、马拉维、坦桑尼亚、马达加斯加

粗枝赤齿藓 Erythrodontium squarrulosum (Mont.) Paris

分布：云南、海南；印度、缅甸、泰国、越南、印度尼西亚、菲律宾、巴布亚新几内亚

斜齿藓属 **Mesonodon** Hampe

黄色斜齿藓 Mesonodon flavescens (Hook.) W. R. Buck

分布：安徽、湖北、贵州、云南、西藏；缅甸、泰国、越南、老挝、印度尼西亚、秘鲁；非洲、大洋洲、中美洲

螺叶藓属 **Sakuraia** Broth.

螺叶藓 Sakuraia conchophylla (Cardot) Nog.

分布：安徽、浙江、江西、湖北、四川、贵州、云南、广东、广西；日本

49. 天命藓科 Ephemeraceae J. W. Griff. et Henfr.

天命藓属 **Ephemerum** Hampe

尖顶天命藓 Ephemerum apiculatum P. C. Chen

分布：江苏、江西、重庆

海南天命藓 Ephemerum asiaticum Paris et Broth.

分布：海南

细蓑藓属 **Micromitrium** Austin

细蓑藓 Micromitrium tenerum (Bruch et Schimp.) Crosby

分布：西藏、香港、澳门；印度、韩国、日本、新西兰；欧洲、美洲

50. 树生藓科 Erpodiaceae Broth.

树生藓属 **Erpodium**(Brid.)Brid.

芒果树生藓 Erpodium mangiferae Müll. Hal.

分布：贵州；印度

齿边树生藓(新拟) Erpodium perrottetii (Mont.) A. Jaeger

分布：云南；非洲

苔叶藓属 **Aulacopilum** Wilson

圆钝苔叶藓 Aulacopilum abbreviatum Mitt.

分布：四川、云南、福建；印度、斯里兰卡

东亚苔叶藓 Aulacopilum japonicum Broth. ex Cardot

分布：河北、山东、江苏、上海、浙江、江西、湖北、福建；日本、朝鲜

细鳞藓属 Solmsiella Müll. Hal.

细鳞藓 Solmsiella biseriata (Austin) Steere

分布：贵州、台湾、广东、广西；泰国、印度、斯里兰卡、印度尼西亚、澳大利亚、坦桑尼亚；北美洲、中美洲

钟帽藓属 Venturiella Müll. Hal.

钟帽藓 Venturiella sinensis (Vent.) Müll. Hal.

分布：吉林、辽宁、内蒙古、河北、北京、山西、山东、河南、陕西、甘肃、安徽、江苏、上海、浙江、江西、湖南、湖北、四川、重庆、云南、福建、台湾；朝鲜、日本；北美洲

51. 短托苔科 Exormothecaceae Grolle

短托苔属 Exormotheca Mitt.

四川短托苔 Exormotheca bischleri Furuki et Higuchi

分布：四川

52. 碎米藓科 Fabroniaceae Schimp.

碎米藓属 Fabronia Raddi

反齿碎米藓 Fabronia anacamptodens C. Gao

分布：西藏

狭叶碎米藓 Fabronia angustifolia C. Gao ex X. Fu

分布：西藏

八齿碎米藓 Fabronia ciliaris (Brid.) Brid.

分布：吉林、内蒙古、河北、山东、河南、宁夏、新疆、江苏、浙江、湖南、贵州、云南、西藏、台湾、广西；世界广布

弯喙碎米藓 Fabronia curvirostris Dozy et Molk.

分布：台湾；越南、菲律宾、印度尼西亚

东亚碎米藓 Fabronia matsumurae Besch.

分布：吉林、内蒙古、北京、山西、山东、陕西、宁夏、甘肃、湖北、四川、贵州、云南、西藏、福建、台湾；日本、朝鲜、俄罗斯

疣齿碎米藓 Fabronia papillidens C. Gao

分布：贵州、西藏

展枝碎米藓 Fabronia patentissima Müll. Hal.

分布：云南；斯里兰卡

碎米藓 Fabronia pusilla Raddi

分布：云南、西藏；不丹；中亚地区、欧洲、非洲、北美洲

毛尖碎米藓 Fabronia rostrata Broth.

分布：河南、贵州、云南

陕西碎米藓 Fabronia schensiana Müll. Hal.

分布：云南；尼泊尔

偏叶碎米藓 Fabronia secunda Mont.

分布：台湾；尼泊尔、印度、斯里兰卡

白翼藓属 Levierella Müll. Hal.

白翼藓 Levierella neckeroides (Griff.) O'Shea et Matcham

分布：四川、云南；印度；非洲

53. 凤尾藓科 Fissidentaceae Schimp.

凤尾藓属 Fissidens Schimp.

单疣凤尾藓 Fissidens angustifolius Sull.

分布：云南；斐济、萨摩亚、新喀里多尼亚、秘鲁、巴西；北美洲

异形凤尾藓 Fissidens anomalus Mont.

分布：山东、河南、陕西、甘肃、新疆、江西、湖南、湖北、四川、重庆、贵州、云南、福建、台湾、广西、香港；菲律宾、印度尼西亚、越南、泰国、缅甸、尼泊尔、印度、斯里兰卡

尖肋凤尾藓 Fissidens beckettii Mitt.

分布：贵州、广东；日本、缅甸、尼泊尔、印度、斯里兰卡

拟透明凤尾藓 Fissidens bogoriensis M. Fleisch.

分布：贵州、台湾；日本、马来西亚、菲律宾、印度尼西亚

小凤尾藓 Fissidens bryoides Hedw.

分布：黑龙江、吉林、内蒙古、河北、北京、山西、山东、河南、陕西、宁夏、新疆、江苏、上海、浙江、江西、湖北、四川、重庆、贵州、云南、西藏、台湾、广西、海南；孟加拉国、巴基斯坦、缅甸、日本；南美洲

小凤尾藓(原变种) Fissidens bryoides var. **bryoides**

分布：黑龙江、吉林、内蒙古、河北、北京、山西、山东、河南、陕西、宁夏、新疆、江苏、上海、浙江、江西、湖北、四川、重庆、贵州、云南、西藏、台湾、广西、海南；孟加拉国、巴基斯坦、缅甸；南美洲

小凤尾藓厄氏变种 Fissidens bryoides var. **esquirolii** (Thér.) Z. Iwats. et T. Suzuki

分布：江苏、云南、西藏、台湾；日本

小凤尾藓侧蒴变种 Fissidens bryoides var. **lateralis** (Broth.) Z. Iwats. et Tad. Suzuki

分布：上海、浙江、贵州、台湾；朝鲜、日本

小凤尾藓多枝变种 Fissidens bryoides var. **ramosissimus** Thér.

分布：山东、陕西、四川、贵州、云南、福建、台湾、广西、海南；马来西亚、日本

小凤尾藓乳突变种 Fissidens bryoides var. **schmidii** (Müll. Hal.) R. S. Chopra et S. S. Kumar

分布：黑龙江、云南、西藏、台湾、香港；印度、巴基斯坦、斯里兰卡、菲律宾、印度尼西亚、日本、斐济、巴布亚新几内亚

糙蒴凤尾藓 Fissidens capitulatus Nog.

分布：台湾、广东

锡兰凤尾藓 Fissidens ceylonensis Dozy et Molk.

分布：湖南、贵州、云南、台湾、广东、广西、海南、香港、澳门；孟加拉国、尼泊尔、印度、缅甸、斯里兰卡、菲律宾、印度尼西亚、马来西亚、老挝、越南、柬埔寨、泰国、新西兰

微形凤尾藓东亚亚种 Fissidens closteri subsp. **kiusiuensis** (Sakurai) Z. Iwats.

分布：西藏；日本

厚肋凤尾藓 Fissidens crassinervis Sande Lac.

分布：台湾；日本、泰国、马来西亚、新加坡、印度尼西亚、巴布亚新几内亚

粗柄凤尾藓 Fissidens crassipes Wilson ex Bruch et Schimp.

分布：吉林、辽宁、贵州；日本、伊拉克、俄罗斯；欧洲、北美洲

齿叶凤尾藓 Fissidens crenulatus Mitt.

分布：贵州、云南、台湾、广东、海南、香港、澳门；孟加拉国、尼泊尔、印度、缅甸、斯里兰卡、越南、马来西亚、印度尼西亚、密克罗尼西亚、菲律宾、日本、巴布亚新几内亚

黄叶凤尾藓 Fissidens crispulus Brid.

分布：山东、安徽、浙江、湖南、湖北、重庆、贵州、云南、福建、台湾、广东、海南、香港、澳门；孟加拉国、缅甸、印度、泰国、越南、柬埔寨、马来西亚、新加坡、菲律宾、印度尼西亚、智利；非洲、大洋洲

黄叶凤尾藓(原变种) Fissidens crispulus var. **crispulus**

分布：山东、安徽、浙江、湖南、湖北、重庆、贵州、云南、福建、台湾、广东、海南、香港、澳门；孟加拉国、缅甸、泰国、越南、柬埔寨、马来西亚、新加坡、菲律宾、印度尼西亚、智利；非洲、大洋洲

黄叶凤尾藓鲁宾变种 Fissidens crispulus var. **robinsonii** (Broth.) Z. Iwats. et Z. H. Li

分布：贵州、云南、福建、海南、香港；印度、泰国、马来西亚、菲律宾、斐济、瓦努阿图

直叶凤尾藓 Fissidens curvatus Hornsch.

分布：陕西、上海、四川、贵州、云南、西藏、台湾、香港；印度、日本、菲律宾、澳大利亚、新西兰、新喀里多尼亚；非洲、美洲

多形凤尾藓 Fissidens diversifolius Mitt.

分布：重庆、贵州；巴基斯坦、日本、缅甸、印度

卷叶凤尾藓 Fissidens dubius P. Beauv.

分布：黑龙江、吉林、辽宁、内蒙古、河北、山东、陕西、宁夏、甘肃、新疆、安徽、江苏、上海、浙江、江西、湖南、湖北、四川、重庆、贵州、云南、西藏、福建、台湾、广东、广西、香港；孟加拉国、巴基斯坦、日本、朝鲜、尼泊尔、印度、印度尼西亚、菲律宾、巴布亚新几内亚；欧洲、非洲、中美洲、南美洲

凤尾藓 Fissidens exilis Hedw.

分布：上海；俄罗斯；亚洲、欧洲、非洲、北美洲

扇叶凤尾藓 Fissidens flabellulus Thwaites et Mitt.

分布：云南、台湾、海南；日本、斯里兰卡

暖地凤尾藓 Fissidens flaccidus Mitt.

分布：贵州、台湾、广东、广西、海南、香港、澳门；孟加拉国、日本、斯里兰卡、尼泊尔、印度、印度尼西亚、菲律宾、缅甸、越南、马来西亚、加罗林群岛；非洲、美洲、大洋洲

拟粗肋凤尾藓 Fissidens ganguleei Nork. ex Gangulee

分布：四川、重庆、贵州、云南、台湾；孟加拉国、日本、尼泊尔、印度、印度尼西亚

短肋凤尾藓 Fissidens gardneri Mitt.

分布：山东、四川、贵州、云南、台湾、广东、广西、香港；日本、尼泊尔、印度、缅甸、泰国、斯里兰卡、老挝、菲律宾；非洲、美洲

长叶凤尾藓 Fissidens gedehensis M. Fleisch.

分布：台湾；印度尼西亚、斯里兰卡

二形凤尾藓 Fissidens geminiflorus Dozy et Molk.

分布：山东、甘肃、江苏、贵州、云南、西藏、福建、台湾、广东、海南、香港；孟加拉国、日本、泰国、越南、马来西亚、印度尼西亚、菲律宾、斐济

黄边凤尾藓 Fissidens geppii M. Fleisch.

分布：湖南、重庆、贵州、云南、台湾、广西、香港；印度、印度尼西亚、朝鲜、日本、巴布亚新几内亚

格氏凤尾藓 Fissidens giraldii Broth.

分布：陕西；巴西

大叶凤尾藓 Fissidens grandifrons Brid.

分布：北京、山西、陕西、甘肃、青海、安徽、湖南、湖北、四川、贵州、云南、西藏、台湾、广西；巴基斯坦、朝鲜、日本、尼泊尔、不丹、印度、越南；非洲(北部)、北美洲、中美洲

广东凤尾藓 Fissidens guangdongensis Z. Iwats. et Z. H. Li

分布：浙江、湖南、贵州、广东、海南、香港；马来西亚、新加坡、菲律宾、日本

裸萼凤尾藓 Fissidens gymnogynus Besch.

分布：山东、河南、陕西、安徽、浙江、江西、湖南、湖北、四川、重庆、贵州、云南、福建、台湾、广东、广西、海南、香港；巴基斯坦、泰国、菲律宾、朝鲜、日本

糙柄凤尾藓 Fissidens hollianus Dozy et Molk.

分布：台湾、广东、海南、香港；日本、菲律宾、印度尼西亚、马来西亚、越南、柬埔寨、泰国、缅甸、新加坡、斐济、瓦努阿图、巴布亚新几内亚

透明凤尾藓 Fissidens hyalinus Hook. et Wilson

分布：吉林、山东、贵州、云南、台湾、广西；日本、印度、秘鲁；北美洲

聚疣凤尾藓 Fissidens incognitus Gangulee

分布：山东、海南；孟加拉国、印度

内卷凤尾藓 Fissidens involutus Wilson ex Mitt.

分布：山东、河南、陕西、浙江、江西、湖南、湖北、四川、重庆、贵州、云南、西藏、福建、台湾、广西；巴基斯坦、日本、尼泊尔、越南、泰国、缅甸、印度、菲律宾

爪哇凤尾藓 Fissidens javanicus Dozy et Molk.

分布：江西、湖南、重庆、贵州、云南、西藏、台湾、广东、海南、香港、澳门；日本、菲律宾、印度尼西亚、马来西亚、新加坡、越南、泰国、缅甸、尼泊尔、印度、斯里兰卡、巴布亚新几内亚

暗边凤尾藓 Fissidens jungermannioides Griff.

分布：湖南、贵州、台湾、广东；孟加拉国、印度

拟狭叶凤尾藓 Fissidens kinabaluensis Z. Iwats.

分布：贵州、云南、广东、香港；泰国、马来西亚、印度尼西亚

线叶凤尾藓暗色变种 Fissidens linearis Brid. var. **obscurirete** (Broth. et Paris) I. G. Stone

分布：辽宁、山东、上海、贵州、云南、福建、台湾、广东、海南、香港；斐济、瓦努阿图

长柄凤尾藓 Fissidens longisetus Griff.

分布：湖南、西藏；孟加拉国、尼泊尔、印度

澳门凤尾藓 Fissidens macaoensis L. Zhang

分布：澳门

微凤尾藓 Fissidens minutus Thwaites et Mitt.

分布：福建、台湾、香港、澳门；印度、马来西亚、中南半岛、斐济、墨西哥、加勒比地区、巴西、委内瑞拉；非洲

大凤尾藓 Fissidens nobilis Griff.

分布：山东、河南、江苏、浙江、江西、湖南、湖北、四川、重庆、贵州、云南、福建、台湾、广东、广西、海南、香港；朝鲜、日本、菲律宾、印度尼西亚、越南、柬埔寨、泰国、缅甸、尼泊尔、印度、斯里兰卡、马来西亚、巴布亚新几内亚、斐济

曲肋凤尾藓 Fissidens oblongifolius Hook. f. et Wilson

分布：江西、四川、贵州、云南、西藏、福建、台湾、广东、海南、香港、澳门；日本、泰国、马来西亚、印度尼西亚、菲律宾；热带非洲(西部)、大洋洲、美洲

曲肋凤尾藓(原变种) Fissidens oblongifolius var. **oblongifolius**

分布：江西、四川、贵州、云南、西藏、福建、台湾、广东、海南、香港、澳门；日本、泰国、马来西亚、印度尼西亚、菲律宾；热带非洲(西部)、大洋洲、美洲

曲肋凤尾藓湿地变种 Fissidens oblongifolius var. **hyophilus** (Mitt.) J. E. Beever et I. G. Stone

分布：台湾、海南；日本、澳大利亚、新西兰

垂叶凤尾藓 Fissidens obscurus Mitt.

分布：山东、湖南、湖北、重庆、贵州、云南、西藏、广西；日本、尼泊尔、印度

欧洲凤尾藓 Fissidens osmundoides Hedw.

分布：黑龙江、内蒙古、山东、新疆、贵州；俄罗斯、日本；欧洲、北美洲

粗肋凤尾藓 Fissidens pellucidus Hornsch.

分布：黑龙江、山东、重庆、贵州、台湾、海南、香港、澳门；孟加拉国、印度、尼泊尔、斯里兰卡、缅甸、越南、泰国、柬埔寨、马来西亚、新加坡、菲律宾、印度尼西亚、巴布亚新几内亚、日本、俄罗斯；欧洲、美洲

延叶凤尾藓 Fissidens perdecurrens Besch.

分布：新疆、浙江、江西、湖南、湖北、四川、贵州、云南、福建、台湾；日本

网孔凤尾藓 Fissidens polypodioides Hedw.

分布：山东、江西、湖南、湖北、四川、重庆、贵州、云南、西藏、福建、台湾、广东、广西、海南、香港；日本、菲律宾、印度尼西亚、马来西亚、新加坡、越南、泰国、缅甸、尼泊尔、印度、巴布亚新几内亚、西印度群岛；美洲

原丝凤尾藓 Fissidens protonematicola Sakurai

分布：台湾；日本

波瑟凤尾藓 Fissidens pursellii T. Y. Chiang et C. M. Kuo

分布：台湾

许氏凤尾藓 Fissidens rupicola Broth.

分布：台湾；新喀里多尼亚、斐济、澳大利亚

舒氏凤尾藓 Fissidens schusteri Z. Iwats. et P. C. Wu

分布：重庆

微疣凤尾藓 Fissidens schwabei Nog.

分布：广东、台湾；日本、巴布亚新几内亚

锐齿凤尾藓 Fissidens serratus Müll. Hal.

分布：山东、台湾、海南、香港；日本、马来西亚、新加坡、菲律宾、印度尼西亚、澳大利亚、斐济、西印度群岛、智利；非洲

卷尖凤尾藓 Fissidens subangustus M. Fleisch.

分布：湖南、贵州、台湾；日本、马来西亚、印度

细尖凤尾藓 Fissidens subbryoides Gangulee

分布：台湾；印度、斐济

短柄凤尾藓 Fissidens subsessilis P. C. Chen

分布：重庆

鳞叶凤尾藓 Fissidens taxifolius Hedw.

分布：黑龙江、吉林、山东、河南、甘肃、江苏、上海、浙江、江西、湖南、湖北、四川、重庆、贵州、云南、台湾、广西、香港；世界广布

南京凤尾藓 Fissidens teysmannianus Dozy et Molk.

分布：山东、河南、江苏、浙江、江西、湖南、湖北、四川、重庆、贵州、云南、福建、台湾、广东、海南、香港；朝鲜、日本、越南、印度尼西亚、马来西亚、俄罗斯

拟小凤尾藓 Fissidens tosaensis Broth.

分布：山东、陕西、甘肃、上海、湖南、四川、重庆、贵州、云南、福建、台湾、广东、海南、香港；日本

狭叶凤尾藓 Fissidens wichurae Broth. et M. Fleisch.

分布：云南、台湾、广东、海南、香港；泰国、越南、印度尼西亚、马来西亚、巴布亚新几内亚

车氏凤尾藓 Fissidens zolligeri Mont.

分布：陕西、贵州、台湾、广东、海南、香港；斯里兰卡、日本、缅甸、越南、泰国、柬埔寨、马来西亚、新加坡、菲律宾、印度尼西亚；非洲、大洋洲、中美洲、南美洲

54. 褐角苔科 Foliocerotaceae Hässel

褐角苔属 **Folioceros** D. C. Bhardwaj

乳孢褐角苔 Folioceros amboinensis (Schiffn.) Piippo

分布：台湾；斯里兰卡、印度尼西亚、菲律宾、巴布亚新几内亚、斐济、印度

褐角苔 Folioceros fuciformis (Mont.) Bhardwaj

分布：陕西、湖南、云南、福建、台湾、广西、海南、香港、澳门；印度尼西亚、印度、菲律宾、巴布亚新几内亚、日本、东非群岛

腺褐褐角苔 Folioceros glandulosus (Lehm. et Lindenb.) D. C. Bhardwaj

分布：陕西、台湾、澳门；马来西亚、斯里兰卡、印度尼西亚、菲律宾、西伊里安、萨摩亚、巴布亚新几内亚、澳大利亚

细疣褐角苔 Folioceros verruculosus (J. Haseg.) R. L. Zhu et M. J. Lai

分布：台湾

粘腔褐角苔 Folioceros vesiculosus (Austin) D. C. Bhardwaj

分布：台湾；北美洲

55. 水藓科 Fontinalaceae Schimp.

弯刀藓属 **Dichelyma** Myrin

网齿弯刀藓 Dichelyma falcatum (Hedw.) Myrin

分布：新疆；欧洲、北美洲

水藓属 **Fontinalis** Hedw.

水藓 Fontinalis antipyretica Hedw.

分布：吉林、内蒙古、新疆；日本；欧洲、非洲、北美洲

羽枝水藓 Fontinalis hypnoides C. J. Hartm.

分布：黑龙江、吉林、新疆；日本、俄罗斯；欧洲、非洲(北部)、美洲

羽枝水藓(原变种) Fontinalis hypnoides var. **hypnoides**

分布：吉林、新疆；日本、俄罗斯；欧洲、非洲(北部)、北美洲、南美洲

羽枝水藓褶叶变种 Fontinalis hypnoides var. **plicatus** C. Gao

分布：黑龙江、吉林

仰叶水藓 Fontinalis squamosa Hedw.

分布：黑龙江；美国；欧洲

56. 小叶苔科 Fossombroniaceae Hazsl.

小叶苔属 **Fossombronia** Raddi

喜马拉雅小叶苔 **Fossombronia himalayensis** Kashyap

分布：四川、重庆、云南；印度、尼泊尔、印度尼西亚

日本小叶苔 **Fossombronia japonica** Schiffn.

分布：福建、台湾、广西、香港；印度尼西亚、日本、巴布亚新几内亚

小叶苔 **Fossombronia pusilla** (L.) Dumort.

分布：黑龙江、吉林、辽宁、河北、山东、甘肃、湖南、四川、云南、西藏、台湾；日本、朝鲜、巴布亚新几内亚、俄罗斯、美国(夏威夷)；欧洲、北美洲、南美洲

57. 耳叶苔科 Frullaniaceae Lorch

耳叶苔属 **Frullania** Raddi

喙尖耳叶苔 **Frullania acutiloba** Mitt.

分布：云南、西藏、福建、台湾、广西；印度、斯里兰卡、印度尼西亚

阿氏耳叶苔 **Frullania alstonii** Verd.

分布：台湾；斯里兰卡

黑耳叶苔 **Frullania amplicrania** Steph.

分布：浙江、台湾；日本

青山耳叶苔 **Frullania aoshimensis** Horik.

分布：安徽、浙江、福建、台湾、香港；亚洲(东部)

尖叶耳叶苔 **Frullania apiculata** (Reinw., Blume et Nees) Dumort.

分布：安徽、浙江、湖南、云南、福建、广东、广西、海南；印度、印度尼西亚、缅甸、巴布亚新几内亚、新喀里多尼亚、老挝、澳大利亚、玻利维亚；非洲

华夏耳叶苔 **Frullania aposinensis** S. Hatt. et P. J. Lin

分布：陕西、江西、四川、广东；尼泊尔

小褶耳叶苔 **Frullania appendistipula** S. Hatt.

分布：云南；巴布亚新几内亚

折扇耳叶苔 **Frullania arecae** (Spreng.) Gottsche

分布：云南、西藏；尼泊尔、玻利维亚、巴西；北美洲

马来耳叶苔 **Frullania benjaminiana** Inoue

分布：云南；马来半岛

缅甸耳叶苔 **Frullania berthoumieui** Steph.

分布：云南、广西；尼泊尔、缅甸、泰国、菲律宾

细茎耳叶苔 **Frullania bolanderi** Austin

分布：吉林、内蒙古、甘肃、湖南、四川、贵州、云南、福建；日本、俄罗斯；北美洲

小笠原耳叶苔 **Frullania bonincola** S. Hatt.

分布：台湾；日本

早落耳叶苔 **Frullania caduca** S. Hatt.

分布：台湾；日本

张氏耳叶苔 **Frullania changii** S. Hatt. et C. Gao

分布：广西

陈氏耳叶苔 **Frullania chenii** S. Hatt. et P. J. Lin

分布：陕西、云南

棒瓣耳叶苔 **Frullania claviloba** Steph.

分布：广西；马来西亚、印度尼西亚、菲律宾

西南耳叶苔 **Frullania consociata** Steph.

分布：甘肃、贵州、云南

达乌里耳叶苔 **Frullania davurica** Hampe

分布：内蒙古、河北、山东、陕西、甘肃、浙江、湖南、湖北、四川、重庆、贵州、云南、西藏、福建、台湾；朝鲜、日本、俄罗斯

达乌里耳叶苔(原变种)**Frullania davurica** subsp. **davurica**

分布：内蒙古、河北、山东、陕西、甘肃、浙江、湖南、湖北、四川、重庆、贵州、云南、西藏、福建、台湾；朝鲜、日本、俄罗斯(远东地区)

达乌里耳叶苔凹叶亚种 **Frullania davurica** subsp. **jackii** (Gottsche) S. Hatt.

分布：甘肃、湖南、四川、重庆、云南、台湾、广西；日本、澳大利亚；欧洲

密瓣耳叶苔 **Frullania densiloba** Steph. ex A. Evans

分布：福建、台湾；朝鲜

筒瓣耳叶苔 **Frullania diversitexta** Steph.

分布：辽宁、内蒙古、山东、安徽、江西、福建、台湾；朝鲜、日本、俄罗斯

杜氏耳叶苔四川变种 **Frullania duthiana** Steph. var. **szechuanensis** S. Hatt. et C. Gao

分布：四川、重庆、云南、西藏

皱叶耳叶苔 **Frullania ericoides** (Nees ex Mart.) Mont.

分布：山东、甘肃、江苏、上海、浙江、湖南、湖北、四川、贵州、云南、西藏、福建、台湾、广东、广西、香港；朝鲜、日本、菲律宾、印度、尼泊尔、不丹、印度尼西亚；欧洲、非洲、大洋洲、美洲

皱叶耳叶苔(原变种) Frullania ericoides var. **ericoides**
分布：山东、甘肃、江苏、上海、浙江、湖南、四川、云南、西藏、福建、台湾、广东、广西、香港；朝鲜、日本、菲律宾、印度、尼泊尔、不丹、印度尼西亚；欧洲、非洲、大洋洲、美洲

皱叶耳叶苔平叶变种 Frullania ericoides var. **planescens** (Verd.) S. Hatt.
分布：湖南、湖北、贵州、西藏、广东；印度尼西亚

波脊耳叶苔 Frullania evelynae S. Hatt. et Thaithong
分布：云南；印度

波叶耳叶苔 Frullania eymae S. Hatt.
分布：云南；巴布亚新几内亚

远东耳叶苔 Frullania fauriana Steph.
分布：内蒙古、河北、台湾；日本、朝鲜

凤阳山耳叶苔 Frullania fengyangshanensis R. L. Zhu et M. L. So
分布：浙江、福建

美丽岛耳叶苔 Frullania formosae Steph.
分布：台湾

暗绿耳叶苔 Frullania fuscovirens Steph.
分布：浙江、湖南、湖北、四川、贵州、云南、广东、广西；朝鲜

暗绿耳叶苔(原变种) Frullania fuscovirens var. **fuscovirens**
分布：浙江、湖南、贵州、云南、广东、广西；朝鲜

暗绿耳叶苔芽胞变种 Frullania fuscovirens var. **gemmipara** (R. M. Schust. et S. Hatt.) S. Hatt. et P. J. Lin
分布：湖北、四川、云南

高黎贡耳叶苔 Frullania gaoligongensis X. L. Bai et C. Gao
分布：云南

短瓣耳叶苔 Frullania gaudichaudii (Nees et Mont.) Nees et Mont.
分布：云南；日本、印度、印度尼西亚、巴西、圭亚那；非洲(南部)

芽胞耳叶苔 Frullania gemmulosa S. Hatt. et Thaithong
分布：四川、云南；泰国

心叶耳叶苔 Frullania giraldiana C. Massal.
分布：陕西、四川、云南、西藏、台湾；不丹、尼泊尔

心叶耳叶苔(原变种) Frullania giraldiana var. **giraldiana**
分布：陕西、四川、云南、西藏、台湾；不丹、尼泊尔

心叶耳叶苔耳基变种 Frullania giraldiana var. **handelii** (Verd.) S. Hatt.
分布：云南、西藏

油胪耳叶苔 Frullania gracilis (Reinw., Blume et Nees) Dum.
分布：海南；亚洲热带地区

海南耳叶苔 Frullania hainanensis S. Hatt. et P. J. Lin
分布：海南

钩瓣耳叶苔 Frullania hamatiloba Steph.
分布：安徽、西藏、福建、台湾、广东；朝鲜、日本

韩氏耳叶苔 Frullania handelii Verd.
分布：四川、云南

斜基耳叶苔 Frullania handle-mazzettii S. Hatt.
分布：四川、云南、西藏

浩耳叶苔 Frullania hiroshii S. Hatt.
分布：台湾

细瓣耳叶苔 Frullania hypoleuca Nees
分布：云南、福建、台湾；太平洋岛屿；亚洲热带地区

石生耳叶苔 Frullania inflata Gottsche
分布：内蒙古、河北、浙江、江西、湖南、湖北、四川、重庆、贵州、西藏、台湾；朝鲜、日本、印度、巴西；欧洲、北美洲

楔形耳叶苔 Frullania inflexa Mitt.
分布：山东、浙江、四川、重庆、云南、西藏、台湾；朝鲜、日本、尼泊尔、不丹、印度

圆形耳叶苔 Frullania inouei S. Hatt.
分布：甘肃、四川、重庆、云南、西藏、台湾

全缘耳叶苔 Frullania jackii Gottsche
分布：福建；欧洲

鹿耳岛耳叶苔湖南亚种 Frullania kagoshimensis subsp. **hunanensis** (S. Hatt.) S. Hatt.
分布：湖南、云南、广东、广西

鹿耳岛耳叶苔小型亚种 Frullania kagoshimensis subsp. **minor** Kamim.
分布：台湾；日本

卡氏耳叶苔 Frullania kashyapii Verd.
分布：贵州、西藏、福建

鞭枝耳叶苔 Frullania koponenii S. Hatt.
分布：吉林；俄罗斯、日本

耳叶苔 **Frullania laeviperiantha** X. L. Bai et C. Gao
分布：云南

弯瓣耳叶苔 **Frullania linii** S. Hatt.
分布：湖北、西藏、福建、广东、广西

庐山耳叶苔 **Frullania lushanensis** S. Hatt. et P. J. Lin
分布：江西、湖南

大叶耳叶苔 **Frullania macrophylla** S. Hatt.
分布：台湾

美圆耳叶苔 **Frullania meyeniana** Lindenb.
分布：福建、台湾；太平洋群岛；亚洲热带、亚热带地区

列胞耳叶苔 **Frullania moniliata** (Reinw., Blume et Nees) Mont.
分布：黑龙江、山东、陕西、安徽、浙江、江西、湖南、湖北、四川、贵州、西藏、福建、台湾、广东、广西、海南、香港；印度、斯里兰卡、越南、柬埔寨、老挝、朝鲜、日本、俄罗斯

羊角耳叶苔 **Frullania monocera** (Taylor) Gottsche, Lindenb. et Nees
分布：安徽、云南、福建、台湾；太平洋群岛、澳大利亚

短萼耳叶苔 **Frullania motoyana** Steph.
分布：云南、福建、台湾、广东、广西、海南、香港；日本

盔瓣耳叶苔 **Frullania muscicola** Steph.
分布：黑龙江、内蒙古、河北、山东、陕西、甘肃、江苏、浙江、江西、湖南、湖北、四川、云南、福建、台湾、广西、香港、澳门；印度、巴基斯坦、蒙古国、朝鲜、日本、越南、俄罗斯

尼泊尔耳叶苔 **Frullania nepalensis** (Spreng.) Lehm. et Lindenb.
分布：山东、陕西、甘肃、安徽、浙江、湖南、四川、贵州、云南、西藏、福建、台湾、广东、广西、香港；印度、不丹、尼泊尔、印度尼西亚、菲律宾、日本、朝鲜、巴布亚新几内亚

兜瓣耳叶苔 **Frullania neurota** Taylor
分布：云南、西藏；尼泊尔、印度、缅甸、美国(夏威夷)

雪山耳叶苔 **Frullania nivimontana** S. Hatt.
分布：云南、西藏

厚角耳叶苔 **Frullania nodulosa** (Reinw., Blume et Nees) Nees
分布：云南、广西、海南；缅甸、泰国、越南、印度尼西亚、新喀里多尼亚、日本、玻利维亚、巴西；非洲

卵圆耳叶苔 **Frullania obovata** S. Hatt.
分布：四川

东方耳叶苔 **Frullania orientalis** Sande Lac.
分布：云南；越南、印度、印度尼西亚、巴布亚新几内亚

大隅耳叶苔 **Frullania osumiensis** (S. Hatt.) S. Hatt.
分布：福建、台湾；日本

淡色耳叶苔 **Frullania pallide-virens** Steph.
分布：重庆、贵州、云南、福建、广西；尼泊尔

圆片耳叶苔 **Frullania pariharii** S. Hatt. et Thaithong
分布：台湾；尼泊尔、印度

小叶耳叶苔 **Frullania parvifolia** Steph.
分布：广东

钟瓣耳叶苔 **Frullania parvistipula** Steph.
分布：黑龙江、吉林、山东、湖南、湖北、四川、贵州、云南、西藏；不丹、泰国、日本、俄罗斯、高加索地区；欧洲

喙瓣耳叶苔 **Frullania pedicellata** Steph.
分布：黑龙江、吉林、浙江、台湾；日本

顶脊耳叶苔 **Frullania physantha** Mitt.
分布：四川、云南、西藏；不丹、尼泊尔、印度、越南

多褶耳叶苔 **Frullania polyptera** Taylor
分布：甘肃、湖南、重庆、西藏、广西；印度、喜马拉雅地区、斯里兰卡、泰国

点胞耳叶苔 **Frullania punctata** Reimers
分布：广西、海南

刺苞叶耳叶苔 **Frullania ramuligera** (Nees) Mont.
分布：云南、福建、台湾、海南；斯里兰卡、越南、印度尼西亚、菲律宾、日本

微凹耳叶苔毛萼变种 **Frullania retusa** Mitt. var. **hirsute** S. Hatt. et Thaithong
分布：云南；印度

粗萼耳叶苔 **Frullania rhystocolea** Herzog ex Verd.
分布：甘肃、四川、云南、西藏、福建；不丹

微齿耳叶苔 **Frullania rhytidantha** S. Hatt.
分布：湖北、云南；印度

褶瓣耳叶苔 **Frullania riojaneirensis** (Raddi) Spruce
分布：云南、西藏；斯里兰卡、印度尼西亚、菲律宾、泰国、越南、巴布亚新几内亚、玻利维亚；北美洲

原瓣耳叶苔 **Frullania riparia** Hampe ex Lehm.
分布：福建；北美洲

离瓣耳叶苔 Frullania sackawana Steph.

分布：云南、广西；泰国、老挝、日本

陕西耳叶苔 Frullania schensiana C. Massal.

分布：内蒙古、河北、山东、陕西、安徽、江西、湖南、四川、重庆、贵州、西藏、台湾；尼泊尔、印度、不丹、泰国、朝鲜、日本

齿叶耳叶苔 Frullania serrata Gottsche

分布：云南、台湾、海南；印度、斯里兰卡、越南、印度尼西亚、菲律宾、巴布亚新几内亚、新喀里多尼亚、澳大利亚；非洲

中华耳叶苔 Frullania sinensis Steph.

分布：黑龙江、河南、陕西、甘肃、湖南、四川、贵州、云南、西藏、福建；印度

平萼耳叶苔 Frullania sinosphaerantha S. Hatt. et P. J. Lin

分布：贵州、云南

钝瓣耳叶苔 Frullania tagawana (S. Hatt. et Thaithong) S. Hatt.

分布：云南；印度、泰国

台北耳叶苔 Frullania taiheizana Horik.

分布：台湾

欧耳叶苔 Frullania tamarisci (L.) Dumort.

分布：陕西、甘肃、安徽、江苏、上海、浙江、江西、湖北、四川、贵州、云南、西藏、福建、台湾、广西、香港；越南、印度、尼泊尔、不丹、日本、马来西亚、朝鲜、俄罗斯、巴西；欧洲、北美洲

欧耳叶苔(原变种) Frullania tamarisci var. **tamarisci**

分布：陕西、甘肃、安徽、江苏、上海、浙江、江西、湖北、四川、贵州、云南、西藏、福建、台湾、广西、香港；印度、尼泊尔、不丹、日本、马来西亚、喜马拉雅地区、俄罗斯、巴西；欧洲、北美洲

欧耳叶苔高山亚种 Frullania tamarisci subsp. **obscura** (Verd.) S. Hatt.

分布：四川、西藏、台湾；印度、尼泊尔、不丹、日本、朝鲜、俄罗斯

欧耳叶苔长叶变种 Frullania tamarisci var. **elongatistipula** (Verd.) S. Hatt.

分布：贵州、云南、西藏、福建

欧耳叶苔卷边变种 Frullania tamarisci var. **viernamica** (S. Hatt.) S. Hatt.

分布：四川、贵州、云南、西藏；越南

淡水耳叶苔 Frullania tamsuina Steph.

分布：台湾、广东、香港；日本、缅甸

塔拉大克耳叶苔 Frullania taradakensis Steph.

分布：黑龙江、吉林、辽宁、内蒙古、河北、陕西、甘肃、浙江、云南；朝鲜、日本、俄罗斯

卷茎耳叶苔 Frullania ternatensis Gottsche

分布：台湾；印度尼西亚、菲律宾

油胞耳叶苔 Frullania trichodes Mitt.

分布：云南、台湾、广东、海南、香港；日本、缅甸、印度尼西亚、巴布亚新几内亚、所罗门群岛、斐济

瘤萼耳叶苔 Frullania tubercularis S. Hatt. et P. J. Lin

分布：陕西、四川、云南

本州耳叶苔 Frullania usamiensis Steph.

分布：福建；日本

硬叶耳叶苔 Frullania valida Steph.

分布：山东、安徽、浙江、云南、福建、台湾、广东；日本

圆基耳叶苔 Frullania wangii S. Hatt. et P. J. Lin

分布：云南、西藏

云南耳叶苔 Frullania yunnanensis Steph.

分布：四川、贵州、云南、西藏、台湾、广东；不丹、尼泊尔、印度、泰国

云南耳叶苔(原变种) Frullania yunnanensis var. **yunnanensis**

分布：四川、贵州、云南、西藏、台湾、广东；不丹、尼泊尔、印度、泰国

云南耳叶苔密叶变种 Frullania yunnanensis var. **siamensis** (N. Kitag., Thaithong et S. Hatt.) S. Hatt. et P. J. Lin

分布：四川、贵州、云南、西藏、广西；泰国

汤泽耳叶苔 Frullania yuzawana S. Hatt.

分布：台湾

疏瘤耳叶苔 Frullania zangii S. Hatt. et P. J. Lin

分布：四川、云南、西藏

浙江耳叶苔 Frullania zhenjingensis (C. Gao et G. C. Zhang) Y. Jia et S. He

分布：浙江

58. 葫芦藓科 Funariaceae Schwägr.

拟短月藓属 Brachymeniopsis Broth.

拟短月藓 Brachymeniopsis gymnostoma Broth.

分布：贵州、云南

梨蒴藓属 **Entosthodon** Schwägr.

钝叶梨蒴藓 **Entosthodon buseanus** Dozy et Molk.
分布：河北、甘肃、湖北、贵州、云南、台湾；印度、印度尼西亚、菲律宾、巴布亚新几内亚；东南亚

纤细梨蒴藓 **Entosthodon gracilis** Hook. f. et Wilson
分布：贵州、云南、西藏；新喀里多尼亚、澳大利亚、新西兰

立碗梨蒴藓 **Entosthodon physcomitrioides** (Mont.) Mitt.
分布：台湾；印度、印度尼西亚、越南、新喀里多尼亚

尖叶梨蒴藓 **Entosthodon wichurae** M. Fleisch.
分布：河北、云南、福建；日本、印度、斯里兰卡、缅甸、印度尼西亚

葫芦藓属 **Funaria** Hedw.

美洲葫芦藓 **Funaria americana** Lindb.
分布：河北；北美洲

狭叶葫芦藓 **Funaria attenuata** (Dicks.) Lindb.
分布：黑龙江、吉林、北京、山东、陕西、江苏、浙江、江西、湖北、重庆、贵州、云南、西藏、福建、海南；巴基斯坦；欧洲、非洲(北部)、北美洲

直蒴葫芦藓 **Funaria discelioides** Müll. Hal.
分布：陕西、宁夏、新疆、重庆

葫芦藓 **Funaria hygrometrica** Hedw.
分布：中国广布；世界广布

日本葫芦藓 **Funaria japonica** Broth.
分布：吉林、重庆、贵州、云南、台湾；日本

小口葫芦藓 **Funaria microstoma** Bruch. ex Schimp.
分布：黑龙江、吉林、内蒙古、陕西、新疆、安徽、上海、湖北、四川、重庆、贵州、云南、西藏；印度、澳大利亚；欧洲、非洲(北部)、北美洲

刺边葫芦藓 **Funaria muhlenbergii** Turner
分布：吉林、辽宁、内蒙古、山西、陕西、宁夏、新疆、江苏、四川、重庆、贵州、云南；俄罗斯；欧洲、北美洲

西藏葫芦藓 **Funaria orthocarpa** Mitt.
分布：西藏

毛尖葫芦藓 **Funaria pilifera** (Mitt.) Broth.
分布：西藏；印度

小立碗藓属 **Physcomitrella** Bruch et Schimp.

加州小立碗藓 **Physcomitrella readeri** (Müll. Hal.) I. G. Stone et G. A. M. Scott
分布：湖南；日本；北美洲

立碗藓属 **Physcomitrium** Brid.

狭叶立碗藓 **Physcomitrium coorgense** Broth.
分布：浙江、贵州、云南、广东；孟加拉国、印度

江岸立碗藓 **Physcomitrium courtoisii** Paris et Broth.
分布：辽宁、山东、安徽、江苏、上海、浙江、江西、湖南、四川、重庆、贵州、云南

红蒴立碗藓 **Physcomitrium eurystomum** Sendtn.
分布：黑龙江、辽宁、内蒙古、山东、新疆、安徽、江苏、上海、浙江、江西、四川、重庆、贵州、云南、西藏、福建、台湾、广东、广西、香港、澳门；孟加拉国、日本、越南、印度、俄罗斯、秘鲁；欧洲、非洲

日本立碗藓 **Physcomitrium japonicum** (Hedw.) Mitt.
分布：黑龙江、辽宁、内蒙古、安徽、江苏、上海、浙江、江西、四川、重庆、云南、西藏、福建、台湾、广东、广西、香港、澳门；印度、不丹、缅甸、日本、朝鲜、俄罗斯；中亚、欧洲、非洲

梨蒴立碗藓 **Physcomitrium pyriforme** (Hedw.) Hampe
分布：黑龙江、新疆、江苏、上海；俄罗斯、澳大利亚；欧洲、非洲(北部)、北美洲

匍生立碗藓 **Physcomitrium repandum** (Griff.) Mitt.
分布：江苏、重庆、贵州、云南、广东；孟加拉国、巴基斯坦、印度、尼泊尔、越南

中华立碗藓 **Physcomitrium sinensi-sphaericum** Müll. Hal.
分布：黑龙江、江苏、上海、浙江、四川、重庆、贵州、云南

立碗藓 **Physcomitrium sphaericum** (Ludw.) Fürnr.
分布：吉林、内蒙古、山东、甘肃、江苏、上海、浙江、湖南、四川、重庆、贵州、西藏、福建、台湾、香港、澳门；日本、俄罗斯；欧洲、北美洲

59. 地萼苔科 Geocalycaceae H. Klinggr.

地萼苔属 **Geocalyx** Nees

狭叶地囊苔 **Geocalyx lancistipulus** (Steph.) S. Hatt.
分布：吉林、四川、云南；尼泊尔、印度、日本

镰萼苔属 **Harpanthus** Nees

镰萼苔 **Harpanthus flotovianus** (Nees) Nees
分布：安徽；日本、朝鲜、俄罗斯；欧洲、北美洲

盾叶镰萼苔 **Harpanthus scutatus** (F. Weber et D. Mohr) Spruce
分布：四川；日本；欧洲、北美洲

囊萼苔属 **Saccogyna** Dumort.

囊萼苔 **Saccogyna viticulosa** (L.) Dumort.
分布：吉林；欧洲、北美洲

拟囊萼苔属 **Saccogynidium** Grolle

刺叶拟囊萼苔 **Saccogynidium irregularispinosum** C. Gao, T. Cao et M. J. Lai
分布：西藏、台湾

糙叶拟囊萼苔 **Saccogynidium muricellum** (De Not.) Grolle
分布：台湾；泰国、菲律宾、马来西亚、印度尼西亚

挺叶拟囊萼苔 **Saccogynidium rigidulum** (Nees) Grolle
分布：福建、台湾；菲律宾、印度尼西亚；大洋洲

60. 紫萼藓科 Grimmiaceae Arn.

矮齿藓属 **Bucklandiella** Roiv.

长毛矮齿藓 **Bucklandiella albipilifera** (C. Gao et T. Cao) Bednarek-Ochyra et Ochyra
分布：四川、西藏；尼泊尔、不丹

狭叶矮齿藓 **Bucklandiella angustifolia** (Broth.) Bednarek-Ochyra et Ochyra
分布：云南

爪哇矮齿藓 **Bucklandiella crispula** (Hook. f. et Wilson) Bednarek-Ochyra et Ochyra
分布：台湾；日本、印度、不丹、斯里兰卡、印度尼西亚、巴布亚新几内亚、澳大利亚、新西兰、美国、智利

兜叶矮齿藓 **Bucklandiella cucullatula** (Broth.) Bednarek-Ochyra et Ochyra
分布：四川、云南、西藏、广西；印度

偏叶矮齿藓 **Bucklandiella subsecunda** (Hook. et Grev. ex Harv.) Bednarek-Ochyra et Ochyra
分布：山东、陕西、湖南、四川、重庆、贵州、云南、西藏、台湾；尼泊尔、不丹、印度、斯里兰卡、印度尼西亚、巴布亚新几内亚、日本、俄罗斯；欧洲、美洲

高山矮齿藓 **Bucklandiella sudetica** (Funck) Bednarek-Ochyra et Ochyra
分布：山东、四川、重庆、西藏；日本、俄罗斯、智利；欧洲、北美洲

粗疣矮齿藓石生变种 **Bucklandiella verrucosa** (Frisvoll) Bednarek-Ochyra et Ochyra var. **emodensis** (Frisvoll) Bednarek-Ochyra et Ochyra
分布：西藏；印度、尼泊尔、不丹

无尖藓属 **Codriophorus** P. Beauv.

钝叶无尖藓 **Codriophorus aciculare** (Hedw.) P. Beauv.
分布：吉林、浙江、贵州；日本；欧洲、北美洲

黄无尖藓 **Codriophorus anomodontoides** (Cardot) Bednarek-Ochyra et Ochyra
分布：黑龙江、吉林、辽宁、河北、陕西、安徽、浙江、江西、湖南、湖北、四川、贵州、福建、台湾、广西、海南；日本、菲律宾、美国

短柄无尖藓 **Codriophorus brevisetus** (Lindb.) Bednarek-Ochyra et Ochyra
分布：黑龙江、吉林、安徽、浙江、江西、四川、贵州、福建；日本、朝鲜、俄罗斯

短无尖藓 **Codriophorus carinatus** (Cardot) Bednarek-Ochyra et Ochyra
分布：辽宁、湖南、重庆、贵州、台湾；日本、朝鲜

扭叶无尖藓 **Codriophorus corrugatus** Bednarek-Ochyra
分布：陕西、青海、四川；日本；北美洲

丛枝无尖藓 **Codriophorus fascicularis** (Hedw.) Bednarek-Ochyra et Ochyra
分布：山东、青海、江西、重庆、贵州、云南、台湾、香港；日本、俄罗斯、美国(夏威夷)、新西兰；欧洲、北美洲、南美洲(南部)

筛齿藓属 **Coscinodon** Spreng.

筛齿藓 **Coscinodon cribrosus** (Hedw.) Spruce
分布：陕西、宁夏、新疆、台湾；日本、克什米尔地区、俄罗斯；欧洲、非洲(北部)、北美洲

紫萼藓属 **Grimmia** Hedw.

无齿紫萼藓 **Grimmia anodon** Bruch et Schimp.
分布：内蒙古、青海、新疆、西藏；印度、巴基斯坦、土耳其、亚美尼亚、哈萨克斯坦、蒙古国、俄罗斯、秘鲁、智利；欧洲、非洲、北美洲

黑色紫萼藓 **Grimmia atrata** Mielich. ex Hornsch.
分布：山西、陕西、新疆、江西、云南、台湾；日本、印度；欧洲

长毛紫萼藓 **Grimmia crinita** Brid.
分布：新疆；哈萨克斯坦、伊朗、埃及；欧洲

北方紫萼藓 **Grimmia decipiens** (Schultz.) Lindb.
分布：吉林、上海、浙江、云南；欧洲、非洲、北美洲

卷边紫萼藓 **Grimmia donniana** Sm.
分布：山东、新疆、四川、西藏；日本、印度、蒙古国、

俄罗斯、坦桑尼亚；欧洲、美洲、南极洲

直叶紫萼藓 Grimmia elatior Bruch ex Bals. et De Not.

分布：内蒙古、河北、河南、陕西、甘肃、新疆、福建；巴基斯坦、亚美尼亚、哈萨克斯坦、俄罗斯；欧洲、北美洲

长枝紫萼藓 Grimmia elongata Kaulf.

分布：吉林、河北、新疆、湖北、西藏、台湾；日本、印度、尼泊尔、俄罗斯；美洲

绳茎紫萼藓 Grimmia funalis (Schwägr.) Bruch et Schimp.

分布：四川、西藏；日本、尼泊尔、蒙古国、俄罗斯；欧洲、南美洲

尖顶紫萼藓 Grimmia fuscolutea Hook.

分布：吉林、山东、青海、新疆、四川、云南、西藏；日本、印度、尼泊尔、俄罗斯；欧洲、非洲、美洲

火山紫萼藓(新拟) Grimmia grevenii C. Feng, X.-L. Bai et J. Kou

分布：黑龙江

韩氏紫萼藓 Grimmia handelii Broth.

分布：四川、云南

卷叶紫萼藓 Grimmia incurva Schwägr.

分布：陕西、江西、重庆、贵州、西藏、台湾；日本、蒙古国、俄罗斯；欧洲、北美洲

喜马拉雅紫萼藓(新拟) Grimmia indica (Dixon et P. de la Varde) Goffinet & Greven

分布：西藏；印度、尼泊尔

阔叶紫萼藓 Grimmia laevigata (Brid.) Brid.

分布：内蒙古、河北、山西、陕西、宁夏、甘肃、青海、新疆、江苏、浙江、云南、西藏；印度、斯里兰卡、巴基斯坦、哈萨克斯坦、蒙古国、俄罗斯、智利、澳大利亚、新西兰、坦桑尼亚；欧洲、北美洲

近缘紫萼藓 Grimmia longirostris Hook.

分布：黑龙江、吉林、河北、山西、河南、陕西、新疆、安徽、四川、云南、西藏、台湾、广西；日本、印度、尼泊尔、蒙古国、巴布亚新几内亚、加那利群岛、俄罗斯、秘鲁、马来西亚、印度尼西亚、菲律宾、巴布亚新几内亚；欧洲、非洲(北部)

长蒴紫萼藓 Grimmia macrotheca Mitt.

分布：山东、新疆、四川、西藏；印度

粗瘤紫萼藓 Grimmia mammosa C. Gao et T. Cao

分布：云南、西藏；不丹；非洲

高山紫萼藓 Grimmia montana Bruch. et Schimp.

分布：黑龙江、吉林、内蒙古、河北、山西、山东、陕西、宁夏、甘肃、青海、新疆、安徽、上海、湖南、湖北、四川、云南、西藏、广西；巴基斯坦、俄罗斯、斯里兰卡、印度、尼泊尔、蒙古国、秘鲁、澳大利亚；欧洲、非洲、北美洲

钝叶紫萼藓 Grimmia obtusifolia C. Gao et T. Cao

分布：青海、新疆、四川、西藏；蒙古国

卵叶紫萼藓 Grimmia ovalis (Hedw.) Lindb.

分布：黑龙江、吉林、内蒙古、河北、山西、山东、陕西、宁夏、甘肃、青海、新疆、上海、四川、云南、西藏；斯里兰卡、印度、巴基斯坦、尼泊尔、蒙古国、俄罗斯、秘鲁、澳大利亚；欧洲、非洲、北美洲

毛尖紫萼藓 Grimmia pilifera P. Beauv.

分布：黑龙江、吉林、辽宁、内蒙古、河北、北京、山西、山东、河南、陕西、青海、新疆、安徽、江苏、上海、浙江、江西、湖南、四川、重庆、云南、西藏、福建；巴基斯坦、朝鲜、日本、印度、蒙古国、俄罗斯；北美洲

紫萼藓 Grimmia plagiopodia Hedw.

分布：上海；哈萨克斯坦、俄罗斯、加拿大、美国、智利、阿根廷；欧洲

多色紫萼藓 Grimmia poecilostoma Cardot et Sebille

分布：新疆、四川；亚美尼亚、哈萨克斯坦、蒙古国、俄罗斯；欧洲、北美洲

垫丛紫萼藓 Grimmia pulvinata (Hedw.) Sm.

分布：山东、甘肃、新疆、西藏、台湾；印度、巴基斯坦、土库曼斯坦、土耳其、乌克兰、俄罗斯、智利、澳大利亚、新西兰；欧洲、非洲、北美洲

厚壁紫萼藓 Grimmia reflexidens Müll. Hal.

分布：吉林、新疆、云南；日本、印度、蒙古国、俄罗斯、智利；欧洲、非洲(北部)、北美洲

拟无齿紫萼藓 Grimmia subanodon Ochyra

分布：内蒙古、青海；北美洲

南欧紫萼藓 Grimmia tergestina Tomm. ex Bruch et Schimp.

分布：山西、宁夏、甘肃、青海、新疆、江苏、四川；巴基斯坦、印度、伊朗、伊拉克、蒙古国、俄罗斯；欧洲、非洲(北部)、北美洲

长褶紫萼藓(新拟) Grimmia ulaandamana J. Muñoz, C. Feng, X.-L. Bai et J. Kou

分布：黑龙江、内蒙古、陕西、河北、云南

厚边紫萼藓 Grimmia unicolor Hook.

分布：吉林、内蒙古、陕西、新疆、西藏；巴基斯坦、印度、哈萨克斯坦、蒙古国、俄罗斯；欧洲、北美洲

长齿藓属 **Niphotrichum** (Bednarek-Ochyra) Bednarek-Ochyra et Ochyra

硬叶长齿藓 Niphotrichum barbuloides (Cardot) Bednarek-Ochyra et Ochyra

分布：河南、浙江、江西、湖南、湖北、四川、西藏；日本、朝鲜

长齿藓 Niphotrichum canescens (Hedw.) Bednarek-Ochyra et Ochyra

分布：黑龙江、吉林、内蒙古、山东、陕西、甘肃、新疆、江苏、上海、浙江、贵州、西藏；缅甸、尼泊尔、日本；欧洲、北美洲

长齿藓(原亚种) Niphotrichum canescens subsp. **canescens**

分布：黑龙江、吉林、内蒙古、山东、陕西、甘肃、新疆、江苏、上海、浙江、贵州；缅甸、日本；欧洲、北美洲

长齿藓宽叶亚种 Niphotrichum canescens subsp. **latifolium** (Lange et C. E. O. Jensen) Bednarek-Ochyra et Ochyra

分布：西藏；日本、尼泊尔

长枝长齿藓 Niphotrichum ericoides (Brid.) Bednarek-Ochyra et Ochyra

分布：吉林、内蒙古、陕西、甘肃、新疆、安徽、江西、湖北、四川、重庆、贵州、云南、西藏、台湾；日本；欧洲、北美洲

东亚长齿藓 Niphotrichum japonicum (Dozy et Molk.) Bednarek-Ochyra et Ochyra

分布：黑龙江、吉林、辽宁、山东、河南、陕西、宁夏、安徽、江苏、上海、浙江、江西、湖南、湖北、四川、重庆、贵州、云南、西藏、福建、台湾；日本、朝鲜、越南、俄罗斯、澳大利亚

砂藓属 **Racomitrium** Brid.

异枝砂藓 Racomitrium heterostichum (Hedw.) Brid.

分布：吉林、陕西、江苏、江西、湖北、四川、台湾；日本、智利；欧洲、非洲(北部)、北美洲

喜马拉雅砂藓 Racomitrium himalayanum (Mitt.) A. Jaeger

分布：四川、贵州、云南、西藏；印度、尼泊尔、不丹

霍氏砂藓 Racomitrium joseph-hookeri Frisvoll

分布：四川、云南、西藏；日本、尼泊尔、不丹

多枝砂藓 Racomitrium laetum Besch. et Cardot

分布：吉林、辽宁、安徽、江西、湖南、云南、西藏、台湾、广西；日本、朝鲜

白毛砂藓 Racomitrium lanuginosum (Hedw.) Brid.

分布：吉林、安徽、西藏、台湾；世界广布，中美洲除外

小蒴砂藓 Racomitrium microcarpum (Hedw.) Brid.

分布：吉林、四川；俄罗斯；欧洲、北美洲

阔叶砂藓 Racomitrium nitidulum Cardot

分布：吉林、湖北、福建；日本

贡山砂藓(新拟) Racomitrium shevockii (Bednarek-Ochyra et Ochyra) Larraín et J. Muño

分布：云南

连轴藓属 **Schistidium** Bruch et Schimp.

高山连轴藓 Schistidium agassizii Sull. et Lesq.

分布：吉林

圆蒴连轴藓 Schistidium apocarpum (Hedw.) Bruch et Schimp.

分布：黑龙江、内蒙古、河南、新疆、湖南、湖北、四川、重庆、贵州、西藏、台湾；巴基斯坦、日本、俄罗斯、秘鲁、智利、澳大利亚、新西兰、坦桑尼亚；欧洲、北美洲

陈氏连轴藓 Schistidium chenii (S. H. Lin) T. Cao

分布：青海、新疆、西藏

细叶连轴藓 Schistidium liliputanum (Müll. Hal.) Deguchi

分布：吉林、陕西、贵州；日本

凹叶连轴藓 Schistidium mucronatum H. H. Blom

分布：青海、四川、云南

厚边连轴藓 Schistidium riparium H. H. Blom

分布：云南

溪岸连轴藓 Schistidium rivulare (Brid.) Podp.

分布：黑龙江、吉林、辽宁、内蒙古、河北、河南、陕西、青海、新疆、浙江、台湾；日本秘鲁、智利、新西兰、澳大利亚；欧洲、北美洲

粗疣连轴藓 Schistidium strictum (Turner) Loeske ex Mårtensson

分布：黑龙江、吉林、辽宁、内蒙古、河北、陕西、宁夏、青海、新疆、浙江、湖南、湖北、四川、重庆、贵州、云南、西藏、台湾；巴基斯坦、日本、印度、俄罗斯；欧洲、北美洲

皱叶连轴藓 Schistidium subconfertum (Broth.) Deguchi

分布：新疆、四川；日本

长齿连轴藓 Schistidium trichodon (Brid.) Poelt

分布：山东、陕西、新疆、湖北、四川、贵州、云南、台

湾；日本、印度；欧洲、北美洲

61. 全萼苔科 Gymnomitriaceae H. Klinggr.

类钱袋苔属 Apomarsupella R. M. Schust.

类钱袋苔 **Apomarsupella revoluta** (Nees) R. M. Schust.

分布：吉林、浙江、四川、云南、西藏、福建、台湾、广西；印度、尼泊尔、不丹、印度尼西亚、菲律宾、日本、巴布亚新几内亚、委内瑞拉；欧洲、北美洲

粗疣类钱袋苔 **Apomarsupella verrucosa** (W. E. Nicholson) Váňa

分布：云南、西藏；尼泊尔

湿生苔属 Eremonotus Lindb. et Kaal. ex Pearson

湿生苔 **Eremonotus myriocarpus** (Carrington) Lindb. et Kaal. ex Pearson

分布：黑龙江、吉林、内蒙古、四川；日本；欧洲

全萼苔属 Gymnomitrion Corda

全萼苔 **Gymnomitrion concinnatum** (Lightf.) Corda

分布：江西、台湾；日本、喜马拉雅地区；欧洲、北美洲、南美洲、极地地区

疣茎全萼苔(新拟) **Gymnomitrion crystallocaulon** (Grolle) Váňa, Crand.-Stotl. et Stotler

分布：云南、西藏；尼泊尔

附基全萼苔 **Gymnomitrion laceratum** (Steph.) Horik.

分布：西藏；日本、尼泊尔、印度尼西亚、秘鲁；非洲、北美洲

红色卷叶全萼苔(新拟) **Gymnomitrion rubidum** (Mitt.) Váňa, Crand.-Stotl. et Stotler

分布：台湾；尼泊尔、印度

中华全萼苔 **Gymnomitrion sinense** K. Müller

分布：云南、西藏；尼泊尔

钱袋苔属 Marsupella Dumort.

高山钱袋苔 **Marsupella alpina** (Gottsche ex Husn.) Bernet

分布：黑龙江、贵州、云南、福建；日本；欧洲、北美洲

矮钱袋苔 **Marsupella brevissima** (Dumort.) Grolle

分布：西藏；中亚、欧洲、北美洲

锐裂钱袋苔 **Marsupella commutata** (Limpr.) Bernet

分布：黑龙江、吉林、浙江、江西、四川、云南、西藏、广西；尼泊尔、不丹、日本、朝鲜；欧洲、北美洲

簇丛钱袋苔 **Marsupella condensata** (Ångström ex C. Hartm.) Lindb. ex Kaal.

分布：西藏；欧洲、北美洲

钱袋苔 **Marsupella emarginata** (Ehrh.) Dumort.

分布：吉林、辽宁、安徽、浙江、湖南、云南、西藏、福建；朝鲜、日本；欧洲

假冯氏钱袋苔 **Marsupella pseudofunckii** S. Hatt.

分布：浙江、福建、台湾；朝鲜、日本

黑钱袋苔 **Marsupella sprucei** (Limpr.) Bernet

分布：四川、云南；欧洲、大洋洲、北美洲

东亚钱袋苔 **Marsupella yakushimensis** (Horik.) S. Hatt.

分布：吉林、安徽、浙江、江西、四川、西藏、福建、广西；日本、朝鲜

穗枝苔属 Prasanthus Lindb.

穗枝苔 **Prasanthus suecicus** Lindb.

分布：云南；尼泊尔、印度、南非

62. 柔齿藓科 Habrodontaceae Schimp.

柔齿藓属 Habrodon Schimp.

柔齿藓 **Habrodon perpusillus** (De Not.) Lindb.

分布：辽宁、山东、四川、西藏；朝鲜、俄罗斯；欧洲、北美洲

63. 裸蒴苔科 Haplomitriaceae Dědeček

裸蒴苔属 Haplomitrium Nees

爪哇裸蒴苔 **Haplomitrium blumii** (Nees) R. M. Schust.

分布：福建、台湾、海南；日本；南美洲

裸蒴苔 **Haplomitrium hookeri** (Sm.) Nees

分布：四川、云南；尼泊尔、印度；欧洲、北美洲

圆叶裸蒴苔 **Haplomitrium mnioides** (Lindb.) R. M. Schust.

分布：江西、湖南、四川、贵州、云南、福建、台湾、广东、广西、海南、香港；泰国、日本

圆叶裸蒴苔(原变种) **Haplomitrium mnioides** var. **mnioides**

分布：江西、湖南、四川、贵州、云南、福建、台湾、广东、广西、海南、香港；泰国、日本

圆叶裸蒴苔纤枝变种 **Haplomitrium mnioides** var. **delicatum** C. H. Gao et D. K. Li

分布：福建

64. 虎尾藓科 Hedwigiaceae Schimp.

赤枝藓属 **Braunia** Bruch et Schimp.

赤枝藓 **Braunia alopecur** (Brid.) Limpr.

分布：四川、云南、西藏；印度、伊朗、科威特；欧洲

云南赤枝藓 **Braunia delavayi** Besch.

分布：云南、福建

虎尾藓属 **Hedwigia** P. Beauv.

虎尾藓 **Hedwigia ciliata** (Hedw.) Ehrh. ex P. Beauv.

分布：中国广布；世界广布

长尖虎尾藓(新拟) **Hedwigia emodica** Hampe ex Müll. Hal.

分布：四川、云南；印度、尼泊尔

星疣虎尾藓(新拟) **Hedwigia stellata** Hedenäs

分布：四川、云南、西藏；印度、不丹、尼泊尔、土耳其；欧洲、北美洲

棕尾藓属 **Hedwigidium** Bruch et Schimp.

棕尾藓 **Hedwigidium integrifolium** (P. Beauv.) Dixon

分布：河北、四川、云南；斯里兰卡、新西兰、澳大利亚、坦桑尼亚；欧洲、美洲

65. 剪叶苔科 Herbertaceae Müll. Frib. ex Fulford et Hatcher

剪叶苔属 **Herbertus** S. Gray

剪叶苔 **Herbertus aduncus** (Dicks.) S. Gray

分布：黑龙江、吉林、辽宁、山东、陕西、江西、湖南、四川、重庆、贵州、云南、西藏、福建、台湾、广西、香港；菲律宾、印度尼西亚、日本、朝鲜、俄罗斯；欧洲、北美洲

剪叶苔(原亚种) **Herbertus aduncus** subsp. **aduncus**

分布：黑龙江、吉林、辽宁、山东、陕西、江西、湖南、四川、重庆、贵州、云南、西藏、福建、台湾、广西、香港；菲律宾、印度尼西亚、日本、朝鲜、俄罗斯(远东地区)；欧洲、北美洲

剪叶苔纤细亚种 **Herbertus aduncus** subsp. **tenuis** (A. Evans) H. A. Mill. et Scott

分布：黑龙江、辽宁；北美洲

钝角剪叶苔 **Herbertus armitanus** (Steph.) H. A. Mill.

分布：江西、云南；亚洲(东南部)

南亚剪叶苔 **Herbertus ceylanicus** (Steph.) H. A. Mill.

分布：四川、重庆、贵州、云南；斯里兰卡、印度

长角剪叶苔 **Herbertus dicranus** (Taylor) Trevis.

分布：山东、河南、陕西、安徽、江西、湖南、湖北、四川、贵州、云南、西藏、福建、台湾、广东、广西、海南；印度、尼泊尔、不丹、斯里兰卡、泰国、日本、加拿大；非洲(东部)

纤细剪叶苔 **Herbertus fragilis** (Steph.) Herzog

分布：黑龙江、安徽、浙江、江西、四川、贵州、云南；不丹、印度

高氏剪叶苔 **Herbertus gaochienii** X. Fu

分布：四川、广西

海南剪叶苔(新拟) **Herbertus guangdongii** P. J. Lin et Piippo

分布：海南

卵叶剪叶苔 **Herbertus herpocladioides** Scott et H. A. Mill.

分布：湖北、贵州、云南、西藏；美国

红枝剪叶苔 **Herbertus huerlimannii** H. A. Mill.

分布：西藏；新喀里多尼亚、斐济

细指剪叶苔 **Herbertus kurzii** (Steph.) H. A. Mill.

分布：四川、云南、西藏、福建、台湾；尼泊尔、印度、不丹

长肋剪叶苔 **Herbertus longifissus** Steph.

分布：四川、云南、台湾；泰国、喜马拉雅地区、日本、印度尼西亚、美国；大洋洲

长刺剪叶苔 **Herbertus longispinus** J. B. Jack et Steph.

分布：陕西、江西、四川、贵州、云南、西藏、台湾；菲律宾

长刺剪叶苔(原变种) **Herbertus longispinus** var. **longispinus**

分布：江西、四川、贵州、云南、西藏、台湾；菲律宾

长刺剪叶苔陕西变种(新拟) **Herbertus longispinus** var. **calvus** C. Massal.

分布：陕西

长茎剪叶苔 **Herbertus parisii** (Steph.) H. A. Mill.

分布：重庆、云南、西藏、广西；新喀里多尼亚

多枝剪叶苔 **Herbertus ramosus** (Steph.) H. A. Mill.

分布：浙江、湖北、四川、贵州、云南、西藏、福建、广西；泰国、印度尼西亚、喜马拉雅地区

短叶剪叶苔 **Herbertus sendtneri** (Nees) A. Evans

分布：四川、贵州、云南、西藏、福建；不丹；欧洲

66. 异枝藓科 Heterocladiaceae Decne.

粗疣藓属 **Fauriella** Besch.

大粗疣藓 **Fauriella robustiuscula** Broth.

分布：贵州、四川

小粗疣藓 **Fauriella tenerrima** Broth.

分布：安徽、浙江、湖南、重庆、贵州、福建、广西、香港；日本

粗疣藓 **Fauriella tenuis** (Mitt.) Cardot

分布：吉林、安徽、浙江、湖南、重庆、贵州、台湾；日本

异枝藓属 **Heterocladium** Bruch et Schimp.

狭叶异枝藓 **Heterocladium angustifolium** (Dixon) R. Watan.

分布：辽宁、山东；日本

小柔齿藓属 **Iwatsukiella** W. R. Buck et H. A. Crum

小柔齿藓 **Iwatsukiella leucotricha** (Mitt.) W. R. Buck et H. A. Crum

分布：吉林、四川、贵州、云南、西藏；日本

67. 油藓科 Hookeriaceae Schimp.

油藓属 **Hookeria** Sm.

尖叶油藓 **Hookeria acutifolia** Hook. et Grev.

分布：安徽、江苏、浙江、江西、湖南、湖北、四川、重庆、贵州、云南、西藏、福建、台湾、广东、广西、海南、香港、澳门；亚洲、非洲、美洲

68. 塔藓科 Hylocomiaceae M. Fleisch.

梳藓属 **Ctenidium** (Schimp.) Mitt.

柔枝梳藓 **Ctenidium andoi** N. Nishim.

分布：安徽、浙江、湖南、湖北、四川、贵州、福建、台湾、香港；印度尼西亚、菲律宾、日本、巴布亚新几内亚

毛叶梳藓 **Ctenidium capillifolium** (Mitt.) Broth.

分布：安徽、江苏、浙江、江西、湖南、湖北、四川、重庆、贵州、云南、福建、广东、香港；朝鲜、日本

斯里兰卡梳藓 **Ctenidium ceylanicum** Cardot ex M. Fleisch.

分布：四川、重庆、贵州、广西；斯里兰卡

戟叶梳藓 **Ctenidium hastile** (Mitt.) Lindb.

分布：安徽、江西、湖南、湖北、重庆、贵州；日本

平叶梳藓 **Ctenidium homalophyllum** Broth. et Yasuda ex Ihsiba

分布：安徽、湖南、湖北、重庆、贵州、广西；日本

弯叶梳藓 **Ctenidium lychnites** (Mitt.) Broth.

分布：浙江、湖南、贵州、云南、福建；印度、斯里兰卡

麻齿梳藓 **Ctenidium malacobolum** (Müll. Hal.) Broth.

分布：湖南、贵州、台湾；日本、泰国、菲律宾、印度尼西亚；大洋洲

梳藓 **Ctenidium molluscum** (Hedw.) Mitt.

分布：吉林、辽宁、内蒙古、新疆、江西、湖南、四川、重庆、贵州、云南、西藏、广东；土耳其、俄罗斯；欧洲、非洲(北部)、北美洲

羽枝梳藓 **Ctenidium pinnatum** (Broth. et Paris) Broth.

分布：浙江、江西、重庆、贵州、西藏；日本

齿叶梳藓 **Ctenidium serratifolium** (Cardot) Broth.

分布：安徽、浙江、江西、湖南、贵州、台湾、广东、广西、海南、香港；泰国、越南、日本

散枝梳藓 **Ctenidium stellulatum** Mitt.

分布：贵州、台湾；美国；大洋洲

拟小锦藓属 **Hageniella** Broth.

凹叶拟小锦藓 **Hageniella micans** (Mitt.) B. C. Tan et Y. Jia

分布：重庆、云南、台湾、广西；菲律宾、印度尼西亚、加拿大、美国(夏威夷)；欧洲(西部)、中美洲

拟小锦藓 **Hageniella sikkimensis** Broth.

分布：云南；印度

星塔藓属 **Hylocomiastrum** M. Fleisch. ex Broth.

喜马拉雅星塔藓 **Hylocomiastrum himalayanum** (Mitt.) Broth.

分布：四川、云南、西藏、台湾；尼泊尔、不丹、日本、朝鲜、喜马拉雅地区

星塔藓 **Hylocomiastrum pyrenaicum** (Spruce) M. Fleisch. ex Broth.

分布：吉林、陕西、四川、贵州、西藏；朝鲜、日本、俄罗斯；中亚地区、欧洲、非洲(北部)、北美洲

仰叶星塔藓 **Hylocomiastrum umbratum** (Hedw.) M. Fleisch. ex Broth.

分布：黑龙江、吉林、四川；日本、朝鲜、俄罗斯；欧洲、

非洲(北部)、北美洲

塔藓属 **Hylocomium** Bruch et Schimp.

塔藓 **Hylocomium splendens** (Hedw.) Bruch et Schimp.

分布：内蒙古、河北、山西、甘肃、新疆、四川、重庆、贵州、云南、西藏、台湾；新西兰、不丹；欧洲、非洲(北部)、北美洲(西部)

薄壁藓属 **Leptocladiella** M. Fleisch.

纤枝薄壁藓 **Leptocladiella delicatulum** (Broth.) Rohrer

分布：云南、西藏；尼泊尔、印度、缅甸

薄壁藓 **Leptocladiella psilura** (Mitt.) M. Fleisch.

分布：四川、云南、台湾；尼泊尔、印度、不丹、缅甸、泰国

薄膜藓属 **Leptohymenium** Schwägr.

短柄薄膜藓 **Leptohymenium brachystegium** Besch.

分布：云南

鹤庆薄膜藓 **Leptohymenium hokinense** Besch.

分布：云南；尼泊尔

薄膜藓 **Leptohymenium tenue** (Hook.) Schwägr.

分布：云南、西藏；不丹、缅甸、泰国、菲律宾、墨西哥、危地马拉

假蔓藓属 **Loeskeobryum** M. Fleisch. ex Broth.

假蔓藓 **Loeskeobryum breviristre** (Brid.) M. Fleisch. ex Broth.

分布：陕西、安徽、四川、贵州、台湾；日本、俄罗斯、太平洋群岛；欧洲、非洲(北部)、北美洲、中美洲

船叶假蔓藓 **Loeskeobryum cavifolium** (Sande Lac.) M. Fleisch. ex Broth.

分布：黑龙江、安徽、江西、贵州、福建、台湾；日本、朝鲜

南木藓属 **Macrothamnium** M. Fleisch.

爪哇南木藓 **Macrothamnium javense** M. Fleisch.

分布：四川、云南、西藏；斯里兰卡、菲律宾、马来西亚、巴布亚新几内亚

直蒴南木藓 **Macrothamnium leptohymenioides** Nog.

分布：云南、西藏；尼泊尔、缅甸

南木藓 **Macrothamnium macrocarpum** (Reinw. et Hornsch.) M. Fleisch.

分布：安徽、浙江、江西、湖南、贵州、云南、西藏、福建、台湾、广西、香港；印度、尼泊尔、不丹、缅甸、斯里兰卡、越南、菲律宾、泰国、马来西亚、新加坡、印度尼西亚、日本、美国(夏威夷)

亚南木藓 **Macrothamnium submacrocarpum** (Renauld et Cardot) M. Fleisch.

分布：云南、台湾、广西；印度、不丹、缅甸、泰国

小蔓藓属 **Meteoriella** S. Okamura

小蔓藓 **Meteoriella soluta** (Mitt.) S. Okamura

分布：甘肃、安徽、江西、四川、重庆、贵州、云南、西藏、福建、台湾、广西；不丹、日本、越南、印度

新船叶藓属 **Neodolichomitra** Nog.

新船叶藓 **Neodolichomitra yunnanensis** (Besch.) T. J. Kop.

分布：陕西、四川、重庆、贵州、云南、台湾、海南；不丹、日本

赤茎藓属 **Pleurozium** Mitt.

赤茎藓 **Pleurozium schreberi** (Brid.) Mitt.

分布：内蒙古、青海、新疆、四川、贵州、云南、西藏；日本、朝鲜、俄罗斯、秘鲁、埃塞俄比亚；欧洲、北美洲

拟垂枝藓属 **Rhytidiadelphus** (Lindb. ex Limpr.) Warnst.

仰尖拟垂枝藓 **Rhytidiadelphus japonicus** (Reimers) T. J. Kop.

分布：吉林、新疆、湖南、重庆、贵州、福建；日本、朝鲜；北美洲

拟垂枝藓 **Rhytidiadelphus squarrosus** (Hedw.) Warnst.

分布：黑龙江、吉林、河北、四川、重庆、贵州；巴基斯坦、日本、朝鲜、俄罗斯、太平洋岛屿、新西兰；欧洲、非洲(北部)、北美洲

大拟垂枝藓 **Rhytidiadelphus triquetrus** (Hedw.) Warnst.

分布：黑龙江、吉林、辽宁、内蒙古、河北、北京、河南、陕西、宁夏、甘肃、新疆、浙江、江西、四川、重庆、贵州、云南、西藏；不丹、朝鲜、日本、俄罗斯；欧洲、非洲、北美洲

69. 灰藓科 Hypnaceae Schimp.

扁灰藓属 **Breidleria** Loeske

阔叶扁灰藓 **Breidleria erectiuscula** (Sull. et Lesq.) Hedenäs

分布：江苏、上海、江西、湖北、贵州、云南；日本

扁灰藓 **Breidleria pratensis** (Koch ex Spruce) Loeske

分布：黑龙江、吉林、内蒙古、河北、山西、陕西、甘肃、贵州、云南；蒙古国、日本、俄罗斯；欧洲、北美洲

圆尖藓属 **Bryocrumia** L. E. Anderson

亮绿圆尖藓 **Bryocrumia vivicolor** (Broth. et Dixon) W. R. Buck

分布：云南；印度、美国

拟腐木藓属 **Callicladium** H. A. Crum

拟腐木藓 **Callicladium haldanianum** (Grev.) H. A. Crum

分布：黑龙江、吉林、辽宁、新疆、云南；巴基斯坦、日本、朝鲜、俄罗斯；欧洲、北美洲

偏叶藓属 **Campylophyllum** (Schimp.) M. Fleisch.

偏叶藓 **Campylophyllum halleri** (Hedw.) M. Fleisch.

分布：内蒙古、河北、山东、四川、云南；日本、印度、俄罗斯、墨西哥；欧洲、北美洲

短菱藓属 **Ectropotheciella** M. Fleisch.

短菱藓 **Ectropotheciella distichophylla** (Hampe) M. Fleisch.

分布：台湾、海南；印度尼西亚、泰国、菲律宾；非洲

偏蒴藓属 **Ectropothecium** Mitt.

蕨叶偏蒴藓 **Ectropothecium aneitense** Broth. et Watts.

分布：湖北、贵州、云南、广东；太平洋新赫布里底群岛

偏蒴藓 **Ectropothecium buitenzorgii** (Bél.) Mitt.

分布：浙江、重庆、云南、福建、广东、广西、澳门；孟加拉国、印度、缅甸、泰国、越南、柬埔寨、印度尼西亚

淡叶偏蒴藓 **Ectropothecium dealbatum** (Reinw. et Hornsch.) A. Jaeger

分布：江西、湖南、贵州、广东、香港；印度、缅甸、泰国、马来西亚、印度尼西亚、菲律宾

亮叶偏蒴藓 **Ectropothecium glossophylloides** (Broth.) D. K. Li

分布：贵州

赫氏偏蒴藓(新拟) **Ectropothecium herzogii** Y. Jia et S. He

分布：云南；印度、泰国

镰叶偏蒴藓 **Ectropothecium kerstanii** Dixon et Herzog

分布：云南；印度

贵州偏蒴藓 **Ectropothecium kweichowense** Bartr.

分布：贵州

细尖偏蒴藓 **Ectropothecium leptotapes** (Cardot) Sakurai

分布：山西；日本

爪哇偏蒴藓 **Ectropothecium monumentorum** Duby A. Jaeger

分布：台湾、广东、香港；孟加拉国、印度、缅甸、泰国、越南、新加坡、菲律宾、印度尼西亚、加罗林群岛

莫氏偏蒴藓 **Ectropothecium moritzii** A. Jaeger

分布：台湾、海南；泰国、印度尼西亚、菲律宾

钝叶偏蒴藓 **Ectropothecium obtusulum** (Cardot) Z. Iwats.

分布：湖南、贵州、福建、广东、广西、香港；日本

卷叶偏蒴藓 **Ectropothecium ohosimense** Cardot et Thér.

分布：山东、浙江、江西、湖南、四川、贵州、云南、西藏、福建、海南、澳门；日本、越南

大偏蒴藓 **Ectropothecium penzigianum** M. Fleisch.

分布：江西、湖南、贵州、云南、西藏、福建、广东；印度尼西亚

纤细偏蒴藓 **Ectropothecium perminutum** Broth. ex E. B. Bartram

分布：台湾、广东；菲律宾

密枝偏蒴藓 **Ectropothecium wangianum** P. C. Chen

分布：贵州、西藏、海南

台湾偏蒴藓 **Ectropothecium yasudae** Broth.

分布：台湾

平叶偏蒴藓 **Ectropothecium zollingeri** (Müll. Hal.) A. Jaeger

分布：安徽、江苏、浙江、江西、湖南、湖北、四川、重庆、贵州、云南、西藏、福建、台湾、广东、海南、香港、澳门；尼泊尔、印度、日本、泰国、越南、老挝、马来西亚、新加坡、菲律宾、印度尼西亚、科威特；大洋洲

曲枝藓属 **Foreauella** Dixon et P. de la Varde

曲枝藓 **Foreauella orthothecia** (Schwägr.) Dixon et P. de la Varde

分布：云南；印度、缅甸、泰国、老挝、菲律宾

厚角藓属 **Gammiella** Broth.

小厚角藓 **Gammiella ceylonensis** (Broth.) B. C. Tan et W. R. Buck

分布：贵州、云南、西藏；斯里兰卡、泰国、越南、老挝、马来西亚、印度尼西亚；非洲

平边厚角藓 Gammiella panchienii B. C. Tan et Y. Jia

分布：云南、福建、台湾、广西；菲律宾

厚角藓 Gammiella pterogonioides (Griff.) Broth.

分布：湖北、四川、贵州、云南；泰国、越南、老挝、柬埔寨

狭叶厚角藓 Gammiella tonkinensis (Broth. et Paris) B. C. Tan

分布：江西、云南、台湾、广东、广西；泰国、越南、柬埔寨、老挝、菲律宾、印度尼西亚、日本

扁锦藓属 Glossadelphus M. Fleisch.

鼠尾扁锦藓 Glossadelphus julaceus Tixier

分布：贵州

扁锦藓 Glossadelphus prostrates (Dozy et Molk.) M. Fleisch.

分布：西藏、福建、海南；印度尼西亚

台湾扁锦藓(新拟) Glossadelphus rivicola Broth.

分布：台湾

爪哇扁锦藓 Glossadelphus similans (Bosch et Sande Lac.) M. Fleisch.

分布：海南；老挝、越南、印度尼西亚

粗枝藓属 Gollania Broth.

阿里粗枝藓 Gollania arisanensis Sakurai

分布：陕西、四川、贵州

粗枝藓 Gollania clarescens (Mitt.) Broth.

分布：重庆、贵州、云南；印度、尼泊尔、不丹、巴基斯坦

长蒴粗枝藓 Gollania cylindricarpa (Mitt.) Broth.

分布：四川、云南；不丹、尼泊尔

拟同蒴粗枝藓 Gollania homalothecioides Higuchi

分布：四川

日本粗枝藓 Gollania japonica (Cardot) Ando et Higuchi

分布：甘肃、四川、重庆、贵州、云南、西藏；尼泊尔、日本

平肋粗枝藓 Gollania neckerella (Müll. Hal.) Broth.

分布：黑龙江、吉林、河南、陕西、甘肃、安徽、湖北、四川、重庆、贵州、云南、西藏；日本

菲律宾粗枝藓 Gollania philippinensis (Broth.) Nog.

分布：浙江、江西、四川、重庆、贵州、云南、台湾；菲律宾、巴布亚新几内亚

卷边粗枝藓 Gollania revolute Higuchi

分布：云南

大粗枝藓 Gollania robusta Broth.

分布：黑龙江、河南、陕西、安徽、湖北、四川、重庆、贵州、云南、西藏

皱叶粗枝藓 Gollania ruginosa (Mitt.) Broth.

分布：黑龙江、吉林、辽宁、山西、河南、陕西、甘肃、安徽、浙江、江西、湖北、四川、重庆、贵州、云南、西藏、台湾、广西；日本、朝鲜、印度、不丹、俄罗斯

陕西粗枝藓 Gollania schensiana Dixon ex Higuchi

分布：河南、陕西、甘肃、四川、贵州；印度、尼泊尔、不丹

中华粗枝藓 Gollania sinensis Broth. et Paris

分布：陕西、甘肃、江西、四川、重庆、贵州、云南、西藏

鳞粗枝藓 Gollania taxiphylloides Ando et Higuchi

分布：山东；日本

圆枝粗枝藓 Gollania tereticaulis Broth.

分布：四川、重庆、贵州、云南

密枝粗枝藓 Gollania turgens (Müll. Hal.) Ando

分布：山西、陕西、四川、贵州、云南；尼泊尔、日本、俄罗斯；北美洲

多变粗枝藓 Gollania varians (Mitt.) Broth.

分布：山东、河南、陕西、甘肃、浙江、湖北、四川、重庆、贵州、云南；朝鲜、日本

拟灰藓属 Hondaella Dixon et Sakurai

拟灰藓 Hondaella caperata (Mitt.) Ando

分布：吉林、辽宁、内蒙古、陕西、四川、贵州、云南、西藏、台湾、广东；缅甸、泰国、老挝、朝鲜、日本、俄罗斯

绢光拟灰藓 Hondaella entodontea (Müll. Hal.) W. R. Buck

分布：山西、陕西、四川、西藏

水梳藓属 Hyocomium Bruch et Schimp.

水梳藓 Hyocomium armoricum (Brid.) Wijk et Margad.

分布：云南；欧洲

灰藓属 Hypnum Hedw.

镰叶灰藓 Hypnum bambergeri Schimp.

分布：宁夏、青海；俄罗斯；欧洲、北美洲

钙生灰藓 Hypnum calcicola Ando

分布：陕西、江西、湖南、湖北、四川、重庆、贵州、云

南、台湾；日本

尖叶灰藓 Hypnum callichroum Brid.

分布：黑龙江、吉林、内蒙古、河北、山西、河南、陕西、宁夏、甘肃、新疆、江苏、上海、江西、湖南、四川、重庆、贵州、云南、西藏；日本、俄罗斯；欧洲、北美洲

拳叶灰藓 Hypnum circinale Hook.

分布：黑龙江、吉林、湖北、云南；北美洲

灰藓 Hypnum cupressiforme Hedw.

分布：吉林、辽宁、内蒙古、山西、山东、陕西、宁夏、甘肃、青海、新疆、安徽、江西、湖南、四川、贵州、云南、西藏、福建、台湾、广西；巴基斯坦、朝鲜、日本、蒙古国、俄罗斯、斯里兰卡、印度、坦桑尼亚；欧洲、大洋洲、美洲

密枝灰藓 Hypnum densirameum Ando

分布：陕西、贵州；日本

东亚灰藓 Hypnum fauriei Cardot

分布：江西、湖南、四川、贵州、云南、台湾、广西；朝鲜、日本

多蒴灰藓 Hypnum fertile Sendtn.

分布：黑龙江、吉林、内蒙古、山东、浙江、湖南、四川、重庆、贵州、云南、西藏、广西；日本、俄罗斯；欧洲、非洲、北美洲

长喙灰藓 Hypnum fujiyamae (Broth.) Paris

分布：河南、贵州、福建；朝鲜、日本

弯叶灰藓 Hypnum hamulosum Schimp.

分布：黑龙江、吉林、辽宁、内蒙古、河北、山西、河南、陕西、宁夏、甘肃、新疆、安徽、江苏、上海、浙江、江西、湖南、湖北、四川、重庆、贵州、云南、西藏；俄罗斯；欧洲、北美洲

凹叶灰藓 Hypnum kushakuense Cardot

分布：台湾

美灰藓 Hypnum leptothallum (Müll. Hal.) Paris

分布：黑龙江、吉林、内蒙古、北京、山西、山东、河南、陕西、宁夏、甘肃、青海、新疆、安徽、江苏、上海、江西、湖南、湖北、四川、重庆、贵州、云南、西藏；蒙古国、日本、朝鲜、俄罗斯

长蒴灰藓 Hypnum macrogynum Besch.

分布：山西、江西、四川、贵州、云南、西藏、福建、广东；孟加拉国、尼泊尔、不丹、缅甸、斯里兰卡

南亚灰藓 Hypnum oldhamii (Mitt.) A. Jaeger

分布：安徽、浙江、江西、湖南、四川、重庆、贵州、云南、西藏、福建、广东、广西、海南；朝鲜、日本

黄灰藓 Hypnum pallescens (Hedw.) P. Beauv.

分布：吉林、辽宁、内蒙古、山西、山东、陕西、宁夏、甘肃、新疆、江西、湖北、四川、贵州、云南、西藏；巴基斯坦、朝鲜、日本、俄罗斯；欧洲、北美洲

大灰藓 Hypnum plumaeforme Wilson

分布：吉林、内蒙古、河北、山东、河南、陕西、甘肃、新疆、安徽、江苏、上海、浙江、江西、湖南、湖北、四川、重庆、贵州、云南、西藏、福建、台湾、广东、广西、海南、香港；斯里兰卡、朝鲜、日本、越南、尼泊尔、缅甸、菲律宾、俄罗斯、美国(夏威夷)

多毛灰藓 Hypnum recurvatum (Lindb. et Arnell) Kindb.

分布：陕西、四川、贵州、云南、西藏；蒙古国、俄罗斯；欧洲、北美洲

卷叶灰藓 Hypnum revolutum (Mitt.) Lindb.

分布：内蒙古、河北、山西、山东、陕西、宁夏、甘肃、青海、新疆、江苏、江西、湖南、四川、重庆、贵州、云南、西藏；巴基斯坦、蒙古国、俄罗斯；欧洲、北美洲

湿地灰藓 Hypnum sakuraii (Sakurai) Ando

分布：河南、陕西、安徽、四川、重庆、贵州、云南、福建；日本

温带灰藓强弯亚种 Hypnum subimponens Lesq. subsp. **ulophyllum** (Müll. Hal.) Ando

分布：吉林、陕西、贵州、台湾；巴基斯坦、朝鲜、日本；北美洲

拟梳灰藓 Hypnum submolluscum Besch.

分布：四川、贵州、云南、西藏；印度

直叶灰藓 Hypnum vaucheri Lesq.

分布：内蒙古、山西、陕西、宁夏、甘肃、新疆、贵州、西藏；巴基斯坦、蒙古国、日本、俄罗斯；欧洲、非洲、北美洲

平齿藓属 Leiodontium Broth.

平齿藓 Leiodontium gracile Broth.

分布：云南；印度、尼泊尔

大平齿藓 Leiodontium robustum Broth.

分布：云南

小梳藓属 Microctenidium M. Fleisch.

绿色小梳藓 Microctenidium assimile Broth.

分布：云南

叶齿藓属 Phyllodon Bruch et Schimp.

双齿叶齿藓 Phyllodon bilobatus (Dixon) P. Camara

分布：云南；印度

锐齿叶齿藓 Phyllodon glossoides (Bosch et Sande Lac.) P. Camara

分布：云南；泰国、印度尼西亚、巴布亚新几内亚

舌形叶齿藓 Phyllodon lingulatus (Cardot) W. R. Buck

分布：贵州、云南、西藏、台湾、广东、海南、香港；越南、菲律宾、印度尼西亚、日本

拟平锦藓属 Platygyriella Cardot

尖叶拟平锦藓 Platygyriella aurea (Schwägr.) W. R. Buck

分布：内蒙古、宁夏、四川、云南、广西；尼泊尔

齿灰藓属 Podperaea Z. Iwats. et Glime.

白氏齿灰藓(新拟) Podperaea baii Ignatova

分布：内蒙古

齿灰藓 Podperaea krylovii (Podp.) Z. Iwats. et Glime.

分布：宁夏；日本、俄罗斯

假丛灰藓属 Pseudostereodon (Broth.) M. Fleisch.

假丛灰藓 Pseudostereodon procerrimum (Molendo) M. Fleisch.

分布：黑龙江、吉林、内蒙古、陕西、甘肃、青海、新疆、四川、云南、西藏；蒙古国、俄罗斯；欧洲、北美洲

拟鳞叶藓属 Pseudotaxiphyllum Z. Iwats.

爪哇拟鳞叶藓 Pseudotaxiphyllum arquifolium (Bosch et Sande Lac.) Z. Iwats.

分布：湖南、贵州；印度尼西亚

密叶拟鳞叶藓 Pseudotaxiphyllum densum (Cardot) Z. Iwats.

分布：江西、湖南、重庆、贵州、云南、福建、广东、广西、海南；日本

弯叶拟鳞叶藓 Pseudotaxiphyllum fauriei (Cardot) Z. Iwats.

分布：湖南；日本

球胞拟鳞叶藓(新拟) Pseudotaxiphyllum maebarae (Sak.) Z. Iwats.

分布：贵州；日本

钝叶拟鳞叶藓(新拟) Pseudotaxiphyllum obtusifolium Z. Iwats. et B. C. Tan

分布：台湾

东亚拟鳞叶藓 Pseudotaxiphyllum pohliaecarpum (Sull. et Lesq.) Z. Iwats.

分布：辽宁、山东、安徽、江苏、浙江、江西、湖南、湖北、重庆、贵州、云南、西藏、福建、台湾、广东、广西、海南、香港；印度、斯里兰卡、缅甸、泰国、柬埔寨、马来西亚、菲律宾、印度尼西亚、日本、越南、老挝、瓦努阿图

毛梳藓属 Ptilium De Not.

毛梳藓 Ptilium crista-castrensis (Hedw.) De Not.

分布：黑龙江、吉林、辽宁、内蒙古、河北、山西、陕西、甘肃、新疆、江西、湖北、四川、贵州、云南、西藏、台湾；蒙古国、朝鲜、日本、俄罗斯、尼泊尔、印度、不丹、缅甸；欧洲、北美洲

拟硬叶藓属 Stereodontopsis R. S. Williams

拟硬叶藓 Stereodontopsis pseudorevoluta (Reimers) Ando

分布：安徽、福建、广东、广西、香港；日本

鳞叶藓属 Taxiphyllum M. Fleisch.

互生叶鳞叶藓 Taxiphyllum alternans (Cardot) Z. Iwats.

分布：河南、陕西、甘肃、重庆、贵州；朝鲜、日本；北美洲

细尖鳞叶藓 Taxiphyllum aomoriense (Besch.) Z. Iwats.

分布：吉林、山东、江苏、湖南、重庆、贵州、云南、广西；朝鲜、日本

钝头鳞叶藓 Taxiphyllum arcuatum (Besch. et Sande Lac.) S. He

分布：江苏、江西、湖南、湖北、四川、重庆、贵州、西藏、福建、海南、香港；泰国、印度尼西亚、日本

异序鳞叶藓 Taxiphyllum autoicum Hér.

分布：福建

凸尖鳞叶藓 Taxiphyllum cuspidifolium (Cardot) Z. Iwats.

分布：山东、湖南、湖北、四川、重庆、贵州、云南、广东；日本；北美洲

陕西鳞叶藓 Taxiphyllum giraldii (Müll. Hal.) M. Fleisch.

分布：吉林、辽宁、北京、山西、山东、河南、陕西、甘肃、重庆、贵州、云南、西藏；日本

浮生鳞叶藓 Taxiphyllum inundatum Reimers

分布：广东

疏毛鳞叶藓 **Taxiphyllum pilosum** (Broth. et Yasuda) Z. Iwats.

分布：香港；日本

台湾鳞叶藓 **Taxiphyllum taiwanense** Sakurai

分布：台湾

鳞叶藓 **Taxiphyllum taxirameum** (Mitt.) M. Fleisch.

分布：黑龙江、吉林、辽宁、内蒙古、北京、山东、河南、陕西、宁夏、甘肃、安徽、江苏、上海、浙江、江西、湖南、湖北、四川、重庆、贵州；巴基斯坦、尼泊尔、印度、不丹、斯里兰卡、孟加拉国、缅甸、老挝、越南、泰国、马来西亚、新加坡、印度尼西亚、朝鲜、日本、菲律宾、厄瓜多尔、澳大利亚、瓦努阿图、巴西；北美洲

毛青藓属 **Tomentypnum** Loeske

弯叶毛青藓 **Tomentypnum falcifolium** (Renauld ex Nichols) Tuom.

分布：黑龙江、吉林；俄罗斯；北美洲

毛青藓 **Tomentypnum nitens** (Hedw.) Loeske

分布：黑龙江、辽宁、内蒙古、新疆；北温带寒冷地区

明叶藓属 **Vesicularia** (Müll. Hal.) Müll. Hal.

北方明叶藓 **Vesicularia borealis** Dixon

分布：山西

绿色明叶藓 **Vesicularia chlorotic** (Besch.) Broth.

分布：云南、福建；越南

海岛明叶藓 **Vesicularia dubyana** (Müll. Hal.) Broth.

分布：香港；印度尼西亚、菲律宾

暖地明叶藓 **Vesicularia ferriei** (Cardot et Thér.) Broth.

分布：江苏、上海、浙江、江西、湖南、贵州、云南、西藏、福建、广东、海南、香港；日本

柔软明叶藓 **Vesicularia flaccida** (Sull. et Lesq.) Z. Iwats.

分布：四川、贵州、台湾；日本

海南明叶藓 **Vesicularia hainanensis** P. C. Chen

分布：贵州、西藏、海南

弯叶明叶藓 **Vesicularia inflectens** (Brid.) Müll. Hal.

分布：香港；印度尼西亚、澳大利亚、太平洋群岛

明叶藓 **Vesicularia montagnei** (Schimp.) Broth.

分布：江西、湖南、重庆、贵州、云南、西藏、台湾、香港；日本、印度、缅甸、斯里兰卡、孟加拉国、泰国、越南、马来西亚、新加坡、印度尼西亚、菲律宾、澳大利亚；非洲

长尖明叶藓 **Vesicularia reticulata** (Dozy et Molk.) Broth.

分布：山东、陕西、江苏、江西、湖南、贵州、云南、西藏、福建、台湾、广东、海南、香港；孟加拉国、巴基斯坦、日本、菲律宾、印度、尼泊尔、缅甸、泰国、越南、柬埔寨、马来西亚、新加坡、印度尼西亚、澳大利亚、土耳其

短叶明叶藓 **Vesicularia stillicidiorum** Broth.

分布：四川

淡绿明叶藓 **Vesicularia subchlorotica** Broth.

分布：云南

鹤庆明叶藓 **Vesicularia tonkinensis** (Besch.) Broth.

分布：云南；越南

70. 树灰藓科 Hypnodendraceae Broth.

树形藓属 **Dendro-hypnum** Hampe

落叶树形藓 **Dendro-hypnum reinwardtii** (Schwägr.) N. E. Bell

分布：台湾；泰国、印度尼西亚、马来西亚、菲律宾

树灰藓属 **Hypnodendron** (Müll. Hal.) Lindb. ex Mitt.

小叶树灰藓 **Hypnodendron vitiense** Mitt.

分布：台湾、海南；日本、印度、印度尼西亚、菲律宾、澳大利亚

木毛藓属 **Spiridens** Nees

木毛藓 **Spiridens reinwardtii** Nees

分布：台湾；菲律宾、印度尼西亚、新加坡、巴布亚新几内亚、新西兰

71. 孔雀藓科 Hypopterygiaceae Mitt.

雉尾藓属 **Cyathophorum** P. Beauv.

粗齿雉尾藓 **Cyathophorum adiantum** (Griff.) Mitt.

分布：安徽、浙江、江西、四川、重庆、贵州、云南、福建、台湾、广东、广西、海南、香港；尼泊尔、不丹、印度、缅甸、斯里兰卡、越南、泰国、马来西亚、印度尼西亚、日本

短肋雉尾藓 **Cyathophorum hookerianum** (Griff.) Mitt.

分布：江西、湖南、湖北、重庆、贵州、云南、西藏、福建、台湾、广东、广西、海南；尼泊尔、不丹、印度、缅甸、泰国、柬埔寨、老挝、越南、菲律宾、日本

小叶雉尾藓 **Cyathophorum parvifolium** Bosch et Sande Lac.

分布：云南；菲律宾、印度尼西亚、巴布亚新几内亚

雉尾藓 Cyathophorum spinosum (Müll. Hal.) H. Akiy.

分布：云南；泰国、柬埔寨、菲律宾、马来西亚、印度尼西亚、巴布亚新几内亚、所罗门群岛

树雉尾藓属 Dendrocyathophorum Dixon

树雉尾藓 Dendrocyathophorum decolyi (Broth. ex M. Fleisch.) Kruijer

分布：重庆、贵州、云南、西藏、台湾；印度、日本、泰国、菲律宾、印度尼西亚、巴布亚新几内亚

孔雀藓属 Hypopterygium Brid.

大孔雀藓 Hypopterygium elatum Tixier

分布：四川；越南

黄边孔雀藓 Hypopterygium flavolimbatum Müll. Hal.

分布：黑龙江、陕西、安徽、浙江、江西、湖南、湖北、四川、重庆、贵州、云南、西藏、福建、台湾、广东、广西；巴基斯坦、尼泊尔、不丹、印度、斯里兰卡、泰国、越南、马来西亚、印度尼西亚、菲律宾、日本；大洋洲、北美洲

钝叶孔雀藓(新拟)Hypopterygium obstusum L. Zhang et Q. Zuo

分布：贵州

南亚孔雀藓 Hypopterygium tamarisci (Sw.) Brid. ex Müll. Hal.

分布：贵州、云南、台湾、海南、香港；日本、斯里兰卡、越南、泰国、马来西亚、菲律宾、印度尼西亚；大洋洲、南美洲

雀尾藓属 Lopidium Hook. f. et Wilson

爪哇雀尾藓 Lopidium struthiopteris (Brid.) M. Fleisch.

分布：西藏、台湾、海南、香港；日本、菲律宾、印度尼西亚、马来西亚、斯里兰卡、越南、老挝、柬埔寨、泰国、巴布亚新几内亚、新喀里多尼亚

72. 甲克苔科 Jackiellaceae R. M. Schust.

甲克苔属 Jackiella Schiffn.

甲克苔 Jackiella javanica Schiffn.

分布：湖南、云南、福建、台湾、香港；印度、不丹、菲律宾、印度尼西亚、日本、泰国、斯里兰卡、俄罗斯、美国(夏威夷)；欧洲、大洋洲

中华甲克苔 Jackiella sinensis (W. E. Nicholson) Grolle

分布：云南

73. 圆叶苔科 Jamesoniellaceae He-Nygrén, Juslén, Ahonen, Glenny et Piippo

兜叶苔属 Denotarisia Grolle

兜叶苔 Denotarisia linguifolia (De Not.) Grolle

分布：台湾；热带太平洋岛屿

服部苔属 Hattoria R. M. Schust.

服部苔 Hattoria yakushimense (Horik.) R. M. Schust.

分布：湖南、云南、西藏、福建；日本

对耳苔属 Syzygiella Spruce

筒萼对耳苔 Syzygiella autumnalis (DC.) K. Feldberg

分布：黑龙江、吉林、内蒙古、河北、山西、山东、陕西、上海、浙江、湖南、四川、云南、台湾；日本、朝鲜、俄罗斯；欧洲、北美洲

梨萼对耳苔 Syzygiella elongella (Taylor) K. Feldberg

分布：云南；印度、尼泊尔、不丹、斯里兰卡

东亚对耳苔 Syzygiella nipponica (S. Hatt.) K. Feldberg

分布：甘肃、安徽、浙江、湖南、湖北、四川、贵州、云南、福建、台湾；印度、尼泊尔、不丹、印度尼西亚、日本

台湾对耳苔 Syzygiella securifolia (Nees) Inoue

分布：台湾；印度尼西亚、巴布亚新几内亚、斯里兰卡、菲律宾

74. 毛耳苔科 Jubulaceae H. Klinggr.

毛耳苔属 Jubula Dumort.

日本毛耳苔 Jubula japonica Steph.

分布：湖南、湖北、四川、重庆、贵州、云南、福建；日本、朝鲜

爪哇毛耳苔 Jubula javanica Steph.

分布：安徽、湖北、云南、福建、台湾、海南、香港；印度、不丹、印度尼西亚、巴布亚新几内亚、菲律宾、日本、美国(夏威夷)、萨摩亚、马达加斯加

广西毛耳苔 Jubula kwangsiensis C. Gao et G. C. Zhang

分布：广西

75. 叶苔科 Jungermanniaceae Rchb.

拟隐苞苔属 Cryptocoleopsis Amakawa

拟隐苞苔 Cryptocoleopsis imbricata Amakawa

分布：云南；日本

叶苔属 Jungermannia L.

深绿叶苔 **Jungermannia atrovirens** Dumort.
分布：黑龙江、吉林、辽宁、河北、山东、甘肃、上海、浙江、江西、湖北、云南、西藏、福建、台湾；日本、朝鲜；欧洲、北美洲

长萼叶苔 **Jungermannia exsertifolia** Steph.
分布：辽宁、上海、云南、台湾；日本、朝鲜、俄罗斯

长萼叶苔(原亚种) **Jungermannia exsertifolia** subsp. **exsertifolia**
分布：辽宁、上海、云南、台湾；日本、朝鲜、俄罗斯(远东地区)

长萼叶苔心叶亚种 **Jungermannia exsertifolia** subsp. **cordifolia** (Dumort.) Váňa
分布：吉林、辽宁、山东；欧洲

叶苔 **Jungermannia horikawana** (Amakawa) Amakawa
分布：湖南；日本

圆叶叶苔 **Jungermannia orbicularifolia** (C. Gao) Piippo
分布：吉林、重庆

小萼叶苔 **Jungermannia parviperiantha** C. Gao et X. L. Bai
分布：福建

矮细叶苔 **Jungermannia pumila** With.
分布：浙江；欧洲、北美洲

垂根叶苔 **Jungermannia radicellosa** (Mitt.) Steph.
分布：四川、云南、西藏、台湾；印度、斯里兰卡、日本、朝鲜、巴布亚新几内亚

疏叶叶苔 **Jungermannia sparsofolia** C. Gao et J. Sun
分布：黑龙江、吉林、湖南、西藏

无褶苔属 Leiocolea (K. Müller) H. Buch

小无褶苔 **Leiocolea collaris** (Nees) Jörg.
分布：黑龙江、吉林、山东、宁夏、重庆；欧洲、北美洲

秃瓣无褶苔 **Leiocolea obtusa** H. Buch
分布：吉林、内蒙古、甘肃、青海；日本、俄罗斯、冰岛；欧洲、北美洲

狭叶苔属 Liochlaena Nees

狭叶苔 **Liochlaena lanceolata** Nees
分布：黑龙江、辽宁、内蒙古、新疆、江苏、浙江、江西、湖南、四川、贵州、西藏；欧洲、北美洲

短萼狭叶苔 **Liochlaena subulata** (A. Evans) Schljakov
分布：黑龙江、吉林、辽宁、浙江、江西、湖南、云南、西藏、福建、台湾、广西；不丹、印度、尼泊尔、斯里兰卡、泰国、日本、朝鲜、俄罗斯、美国

被蒴苔属 Nardia S. Gray

南亚被蒴苔 **Nardia assamica** (Mitt.) Amakawa
分布：辽宁、安徽、江苏、浙江、江西、湖南、湖北、四川、重庆、贵州、云南、福建、香港；印度、日本、朝鲜、俄罗斯

被蒴苔 **Nardia compressa** (Hook.) S. Gray
分布：江西、四川、云南；日本；亚洲(北部)、欧洲、北美洲

东亚被蒴苔 **Nardia japonica** Steph.
分布：湖南、贵州、云南；日本

细茎被蒴苔 **Nardia leptocaulis** C. Gao
分布：吉林、浙江、江西、四川、贵州

大萼被蒴苔 **Nardia macroperiantha** Y. H. Wu et C. Gao
分布：贵州

密叶被蒴苔 **Nardia scalaris** (Schrad.) S. Gray
分布：福建、台湾、香港；亚洲(东部)

拟瓢叶被蒴苔 **Nardia subclavata** (Steph.) Amakawa
分布：江西、湖南；日本

假苞苔属 Notoscyphus Mitt.

假苞苔 **Notoscyphus lutescens** (Lehm. et Lindenb.) Mitt.
分布：浙江、湖南、云南、福建、台湾、广西、海南、香港、澳门；印度、菲律宾、日本、巴布亚新几内亚、新喀里多尼亚、萨摩亚、美国(夏威夷)、东非群岛

黄色假苞苔 **Notoscyphus paroicus** Schiffn.
分布：台湾、香港

大叶苔属 Scaphophyllum Inoue

大叶苔 **Scaphophyllum speciosum** (Horik.) Inoue
分布：云南、西藏、台湾；不丹

管口苔属 Solenostoma Mitt.

圆叶管口苔 **Solenostoma appressifolium** (Mitt.) Váňa et D. G. Long
分布：安徽、云南、台湾；尼泊尔、印度、不丹、马来西亚、印度尼西亚、日本

热带管口苔 **Solenostoma ariadne** (Taylor ex Lehm.) R. M. Schust. ex Váňa et D. G. Long
分布：云南、西藏、台湾、海南；缅甸、马来西亚、新加坡、印度尼西亚、巴布亚新几内亚

黑绿管口苔 Solenostoma atrobrunneum (Amakawa) Váňa et D. G. Long
分布：浙江、云南；印度、尼泊尔、不丹

褐卷管口苔 Solenostoma atrorevolutum (Grolle ex Amakawa) Váňa et D. G. Long
分布：西藏；尼泊尔、不丹

细茎管口苔 Solenostoma bengalensis (Amakawa) Váňa et D. G. Long
分布：西藏；克什米尔地区

曹氏管口苔 Solenostoma caoi (C. Gao et X. L. Bai) Váňa et D. G. Long
分布：云南

陈氏管口苔 Solenostoma chenianum (C. Gao, Y. H. Wu et Grolle) Váňa et D. G. Long
分布：云南

束根管口苔 Solenostoma clavellatum Mitt. ex Steph.
分布：吉林、四川、云南、西藏；尼泊尔、印度、日本

偏叶管口苔 Solenostoma comatum (Nees) C. Gao
分布：吉林、辽宁、安徽、浙江、湖南、四川、重庆、贵州、云南、西藏、福建、台湾、广西、海南；朝鲜、印度、缅甸、泰国、日本、菲律宾、印度尼西亚、巴布亚新几内亚；非洲

圆萼管口苔 Solenostoma confertissimum (Nees) Váňa et D. G. Long
分布：吉林、新疆、四川、西藏；尼泊尔、不丹、日本、巴布亚新几内亚、俄罗斯、冰岛、格陵兰；欧洲、北美洲

圆柱萼管口苔 Solenostoma cyclops (S. Hatt.) R. M. Schust.
分布：湖南、四川、贵州、广西；日本

独龙管口苔 Solenostoma dulongensis Váňa et D. G. Long
分布：云南

直立管口苔 Solenostoma erectum (Amakawa) C. Gao
分布：吉林、辽宁、河北、山东、四川、贵州、云南、福建；日本、朝鲜

延叶管口苔 Solenostoma faurianum (Beauverd) R. M. Schust.
分布：云南、广西；日本、朝鲜

拟鞭枝管口苔 Solenostoma flagellalioides C. Gao
分布：辽宁

细鞭管口苔 Solenostoma flagellaris (Amakawa) Váňa et D. G. Long
分布：云南；尼泊尔

鞭枝管口苔 Solenostoma flagellatum (S. Hatt.) Váňa et D. G. Long
分布：云南、西藏、广西；日本

梭萼管口苔 Solenostoma fusiforme (Steph.) Amakawa
分布：云南、西藏；日本、朝鲜

贡山管口苔 Solenostoma gongshanensis (C. Gao et J. Sun) Váňa et D. G. Long
分布：重庆、云南

厚边管口苔 Solenostoma gracillimum (Smith) R. M. Schust.
分布：云南、台湾；北美洲

阔叶管口苔 Solenostoma handelii (Schiffn.) Müll. Frib.
分布：云南；日本、土耳其；欧洲、北美洲

变色管口苔 Solenostoma hasskarlianum (Nees) R. M. Schust. ex Váňa et D. G. Long
分布：云南、福建、台湾；印度、不丹、缅甸、马来群岛、斯里兰卡、菲律宾、巴布亚新几内亚、澳大利亚

异边管口苔 Solenostoma heterolimbatum (Amakawa) Váňa et D. G. Long
分布：云南；孟加拉国、尼泊尔

透明管口苔 Solenostoma hyalinum (Lyell) Mitt.
分布：辽宁、山东、浙江、江西、四川、重庆、贵州、云南、福建、广西、海南；日本、朝鲜、印度、菲律宾、堪察加半岛、高加索地区、墨西哥、哥伦比亚、巴西

褐绿管口苔 Solenostoma infuscum (Mitt.) Hentschel
分布：吉林、安徽、浙江、湖南、贵州、云南、台湾、香港；日本、朝鲜、俄罗斯

多毛管口苔 Solenostoma lanigerum (Mitt.) Váňa et D. G. Long
分布：云南、西藏；尼泊尔、印度

黎氏管口苔 Solenostoma lixingjiangii (C. Gao et X. L. Bai) Váňa et D. G. Long
分布：云南、福建

罗氏管口苔 Solenostoma louae (C. Gao et X. L. Bai) Váňa et D. G. Long
分布：云南

大萼管口苔 Solenostoma macrocarpum (Schiffn. ex Steph.) Váňa et D. G. Long
分布：四川、云南、西藏；尼泊尔、不丹、印度、孟加拉国

小卷边管口苔 **Solenostoma microrevolutum** (C. Gao et X. L. Bai) Váňa et D. G. Long

分布：西藏

多萼管口苔 **Solenostoma multicarpa** (C. Gao et J. Sun) Váňa et D. G. Long

分布：西藏

倒卵叶管口苔 **Solenostoma obovatum** (Nees) C. Massal.

分布：吉林、辽宁、山东、陕西、安徽、浙江、江西、云南、西藏；欧洲、北美洲

湿生管口苔 **Solenostoma ohbae** (Amakawa) C. Gao

分布：湖北、西藏；尼泊尔

小胞管口苔 **Solenostoma parvitextum** (Amakawa) Váňa et D. G. Long

分布：云南、广西；孟加拉国

羽叶管口苔 **Solenostoma plagiochilaceum** (Grolle) Váňa et D. G. Long

分布：湖南、云南、福建、海南；日本

拟圆柱萼管口苔 **Solenostoma pseudocyclops** (Inoue) Váňa et D. G. Long

分布：四川、重庆、云南、台湾；印度、尼泊尔、不丹、印度尼西亚

紫红管口苔 **Solenostoma purpuratum** (Mitt.) Steph.

分布：江西、云南、西藏；喜马拉雅(南部)

小叶管口苔 **Solenostoma pusillum** (C. E. O. Jensen) Steph.

分布：四川、云南；日本；欧洲、北美洲

梨萼管口苔 **Solenostoma pyriflorum** Steph.

分布：黑龙江、吉林、山东、浙江、四川、云南、西藏、台湾；日本、朝鲜；北美洲

梨萼管口苔(原变种) **Solenostoma pyriflorum** var. **pyriflorum**

分布：黑龙江、吉林、山东、浙江、四川、云南、西藏、台湾；日本、朝鲜；北美洲

梨萼管口苔纤枝变种 **Solenostoma pyriflorum** var. **gracillimum** (Amakawa) Váňa et D. G. Long

分布：云南；印度、尼泊尔、不丹

梨萼管口苔小形变种 **Solenostoma pyriflorum** var. **minutissimum** (Amakawa) Bakalin

分布：四川；日本

溪石管口苔 **Solenostoma rodundatum** Amakawa

分布：四川、云南、西藏、海南；日本、朝鲜

莲座丛管口苔 **Solenostoma rosulans** (Steph.) Váňa et D. G. Long

分布：湖南、云南；日本

红丛管口苔 **Solenostoma rubripunctatum** (S. Hatt.) R. M. Schust.

分布：湖南、重庆、云南、福建、广西；日本、朝鲜

石生管口苔 **Solenostoma rupicolum** (Amakawa) Váňa et D. G. Long

分布：吉林、辽宁、西藏；日本、菲律宾、印度尼西亚、印度

密叶管口苔 **Solenostoma sanguinolentum** (Griff.) Steph.

分布：云南；喜马拉雅地区

纤柔管口苔 **Solenostoma schaulianum** (Steph.) Váňa et D. G. Long

分布：云南、台湾；印度、尼泊尔、不丹

南亚管口苔 **Solenostoma sikkimensis** (Steph.) Váňa et D. G. Long

分布：云南、福建；印度

球萼管口苔 **Solenostoma sphaerocarpum** (Hook.) Steph.

分布：黑龙江、吉林、辽宁、新疆、福建；日本、印度、俄罗斯；欧洲、北美洲

斯氏管口苔 **Solenostoma stephanii** (Schiffn.) Steph.

分布：四川、西藏；菲律宾、巴布亚新几内亚

拟卵叶管口苔 **Solenostoma subellipticum** (Lindb. ex Heeg) R. M. Schust.

分布：黑龙江、吉林；欧洲、北美洲

红色管口苔 **Solenostoma subrubrum** (Steph.) Váňa et D. G. Long

分布：台湾；印度、尼泊尔、不丹

四褶管口苔 **Solenostoma tetragonum** (Lindenb.) Váňa et D. G. Long

分布：江西、湖南、贵州、台湾、广西、香港；印度、尼泊尔、不丹、印度尼西亚、日本、新喀里多尼亚、澳大利亚、太平洋岛屿

卷苞管口苔 **Solenostoma torticalyx** (Steph.) C. Gao

分布：辽宁、陕西、江西、云南、福建；印度、斯里兰卡、不丹、泰国、马来西亚、菲律宾、印度尼西亚、日本、巴布亚新几内亚、澳大利亚；大洋洲

截叶管口苔 **Solenostoma truncatum** (Nees) Váňa et D. G. Long

分布：吉林、辽宁、山东、江苏、浙江、江西、湖南、四川、贵州、云南、西藏、福建、台湾、广西、海南、香港、澳门；尼泊尔、不丹、印度、孟加拉国、缅甸、泰国、柬

埔寨、马来西亚、印度尼西亚、菲律宾、日本、朝鲜；大洋洲

长褶管口苔 **Solenostoma virgatum** (Mitt.) Váňa et D. G. Long
分布：浙江、湖南、云南、台湾、广西；日本、朝鲜

臧氏管口苔 **Solenostoma zangmuii** (C. Gao et X. L. Bai) Váňa et D. G. Long
分布：贵州、云南

多枝管口苔 **Solenostoma zantenii** (Amakawa) Váňa et D. G. Long
分布：吉林、四川；巴布亚新几内亚

曾氏管口苔 **Solenostoma zengii** (C. Gao et X. L. Bai) Váňa et D. G. Long
分布：云南

76. 细鳞苔科 Lejeuneaceae Cavers

刺鳞苔属 **Acanthocoleus** R. M. Schust.

东亚刺鳞苔 **Acanthocoleus yoshinaganus** (S. Hatt.) Kruijt
分布：安徽、四川、云南；日本、朝鲜

顶鳞苔属 **Acrolejeunea** (Spruce) Schiffn.

弯叶顶鳞苔 **Acrolejeunea arcuata** (Nees) Grolle et Gradst.
分布：海南；印度尼西亚、菲律宾、巴布亚新几内亚

多形顶鳞苔 **Acrolejeunea polymorphus** (Sande Lac.) B. Thiers et Gradst.
分布：台湾；印度、印度尼西亚、菲律宾、日本、巴布亚新几内亚、新喀里多尼亚

细体顶鳞苔 **Acrolejeunea pusilla** (Steph.) Grolle et Gradst.
分布：山东、浙江、贵州、福建、台湾、广东、广西、海南、香港、澳门；日本、朝鲜

远齿顶鳞苔 **Acrolejeunea pycnoclada** (Taylor) Schiffn.
分布：安徽、浙江、江西、四川、福建、广东、广西、海南、香港；泰国、新加坡、斯里兰卡、马来西亚、印度尼西亚、菲律宾；非洲、大洋洲

折叶顶鳞苔 **Acrolejeunea recurvata** Gradst.
分布：湖南、云南；泰国、老挝、印度、尼泊尔

竖叶顶鳞苔细齿亚种 **Acrolejeunea securifolia** (Endl.) Watts ex Steph. subsp. **hartmannii** (Steph.) Gradst.
分布：浙江、福建、广东、海南、澳门；印度尼西亚、马来西亚、菲律宾、巴布亚新几内亚

锡金顶鳞苔 **Acrolejeunea sikkimensis** (Mizut.) Gradst.
分布：安徽；印度

原鳞苔属 **Archilejeunea** (Spruce) Schiffn.

尼川原鳞苔 **Archilejeunea amakawana** Inoue
分布：安徽、浙江、江西、湖南、四川、贵州、福建、广西、海南；日本

东亚原鳞苔 **Archilejeunea kiushiana** (Horik.) Verd.
分布：山东、浙江、江西、福建、广东、海南、香港；日本

平叶原鳞苔 **Archilejeunea planiuscula** (Mitt.) Steph.
分布：浙江、贵州、云南、福建、台湾、广东、广西、海南、香港、澳门；南太平洋群岛、澳大利亚；亚洲(东南部)

尾鳞苔属 **Caudalejeunea** (Steph.) Schiffn.

反齿尾鳞苔 **Caudalejeunea recurvistipula** (Gottsche) Schiffn.
分布：湖北、云南、台湾、广西、海南；亚洲、大洋洲的热带地区

三齿尾鳞苔 **Caudalejeunea tridentata** R. L. Zhu, Y. M. Wei et Q. He
分布：广西

角萼苔属 **Ceratolejeunea** (Spruce) Schiffn.

贝氏角萼苔 **Ceratolejeunea belangeriana** (Gottsche) Steph.
分布：台湾、海南；菲律宾、泰国、印度尼西亚、日本；大洋洲、非洲

小角萼苔 **Ceratolejeunea minor** Mizut.
分布：海南；马来西亚

中国角萼苔 **Ceratolejeunea sinensis** P. C. Chen et P. C. Wu
分布：云南

唇鳞苔属 **Cheilolejeunea** (Spruce) Schiffn.

锡兰唇鳞苔 **Cheilolejeunea ceylanica** (Gottsche) R. M. Schust. et Kachroo
分布：福建、台湾、广西、海南；孟加拉国、斯里兰卡、越南、菲律宾、泰国、柬埔寨、印度尼西亚、日本；大洋洲

陈氏唇鳞苔 **Cheilolejeunea chenii** R. L. Zhu et M. L. So
分布：福建、台湾

宽齿唇鳞苔 Cheilolejeunea eximia (Jovet-Ast et Tixier) R. L. Zhu et M. L. So
分布：云南、台湾、海南；越南、老挝、菲律宾

假肋唇鳞苔 Cheilolejeunea falsinervis (Sande Lac.) Kachroo et R. M. Schust.
分布：台湾、海南；日本、新加坡、印度尼西亚、马来西亚、巴布亚新几内亚、澳大利亚

高氏唇鳞苔 Cheilolejeunea gaoi R. L. Zhu, M. L. So et Grolle
分布：广西

圆叶唇鳞苔 Cheilolejeunea intertexta (Lindenb.) Steph.
分布：湖南、湖北、贵州、云南、福建、台湾、广东、广西、海南、香港；日本、印度、斯里兰卡、菲律宾、印度尼西亚；非洲、大洋洲

异苞唇鳞苔 Cheilolejeunea kitagawae (N. Kitag.) W. Ye et R. L. Zhu
分布：湖南、福建、台湾；日本、印度、泰国

亚洲唇鳞苔 Cheilolejeunea krakakammae (Lindenb.) R. M. Schust.
分布：陕西、浙江、江西、湖南、四川、重庆、贵州、云南、西藏、福建、广西、海南；印度、不丹、尼泊尔、菲律宾、日本

全缘唇鳞苔 Cheilolejeunea mariana (Gottsche) B. Thiers et Gradst.
分布：香港；热带亚洲地区

日本唇鳞苔 Cheilolejeunea nipponica (S. Hatt.) S. Hatt.
分布：贵州、福建、广西、海南、香港；日本、朝鲜

钝叶唇鳞苔 Cheilolejeunea obtusifolia (Steph.) S. Hatt.
分布：陕西、浙江、福建、台湾、广东、广西；尼泊尔、印度、日本、朝鲜

钝瓣唇鳞苔 Cheilolejeunea obtusilobuda (S. Hatt.) S. Hatt.
分布：贵州、福建、台湾；日本、密克罗尼西亚

大隅唇鳞苔 Cheilolejeunea osumiensis (S. Hatt.) Mizut.
分布：福建、广东、广西、海南、香港；日本

多脊唇鳞苔 Cheilolejeunea pluriplicata (Pearson) R. M. Schust.
分布：云南；印度、尼泊尔；非洲(南部和中部)

琉球唇鳞苔 Cheilolejeunea ryukyuensis Mizut.
分布：福建、广东、广西、海南、香港；日本

匍匐唇鳞苔 Cheilolejeunea serpentina (Mitt.) Mizut.
分布：海南、澳门；古热带

尖叶唇鳞苔 Cheilolejeunea subopaca (Mitt.) Mizut.
分布：安徽、贵州、西藏；不丹、印度、尼泊尔、斯里兰卡

粗茎唇鳞苔 Cheilolejeunea trapezia (Nees) Kachroo et R. M. Schust.
分布：安徽、浙江、江西、湖南、湖北、四川、贵州、云南、西藏、福建、台湾、广东、广西、海南、香港；印度、不丹、斯里兰卡、泰国、柬埔寨、越南、马来西亚、印度尼西亚、菲律宾、日本、朝鲜；大洋洲

阔叶唇鳞苔 Cheilolejeunea trifaria (Reinw., Blume et Nees) Mizut.
分布：云南、台湾、广东、广西、海南、香港；日本、斯里兰卡、泰国、菲律宾、印度尼西亚；非洲、大洋洲、中美洲、南美洲

粗唇鳞苔 Cheilolejeunea turgida (Mitt.) W. Ye et R. L. Zhu
分布：云南、西藏、福建、台湾、广东、广西、海南；不丹、印度、尼泊尔、泰国、越南

膨叶唇鳞苔 Cheilolejeunea ventricosa (Schiffn.) X. L. He
分布：云南、海南、香港；日本、新加坡、印度尼西亚、马来西亚、巴布亚新几内亚、澳大利亚

疣胞唇鳞苔 Cheilolejeunea verrucosa Steph.
分布：海南；印度尼西亚、马来西亚、巴布亚新几内亚

南亚唇鳞苔 Cheilolejeunea vittata (Steph. ex G. Hoffm.) R. M. Schust. et Kachroo
分布：贵州、云南；菲律宾、印度尼西亚、斯里兰卡、马来西亚、澳大利亚、巴布亚新几内亚

卷边唇鳞苔 Cheilolejeunea xanthocarpa (Lehm. et Lindenb.) Malombe
分布：浙江、江西、四川、贵州、福建、台湾、广东、广西、海南、香港；泛热带

硬鳞苔属 Chondriolejeunea (Benedix) Kis. et Pócs

薄壁硬鳞苔 Chondriolejeunea chinii (Tixier) Kis. et Pócs
分布：云南；马来西亚

疣鳞苔属 Cololejeunea (Spruce) Schiffn.

耳萼疣鳞苔 Cololejeunea aequabilis (Sande Lac.) Schiffn.
分布：云南、台湾、海南；日本、越南、柬埔寨、菲律宾、

印度尼西亚、马来西亚；大洋洲

刺边疣鳞苔 **Cololejeunea albodentata** P. C. Chen et P. C. Wu

分布：云南

狭叶疣鳞苔 **Cololejeunea angustifolia** (Steph.) Mizut.

分布：台湾；菲律宾、印度尼西亚、马来西亚、巴布亚新几内亚、新喀里多尼亚

薄叶疣鳞苔 **Cololejeunea appressa** (A. Evans) Benedix

分布：浙江、贵州、云南、西藏、福建、台湾、广东、海南、香港；泛热带地区

不丹疣鳞苔 **Cololejeunea bhutanica** Grolle et Mizut.

分布：贵州、广西；不丹、尼泊尔

日本疣鳞苔 **Cololejeunea ceratilobula** (P. C. Chen) R. M. Schust.

分布：江西、贵州、云南、西藏、福建、台湾、广东、广西、海南、香港；印度、柬埔寨、印度尼西亚、马来西亚、斯里兰卡、越南、日本、萨摩亚

锡兰疣鳞苔 **Cololejeunea ceylanica** Onr.

分布：西藏；斯里兰卡

陈氏疣鳞苔 **Cololejeunea chenii** Tixier

分布：贵州、云南、西藏；越南

细齿疣鳞苔 **Cololejeunea denticulate** (Horik.) S. Hatt.

分布：浙江、江西、云南、福建、台湾；日本、朝鲜、孟加拉国

线瓣疣鳞苔 **Cololejeunea desciscens** Steph.

分布：云南、台湾、海南；孟加拉国、柬埔寨、印度、印度尼西亚、巴布亚新几内亚、斯里兰卡、泰国

半透疣鳞苔 **Cololejeunea diaphana** A. Evans

分布：云南、西藏、台湾；泛热带地区

鼎湖疣鳞苔 **Cololejeunea dinghushana** R. L. Zhu et Y. F. Wang

分布：广东

匙叶疣鳞苔 **Cololejeunea dozyana** (Sande Lac.) Schiffn.

分布：云南、台湾；菲律宾、印度尼西亚、马来西亚

平叶疣鳞苔 **Cololejeunea equialbi** Tixier

分布：贵州、台湾、海南；越南、印度尼西亚、菲律宾、日本、巴布亚新几内亚

镰叶疣鳞苔 **Cololejeunea falcata** (Horik.) Benedix

分布：台湾、海南；斯里兰卡、泰国、柬埔寨、越南、印度尼西亚、马来西亚、菲律宾、日本、新喀里多尼亚、澳大利亚

楔瓣疣鳞苔 **Cololejeunea filicis** (Herzog) Piippo

分布：云南；越南

棉毛疣鳞苔 **Cololejeunea floccosa** (Lehm. et Lindenb.) Steph.

分布：安徽、云南、福建、台湾、广东、海南、香港；斯里兰卡、日本、越南、菲律宾、印度尼西亚、马来西亚、澳大利亚、巴布亚新几内亚、新喀里多尼亚、斐济、马达加斯加；非洲

格氏疣鳞苔 **Cololejeunea gottschei** (Steph.) Mizut.

分布：四川、云南、台湾、海南；印度、孟加拉国、斯里兰卡、越南、柬埔寨、泰国、马来西亚、菲律宾、巴布亚新几内亚

粗疣小鳞苔 **Cololejeunea grossepapillosa** (Horik.) N. Kitag.

分布：云南、西藏、福建、台湾、广东、海南；东南亚

海南疣鳞苔 **Cololejeunea hainanensis** R. L. Zhu

分布：云南、台湾、海南

密刺疣鳞苔 **Cololejeunea haskarliana** (Lehm. et Lindenb.) Schiffn.

分布：贵州、云南、福建、台湾、广西、海南、香港；印度、不丹、斯里兰卡、柬埔寨、越南、马来西亚、印度尼西亚、菲律宾、日本、新喀里多尼亚

掘川疣鳞苔 **Cololejeunea horikawana** (S. Hatt.) Mizut.

分布：湖南、贵州、云南、福建、台湾；日本

长瓣疣鳞苔 **Cololejeunea indosinica** Tixier

分布：海南；柬埔寨、越南

白边疣鳞苔 **Cololejeunea inflata** Steph.

分布：安徽、浙江、贵州、云南、西藏、福建、台湾、广东、广西、海南；斯里兰卡、泰国、老挝、越南、马来西亚、印度尼西亚、菲律宾、日本、新喀里多尼亚

隐齿疣鳞苔 **Cololejeunea inflectens** (Mitt.) Benedix

分布：台湾、海南；斯里兰卡、越南、柬埔寨、马来西亚、印度尼西亚、菲律宾、日本；非洲、大洋洲

东方疣鳞苔 **Cololejeunea japonica** (Schiffn.) Mizut.

分布：江苏、上海、福建；日本、朝鲜

拟单胞疣鳞苔 **Cololejeunea kodamae** Kamim.

分布：福建、台湾、广西；日本、朝鲜

狭瓣疣鳞苔 **Cololejeunea lanciloba** Steph.

分布：江西、贵州、云南、福建、台湾、广东、广西、海南、香港；日本、印度、孟加拉国、斯里兰卡、柬埔寨、泰国、菲律宾、马来西亚、印度尼西亚、美国(夏威夷)、玻

利维亚；大洋洲、非洲

阔瓣疣鳞苔 Cololejeunea latilobula (Herzog) Tixier

分布：浙江、江西、湖南、云南、西藏、香港、澳门；印度、缅甸、越南；非洲

阔体疣鳞苔 Cololejeunea latistyla R. L. Zhu

分布：浙江、云南、福建

长叶疣鳞苔 Cololejeunea longifolia (Mitt.) Benedix ex Mizut.

分布：陕西、安徽、浙江、江西、湖南、湖北、四川、重庆、贵州、云南、西藏、福建、台湾、广东、广西、海南；不丹、印度、日本、朝鲜

距齿疣鳞苔 Cololejeunea macounii (Spruce ex Underw.) A. Evans

分布：浙江、湖南、四川、贵州、云南、台湾、广东、广西；日本、朝鲜、越南

大苞疣鳞苔 Cololejeunea madothecoides (Steph.) Benedix

分布：广西、海南；印度、不丹、越南、印度尼西亚、日本

大瓣疣鳞苔 Cololejeunea magnilobula (Horik.) S. Hatt.

分布：浙江、贵州、福建、台湾、海南；日本

条瓣疣鳞苔 Cololejeunea magnistyla (Horik.) Mizut.

分布：湖南、贵州、台湾；日本

圆叶疣鳞苔 Cololejeunea minutissima (Sm.) Schiffn.

分布：云南、台湾、海南；印度、尼泊尔、不丹、日本、朝鲜、玻利维亚、巴西；欧洲、非洲、北美洲

粗萼疣鳞苔 Cololejeunea obliqua (Nees et Mont.) Schiffn.

分布：四川、台湾；印度、不丹、孟加拉国、苏里南、马提尼克岛、巴西、马达加斯加

列胞疣鳞苔 Cololejeunea ocellata (Horik.) Benedix

分布：浙江、江西、贵州、云南、西藏、福建、台湾、广东、广西、香港；不丹、泰国、越南、日本

多胞疣鳞苔 Cololejeunea ocelloides (Horik.) S. Hatt.

分布：云南、福建、台湾、广东、海南、香港；不丹、印度尼西亚、马来西亚、菲律宾、泰国、越南、柬埔寨、日本

粗柱疣鳞苔 Cololejeunea ornata A. Evans

分布：安徽、浙江、四川；巴基斯坦、日本、美国

粗疣鳞苔 Cololejeunea peraffinis (Schiffn.) Schiffn.

分布：安徽、浙江、江西、湖南、云南、福建、台湾、广东、海南；柬埔寨、印度尼西亚、日本、马来西亚、菲律宾、斯里兰卡、巴布亚新几内亚、新喀里多尼亚、斐济、澳大利亚；非洲

粗齿疣鳞苔 Cololejeunea planissima (Mitt.) Abeyw.

分布：安徽、浙江、江西、湖南、四川、贵州、云南、西藏、福建、台湾、广东、广西、海南、香港；泰国、印度、印度尼西亚、日本、朝鲜、老挝、马来西亚、密克罗尼西亚、斯里兰卡、坦桑尼亚

假肋疣鳞苔 Cololejeunea platyneura (Spruce) A. Evans

分布：云南；巴西；泛热带分布

多齿疣鳞苔 Cololejeunea pluridentata P. C. Wu et J. S. Luo

分布：云南、西藏

尖叶疣鳞苔 Cololejeunea pseudocristallina P. C. Chen et P. C. Wu

分布：湖北、贵州、云南、广东、香港

拟棉毛疣鳞苔 Cololejeunea pseudofloccosa (Horik.) Benedix

分布：浙江、江西、四川、贵州、云南、西藏、福建、台湾、广东、广西；印度、不丹、斯里兰卡、尼泊尔、印度尼西亚、马来西亚、菲律宾、越南、日本、澳大利亚

拟斜叶疣鳞苔 Cololejeunea pseudoplagiophylla P. C. Wu et J. S. Luo

分布：云南、西藏、海南；印度、越南

拟日本疣鳞苔 Cololejeunea pseudoschmidtii Tixier

分布：贵州、云南、广西、海南；菲律宾

拟疣鳞苔 Cololejeunea raduliloba Steph.

分布：浙江、江西、湖南、云南、福建、台湾、广东、广西、海南、香港；朝鲜、日本、尼泊尔、印度、越南、印度尼西亚；大洋洲、非洲

圆瓣疣鳞苔 Cololejeunea rotundilobula (P. C. Wu et P. J. Lin) Piippo

分布：云南、福建、台湾、广东、广西、海南；越南

许氏疣鳞苔 Cololejeunea schmidtii Steph.

分布：福建、广西、海南、香港；柬埔寨、日本、老挝、菲律宾、斯里兰卡、越南、泰国、巴布亚新几内亚

全缘疣鳞苔 Cololejeunea schwabei Herzog

分布：广东、海南、香港；日本

锯齿疣鳞苔 Cololejeunea serrulata Steph.

分布：云南、福建、广西；越南

卵叶疣鳞苔 Cololejeunea shibiensis Mizut.

分布：福建、台湾；日本

东亚疣鳞苔 Cololejeunea shikokiana (Horik.) S. Hatt.

分布：江西、台湾；日本

单胞疣鳞苔 Cololejeunea sigmoidea Jovet-Ast et Tixier

分布：台湾、海南；柬埔寨、印度、印度尼西亚、日本、马来西亚、泰国、越南

岩生疣鳞苔 Cololejeunea sintenisii (Steph.) Pócs

分布：四川、贵州、西藏、台湾、广西；日本、巴布亚新几内亚、澳大利亚

短齿疣鳞苔 Cololejeunea sphaerodonta Mizut.

分布：云南；马来西亚、越南

刺疣鳞苔 Cololejeunea spinosa (Horik.) S. Hatt.

分布：安徽、浙江、江西、湖南、四川、贵州、云南、西藏、福建、台湾、广东、广西、海南、香港；印度、尼泊尔、菲律宾、日本、朝鲜

斯氏疣鳞苔 Cololejeunea stephanii Schiffn. ex Benedix

分布：海南；印度尼西亚、马来西亚、菲律宾、巴布亚新几内亚

副体疣鳞苔 Cololejeunea stylosa (Steph.) A. Evans

分布：安徽、江西、台湾、广东、香港；日本、老挝、马来西亚、菲律宾、越南

短肋疣鳞苔 Cololejeunea subfloccosa Mizut.

分布：安徽、浙江、江西、贵州、福建、广东、海南；日本

疣瓣疣鳞苔 Cololejeunea subkodamae Mizut.

分布：浙江、湖南、贵州、福建；日本

拟多胞疣鳞苔 Cololejeunea subocelloides Mizut.

分布：浙江、台湾；日本

南亚疣鳞苔 Cololejeunea tenella Benedix

分布：安徽、浙江、重庆、贵州、云南、西藏、福建、台湾；斯里兰卡、泰国、柬埔寨、越南、马来西亚、印度尼西亚、澳大利亚

单体疣鳞苔 Cololejeunea trichomanis (Gottsche) Steph.

分布：浙江、江西、四川、贵州、云南、西藏、福建、台湾、广东、广西、海南、香港；尼泊尔、泰国、老挝、柬埔寨、越南、马来西亚、印度尼西亚、菲律宾、朝鲜、日本、澳大利亚

截叶疣鳞苔 Cololejeunea truncatifolia (Horik.) Mizut.

分布：云南、台湾；不丹、日本

佛氏疣鳞苔 Cololejeunea verdoornii (S. Hatt.) Mizut.

分布：浙江、江西、四川、贵州、云南、福建

密砂疣鳞苔 Cololejeunea verrucosa Steph.

分布：海南；印度尼西亚

魏氏疣鳞苔 Cololejeunea wightii Steph.

分布：广西、海南；泛热带

九洲疣鳞苔 Cololejeunea yakusimensis (S. Hatt.) Mizut.

分布：浙江、江西、湖南、四川、云南、福建、台湾、广东；越南、日本

顶边疣鳞苔 Cololejeunea yipii R. L. Zhu

分布：云南、海南

臧氏疣鳞苔 Cololejeunea zangii R. L. Zhu et M. L. So

分布：云南、西藏；斯里兰卡、柬埔寨、越南、马来西亚、印度尼西亚、日本

管叶苔属 Colura (Dumort.) Dumort.

刀形管叶苔 Colura acroloba (Mont. ex Steph.) Jovet-Ast

分布：台湾、海南；印度、斯里兰卡、泰国、柬埔寨、越南、菲律宾、马来西亚、印度尼西亚；大洋洲

气生管叶苔 Colura ari (Steph.) Steph.

分布：海南；印度、斯里兰卡、孟加拉国、巴基斯坦、越南、柬埔寨、菲律宾、马来西亚、印度尼西亚；大洋洲

尖囊管叶苔 Colura conica (Sande Lac.) K. I. Goebel

分布：海南；泰国、越南、老挝、柬埔寨、菲律宾、马来西亚、印度尼西亚；大洋洲

异瓣管叶苔 Colura corynephora (Gottsche, Lindenb. et Nees) Trevis.

分布：贵州、云南、海南；泰国、柬埔寨、越南、马来西亚、印度尼西亚、菲律宾、斯里兰卡；大洋洲

印氏管叶苔 Colura inuii Horik.

分布：台湾、海南；日本

粗管叶苔 Colura karstenii K. I. Goebel

分布：海南；越南、老挝、马来西亚、印度尼西亚、巴布亚新几内亚

细角管叶苔 Colura tenuicornis (A. Evans) Steph.

分布：浙江、四川、贵州、云南、西藏、福建、台湾、广东、海南；巴西；泛热带

双鳞苔属 Diplasiolejeunea (Spruce) Schiffn.

凹叶双鳞苔 Diplasiolejeunea cavifolia Steph.

分布：台湾、海南；玻利维亚、巴西；泛热带

曲瓣双鳞苔 Diplasiolejeunea cobrensis Gottsche ex Steph.

分布：海南；古巴、巴西；泛热带

长齿双鳞苔 Diplasiolejeunea rudolphiana Steph.

分布：海南；越南；美洲

角鳞苔属 Drepanolejeunea (Spruce) Schiffn.

线角鳞苔 Drepanolejeunea angustifolia (Mitt.) Grolle

分布：安徽、浙江、江西、湖南、四川、重庆、贵州、云南、西藏、福建、台湾、广东、广西、海南、香港；不丹、印度、斯里兰卡、泰国、柬埔寨、越南、印度尼西亚、菲律宾、日本、巴布亚新几内亚、新喀里多尼亚

丛生角鳞苔 Drepanolejeunea commutata Grolle et R. L. Zhu

分布：江西、四川、云南、福建、台湾、广西、海南；越南

粗齿角鳞苔 Drepanolejeunea dactylophora (Nees, Lindenb. et Gottsche) Schiffn.

分布：台湾、海南；越南、马来西亚、印度尼西亚、菲律宾、日本、澳大利亚

日本角鳞苔 Drepanolejeunea erecta (Steph.) Mizut.

分布：浙江、江西、湖北、贵州、云南、西藏、福建、台湾、广东、广西、海南、香港；不丹、尼泊尔、印度、老挝、越南、日本

费氏角鳞苔 Drepanolejeunea fleischeri (Steph.) Grolle et R. L. Zhu

分布：四川、云南、西藏、福建、海南；斯里兰卡

叶生角鳞苔 Drepanolejeunea foliicola Horik.

分布：浙江、江西、湖北、贵州、云南、西藏、福建、台湾、广东、海南、香港；印度、越南

大角鳞苔 Drepanolejeunea grandis Herzog

分布：海南；印度尼西亚

锡金角鳞苔 Drepanolejeunea herzogii R. L. Zhu et M. L. So

分布：贵州、云南、西藏；印度、尼泊尔

平翼角鳞苔 Drepanolejeunea levicornua Steph.

分布：海南；马来西亚、印度尼西亚、巴布亚新几内亚

斜角角鳞苔 Drepanolejeunea obliqua Steph.

分布：海南；马来西亚、印度尼西亚、巴布亚新几内亚

细角鳞苔 Drepanolejeunea pentadactyla (Mont.) Steph.

分布：云南、西藏、台湾、海南；泰国、柬埔寨、越南、马来西亚、印度尼西亚、菲律宾、美国(夏威夷)、马达加斯加；大洋洲

长角角鳞苔 Drepanolejeunea spicata (Steph.) Grolle et R. L. Zhu

分布：江西、云南、广西、海南、香港；印度、泰国、柬埔寨、老挝、越南、马来西亚、印度尼西亚、日本

单齿角鳞苔 Drepanolejeunea ternatensis (Gottsche) Schiffn.

分布：浙江、福建、台湾、广东、广西、海南、香港；印度、斯里兰卡、马来西亚、印度尼西亚、菲律宾、日本；大洋洲

多油胞角鳞苔 Drepanolejeunea thwaitesiana (Mitt.) Steph.

分布：海南；斯里兰卡、泰国、柬埔寨、越南、马来西亚、印度尼西亚、巴布亚新几内亚

多油胞角鳞苔(原变种) Drepanolejeunea thwaitesiana var. **thwaitesiana**

分布：海南；泰国、柬埔寨、越南、马来西亚、印度尼西亚、巴布亚新几内亚

多油胞角鳞苔郑氏变种 Drepanolejeunea thwaitesiana var. **zhengii** R. L. Zhu

分布：海南；斯里兰卡、泰国、越南、马来西亚

西藏角鳞苔 Drepanolejeunea tibetana (P. C. Wu et J. S. Lou) Grolle et R. L. Zhu

分布：云南、西藏

南亚角鳞苔 Drepanolejeunea tridactyla (Gottsche) Steph.

分布：海南；印度尼西亚

短叶角鳞苔 Drepanolejeunea vesiculosa (Mitt.) Steph.

分布：云南、福建、台湾、广东、广西、海南；古热带

云南角鳞苔 Drepanolejeunea yunnanensis (P. C. Chen) Grolle et R. L. Zhu

分布：浙江、江西、湖南、四川、贵州、云南、福建、台湾、广西、海南；印度、日本

镰叶苔属 Harpalejeunea (Spruce) Schiffn.

镰叶苔 Harpalejeunea filicuspis (Steph.) Mizut.

分布：台湾；印度尼西亚、巴布亚新几内亚

细鳞苔属 Lejeunea Lib.

角萼细鳞苔 Lejeunea alata Gottsche

分布：贵州、云南、西藏、海南；波利尼西亚、越南、马来西亚、印度尼西亚；非洲、大洋洲

异叶细鳞苔 Lejeunea anisophylla Mont.

分布：山东、甘肃、安徽、浙江、江西、湖南、湖北、四川、贵州、云南、西藏、福建、台湾、广东、广西、海南、香港、澳门；斯里兰卡、泰国、越南、马来西亚、印度尼西亚、日本、美国(夏威夷)、菲律宾；大洋洲

湿生细鳞苔 Lejeunea aquatica Horik.

分布：山东、安徽、浙江、江西、湖南、贵州、云南、福建、台湾、广东、广西、香港；日本

多棍细鳞苔 Lejeunea barbata (Herzog) R. L. Zhu et M. J. Lai

分布：台湾

双齿细鳞苔 Lejeunea bidentula Herzog

分布：四川、云南、台湾、海南；印度、尼泊尔、不丹

兜叶细鳞苔 Lejeunea cavifolia (Ehrh.) Lindb.

分布：黑龙江、吉林、辽宁、河北、山西、山东；印度、尼泊尔、朝鲜、俄罗斯、索科特拉岛；欧洲、北美洲

柴山细鳞苔 Lejeunea chaishanensis S. H. Lin

分布：台湾

中华细鳞苔 Lejeunea chinensis (Herzog) R. L. Zhu et M. L. So

分布：四川、重庆、云南、广西；尼泊尔

芽条细鳞苔 Lejeunea cocoes Mitt.

分布：浙江、湖北、贵州、云南、福建、台湾、广东、广西、海南、香港；马来西亚、印度尼西亚、巴布亚新几内亚

耳瓣细鳞苔 Lejeunea compacts (Steph.) Steph.

分布：安徽、浙江、江西、湖北、四川、贵州、云南、福建、台湾、海南；日本、朝鲜

凹瓣细鳞苔 Lejeunea convexiloba M. L. So et R. L. Zhu

分布：陕西、浙江、贵州、福建

弯叶细鳞苔 Lejeunea curviloba Steph.

分布：安徽、浙江、江西、湖南、四川、重庆、贵州、云南、西藏、福建、台湾、广东、广西、海南、香港；不丹、印度、日本

长叶细鳞苔 Lejeunea discreta Lindenb.

分布：安徽、浙江、江西、湖南、湖北、四川、重庆、贵州、云南、西藏、福建、台湾、广东、广西、海南；印度、不丹、尼泊尔、斯里兰卡、日本、朝鲜、柬埔寨、马来西亚、印度尼西亚、菲律宾、新喀里多尼亚、澳大利亚

神山细鳞苔 Lejeunea eifrigii Mizut.

分布：贵州、福建、台湾、广东、广西、海南、香港；马来西亚、印度尼西亚、菲律宾、日本、新喀里多尼亚、巴布亚新几内亚

纤细细鳞苔 Lejeunea exilis (Reinw., Blume et Nees) Grolle

分布：台湾、海南；马来西亚、印度尼西亚、菲律宾、日本、巴布亚新几内亚

黄色细鳞苔 Lejeunea flava (Sw.) Nees

分布：河北、安徽、浙江、江西、湖南、湖北、四川、贵州、云南、西藏、福建、台湾、广东、广西、海南、香港；朝鲜、日本、印度、尼泊尔、不丹、越南、菲律宾、印度尼西亚；欧洲、非洲、大洋洲、中美洲、南美洲

胡氏细鳞苔 Lejeunea hui R. L. Zhu

分布：云南

有芽细鳞苔 Lejeunea infestans (Steph.) Mizut.

分布：湖北、云南；越南、印度尼西亚

日本细鳞苔 Lejeunea japonica Mitt.

分布：吉林、辽宁、山东、陕西、安徽、江苏、浙江、江西、湖南、湖北、四川、贵州、福建、台湾、广东、海南、香港；朝鲜、日本

单胞细鳞苔 Lejeunea kodamae Ikegami et Inoue

分布：贵州；日本

科诺细鳞苔 Lejeunea konosensis Mizut.

分布：浙江、贵州、广东、广西；日本

赖氏细鳞苔 Lejeunea laii R. L. Zhu

分布：台湾

宽叶细鳞苔 Lejeunea latilobula (Herzog) R. L. Zhu et M. L. So

分布：湖南

里拉细鳞苔 Lejeunea leratii (Steph.) Mizut.

分布：台湾；印度尼西亚、马来西亚

树生细鳞苔 Lejeunea lumbricoides (Nees) Nees

分布：海南；马来西亚

吕宋细鳞苔 Lejeunea luzonensis (Steph.) R. L. Zhu et M. J. Lai

分布：台湾、海南；菲律宾

三重细鳞苔 Lejeunea magohukui Mizut.

分布：安徽、贵州、云南、福建、台湾、广东、海南、香港；日本

麦氏细鳞苔 Lejeunea micholitzii Mizut.

分布：海南；马来西亚、菲律宾、巴布亚新几内亚

尖叶细鳞苔 Lejeunea neelgherriana Gottsche

分布：安徽、浙江、江西、湖北、贵州、云南、西藏、福建、广东、广西；不丹、印度、尼泊尔、斯里兰卡、日本、朝鲜

暗绿细鳞苔 Lejeunea obscura Mitt.

分布：江西、湖南、四川、重庆、贵州、云南、西藏、福建、台湾、广东、广西、海南、香港；印度、尼泊尔、斯里兰卡、印度尼西亚

角齿细鳞苔 Lejeunea otiana S. Hatt.

分布：香港；日本

白绿细鳞苔 Lejeunea pallide-virens S. Hatt.

分布：浙江、四川、福建、台湾、广东、广西、海南、香港；日本

小叶细鳞苔 Lejeunea parva (S. Hatt.) Mizut.

分布：辽宁、山东、浙江、江西、湖南、四川、重庆、贵州、云南、西藏、台湾、广东、广西、海南、香港；朝鲜、日本、萨摩亚

平瓣细鳞苔 Lejeunea planiloba A. Evans

分布：安徽、浙江、江西、台湾；日本、朝鲜

斑叶细鳞苔 Lejeunea punctiformis Taylor

分布：安徽、浙江、江西、湖南、湖北、四川、重庆、贵州、云南、西藏、福建、台湾、广东、广西、海南、香港；不丹、印度、尼泊尔、斯里兰卡、泰国、越南、日本

湄生细鳞苔 Lejeunea riparia Mitt.

分布：台湾；印度、斯里兰卡

大叶细鳞苔 Lejeunea sordida (Nees) Nees

分布：台湾、海南；泰国、马来西亚、印度尼西亚、日本；大洋洲

喜马拉雅细鳞苔 Lejeunea stevensiana (Steph.) Mizut.

分布：贵州、云南；不丹、印度、尼泊尔

落叶细鳞苔 Lejeunea subacuta Mitt.

分布：贵州、云南、广西；印度、尼泊尔、斯里兰卡

四川细鳞苔 Lejeunea szechuanensis (P. C. Chen) R. M. Schust.

分布：重庆

疣萼细鳞苔 Lejeunea tuberculosa Steph.

分布：贵州、云南、台湾、广东、广西、海南、香港；不丹、尼泊尔、印度、印度尼西亚、菲律宾；非洲

疏叶细鳞苔 Lejeunea ulicina (Taylor) Gottsche

分布：安徽、上海、浙江、江西、湖南、四川、贵州、云南、西藏、福建、台湾、广东、广西、海南、香港；世界广布

魏氏细鳞苔 Lejeunea wightii Lindenb.

分布：陕西、湖南、重庆、贵州、云南、福建、台湾、广西、海南；印度、尼泊尔、斯里兰卡、泰国、印度尼西亚、菲律宾

指鳞苔属 Lepidolejeunea R. M. Schust.

指鳞苔 Lepidolejeunea bidentula (Steph.) R. M. Schust.

分布：台湾、海南；印度、斯里兰卡、越南、柬埔寨、马来西亚、印度尼西亚、菲律宾、日本；非洲、大洋洲

薄鳞苔属 Leptolejeunea (Spruce) Schiffn.

斑点薄鳞苔 Leptolejeunea amphiophthalma Zwichel

分布：台湾；柬埔寨、马来半岛、印度尼西亚、日本、巴布亚新几内亚、新喀里多尼亚

拟薄鳞苔 Leptolejeunea apiculata (Horik.) S. Hatt.

分布：云南、西藏、台湾、海南；日本

巴氏薄鳞苔 Leptolejeunea balansae Steph.

分布：贵州、云南、西藏、福建；泰国、越南、柬埔寨、老挝、马来西亚、印度尼西亚

尖叶薄鳞苔 Leptolejeunea elliptica (Lehm. et Lindenb.) Schiffn.

分布：安徽、浙江、江西、湖南、湖北、四川、贵州、云南、西藏、福建、台湾、广东、广西、海南、香港；日本、印度、尼泊尔、不丹、菲律宾、新西兰、巴西、东非群岛；北美洲

微齿薄鳞苔 Leptolejeunea emarginata (Horik.) S. Hatt.

分布：台湾

小瓣薄鳞苔 Leptolejeunea epiphylla (Mitt.) Steph.

分布：云南、台湾、海南；斯里兰卡、泰国、老挝、柬埔寨、菲律宾、日本、巴布亚新几内亚、所罗门群岛；非洲

阔叶薄鳞苔 Leptolejeunea latifolia Herzog

分布：广东；不丹、印度

海南薄鳞苔 Leptolejeunea maculata (Mitt.) Schiffn.

分布：台湾、广东、海南；斯里兰卡、印度尼西亚、菲律宾、墨西哥、圭亚那、巴西；大洋洲

弱齿薄鳞苔 Leptolejeunea subdentata Schiffn. ex Herzog

分布：云南、西藏；越南、印度尼西亚、马来西亚、菲律宾、新喀里多尼亚

截叶薄鳞苔 Leptolejeunea truncatifolia Steph.

分布：台湾；菲律宾

冠鳞苔属 **Lopholejeunea** (Spruce) Schiffn.

锡兰冠鳞苔 **Lopholejeunea ceylanica** Steph.

分布：海南；斯里兰卡、泰国、柬埔寨、马来西亚、印度尼西亚

大叶冠鳞苔 **Lopholejeunea eulopha** (Taylor) Schiffn.

分布：台湾、广东、海南、香港；日本、菲律宾、印度尼西亚、巴布亚新几内亚、澳大利亚、萨摩亚；非洲、中美洲、南美洲

赫氏冠鳞苔 **Lopholejeunea herzogiana** Verd.

分布：海南；印度尼西亚、马来西亚、巴布亚新几内亚、新喀里多尼亚

阔瓣冠鳞苔 **Lopholejeunea latilobula** Verd.

分布：海南；印度尼西亚

黑冠鳞苔 **Lopholejeunea nigricans** (Lindenb.) Schiffn.

分布：安徽、浙江、四川、重庆、贵州、云南、福建、台湾、广东、广西、海南、香港；印度、尼泊尔、不丹

苏氏冠鳞苔 **Lopholejeunea soae** R. L. Zhu et Gradst.

分布：浙江、福建

褐冠鳞苔 **Lopholejeunea subfusca** (Nees) Schiffn.

分布：安徽、浙江、江西、贵州、云南、西藏、福建、台湾、广东、广西、海南、香港；印度、尼泊尔、不丹、朝鲜、日本、菲律宾、印度尼西亚、巴布亚新几内亚、巴西、东非群岛；北美洲、非洲

宽叶冠鳞苔 **Lopholejeunea zollingeri** (Steph.) Schiffn.

分布：浙江、福建、台湾、海南；斯里兰卡、印度尼西亚、菲律宾、日本、斐济

鞭鳞苔属 **Mastigolejeunea** (Spruce) Schiffn.

耳叶鞭鳞苔 **Mastigolejeunea auriculata** (Wilson et Hook.) Schiffn.

分布：浙江、江西、贵州、云南、西藏、福建、台湾、广东、广西、海南、香港；印度、尼泊尔、不丹、缅甸、泰国、柬埔寨、印度尼西亚、菲律宾、日本、巴西；大洋洲

大瓣鞭鳞苔 **Mastigolejeunea indica** Steph.

分布：云南、福建、海南、香港；印度、泰国、印度尼西亚、马来西亚、菲律宾、澳大利亚

南亚鞭鳞苔 **Mastigolejeunea repleta** (Taylor) Steph.

分布：云南、福建、台湾、广东、香港；印度、不丹、安达曼、菲律宾、泰国、印度尼西亚、巴布亚新几内亚

假细鳞苔属 **Metalejeunea** Grolle

假细鳞苔 **Metalejeunea cucullata** (Reinw., Blume et Nees) Grolle

分布：台湾、广西、海南；泛热带

耳鳞苔属 **Otolejeunea** Grolle et Tixier

森泊耳鳞苔 **Otolejeunea semperiana** (Gottsche ex Steph.) Grolle

分布：福建、海南；印度尼西亚、马来西亚、菲律宾、巴布亚新几内亚

黑鳞苔属 **Phaeolejeunea** Mizut.

黑鳞苔 **Phaeolejeunea latistipula** (Schiffn.) Mizut.

分布：台湾；菲律宾、马来西亚、巴布亚新几内亚、所罗门群岛

皱萼苔属 **Ptychanthus** Nees

皱萼苔 **Ptychanthus striatus** (Lehm. et Lindenb.) Nees

分布：山东、陕西、安徽、浙江、江西、湖南、湖北、四川、贵州、云南、西藏、福建、台湾、广东、广西、海南；日本、印度、尼泊尔、不丹、菲律宾、印度尼西亚；非洲、大洋洲

密鳞苔属 **Pycnolejeunea** (Spruce) Schiffn.

大胞密鳞苔 **Pycnolejeunea grandiocellata** Steph.

分布：海南；斯里兰卡、泰国、印度尼西亚、巴布亚新几内亚、新喀里多尼亚、澳大利亚

尼鳞苔属 **Schiffneriolejeunea** Verd.

希福尼鳞苔平边变种 **Schiffneriolejeunea tumida** (Nees et Mont.) Gradst. var. **haskarliana** (Gottsche) Gradst. et Terken

分布：台湾、海南；印度、斯里兰卡、越南、泰国、新加坡、菲律宾、马来西亚、印度尼西亚、日本；非洲、大洋洲

多褶苔属 **Spruceanthus** Verd.

疣叶多褶苔 **Spruceanthus mamillilobulus** (Herzog) Verd.

分布：贵州、广东、广西

变异多褶苔 **Spruceanthus polymorphus** (Sande Lac.) Verd.

分布：江西、云南、西藏、福建、台湾、广东、广西、海南、香港；印度、菲律宾、印度尼西亚、马来西亚、日本、美国(夏威夷)；大洋洲

多褶苔 **Spruceanthus semirepandus** (Nees) Verd.

分布：安徽、浙江、江西、湖南、四川、重庆、贵州、云南、西藏、福建、台湾、广东、广西、海南、香港；印度、尼泊尔、不丹、日本、泰国、印度尼西亚、菲律宾

狭鳞苔属 **Stenolejeunea** R. M. Schust.

狭鳞苔 **Stenolejeunea apiculata** (Sande Lac.) R. M. Schust.

分布：台湾、广东、海南、香港；新西兰、澳大利亚、柬埔寨、菲律宾、斯里兰卡、印度尼西亚、日本、马来西亚、新喀里多尼亚、越南

毛鳞苔属 **Thysananthus** Lindenb.

东亚毛鳞苔 **Thysananthus aculeatus** Herzog

分布：台湾、海南；日本、菲律宾、印度尼西亚

黄叶毛鳞苔 **Thysananthus flavescens** (S. Hatt.) Gradst.

分布：福建、台湾、广西、香港；日本

棕红毛鳞苔 **Thysananthus spathulistipus** (Reinw.) Lindenb.

分布：福建、台湾、广西、海南；古热带

瓦鳞苔属 **Trocholejeunea** Schiffn.

浅棕瓦鳞苔 **Trocholejeunea infuscata** (Mitt.) Verd.

分布：江西、湖北、四川、重庆、贵州、云南、西藏、台湾；不丹、印度、尼泊尔、斯里兰卡、缅甸、泰国

南亚瓦鳞苔 **Trocholejeunea sandvicensis** (Gottsche) Mizt.

分布：中国各地均有分布；巴基斯坦、印度、尼泊尔、不丹、斯里兰卡、越南、马来西亚、日本、朝鲜、美国(夏威夷)

鞍叶苔属 **Tuyamaella** S. Hatt.

细齿鞍叶苔 **Tuyamaella angulistipa** (Steph.) R. M. Schust. et Kachroo

分布：海南；越南、柬埔寨、印度尼西亚、马来西亚、巴布亚新几内亚

鞍叶苔 **Tuyamaella molischii** (Schiffn.) S. Hatt.

分布：浙江、江西、福建、台湾、广东、广西、海南、香港；越南、马来西亚、日本

鞍叶苔(原变种) **Tuyamaella molischii** var. **molischii**

分布：浙江、江西、福建、台湾、广东、广西、海南、香港；越南、马来西亚、日本

鞍叶苔短茎变种 **Tuyamaella molischii** var. **brevistipa** P. C. Wu et P. J. Lin

分布：海南

鞍叶苔台湾变种 **Tuyamaella molischii** var. **taiwanensis** R. L. Zhu et M. L. So

分布：台湾

异鳞苔属 **Tuzibeanthus** S. Hatt.

异鳞苔 **Tuzibeanthus chinensis** (Steph.) Mizut.

分布：陕西、四川、重庆、贵州、云南、西藏；尼泊尔、印度、不丹、缅甸、泰国、朝鲜、日本

油肋苔属 **Vitalianthus** R. M. Schust. et Giancotti

广西油肋苔 **Vitalianthus guangxianus** R. L. Zhu, Q. He et Y. M. Wei

分布：广西

77. 船叶藓科 Lembophyllaceae Broth.

船叶藓属 **Dolichomitra** Broth.

船叶藓 **Dolichomitra cymbifolia** (Lindb.) Broth.

分布：安徽、浙江、湖南、贵州、台湾；朝鲜、日本

拟船叶藓属 **Dolichomitriopsis** S. Okamura

尖叶拟船叶藓 **Dolichomitriopsis diversiformis** (Mitt.) Nog.

分布：安徽、浙江、湖北、重庆、贵州、台湾；朝鲜、日本

猫尾藓属 **Isothecium** Brid.

猫尾藓 **Isothecium alopecuroides** (Lam. ex Dubois) Isov.

分布：吉林、辽宁、四川；俄罗斯；欧洲、非洲、北美洲

圆枝猫尾藓 **Isothecium myosuroides** Brid.

分布：贵州；欧洲、北美洲

异猫尾藓 **Isothecium subdiversiforme** Broth.

分布：浙江、湖南、贵州、云南、台湾、广西；日本

新悬藓属 **Neobarbella** Nog.

新悬藓 **Neobarbella comes** (Griff.) Nog.

分布：江西、贵州、西藏、福建、台湾、广西；印度、斯里兰卡、菲律宾、印度尼西亚、日本

新悬藓(原变种) **Neobarbella comes** var. **comes**

分布：江西、西藏、福建、台湾、广西；印度、斯里兰卡、菲律宾、印度尼西亚、日本

新悬藓毛尖变种 **Neobarbella comes** var. **pilifera** (Broth. et Yasuda) B. C. Tan, S. He et Isov.

分布：贵州、福建、广西；日本、斯里兰卡

78. 复叉苔科 Lepicoleaceae R. M. Schust.

复叉苔属 **Lepicolea** Dumort.

复叉苔 **Lepicolea scolopendra** (Hook.) Dumort. ex Trevis.
分布：台湾；亚洲热带、新西兰、塔斯马尼亚、太平洋群岛

东亚复叉苔 **Lepicolea yakushimensis** (S. Hatt.) S. Hatt.
分布：台湾；日本、泰国

79. 多囊苔科 Lepidolaenaceae Nakai

囊绒苔属 **Trichocoleopsis** S. Okamura

囊绒苔 **Trichocoleopsis sacculata** (Mitt.) S. Okamura
分布：安徽、浙江、四川、重庆、云南、福建；朝鲜、日本、缅甸

秦岭囊绒苔 **Trichocoleopsis tsinlingensis** P. C. Chen ex M. X. Zhang
分布：陕西、浙江、重庆、云南、福建

80. 指叶苔科 Lepidoziaceae Limpr.

细鞭苔属 **Acromastigum** A. Evans

细鞭苔 **Acromastigum divaricatum** (Gottsche, Lindenb. et Nees) A. Evans
分布：台湾、海南；菲律宾、印度尼西亚

鞭苔属 **Bazzania** S. Gray

白叶鞭苔 **Bazzania albifolia** Horik.
分布：湖南、重庆、贵州、西藏、台湾

狭叶鞭苔 **Bazzania angustifolia** Horik.
分布：云南、福建、台湾；越南

基裂鞭苔 **Bazzania appendiculata** (Mitt.) S. Hatt.
分布：云南、广西；印度、尼泊尔、不丹、缅甸、泰国

阿萨密鞭苔 **Bazzania assamica** (Steph.) S. Hatt.
分布：重庆、云南、广西；印度、不丹、缅甸、越南

双齿鞭苔 **Bazzania bidentula** (Steph.) Steph. ex Yasuda
分布：黑龙江、吉林、浙江、江西、四川、重庆、贵州、云南、西藏、福建、台湾；朝鲜、日本

二瓣鞭苔 **Bazzania bilobata** N. Kitag.
分布：福建、广西；泰国

孟加拉鞭苔(新拟) **Bazzania ceylanica** (Mitt.) W. E. Nicholson
分布：云南；日本

圆叶鞭苔 **Bazzania conophylla** (Sande Lac.) Schiffn.
分布：重庆、贵州、台湾；印度尼西亚

裸茎鞭苔 **Bazzania denudata** (Torr. ex Gottsche, Lindenb. et Nees) Trevis.
分布：黑龙江、吉林、陕西、湖南、西藏、福建；朝鲜、日本；北美洲

柔弱鞭苔 **Bazzania dibilis** N. Kitag.
分布：贵州、云南；泰国

独龙江鞭苔 **Bazzania dulongensis** L. P. Zhou et L. Zhang
分布：云南

厚角鞭苔 **Bazzania fauriana** (Steph.) S. Hatt.
分布：安徽、浙江、江西、贵州、云南、福建、台湾、广西、海南、香港；日本、朝鲜

南亚鞭苔 **Bazzania griffithiana** (Steph.) Mizut.
分布：西藏；不丹、印度

海南鞭苔 **Bazzania hainanensis** L. P. Zhou et L. Zhang
分布：海南

喜马拉雅鞭苔 **Bazzania himlayana** (Mitt.) Schiffn.
分布：重庆、贵州、西藏、广西；印度、尼泊尔、不丹、泰国、菲律宾、日本

外卷鞭苔(新拟) **Bazzania horridula** Schiffn.
分布：海南；印度尼西亚、泰国、菲律宾、巴布亚新几内亚

瓦叶鞭苔 **Bazzania imbricate** (Mitt.) S. Hatt.
分布：湖北、云南、台湾、海南；不丹、尼泊尔、印度

日本鞭苔 **Bazzania japonica** (Sande Lac.) Lindb.
分布：安徽、浙江、江西、湖南、重庆、贵州、云南、福建、台湾、广东、广西、海南、香港；日本、越南、泰国、印度尼西亚、菲律宾、萨摩亚

大叶鞭苔 **Bazzania magna** Horik.
分布：福建、台湾

瘤叶鞭苔 **Bazzania mayabarae** S. Hatt.
分布：四川、贵州、云南、西藏、广西；日本

白边鞭苔 **Bazzania oshimensis** (Steph.) Horik.
分布：湖南、四川、贵州、云南、福建、台湾、广西、海南；日本、泰国、印度、斯里兰卡

小叶鞭苔 **Bazzania ovistipula** (Steph.) Abeyw.
分布：安徽、浙江、江西、重庆、贵州、福建、台湾、广

西、海南；印度、尼泊尔、不丹、斯里兰卡、泰国、菲律宾、越南、日本

弯叶鞭苔 **Bazzania pearsonii** Steph.

分布：安徽、湖南、云南、西藏、福建、广西、海南；印度、不丹、斯里兰卡、泰国、日本、苏格兰、爱尔兰、加拿大、美国

尖齿鞭苔 **Bazzania pompeana** (Sande Lac.) Mitt.

分布：香港；朝鲜

东亚鞭苔 **Bazzania praerupta** (Reinw., Blume et Nees) Trevis.

分布：江苏、浙江、四川、重庆、云南、西藏、福建、台湾、广西、海南；印度、尼泊尔、不丹、斯里兰卡、菲律宾、印度尼西亚、日本、美国(夏威夷)

仰叶鞭苔 **Bazzania revoluta** (Steph.) N. Kitag.

分布：台湾；不丹、缅甸、泰国、越南

深绿鞭苔 **Bazzania semiopacea** N. Kitag.

分布：云南、福建；泰国

齿叶鞭苔 **Bazzania serrulatioides** Horik.

分布：台湾

锡金鞭苔 **Bazzania sikkimensis** (Steph.) Herzog

分布：四川、云南、西藏、台湾、广东、广西、香港；印度、尼泊尔、不丹、泰国、菲律宾

旋叶鞭苔 **Bazzania spiralis** (Reinw., Blume et Nees) Meijor

分布：广西；泰国、马来西亚、印度尼西亚、菲律宾

吊罗鞭苔 **Bazzania tiaoloensis** Mizut. et G. C. Zhang

分布：海南

三齿鞭苔 **Bazzania tricrenata** (Whalenb.) Trevis.

分布：黑龙江、吉林、内蒙古、江西、四川、重庆、云南、西藏、台湾、香港；印度、尼泊尔、不丹、日本、朝鲜、危地马拉；欧洲、北美洲

三裂鞭苔 **Bazzania tridens** (Reinw., Blume et Nees) Trevis.

分布：黑龙江、吉林、内蒙古、安徽、江苏、浙江、江西、湖南、湖北、四川、重庆、贵州、云南、西藏、福建、台湾、广西、香港、澳门；印度、尼泊尔、不丹、菲律宾、印度尼西亚、朝鲜、日本、巴布亚新几内亚、萨摩亚

鞭苔 **Bazzania trilobata** (L.) S. Gray

分布：安徽、浙江、湖南、四川、云南、福建；北半球温寒带地区

越南鞭苔 **Bazzania vietnamica** Pócs

分布：广西、海南；越南

假肋鞭苔 **Bazzania vittata** (Gottsche) Trevis.

分布：台湾、海南；菲律宾、巴布亚新几内亚

卷叶鞭苔 **Bazzania yoshinagana** (Steph.) Steph. ex Yasuda

分布：浙江、湖南、贵州、西藏；日本

细指苔属 **Kurzia** Mart.

掌叶细指苔 **Kurzia abietinella** (Herzog) Grolle

分布：云南、西藏；印度尼西亚

细指苔 **Kurzia gonyotricha** (Sande Lac.) Grolle

分布：江西、湖南、福建、台湾、广东、广西、海南、香港；日本、马来西亚、菲律宾、印度尼西亚、巴布亚新几内亚

牧野细指苔 **Kurzia makinoana** (Steph.) Grolle

分布：浙江、四川、贵州、台湾、广西；印度、不丹、菲律宾、日本、朝鲜、加拿大、美国

刺毛细指苔 **Kurzia pauciflora** (Dicks.) Grolle

分布：福建、台湾；欧洲、北美洲

中华细指苔 **Kurzia sinensis** G. C. Zhang

分布：浙江、江西、湖南、湖北、四川、贵州、福建、澳门

林下细指苔 **Kurzia sylvtica** (A. Evens) Grolle

分布：福建；欧洲、北美洲

指叶苔属 **Lepidozia** Dumort. et Dumort.

东亚指叶苔 **Lepidozia fauriana** Steph.

分布：吉林、湖南、云南、西藏、福建、台湾、广东、广西、海南、香港；日本、朝鲜、菲律宾、印度尼西亚

丝形指叶苔 **Lepidozia filamentosa** (Lehm. et Lindenb.) Gottsche, Lindenb. et Nees

分布：四川、云南、西藏；朝鲜、日本；北美洲

曲叶指叶苔 **Lepidozia flexuosa** Mitt.

分布：西藏；印度、不丹、缅甸、泰国、菲律宾

峨眉指叶苔 **Lepidozia omeiensis** Mizut. et G. C. Zhang

分布：四川

指叶苔 **Lepidozia reptans** (L.) Dumort.

分布：黑龙江、吉林、辽宁、内蒙古、河北、山西、山东、陕西、甘肃、新疆、安徽、浙江、江西、湖南、四川、重庆、贵州、云南、西藏、福建、台湾；印度、尼泊尔、不丹、朝鲜、日本；欧洲、美洲

大指叶苔 Lepidozia robusta Steph.

分布：四川、云南、西藏、广东；印度、尼泊尔、不丹

深裂指叶苔 Lepidozia sandvicensis Lindenb.

分布：云南；印度尼西亚、太平洋沿岸

鳞片指叶苔 Lepidozia subintegra Lindenb.

分布：云南；斯里兰卡、菲律宾、印度尼西亚

圆钝指叶苔 Lepidozia subtransversa Steph.

分布：吉林、四川；朝鲜、日本

苏氏指叶苔 Lepidozia suyungii C. Gao et X. L. Bai

分布：云南、西藏

细指叶苔 Lepidozia trichodes (Reinw. ex Blume et Nees) Gottsche

分布：台湾、广西；马来西亚、泰国、菲律宾、印度尼西亚

硬指叶苔 Lepidozia vitrea Steph.

分布：浙江、湖北、福建、台湾、香港；朝鲜、日本、东非群岛

皱指苔属 **Telaranea** Spruce ex Schiffn.

瓦氏皱指苔 Telaranea wallichiana (Gottsche) R. M. Schust.

分布：台湾、广东、广西、海南、香港；日本、尼泊尔、印度、斯里兰卡、印度尼西亚

虫叶苔属 **Zoopsis** Hook. f. ex Gottsche Lindenb. et Nees

东亚虫叶苔 Zoopsis liukiuensis Horik.

分布：浙江、台湾、海南；日本、菲律宾、印度尼西亚、巴布亚新几内亚、澳大利亚、新喀里多尼亚

81. 薄罗藓科 Leskeaceae Schimp.

麻羽藓属 **Claopodium** (Lesq. et James) Renauld et Cardot

狭叶麻羽藓 Claopodium aciculum (Broth.) Broth.

分布：山东、陕西、江苏、上海、浙江、江西、四川、重庆、贵州、福建、台湾、广西、海南、香港；朝鲜、日本、越南、老挝

大麻羽藓 Claopodium assurgens (Sull. et Lesq.) Cardot

分布：陕西、重庆、贵州、云南、福建、台湾、广东、海南、香港、澳门；印度、泰国、老挝、越南、柬埔寨、印度尼西亚、日本、澳大利亚

细麻羽藓 Claopodium gracillimum (Cardot et Thér.) Nog.

分布：重庆、贵州、台湾、广东、海南；日本

卵叶麻羽藓 Claopodium leptopteris (Müll. Hal.) P. C. Wu et M. Z. Wang

分布：陕西、湖北、云南

多疣麻羽藓 Claopodium pellucinerve (Mitt.) Best

分布：吉林、辽宁、内蒙古、山西、山东、陕西、甘肃、湖北、四川、贵州、云南；朝鲜、日本、巴基斯坦、印度

齿叶麻羽藓 Claopodium prionophyllum (Müll. Hal.) Broth.

分布：陕西、江苏、上海、浙江、湖北、四川、贵州、云南、福建、台湾、广东、广西、海南；朝鲜、日本、印度尼西亚、美国、斐济

偏叶麻羽藓 Claopodium rugulosifolium S. Y. Zeng

分布：重庆、贵州、西藏

薄羽藓属 **Leptocladium** Broth.

薄羽藓 Leptocladium sinense Broth.

分布：云南

叉羽藓属 **Leptopterigynandrum** Müll. Hal.

叉羽藓 Leptopterigynandrum austro-alpinum Müll. Hal.

分布：青海、新疆、四川、贵州、云南；俄罗斯、蒙古国；美洲

角疣叉羽藓 Leptopterigynandrum autoicum Dixon ex Gangulee et Vohra

分布：四川、云南、西藏；印度

小叉羽藓 Leptopterigynandrum brevirete Dixon

分布：四川；巴基斯坦

心叶叉羽藓 Leptopterigynandrum decolor (Mitt.) M. Fleisch.

分布：四川；印度

卷叶叉羽藓 Leptopterigynandrum incurvatum Broth.

分布：宁夏、甘肃、青海、四川、贵州、云南、西藏

毛尖叉羽藓 Leptopterigynandrum piliferum S. He

分布：四川；蒙古国

直茎叉羽藓 Leptopterigynandrum stricticaule Broth.

分布：四川、云南；印度

全缘叉羽藓 Leptopterigynandrum subintegrum (Mitt.) Broth.

分布：青海、四川、西藏；印度、蒙古国、俄罗斯、美国、玻利维亚、南非

细叉羽藓 Leptopterigynandrum tenellum Broth.

分布：山西、宁夏、四川、西藏；蒙古国、俄罗斯、

玻利维亚

薄罗藓属 **Leskea** Hedw.

喜马拉雅薄罗藓 **Leskea consanguinea** (Mont.) Mitt.

分布：云南；印度

细枝薄罗藓 **Leskea gracilescens** Hedw.

分布：黑龙江；北美洲

薄罗藓 **Leskea polycarpa** Ehrh. ex Hedw.

分布：内蒙古、山东、新疆、上海、湖南、西藏、台湾；日本、俄罗斯；欧洲、北美洲

粗肋薄罗藓 **Leskea scabrinervis** Broth. et Paris

分布：河南、上海、江西、贵州、云南、福建

短肋薄罗藓 **Leskea subacuminata** Nog.

分布：台湾

细罗藓属 **Leskeella** (Limpr.) Loeske

细罗藓 **Leskeella nervosa** (Brid.) Loeske

分布：黑龙江、吉林、内蒙古、河北、山西、山东、陕西、新疆、江苏、四川、重庆、贵州、云南、西藏；巴基斯坦、日本；欧洲、北美洲

小细罗藓 **Leskeella pusilla** (Mitt.) Nog.

分布：浙江；日本

细枝藓属 **Lindbergia** Kindb.

细枝藓 **Lindbergia brachyptera** (Mitt.) Kindb.

分布：辽宁、内蒙古、山东、陕西、江苏、上海、湖北、四川、贵州、云南、西藏；日本、俄罗斯；欧洲、北美洲

阔叶细枝藓 **Lindbergia brevifolia** (C. Gao) C. Gao

分布：内蒙古、云南、西藏

东亚细枝藓 **Lindbergia japonica** Cardot

分布：江苏、浙江；日本

齿边细枝藓 **Lindbergia serrulatus** C. Gao

分布：四川、贵州、云南

中华细枝藓 **Lindbergia sinensis** (Müll. Hal.) Broth.

分布：黑龙江、辽宁、内蒙古、河北、山东、陕西、甘肃、新疆、江苏、上海、四川、重庆、贵州、云南、西藏、福建

瓦叶藓属 **Miyabea** Broth.

瓦叶藓 **Miyabea fruticella** (Mitt.) Broth.

分布：内蒙古、安徽、浙江、湖北、台湾；日本、朝鲜

圆叶瓦叶藓 **Miyabea rotundifolia** Cardot

分布：辽宁；日本、朝鲜

羽枝瓦叶藓 **Miyabea thuidioides** Broth.

分布：河南、浙江；日本

拟柳叶藓属 **Orthoamblystegium** Dixon et Sakurai

拟柳叶藓 **Orthoamblystegium spurio-subtile** (Broth. et Paris) Kanda et Nog.

分布：西藏；日本、朝鲜

拟草藓属 **Pseudoleskeopsis** Broth.

尖叶拟草藓 **Pseudoleskeopsis tosana** Cardot

分布：山东、浙江、湖南、湖北、四川、贵州、海南；日本

拟草藓 **Pseudoleskeopsis zippelii** (Dozy et Molk.) Broth.

分布：吉林、辽宁、河北、山东、安徽、江苏、上海、浙江、湖南、四川、重庆、贵州、云南、福建、台湾、广东、广西、海南、香港；日本、朝鲜、菲律宾、泰国、印度、斯里兰卡、越南、马来西亚、印度尼西亚、巴布亚新几内亚、澳大利亚

小绢藓属 **Rozea** Besch.

异叶小绢藓 **Rozea diversifolia** Broth.

分布：云南

小蒴小绢藓 **Rozea fulva** Müll. Hal. ex M. Fleisch.

分布：云南

翼叶小绢藓 **Rozea pterogonioides** (Harv.) A. Jaeger

分布：四川、西藏；不丹、印度、尼泊尔、缅甸

附干藓属 **Schwetschkea** Müll. Hal.

短枝附干藓 **Schwetschkea brevipes** (Broth. et Paris) Broth.

分布：上海

华东附干藓 **Schwetschkea courtoisii** Broth. et Paris

分布：山西、江苏、上海、浙江、贵州、福建

缺齿附干藓 **Schwetschkea gymnostoma** Thér.

分布：贵州

东亚附干藓 **Schwetschkea laxa** (Wilson) A. Jaeger

分布：江苏、上海、湖南、四川、重庆、贵州、云南、福建、台湾；日本

中华附干藓 **Schwetschkea sinica** Broth. et Paris

分布：安徽、江苏

82. 白发藓科 Leucobryaceae Schimp.

长帽藓属 **Atractylocarpus** Mitt.

长帽藓 **Atractylocarpus alpinus** (Schimp. ex Mild.) Lindb.

分布：四川、贵州、云南；印度；欧洲

白氏藓属 **Brothera** Müll. Hal.

白氏藓 **Brothera leana** (Sull.) Müll. Hal.

分布：黑龙江、吉林、河北、陕西、浙江、江西、湖南、湖北、四川、贵州、云南、西藏、福建、台湾；巴基斯坦、缅甸、泰国、日本、印度、朝鲜、俄罗斯；北美洲

拟扭柄藓属 **Campylopodiella** Cardot

拟扭柄藓 **Campylopodiella himalayana** (Broth.) J.-P. Frahm

分布：四川、贵州、云南、西藏；不丹、尼泊尔、印度

曲柄藓属 **Campylopus** Brid.

长叶曲柄藓 **Campylopus atrovirens** De Not.

分布：陕西、甘肃、安徽、江苏、浙江、江西、湖南、四川、贵州、云南、西藏、福建、广东、广西、香港；尼泊尔、日本、韩国；欧洲、北美洲

长叶曲柄藓(原变种) **Campylopus atrovirens** var. **atrovirens**

分布：陕西、甘肃、安徽、江苏、浙江、江西、湖南、四川、贵州、云南、西藏、福建、广东、广西、香港；尼泊尔、日本；欧洲、北美洲

长叶曲柄藓兜叶变种 **Campylopus atrovirens** var. **cucullatifolius** J.-P. Frahm

分布：云南、广西；日本、韩国；北美洲

尾尖曲柄藓 **Campylopus comosus** (Schwägr.) Bosch et Sande Lac.

分布：浙江、湖北、四川、重庆、贵州、云南、台湾、广东、香港；斯里兰卡、印度、泰国、越南、印度尼西亚、马来西亚、菲律宾、巴布亚新几内亚、新喀里多尼亚、澳大利亚

直叶曲柄藓 **Campylopus durelii** Gangulee

分布：云南、西藏；不丹

毛叶曲柄藓 **Campylopus ericoides** (Griff.) A. Jaeger

分布：江西、湖南、湖北、四川、贵州、云南、福建、广东、广西、海南、香港；尼泊尔、印度、不丹、泰国、越南、老挝、柬埔寨、缅甸、斯里兰卡、马来西亚、菲律宾、印度尼西亚

曲柄藓 **Campylopus flexuosus** (Hedw.) Brid.

分布：山东、新疆、浙江、江西、湖南、湖北、重庆、贵州、云南、福建、台湾、广西、海南；斯里兰卡、尼泊尔、俄罗斯、秘鲁、澳大利亚、新西兰、马达加斯加、坦桑尼亚；欧洲、北美洲、中美洲

脆枝曲柄藓 **Campylopus fragilis** (Brid.) Bruch et Schimp.

分布：山东、新疆、四川、重庆、贵州、云南、台湾、广东、海南；朝鲜、日本、俄罗斯、秘鲁、坦桑尼亚；欧洲、北美洲、中美洲

脆枝曲柄藓(原亚种) **Campylopus fragilis** subsp. **fragilis**

分布：山东、新疆、四川、重庆、贵州、云南、台湾、广东、海南；朝鲜、日本、俄罗斯(远东地区)、秘鲁、坦桑尼亚；欧洲、北美洲、中美洲

脆枝曲柄藓古氏亚种 **Campylopus fragilis** subsp. **goughii** (Mitt.) J.-P. Frahm

分布：浙江、江西、四川、云南、福建、广东、广西；印度、不丹、尼泊尔、斯里兰卡

纤枝曲柄藓 **Campylopus gracilis** (Mitt.) A. Jaeger

分布：浙江、江西、湖北、四川、贵州、西藏、台湾、广东、广西、海南；斯里兰卡、泰国、缅甸、尼泊尔、印度；欧洲、北美洲

大曲柄藓 **Campylopus hemitrichius** (Müll. Hal.) A. Jaeger

分布：浙江、江西、贵州、福建、广东；菲律宾、印度尼西亚

疏网曲柄藓 **Campylopus laxitextus** Sande Lac.

分布：江西、重庆、贵州、云南、台湾、海南、香港；马来西亚、印度尼西亚、菲律宾；大洋洲

梨蒴曲柄藓 **Campylopus pyriformis** (Schultz) Brid.

分布：吉林、山东、浙江、江西、湖南、四川、重庆、贵州、云南、福建、广东、广西；印度、蒙古国、俄罗斯、智利、澳大利亚；欧洲、北美洲

辛氏曲柄藓 **Campylopus schimperi** J. Milde

分布：山东、青海、新疆、安徽、江西、湖南、四川、重庆、贵州、云南、西藏、广西；日本、俄罗斯；欧洲、北美洲

黄曲柄藓 **Campylopus schmidii** (Müll. Hal.) A. Jaeger

分布：安徽、江西、湖南、湖北、四川、贵州、云南、福建、台湾、广东、广西；印度、斯里兰卡、印度尼西亚、

日本、巴布亚新几内亚、澳大利亚、美国(夏威夷)；北美洲(西部)

齿边曲柄藓 Campylopus serratus Sande Lac.

分布：香港；泰国、越南、柬埔寨、马来西亚、新加坡、印度尼西亚

长尖曲柄藓 Campylopus setifolius Wilson

分布：贵州；欧洲

中华曲柄藓 Campylopus sinensis (Müll. Hal.) J.-P. Frahm

分布：辽宁、河北、陕西、甘肃、安徽、浙江、江西、湖北、四川、重庆、贵州、云南、福建、台湾、广东、海南、香港；越南、泰国、日本、澳大利亚、社会群岛；北美洲(西部)

拟脆枝曲柄藓 Campylopus subfragilis Renauld et Cardot

分布：江西、贵州、云南、广西；尼泊尔、印度

狭叶曲柄藓 Campylopus sublatus Schimp.

分布：四川、贵州、云南、西藏、广东；尼泊尔、印度、斯里兰卡、日本；欧洲、北美洲

台湾曲柄藓 Campylopus taiwanensis Sakurai

分布：山东、安徽、浙江、湖南、重庆、贵州、台湾、广东、广西、香港

节茎曲柄藓 Campylopus umbellatus (Arn.) Paris

分布：山东、安徽、江苏、浙江、江西、湖南、湖北、四川、重庆、贵州、云南、西藏、福建、台湾、广东、广西、海南、香港；不丹、日本、朝鲜、缅甸、泰国、斯里兰卡、越南、柬埔寨、马来西亚、印度尼西亚、菲律宾、美国(夏威夷)；大洋洲

车氏曲柄藓 Campylopus zollingeranus (Müll. Hal.) Bosch et Sande Lac.

分布：四川、贵州、云南、海南；缅甸、斯里兰卡、印度尼西亚、马来西亚、菲律宾、美国(夏威夷)

青毛藓属 Dicranodontium Bruch et Schimp.

粗叶青毛藓 Dicranodontium asperulum (Mitt.) Broth.

分布：江苏、江西、四川、贵州、云南、西藏、台湾、广西、海南、香港；印度、尼泊尔、泰国、印度尼西亚、日本；欧洲、北美洲

丛叶青毛藓 Dicranodontium caespitosum (Mitt.) Paris

分布：浙江、贵州、云南；印度

青毛藓 Dicranodontium denudatum (Brid.) E. Britton ex Williams

分布：黑龙江、吉林、内蒙古、河北、山东、新疆、江苏、浙江、江西、湖北、四川、重庆、贵州、云南、西藏、福建、台湾、广东、广西；尼泊尔、印度、不丹、俄罗斯、日本、秘鲁；欧洲、北美洲

山地青毛藓 Dicranodontium didictyon (Mitt.) A. Jaeger

分布：江西、四川、重庆、贵州、云南、西藏、广东、广西、海南；印度、缅甸、泰国、越南、日本

长叶青毛藓 Dicranodontium didymodon (Griff.) Paris

分布：浙江、湖南、湖北、四川、重庆、贵州、云南、西藏、福建、广东、广西、海南；印度、不丹、尼泊尔、泰国、缅甸、越南

毛叶青毛藓 Dicranodontium filifolium Broth.

分布：江西、湖南、湖北、四川、重庆、贵州、云南、西藏、广东

瘤叶青毛藓 Dicranodontium papillifolium C. Gao

分布：云南、西藏、广东、广西

孔网青毛藓 Dicranodontium porodictyon Cardot et Thér.

分布：湖南、湖北、四川、重庆、贵州、西藏、海南；印度、美国

钩叶青毛藓 Dicranodontium uncinatum (Harv.) A. Jaeger

分布：安徽、浙江、江西、湖南、四川、贵州、云南、西藏、福建、台湾、广东、广西、海南；不丹、尼泊尔、印度、斯里兰卡、缅甸、泰国、越南、印度尼西亚、马来西亚、菲律宾、日本；欧洲、北美洲

白发藓属 Leucobryum Hampe

弯叶白发藓 Leucobryum aduncum Dozy et Molk.

分布：安徽、江西、贵州、云南、福建、广东、广西、海南、香港；越南、马来西亚、印度尼西亚、印度、尼泊尔、斯里兰卡、柬埔寨、泰国、菲律宾、巴布亚新几内亚、瓦努阿图

弯叶白发藓(原变种) Leucobryum aduncum var. **aduncum**

分布：安徽、江西、贵州、云南、福建、广东、广西、海南、香港；越南、马来西亚、印度尼西亚、印度、尼泊尔、斯里兰卡、柬埔寨、泰国、菲律宾、巴布亚新几内亚、瓦努阿图

弯叶白发藓丛叶变种 Leucobryum aduncum var. **scalare** (Müll. Hal. ex M. Fleisch.) A. Eddy

分布：云南、广东、广西、海南；斯里兰卡、越南、马来半岛、印度尼西亚、印度、尼泊尔、柬埔寨、泰国、菲律宾、巴布亚新几内亚、新喀里多尼亚

粗叶白发藓 Leucobryum boninense Sull. et Lesq.

分布：浙江、湖南、四川、贵州、福建、台湾、广东、广

西、海南、香港、澳门；日本、菲律宾

狭叶白发藓 **Leucobryum bowringii** Mitt.

分布：安徽、浙江、江西、湖南、湖北、四川、贵州、云南、西藏、福建、台湾、广东、广西、海南、香港、澳门；日本、印度、斯里兰卡、老挝、泰国、马来西亚、新加坡、印度尼西亚、菲律宾、柬埔寨、越南、巴布亚新几内亚、所罗门群岛、瓦努阿图、墨西哥、哥斯达黎加、牙买加

绿色白发藓 **Leucobryum chlorophyllosum** Müll. Hal.

分布：浙江、江西、湖南、湖北、四川、重庆、贵州、云南、福建、广东、广西、海南；斯里兰卡、泰国、印度尼西亚、菲律宾、越南、巴布亚新几内亚、新喀里多尼亚

白发藓 **Leucobryum glaucum** (Hedw.) Åongstr.

分布：辽宁、山东、河南、浙江、江西、湖南、四川、贵州、云南、西藏、福建、台湾、广东、广西、海南、香港

短枝白发藓 **Leucobryum humillimum** Cardot

分布：安徽、江苏、台湾、广东、香港；朝鲜、日本、印度、斯里兰卡

爪哇白发藓 **Leucobryum javense** (Brid.) Mitt.

分布：安徽、浙江、江西、湖南、贵州、云南、福建、台湾、广东、广西、海南、香港；印度、尼泊尔、斯里兰卡、缅甸、马来西亚、新加坡、老挝、越南、泰国、柬埔寨、菲律宾、印度尼西亚、巴布亚新几内亚

桧叶白发藓 **Leucobryum juniperoideum** (Brid.) Müll. Hal.

分布：山东、江苏、上海、浙江、江西、湖南、湖北、四川、重庆、贵州、云南、福建、台湾、广东、海南、香港、澳门；日本、朝鲜、印度、缅甸、泰国、斯里兰卡、老挝、越南、柬埔寨、马来西亚、印度尼西亚、菲律宾、巴西、马达加斯加；欧洲、大洋洲

耳叶白发藓 **Leucobryum sanctum** (Brid.) Hampe

分布：上海、广东、海南；印度、马来半岛、泰国、印度尼西亚、越南、柬埔寨、菲律宾、巴布亚新几内亚、斐济

疣叶白发藓 **Leucobryum scabrum** Sande Lac.

分布：安徽、浙江、江西、四川、重庆、贵州、云南、福建、台湾、广东、广西、海南、香港；日本、泰国、马来西亚

83. 白齿藓科 Leucodontaceae Schimp.

单齿藓属 **Dozya** Sande Lac.

单齿藓 **Dozya japonica** Sande Lac.

分布：黑龙江、江西、湖南、四川、贵州、云南；朝鲜、日本

白齿藓属 **Leucodon** Schwägr.

高山白齿藓 **Leucodon alpinus** H. Akiy.

分布：黑龙江；日本

朝鲜白齿藓 **Leucodon coreensis** Cardot

分布：黑龙江、吉林、辽宁、河北、山西、山东、河南、陕西、宁夏、甘肃、湖南、湖北、四川、重庆、贵州、台湾；朝鲜、日本

陕西白齿藓 **Leucodon exaltatus** Müll. Hal.

分布：山西、陕西、宁夏、甘肃、湖北、四川、云南、西藏、台湾；尼泊尔

鞭枝白齿藓 **Leucodon flagelliformis** Müll. Hal.

分布：吉林、河南、陕西、甘肃

宝岛白齿藓 **Leucodon formosamus** H. Akiy.

分布：台湾

羽枝白齿藓 **Leucodon jaegerinaceus** (Müll. Hal.) H. Akiy.

分布：陕西、湖北

玉山白齿藓 **Leucodon morrisonensis** Nog.

分布：河北、湖北、四川、台湾

垂悬白齿藓 **Leucodon pendulus** Lindb.

分布：黑龙江、吉林、辽宁、陕西、四川；朝鲜、日本、俄罗斯

札幌白齿藓 **Leucodon sapporensis** Besch.

分布：陕西；朝鲜、日本

白齿藓 **Leucodon sciuroides** (Hedw.) Schwägr.

分布：黑龙江、内蒙古、河北、山西、山东、河南、陕西、甘肃、青海、新疆、湖北、四川、贵州、云南；巴基斯坦、日本、尼泊尔、俄罗斯；欧洲

偏叶白齿藓 **Leucodon secundus** (Harv.) Mitt.

分布：陕西、甘肃、安徽、浙江、江西、湖南、湖北、四川、重庆、贵州、云南、西藏；尼泊尔、印度、越南、朝鲜、日本

偏叶白齿藓(原变种) **Leucodon secundus** var. **secundus**

分布：陕西、甘肃、安徽、浙江、江西、湖南、湖北、四川、重庆、贵州、云南、西藏；尼泊尔、印度、越南

偏叶白齿藓硬叶变种 **Leucodon secundus** var. **strictus** (Harv.) H. Akiy.

分布：四川、云南、西藏；尼泊尔、印度、朝鲜、日本

中华白齿藓 **Leucodon sinensis** Thér.

分布：河北、陕西、甘肃、安徽、浙江、江西、湖南、湖北、四川、重庆、贵州、云南、福建、台湾；不丹、日本

龙珠白齿藓 Leucodon sphaerocarpus H. Akiy.
分布：台湾

长叶白齿藓 Leucodon subulatus Broth.
分布：四川、贵州、云南、西藏

中台白齿藓 Leucodon temperatus H. Akiy.
分布：河南、台湾

西藏白齿藓 Leucodon tibeticus M. X. Zhang
分布：西藏

拟白齿藓属 Pterogoniadelphus M. Fleisch.

拟白齿藓 Pterogoniadelphus esquirolii (Thér.) Ochyra et Zijlstra
分布：陕西、江苏、浙江、湖南、贵州、云南、西藏、福建、广西；日本

疣齿藓属 Scabridens E. B. Bartram

疣齿藓 Scabridens sinensis E. B. Bartram
分布：重庆、贵州、云南

84. 白藓科 Leucomiaceae Broth.

白藓属 Leucomium Mitt.

白藓 Leucomium strumosum (Hornsch.) Mitt.
分布：贵州、云南、西藏、海南；泰国；南美洲

85. 齿萼苔科 Lophocoleaceae Vanden Berghen

裂萼苔属 Chiloscyphus Corda

刺毛裂萼苔 Chiloscyphus aposinensis Piippo
分布：广西

台湾裂萼苔 Chiloscyphus breviculus B. Y. Yang et W. C. Lee
分布：台湾

毛口裂萼苔 Chiloscyphus ciliolatus (Nees) J. J. Engel et R. M. Schust.
分布：台湾；泰国、印度尼西亚、斯里兰卡、美国

弯尖裂萼苔 Chiloscyphus coadunatus (Sw.) J. J. Engel et R. M. Schust.
分布：湖南、云南、台湾；朝鲜；欧洲、非洲、北美洲

大苞裂萼苔 Chiloscyphus costatus (Nees) J. J. Engel et R. M. Schust.
分布：台湾；印度尼西亚、菲律宾

尖叶裂萼苔 Chiloscyphus cuspidatus (Nees) J. J. Engel et R. M. Schust.
分布：吉林、河北、山西、甘肃、江西、湖北、四川、重庆、贵州、云南、西藏、台湾；印度；欧洲、非洲、北美洲

爽气裂萼苔 Chiloscyphus fragrans (Moris et De Not.) J. J. Engel et R. M. Schust.
分布：上海、四川、贵州、西藏、福建、台湾；欧洲

圆叶裂萼苔 Chiloscyphus horikawanus (S. Hatt.) J. J. Engel et R. M. Schust.
分布：贵州；日本、朝鲜

全缘裂萼苔 Chiloscyphus integristipulus (Steph.) J. J. Engel et R. M. Schust.
分布：黑龙江、吉林、辽宁、山东、陕西、上海、浙江、湖南、四川、重庆、贵州、云南、西藏、福建、广西；北半球分布

疏叶裂萼苔 Chiloscyphus itoanus (Inoue) J. J. Engel et R. M. Schust.
分布：吉林、湖南、四川、云南、福建；日本、朝鲜

东亚裂萼苔 Chiloscyphus japonicus Steph.
分布：福建；日本

双齿裂萼苔 Chiloscyphus latifolius (Nees) J. J. Engel et R. M. Schust.
分布：吉林、江西、湖南、四川、重庆、贵州、云南、西藏、台湾；不丹、马来西亚、朝鲜、巴布亚新几内亚、巴西

芽胞裂萼苔 Chiloscyphus minor (Nees) J. J. Engel et R. M. Schust.
分布：黑龙江、吉林、辽宁、内蒙古、河北、山西、山东、陕西、甘肃、新疆、江苏、上海、江西、湖南、湖北、重庆、贵州、云南、西藏、福建、广西、香港；喜马拉雅(西北部)、尼泊尔、不丹、日本、朝鲜、蒙古国、俄罗斯；欧洲、北美洲

芽胞裂萼苔(原变种) Chiloscyphus minor var. **minor**
分布：黑龙江、吉林、辽宁、内蒙古、河北、山西、山东、甘肃、新疆、江苏、上海、江西、湖南、湖北、重庆、贵州、云南、西藏、福建、广西、香港；喜马拉雅(西北部)、尼泊尔、不丹、日本、朝鲜、蒙古国、俄罗斯；欧洲、北美洲

芽胞裂萼苔陕西变种 Chiloscyphus minor var. **chinensis** (C. Massal.) Piippo
分布：陕西

锐刺裂萼苔 Chiloscyphus muricatus (Lehm.) J. J. Engel et R. M. Schust.
分布：贵州、云南、福建、台湾、广西；不丹、泰国、印

度尼西亚、巴布亚新几内亚、澳大利亚、新西兰、巴西；北美洲

裂萼苔 Chiloscyphus polyanthos (L.) Corda

分布：黑龙江、吉林、辽宁、内蒙古、山东、河南、陕西、甘肃、江苏、上海、浙江、江西、湖南、湖北、四川、贵州、云南、西藏、福建、台湾、香港；印度、尼泊尔、不丹、朝鲜、日本、俄罗斯；欧洲、非洲(北部)、北美洲

裂萼苔(原变种) Chiloscyphus polyanthos var. **polyanthos**

分布：黑龙江、吉林、辽宁、内蒙古、山东、河南、陕西、甘肃、江苏、上海、浙江、江西、湖南、湖北、四川、贵州、云南、西藏、福建、台湾、香港；印度、尼泊尔、不丹、朝鲜、日本、俄罗斯(远东地区)；欧洲、非洲(北部)、北美洲

裂萼苔脆叶变种 Chiloscyphus polyanthos var. **fragilis** (Roth) K. Müller

分布：台湾；欧洲、北美洲

裂萼苔水生变种 Chiloscyphus polyanthos var. **rivularis** (Schrad.) Nees

分布：黑龙江、吉林、辽宁、山东、贵州；日本、朝鲜；欧洲、北美洲

异叶裂萼苔 Chiloscyphus profundus (Nees) J. J. Engel et R. M. Schust.

分布：黑龙江、吉林、辽宁、内蒙古、河北、河南、新疆、江苏、上海、浙江、江西、四川、贵州、云南、西藏、福建、台湾；喜马拉雅(西北部)、不丹、日本、朝鲜、俄罗斯；欧洲、北美洲

爪哇裂萼苔 Chiloscyphus schiffneri J. J. Engel et R. M. Schust.

分布：台湾；日本、巴布亚新几内亚、斯里兰卡、印度尼西亚

大裂萼苔 Chiloscyphus semiteres (Lehm.) Lehm. et Lindb.

分布：台湾；印度尼西亚

锡金裂萼苔 Chiloscyphus sikkimensis (Steph.) J. J. Engel et R. M. Schust.

分布：云南、台湾；不丹、尼泊尔、印度、泰国、印度尼西亚

中华裂萼苔 Chiloscyphus sinensis J. J. Engel et R. M. Schust.

分布：陕西、贵州

云南裂萼苔 Chiloscyphus yunnanensis C. Gao et Y. H. Wu

分布：云南

异萼苔属 Heteroscyphus Schiffn.

四齿异萼苔 Heteroscyphus argutus (Reinw., Blume et Nees) Schiffn.

分布：江苏、浙江、湖南、四川、贵州、云南、西藏、福建、台湾、广东、广西、海南、香港、澳门；印度、尼泊尔、不丹、越南、泰国、马来西亚、菲律宾、印度尼西亚、日本、朝鲜；欧洲、非洲、大洋洲

四齿异萼苔短齿变种(新拟) Heteroscyphus argutus var. **brevidens** (Schiffn.) Schiffn.

分布：台湾；印度尼西亚

异萼苔 Heteroscyphus aselliformis (Reinw., Blume et Nees) Schiffn.

分布：台湾；印度尼西亚、巴布亚新几内亚

双齿异萼苔 Heteroscyphus coalitus (Hook.) Schiffn.

分布：黑龙江、河南、江苏、上海、浙江、江西、湖南、四川、重庆、贵州、云南、西藏、福建、台湾、广东、广西、海南、香港；日本、朝鲜、尼泊尔、不丹、越南、柬埔寨、老挝、菲律宾、印度尼西亚；大洋洲

脆叶异萼苔 Heteroscyphus flaccidus (Mitt.) A. Srivast. et S. C. Srivast.

分布：黑龙江、山西、安徽、四川、云南、广西；印度、尼泊尔、不丹

叉齿异萼苔 Heteroscyphus lophocoleoides S. Hatt.

分布：河北、江西、四川、贵州、云南、台湾；日本

平叶异萼苔 Heteroscyphus planus (Mitt.) Schiffn.

分布：吉林、江苏、上海、浙江、江西、湖南、四川、重庆、贵州、云南、西藏、福建、台湾、广东、广西、海南、香港、澳门；菲律宾、日本、朝鲜

全缘异萼苔 Heteroscyphus saccogynoids Herzog

分布：台湾

长齿异萼苔 Heteroscyphus spiniferus C. Gao, T. Cao et Y. H. Wu

分布：四川、云南

亮叶异萼苔 Heteroscyphus splendens (Lehm. et Lindenb.) Grolle

分布：陕西、海南；印度尼西亚、巴布亚新几内亚；非洲

亮叶异萼苔(原变种) Heteroscyphus splendens var. **splendens**

分布：海南；印度尼西亚、巴布亚新几内亚；非洲

亮叶异萼苔陕西变种(新拟) Heteroscyphus splendens var. **chinensis** (C. Massal.) Piippo

分布：陕西

鲜绿异萼苔 Heteroscyphus succulentus (Gottsche) Schiffn.

分布：海南；马来西亚、印度尼西亚、泰国、巴布亚新几内亚

圆叶异萼苔 Heteroscyphus tener (Steph.) Schiffn.

分布：浙江、四川、云南、福建、台湾、广西；印度、尼泊尔、不丹、斯里兰卡、日本

三齿异萼苔 Heteroscyphus tridentatus (Sande Lac.) Grolle

分布：台湾；日本

膨体异萼苔 Heteroscyphus turgidus (Schiffn.) Schiffn.

分布：台湾；印度尼西亚

南亚异萼苔 Heteroscyphus zollingeri (Gottsche) Schiffn.

分布：河南、陕西、甘肃、安徽、江苏、浙江、湖南、湖北、四川、重庆、贵州、云南、西藏、福建、台湾、广西、海南；马来西亚、菲律宾、印度尼西亚、巴布亚新几内亚

薄萼苔属 Leptoscyphus

四川薄萼苔 Leptoscyphus sichuanensis C. Gao et Y. H. Wu

分布：四川

86. 裂叶苔科 Lophoziaceae Cavers

戈氏苔属 Gottschelia Grolle

古氏戈氏苔 Gottschelia grollei D. G. Long et Váňa

分布：云南

高山戈氏苔 Gottschelia patoniae Grolle, D. B. Schill et D. G. Long

分布：云南；印度、尼泊尔

戈氏苔 Gottschelia schizopleura (Spruce) Grolle

分布：台湾；印度尼西亚、斯里兰卡、菲律宾、巴布亚新几内亚、马达加斯加、印度尼西亚

裂叶苔属 Lophozia (Dumort.) Dumort.

倾立裂叶苔 Lophozia ascendens (Warnst.) R. M. Schust.

分布：黑龙江、吉林、内蒙古、新疆、云南、西藏；日本、朝鲜、俄罗斯(远东地区)；欧洲、北美洲

秩父裂叶苔 Lophozia chichibuensis Inoue

分布：新疆；日本、不丹

波叶裂叶苔 Lophozia cornuta (Steph.) S. Hatt.

分布：吉林、云南、西藏；日本、朝鲜、俄罗斯

暗色裂叶苔 Lophozia decolorans (Limpr.) Steph.

分布：云南；印度、尼泊尔、不丹、俄罗斯、加拿大、阿根廷、喀麦隆、坦桑尼亚、扎伊尔；欧洲

异瓣裂叶苔 Lophozia diversiloba S. Hatt.

分布：四川；不丹、日本

阔瓣裂叶苔 Lophozia excisa (Dicks.) Dumort.

分布：黑龙江、吉林、内蒙古、河北、山西、四川；世界广布

油滴裂叶苔 Lophozia guttulata (Lindb. et Arnell) A. Evans

分布：吉林；北美洲

异沟裂叶苔 Lophozia heterocolpos (Thed. ex Hartm.) Howe.

分布：黑龙江、吉林、内蒙古、陕西、新疆；喜马拉雅地区、日本、朝鲜、格陵兰岛；欧洲、北美洲

皱叶裂叶苔 Lophozia incisa (Schrad.) Dumort.

分布：黑龙江、吉林、内蒙古、陕西、甘肃、新疆、四川、重庆、云南、西藏、台湾；印度、尼泊尔、不丹、日本、朝鲜、俄罗斯、玻利维亚；欧洲、北美洲

刺瓣裂叶苔 Lophozia lacerata N. Kitag.

分布：四川、云南、西藏；日本

长齿裂叶苔 Lophozia longidens (Lindb.) Macoun

分布：吉林、陕西、四川；喜马拉雅地区、俄罗斯；欧洲、北美洲

玉山裂叶苔 Lophozia morrisoncola Horik.

分布：四川、重庆、贵州、云南、台湾；不丹、日本、俄罗斯

仲西裂叶苔 Lophozia nakanishii Inoue

分布：台湾

全缘裂叶苔 Lophozia pallida (Steph.) Grolle

分布：云南、西藏；尼泊尔、不丹

刺叶裂叶苔 Lophozia setosa (Mitt.) Steph.

分布：贵州、云南、西藏；印度、尼泊尔、不丹

双眼裂叶苔(新拟) Lophozia silvicola H. Buch

分布：贵州；俄罗斯西伯利亚和远东地区

高山裂叶苔 Lophozia sudetica (Nees ex Huebener) Grolle

分布：黑龙江、吉林、内蒙古、陕西、甘肃、云南；日本、喜马拉雅地区、俄罗斯、冰岛、格陵兰岛；欧洲、北美洲

裂叶苔 Lophozia ventricosa (Dicks.) Dumort.

分布：黑龙江、吉林、内蒙古、河北、陕西、新疆、四川；日本、朝鲜、俄罗斯；欧洲、北美洲

圆叶裂叶苔 Lophozia wenzelii (Nees) Steph.

分布：黑龙江、吉林、内蒙古、陕西、四川、云南、台湾；日本、俄罗斯；欧洲、北美洲

三裂苔属(新拟) **Trilophozia** (R. M. Schust.) Bakalin

密叶三裂苔疣叶变种(新拟) Trilophozia quinquedentata var. **asymmetrica** (Horik.) L. Söderstr. et Váňa

分布：黑龙江、吉林、内蒙古、陕西、甘肃、四川、云南；朝鲜、尼泊尔、日本、蒙古国、土耳其、俄罗斯；欧洲、北美洲

三瓣苔属 **Tritomaria** Schiffn. ex Loeske

三瓣苔 Tritomaria exsecta (Schmid. ex Schrad.) Schiffn. ex Loeske

分布：黑龙江、吉林、内蒙古、新疆、四川、云南、西藏、台湾；印度、尼泊尔、不丹、印度尼西亚、朝鲜、墨西哥；欧洲、非洲

多角胞三瓣苔 Tritomaria exsectiformis (Breidl.) Loeske

分布：黑龙江、吉林、内蒙古、陕西、甘肃、新疆；欧洲、北美洲

87. 半月苔科 Lunulariaceae H. Klinggr.

半月苔属 **Lunularia** Adans.

半月苔 Lunularia cruciata (L.) Dumort. ex Lindb.

分布：云南；北半球温带、南美洲

88. 南溪苔科 Makinoaceae Nakai

南溪苔属 **Makinoa** Miyake

南溪苔 Makinoa crispata (Steph.) Miyake

分布：辽宁、安徽、浙江、江西、湖南、贵州、云南、福建、台湾、广东、广西、香港；朝鲜、日本、菲律宾、印度尼西亚、巴布亚新几内亚

89. 地钱科 Marchantiaceae Lindl.

地钱属 **Marchantia** L.

全缘地钱 Marchantia aquatica (Nees) Burgeff

分布：云南；俄罗斯(西北部)；欧洲

楔瓣地钱 Marchantia emarginata Reinw.

分布：浙江、江西、湖南、四川、贵州、云南、福建、台湾、广东、广西、香港；印度、印度尼西亚、马来西亚、菲律宾、巴布亚新几内亚

楔瓣地钱(原亚种) Marchantia emarginata subsp. **emarginata**

分布：浙江、江西、湖南、四川、贵州、云南、福建、台湾、广东、广西、香港；印度、印度尼西亚、马来西亚、菲律宾、巴布亚新几内亚

楔瓣地钱东亚亚种 Marchantia emarginata subsp. **tosata** (Steph.) Bischl.

分布：浙江、江西、湖南、四川、云南、台湾、广东、广西、澳门；尼泊尔、印度、不丹、日本、朝鲜

台湾地钱 Marchantia formosana Horik.

分布：台湾

尼泊尔地钱 Marchantia nepalensis Lehm. et Lindenb.

分布：浙江；尼泊尔

粗裂地钱 Marchantia paleacea Bertol.

分布：中国各地均有分布；印度、尼泊尔、不丹、日本、朝鲜；欧洲、非洲、北美洲

粗裂地钱(原亚种) Marchantia paleacea subsp. **paleacea**

分布：中国各地均有分布；印度、尼泊尔、不丹、日本、朝鲜；欧洲、非洲、北美洲

粗裂地钱凤兜亚种 Marchantia paleacea subsp. **diptera** (Nees et Mont.) Inoue

分布：江苏、浙江、湖南、湖北、四川、重庆、贵州、云南、福建、台湾、广东、香港；日本、朝鲜

疣鳞地钱粗鳞亚种 Marchantia papillata subsp. **grossibarba** (Steph.) Bischl.

分布：四川、重庆、云南；不丹、印度、斯里兰卡、缅甸、泰国

地钱 Marchantia polymorpha L.

分布：中国各地均有分布；世界广布

地钱(原亚种) Marchantia polymorpha subsp. **polymorpha**

分布：中国各地均有分布；世界广布

地钱高山亚种 Marchantia polymorpha subsp. **montivagans** Bischl. et Boisselier-Dubayle

分布：云南；巴基斯坦、尼泊尔、不丹

地钱土生亚种 Marchantia polymorpha subsp. **ruderalis** Bischl. et Boisselier-Dubayle

分布：青海、云南；印度、不丹

巨雄地钱 Marchantia robusta Steph.

分布：云南；印度、斯里兰卡

拟地钱 Marchantia stoloniscyphylas (C. Gao et G. C. Zhang) Piippo

分布：云南

拳卷地钱 Marchantia subintegra Mitt.

分布：浙江、重庆、云南、西藏；尼泊尔、印度、不丹

背托苔属 **Preissia** Corda

背托苔 **Preissia quadrata** (Scop.) Nees
分布：黑龙江、吉林、青海、新疆、云南、台湾；喜马拉雅地区、日本、俄罗斯；欧洲、北美洲

90. 须苔科 Mastigophoraceae R. M. Schust.

须苔属 **Mastigophora** Nees

硬须苔 **Mastigophora diclados** (Brid.) Nees
分布：台湾、海南、香港；泰国、日本、菲律宾、印度尼西亚、巴布亚新几内亚、澳大利亚、太平洋岛屿、萨摩亚、东非群岛；中美洲、南美洲

须苔 **Mastigophora woodsii** (Hook.) Nees
分布：云南、台湾；印度、尼泊尔、不丹、日本、加拿大；欧洲

91. 寒藓科 Meesiaceae Schimp.

拟寒藓属 **Amblyodon** P. Beauv.

拟寒藓 **Amblyodon dealbatus** (Sw. ex Hedw.) Bruch et Schimp.
分布：青海、新疆；巴基斯坦；北半球温带地区、南美洲(南部)

薄囊藓属 **Leptobryum** (Bruch et Schimp.) Wilson

薄囊藓 **Leptobryum pyriforme** (Hedw.) Wilson
分布：黑龙江、吉林、内蒙古、河北、山西、山东、新疆、江苏、贵州、云南、西藏、福建、台湾、海南；世界广布

寒藓属 **Meesia** Hedw.

寒藓 **Meesia longiseta** Hedw.
分布：黑龙江、内蒙古、山西；俄罗斯；欧洲、美洲

三叶寒藓 **Meesia triquetra** (Richt.) Ångström
分布：黑龙江、吉林、内蒙古、新疆；蒙古国、俄罗斯、澳大利亚；欧洲、北美洲

钝叶寒藓 **Meesia uliginosa** Hedw.
分布：内蒙古、河北、新疆、四川；蒙古国、俄罗斯；欧洲、美洲

沼寒藓属 **Paludella** Brid.

沼寒藓 **Paludella squarrosa** (Hedw.) Brid.
分布：黑龙江、吉林、内蒙古、新疆、云南；蒙古国、俄罗斯；欧洲、非洲、北美洲、中美洲

92. 斜裂叶苔科(新拟) Mesoptychiaceae Inoue et Steere

斜裂苔属(新拟) **Mesoptychia** (Lindb. et Arnell) A. Evans

方叶斜裂苔(新拟) **Mesoptychia badensis** (Gottsche) L. Söderstr. et Váňa
分布：新疆；伊朗、土耳其、俄罗斯(远东及西伯利亚地区)

粗疣斜裂苔(新拟) **Mesoptychia igiana** (S. Hatt.) L. Söderstr. et Váňa
分布：四川、云南；日本

93. 蔓藓科 Meteoriaceae Kindb.

毛扭藓属 **Aerobryidium** M. Fleisch.

卵叶毛扭藓 **Aerobryidium aureo-nitens** (Schwägr.) Broth.
分布：浙江、江西、湖南、湖北、四川、贵州、云南、台湾；印度、斯里兰卡、缅甸、泰国

波叶毛扭藓 **Aerobryidium crispifolium** (Broth. et Geh.) M. Fleisch.
分布：贵州、云南；马来西亚、印度尼西亚、巴布亚新几内亚

毛扭藓 **Aerobryidium filamentosum** (Hook.) M. Fleisch.
分布：江西、湖北、贵州、云南、西藏、台湾；印度、不丹、斯里兰卡、缅甸、泰国、越南、老挝、马来西亚、菲律宾、印度尼西亚

灰气藓属 **Aerobryopsis** M. Fleisch.

芒叶灰气藓 **Aerobryopsis aristifolia** X. J. Li
分布：贵州、云南

异叶灰气藓 **Aerobryopsis cochlearifolia** Dixon
分布：江西、贵州、云南、台湾、广东；斯里兰卡、泰国、老挝

突尖灰气藓 **Aerobryopsis deflexa** Broth. et Paris
分布：江西、贵州；越南

膜叶灰气藓 **Aerobryopsis membranacea** (Mitt.) Broth.
分布：贵州、云南、西藏；斯里兰卡、印度、泰国

扭叶灰气藓 **Aerobryopsis parisii** (Cardot) Broth.
分布：浙江、江西、贵州、福建、台湾、广东、香港；菲律宾、日本

大灰气藓 Aerobryopsis subdivergens (Broth.) Broth.

分布：浙江、江西、湖南、湖北、重庆、贵州、云南、福建、台湾、广东、广西、海南、香港；越南、菲律宾、日本、美国(夏威夷)

大灰气藓(原亚种) Aerobryopsis subdivergens subsp. **subdivergens**

分布：浙江、江西、湖南、湖北、重庆、贵州、云南、福建、台湾、广东、广西、海南、香港；越南、菲律宾、日本、美国

大灰气藓长尖亚种 Aerobryopsis subdivergens subsp. **scariosa** (E. B. Bartram) Nog.

分布：安徽、江西、湖南、湖北、重庆、贵州、云南、西藏、福建、台湾、广东；日本、菲律宾、美国(夏威夷)

纤细灰气藓 Aerobryopsis subleptostigmata Broth. et Paris

分布：贵州、云南、广西；泰国、马来西亚、越南、印度尼西亚

灰气藓 Aerobryopsis wallichii (Brid.) M. Fleisch.

分布：江西、贵州、湖南、湖北、台湾、广东、广西、海南、香港；尼泊尔、泰国、越南、柬埔寨、斯里兰卡、印度、菲律宾、马来西亚、印度尼西亚；大洋洲

云南灰气藓 Aerobryopsis yunnanensis X. J. Li et D. C. Zhang

分布：四川、贵州、云南

悬藓属 Barbella M. Fleisch.

悬藓 Barbella compressiramea (Renauld et Cardot) M. Fleisch.

分布：贵州、云南、台湾；尼泊尔、印度、缅甸、菲律宾

纤细悬藓 Barbella convolvens (Mitt.) Broth.

分布：贵州、云南、香港；斯里兰卡、印度、老挝、泰国、菲律宾、马来西亚、印度尼西亚

狭叶悬藓 Barbella linearifolia S. H. Lin

分布：江西、湖北、重庆、贵州、台湾、香港

刺叶悬藓 Barbella spiculata (Mitt.) Broth.

分布：江西、贵州、云南、广西；越南、尼泊尔、印度、斯里兰卡

斯氏悬藓 Barbella stevensii (Renauld et Cardot) M. Fleisch.

分布：贵州、云南；尼泊尔、印度、缅甸、泰国、越南

肿枝悬藓 Barbella turgida Nog.

分布：台湾；尼泊尔

拟悬藓属 Barbellopsis Broth.

拟悬藓 Barbellopsis trichophora (Mont.) W. R. Buck

分布：安徽、浙江、湖南、四川、贵州、云南、西藏、福建、台湾、广东；印度、斯里兰卡、印度尼西亚、泰国、菲律宾、日本、巴布亚新几内亚、澳大利亚

垂藓属 Chrysocladium M. Fleisch.

垂藓 Chrysocladium retrorsum (Mitt.) M. Fleisch.

分布：浙江、江西、湖南、四川、重庆、贵州、云南、西藏、福建、台湾、广东、广西；印度、斯里兰卡、越南、日本

隐松萝藓属 Cryptopapillaria Menzel

细尖隐松萝藓 Cryptopapillaria chrysoclada (Müll. Hal.) M. Menzel

分布：江西、西藏；印度、斯里兰卡、缅甸、泰国

扭尖隐松萝藓 Cryptopapillaria feae (M. Fleisch.) Menzel

分布：江西、贵州、云南、海南；不丹、缅甸、印度、泰国、越南

隐松萝藓 Cryptopapillaria fuscescens (Hook.) Menzel

分布：安徽、江西、贵州、云南；不丹、缅甸、泰国、越南、柬埔寨、印度、斯里兰卡、印度尼西亚、菲律宾、巴布亚新几内亚

异节藓属 Diaphanodon Renauld et Cardot

异节藓 Diaphanodon blandus (Harv.) Renauld et Cardot

分布：四川、重庆、贵州、云南、西藏；尼泊尔、不丹、缅甸、印度、斯里兰卡、印度尼西亚、泰国、越南、巴布亚新几内亚

绿锯藓属 Duthiella Müll. Hal. ex Broth.

斜枝绿锯藓 Duthiella declinata (Mitt.) Zanten

分布：四川、重庆、贵州、云南；尼泊尔、菲律宾

软枝绿锯藓 Duthiella flaccida (Cardot) Broth.

分布：甘肃、浙江、湖南、四川、重庆、贵州、云南、台湾、广西；日本、印度、越南、菲律宾、巴布亚新几内亚

台湾绿锯藓 Duthiella formosana Nog.

分布：四川、贵州、云南、西藏、台湾；日本

美绿锯藓 Duthiella speciosissima Broth. ex Cardot

分布：河南、甘肃、安徽、江西、湖南、湖北、重庆、贵州、广东；日本

绿锯藓 Duthiella wallichii (Mitt.) Broth.

分布：江西、湖南、贵州、云南、台湾、海南、香港；尼泊尔、印度、印度尼西亚、泰国、越南、马来西亚、菲律

宾、日本

丝带藓属 **Floribundaria** M. Fleisch.

丝带藓 **Floribundaria floribunda** (Dozy et Molk.) M. Fleisch.
分布：江西、湖北、四川、重庆、贵州、云南、台湾、香港；斯里兰卡、印度、尼泊尔、不丹、缅甸、越南、柬埔寨、泰国、印度尼西亚、马来西亚、菲律宾、日本、巴布亚新几内亚、澳大利亚、瓦努阿图、美国(夏威夷)；非洲

中型丝带藓 **Floribundaria intermedia** Thér.
分布：贵州、云南、西藏；马来西亚、印度尼西亚、菲律宾

假丝带藓 **Floribundaria pseudofloribunda** M. Fleisch.
分布：重庆、贵州、台湾、广西；泰国、老挝、印度、印度尼西亚、马来西亚、菲律宾、巴布亚新几内亚

四川丝带藓 **Floribundaria setschwanica** Broth.
分布：江西、四川、贵州、云南、台湾；尼泊尔、不丹、印度

疏叶丝带藓 **Floribundaria walkeri** (Renauld et Cardot) Broth.
分布：湖北、贵州、云南、西藏、台湾、广西；斯里兰卡、印度、尼泊尔、老挝、菲律宾

粗蔓藓属 **Meteoriopsis** M. Fleisch.

反叶粗蔓藓 **Meteoriopsis reclinata** (Müll. Hal.) M. Fleisch.
分布：浙江、江西、湖北、四川、重庆、贵州、云南、西藏、福建、台湾、广东；尼泊尔、不丹、印度、斯里兰卡、缅甸、泰国、越南、老挝、马来西亚、印度尼西亚、菲律宾、日本；大洋洲

粗蔓藓 **Meteoriopsis squarrosa** (Hook. ex Harv.) M. Fleisch.
分布：江西、重庆、贵州、云南、台湾；尼泊尔、不丹、印度、斯里兰卡、缅甸、泰国、越南、老挝、菲律宾、印度尼西亚

波叶粗蔓藓 **Meteoriopsis undulate** Horik. et Nog.
分布：台湾、广西；日本

蔓藓属 **Meteorium** Dozy et Molk.

东亚蔓藓 **Meteorium atrovariegatum** Cardot et Thér.
分布：河南、安徽、浙江、湖南、四川、重庆、贵州、台湾；日本

川滇蔓藓 **Meteorium buchananii** (Brid.) Broth.
分布：山东、陕西、甘肃、江苏、浙江、江西、湖南、湖北、四川、贵州、云南、西藏、广东；日本、朝鲜、尼泊尔、不丹、印度、泰国、越南

兜叶蔓藓 **Meteorium cucullatum** S. H. Lin et S. H. Wu
分布：贵州、台湾、广西

疣突蔓藓 **Meteorium elatipapilla** J. X. Lou
分布：湖南、四川、贵州

细枝蔓藓 **Meteorium papillarioides** Nog.
分布：安徽、浙江、江西、湖南、湖北、重庆、贵州、云南、西藏、福建、广西；日本

蔓藓 **Meteorium polytrichum** Dozy et Molk.
分布：安徽、浙江、江西、重庆、贵州、福建、台湾；泰国、越南、斯里兰卡、印度、印度尼西亚、菲律宾、巴布亚新几内亚、澳大利亚

粗枝蔓藓 **Meteorium subpolytrichum** (Besch.) Broth.
分布：江苏、浙江、江西、湖南、重庆、贵州、云南、西藏、台湾、广西、香港；尼泊尔、不丹、越南、菲律宾、日本

新丝藓属 **Neodicladiella** (Nog.) W. R. Buck

鞭枝新丝藓 **Neodicladiella flagellifera** (Cardot) Huttunen et D. Quandt.
分布：浙江、江西、湖南、湖北、重庆、贵州、台湾、广东、广西、香港；日本、缅甸、越南、泰国、印度、斯里兰卡、印度尼西亚、菲律宾

新丝藓 **Neodicladiella pendula** (Sull.) W. R. Buck
分布：甘肃、安徽、浙江、江西、湖南、湖北、四川、重庆、贵州、云南、西藏、台湾、广西；斯里兰卡、日本、墨西哥；北美洲

耳蔓藓属 **Neonoguchia** S. H. Lin

耳蔓藓 **Neonoguchia auriculata** (Copp. ex Thér.) S. H. Lin
分布：贵州、云南、台湾、广西

松萝藓属 **Papillaria** (Müll. Hal.) Müll. Hal.

心叶松萝藓 **Papillaria cordatifolia** J. X. Luo
分布：西藏

曲茎松萝藓 **Papillaria flexicaulis** (Wilson) A. Jaeger
分布：贵州、台湾；印度、斯里兰卡、菲律宾、印度尼西亚；大洋洲、南美洲

台湾松萝藓 **Papillaria torquata** (C. K. Wang et S. H. Lin) S. H. Lin
分布：台湾

假悬藓属 **Pseudobarbella** Nog.

短尖假悬藓 **Pseudobarbella attenuata** (Thwaites et Mitt.) Nog.
分布：江苏、浙江、江西、湖北、重庆、贵州、云南、台

湾、香港；越南、泰国、斯里兰卡、印度尼西亚、马来西亚、菲律宾、日本

波叶假悬藓 **Pseudobarbella laosiensis** (Broth. et Paris) Nog.

分布：江西、贵州、福建、台湾、海南；印度尼西亚、老挝、日本

假悬藓 **Pseudobarbella levieri** (Renauld et Cardot) Nog.

分布：浙江、江西、重庆、贵州、云南、福建、海南、香港；印度、泰国、日本

芽胞假悬藓 **Pseudobarbella propagulifera** Nog.

分布：重庆、贵州、台湾

拟木毛藓属 **Pseudospiridentopsis** (Broth.) M. Fleisch.

拟木毛藓 **Pseudospiridentopsis horrida** (Cardot) M. Fleisch.

分布：上海、浙江、江西、湖南、贵州、云南、西藏、福建、台湾、广西；不丹、尼泊尔、印度、越南、日本（南部岛屿)、菲律宾

多疣藓属 **Sinskea** W. R. Buck

小多疣藓 **Sinskea flammea** (Mitt.) W. R. Buck

分布：四川、重庆、贵州、云南、台湾、广东、广西；尼泊尔、不丹、印度、泰国、老挝、越南

多疣藓 **Sinskea phaea** (Mitt.) W. R. Buck

分布：四川、重庆、贵州、云南、台湾；尼泊尔、印度、印度尼西亚、澳大利亚

反叶藓属 **Toloxis** W. R. Buck

扭叶反叶藓 **Toloxis semitorta** (Müll. Hal.) W. R. Buck

分布：江西、湖南、重庆、贵州、云南、西藏、福建、台湾、广东、广西；不丹、越南、缅甸、泰国、斯里兰卡、印度尼西亚、菲律宾

细带藓属 **Trachycladiella** (M. Fleisch.) Menzel

细带藓 **Trachycladiella aurea** (Mitt.) Menzel

分布：四川、重庆、贵州、云南、福建、台湾、广西、浙江、江西；老挝、越南、日本、尼泊尔、不丹、缅甸、印度尼西亚、菲律宾

散生细带藓 **Trachycladiella sparsa** (Mitt.) Menzel

分布：江西、四川、重庆、贵州、云南、西藏、福建、台湾；尼泊尔、不丹、印度、缅甸、斯里兰卡、泰国、印度尼西亚、老挝、巴布亚新几内亚

拟扭叶藓属 **Trachypodopsis** M. Fleisch.

大耳拟扭叶藓 **Trachypodopsis auriculata** (Mitt.) M. Fleisch.

分布：贵州、云南、西藏、台湾、广西、海南；印度、斯里兰卡、越南、美国(夏威夷)

台湾拟扭叶藓 **Trachypodopsis formosana** Nog.

分布：湖北、重庆、贵州、云南、西藏、台湾、广西；越南

疏耳拟扭叶藓 **Trachypodopsis laxoalaris** Broth.

分布：安徽；非洲

拟扭叶藓卷叶变种 **Trachypodopsis serrulata** var. **crispatula** (Hook.) Zanten

分布：河南、甘肃、湖北、四川、重庆、贵州、云南、西藏、台湾、广东；印度、尼泊尔、不丹、缅甸、泰国、老挝、菲律宾、印度尼西亚、墨西哥、危地马拉

拟扭叶藓短胞变种 **Trachypodopsis serrulata** var. **guilbertii** (Thér. et P. de la Varde) Zanten

分布：云南；柬埔寨

扭叶藓属 **Trachypus** Reinw. et Hornsch.

扭叶藓 **Trachypus bicolor** Reinw. et Hornsch.

分布：甘肃、安徽、江西、湖南、湖北、四川、重庆、贵州、云南、西藏；印度、斯里兰卡、日本、缅甸、泰国、越南、印度尼西亚、菲律宾、巴布亚新几内亚、巴西

小扭叶藓 **Trachypus humilis** Lindb.

分布：陕西、安徽、浙江、江西、湖南、湖北、四川、重庆、贵州、云南、西藏、福建、台湾、广西、香港；朝鲜、日本、印度、斯里兰卡、缅甸、泰国、越南、柬埔寨、印度尼西亚、菲律宾、巴布亚新几内亚、新喀里多尼亚、美国(夏威夷)、澳大利亚

小扭叶藓(原变种) **Trachypus humilis** var. **humilis**

分布：陕西、浙江、江西、湖南、湖北、四川、重庆、贵州、云南、福建、台湾、广西、香港；朝鲜、日本、印度、斯里兰卡、缅甸、泰国、越南、柬埔寨、印度尼西亚、菲律宾、巴布亚新几内亚、新喀里多尼亚、美国(夏威夷)、澳大利亚

小扭叶藓细叶变种 **Trachypus humilis** var. **tenerrimus** (Herzog) Zanten

分布：安徽、浙江、江西、贵州、西藏；印度、斯里兰卡、美国(夏威夷)

长叶扭叶藓 **Trachypus longifolius** Nog.

分布：湖北、重庆、贵州、云南、台湾、广西

94. 叉苔科 Metzgeriaceae H. Klinggr.

毛叉苔属 **Apometzgeria** Kuwah.

毛叉苔 **Apometzgeria pubescens** (Schrank.) Kuwah.

分布：黑龙江、吉林、辽宁、内蒙古、陕西、甘肃、新疆、湖北、四川、云南、福建、台湾；不丹、日本、朝鲜、克什米尔地区；欧洲、北美洲

叉苔属 **Metzgeria** Raddi

平叉苔 **Metzgeria conjugata** Lindb.

分布：黑龙江、吉林、内蒙古、山东、甘肃、上海、浙江、江西、湖南、湖北、重庆、贵州、云南、福建、台湾、香港；印度、尼泊尔、日本、朝鲜、俄罗斯；欧洲、大洋洲、北美洲、南美洲

狭尖叉苔 **Metzgeria consanguinea** Schiffn.

分布：浙江、四川、重庆、贵州、云南、台湾、广西、香港；不丹、印度、尼泊尔、斯里兰卡、越南、印度尼西亚、菲律宾、朝鲜、日本、巴布亚新几内亚；非洲

背胞叉苔 **Metzgeria crassipilis** (Lindb.) A. Evans

分布：四川、云南；印度尼西亚、印度、斯里兰卡、日本

蓝叉苔 **Metzgeria darjeelinguinea** Schiffn.

分布：贵州；印度

细肋叉苔 **Metzgeria duricosta** Steph.

分布：黑龙江、吉林、四川；日本、朝鲜

背毛叉苔 **Metzgeria foliicola** Schiffn.

分布：湖南、台湾；巴布亚新几内亚、印度尼西亚、瓦努阿图

台湾叉苔 **Metzgeria formosana** Masuzaki

分布：台湾；北美洲

大叉苔 **Metzgeria fruticulosa** (Dicks.) A. Evans

分布：湖南、贵州、台湾；巴西、玻利维亚

叉苔 **Metzgeria furcata** (L.) Dumort.

分布：黑龙江、吉林、辽宁、内蒙古、陕西、安徽、浙江、江西、湖南、四川、重庆、贵州、云南、福建、台湾、广东、广西、香港；朝鲜、不丹、日本、蒙古国、越南、俄罗斯、印度尼西亚、菲律宾、澳大利亚、新西兰、东非群岛、巴西；北美洲

二歧叉苔 **Metzgeria kinabaluensis** (Kuwah.) Masuzaki

分布：河北、四川、重庆、云南、西藏、台湾；菲律宾、尼泊尔

钩毛叉苔 **Metzgeria leptoneura** Spruce

分布：黑龙江、吉林、陕西、安徽、浙江、江西、四川、云南、西藏、台湾；尼泊尔、印度、不丹、斯里兰卡、泰国、马来西亚、印度尼西亚、菲律宾、日本、朝鲜、巴布亚新几内亚、澳大利亚、新西兰、玻利维亚；欧洲

林氏叉苔 **Metzgeria lindbergii** Schiffn.

分布：安徽、浙江、江西、四川、云南、福建、台湾；尼泊尔、不丹、斯里兰卡、马来西亚、印度尼西亚、菲律宾、日本、朝鲜、澳大利亚

长叉苔 **Metzgeria mauina** Steph.

分布：贵州；美国

95. 提灯藓科 Mniaceae Schwägr.

北灯藓属 **Cinclidium** Sw.

极地北灯藓 **Cinclidium arcticum** (Bruch et Schimp.) Schimp.

分布：吉林、新疆；蒙古国、俄罗斯(东部)；欧洲、北美洲

北灯藓 **Cinclidium stygium** Sw.

分布：吉林、新疆、云南；俄罗斯、智利；欧洲、北美洲

曲灯藓属 **Cyrtomnium** Holmen

蕨叶曲灯藓 **Cyrtomnium hymenophylloides** (Huebener) T. J. Kop.

分布：甘肃、新疆；俄罗斯；北美洲

小叶藓属 **Epipterygium** Lindb.

小叶藓 **Epipterygium tozeri** (Grev.) Lindb.

分布：陕西、甘肃、浙江、湖南、四川、重庆、贵州、云南、西藏、福建、台湾、广东；伊朗、印度、印度尼西亚、日本、朝鲜；欧洲、非洲(北部)、北美洲

缺齿藓属 **Mielichhoferia** Nees et Hornsch.

喜马拉雅缺齿藓 **Mielichhoferia himalayana** Mitt.

分布：西藏；巴基斯坦、喜马拉雅西部温暖地区

日本缺齿藓 **Mielichhoferia japonica** Besch.

分布：台湾；日本、俄罗斯

缺齿藓 **Mielichhoferia mielichhoferi** (Funck) Loeske

分布：宁夏、新疆、西藏；俄罗斯；亚洲、欧洲(中北部)、北美洲

中华缺齿藓 **Mielichhoferia sinensis** Dixon

分布：甘肃、贵州、云南、西藏；尼泊尔

提灯藓属 **Mnium** Hedw.

变色提灯藓 **Mnium blyttii** Bruch et Schimp.

分布：内蒙古；俄罗斯；欧洲

异叶提灯藓 Mnium heterophyllum (Hook.) Schwägr.

分布：黑龙江、吉林、内蒙古、河北、陕西、宁夏、甘肃、江苏、浙江、江西、四川、贵州、西藏、台湾；巴基斯坦、印度、尼泊尔、不丹、日本、朝鲜、俄罗斯；欧洲、北美洲

提灯藓 Mnium hornum Hedw.

分布：陕西、四川、重庆、贵州、广西；日本、俄罗斯；欧洲、非洲(北部)、北美洲

平肋提灯藓 Mnium laevinerve Cardot

分布：中国各地均有分布；巴基斯坦、印度、不丹、菲律宾、朝鲜、日本、俄罗斯

长叶提灯藓 Mnium lycopodioiodes Schwägr.

分布：黑龙江、吉林、辽宁、内蒙古、河北、山西、山东、河南、陕西、甘肃、新疆、安徽、江西、湖北、四川、重庆、贵州、云南、西藏、福建、台湾、广西；巴基斯坦、阿富汗、尼泊尔、越南、日本、巴布亚新几内亚；欧洲、北美洲

具缘提灯藓 Mnium marginatum (With.) P. Beauv.

分布：内蒙古、河北、山西、山东、陕西、宁夏、甘肃、青海、新疆、安徽、浙江、江西、湖北、四川、贵州、西藏、台湾；巴基斯坦、蒙古国、阿富汗、印度、中亚地区、俄罗斯；欧洲、非洲、大洋洲、北美洲(北部)、中美洲

刺叶提灯藓 Mnium spinosum (Voit) Schwägr.

分布：黑龙江、吉林、内蒙古、河北、山西、陕西、宁夏、甘肃、青海、新疆、浙江、湖北、四川、贵州、云南；蒙古国、印度、朝鲜、日本、俄罗斯；中亚、欧洲、北美洲

小刺叶提灯藓 Mnium spinulosum Bruch et Schimp.

分布：吉林、河北、新疆、贵州；中亚、日本、俄罗斯；欧洲、北美洲

硬叶提灯藓 Mnium stellare Hedw.

分布：吉林、内蒙古、河北、山东、新疆；巴基斯坦、中亚、印度、日本、朝鲜；欧洲、非洲(北部)、北美洲

偏叶提灯藓 Mnium thomsonii Schimp.

分布：黑龙江、吉林、辽宁、内蒙古、河北、山东、河南、陕西、宁夏、甘肃、青海、新疆、安徽、浙江、江西、湖南、湖北、四川、贵州、云南、西藏、福建、台湾、广西；中亚、蒙古国、尼泊尔、印度、不丹、日本、朝鲜、俄罗斯；非洲(北部)、北美洲

立灯藓属 Orthomnion Wilson

南亚立灯藓 Orthomnion bryoides (Griff.) Nork.

分布：湖南、湖北、四川、云南、西藏；印度、尼泊尔、不丹、缅甸、老挝、越南、泰国

柔叶立灯藓 Orthomnion dilatatum (Mitt.) P. C. Chen

分布：陕西、安徽、浙江、湖南、湖北、四川、重庆、贵州、云南、西藏、福建、台湾、广东、海南；印度、尼泊尔、斯里兰卡、缅甸、越南、马来西亚、印度尼西亚、菲律宾、日本

挺枝立灯藓 Orthomnion handelii (Broth.) T. J. Kop.

分布：内蒙古、山西、陕西、新疆、浙江、四川、重庆、云南、西藏

隐缘立灯藓 Orthomnion loheri Broth.

分布：安徽、浙江、四川、云南、台湾、香港；菲律宾、日本、巴布亚新几内亚

裸帽立灯藓 Orthomnion nudum E. B. Bartram

分布：湖南、四川、重庆、贵州、云南、西藏

毛枝立灯藓 Orthomnion piliferum T. J. Kop.

分布：四川、台湾

云南立灯藓 Orthomnion yunnanense T. J. Kop.

分布：湖北、云南、西藏

匐灯藓属 Plagiomnium T. J. Kop.

尖叶匐灯藓 Plagiomnium acutum (Lindb.) T. J. Kop.

分布：广布于南北各地；中亚、蒙古国、印度、尼泊尔、不丹、缅甸、老挝、越南、柬埔寨、朝鲜、日本、俄罗斯

皱叶匐灯藓 Plagiomnium arbusculum (Müll. Hal.) T. J. Kop.

分布：黑龙江、吉林、辽宁、河北、山西、山东、河南、陕西、宁夏、甘肃、青海、浙江、四川、重庆、贵州、云南、西藏、海南；尼泊尔、不丹、印度

密集匐灯藓 Plagiomnium confertidens (Lindb. et H. Arnell) T. J. Kop.

分布：黑龙江、吉林、辽宁、内蒙古、河北、陕西、甘肃、青海、湖南、四川、重庆、贵州、云南、台湾；不丹、蒙古国、朝鲜、日本、俄罗斯；欧洲

匐灯藓 Plagiomnium cuspidatum (Hedw.) T. J. Kop.

分布：黑龙江、吉林、辽宁、内蒙古、山西、山东、甘肃、新疆、江苏、上海、浙江、江西、湖南、湖北、四川、重庆、贵州、云南、西藏、香港；巴基斯坦、不丹、朝鲜、蒙古国、泰国、西亚、印度、日本、俄罗斯、古巴；欧洲、非洲、北美洲

粗齿匐灯藓 Plagiomnium drummondii (Bruch et Schimp.) T. J. Kop.

分布：黑龙江、吉林、内蒙古、河北、陕西、甘肃、安徽、江苏、浙江、湖北、四川、贵州、西藏；俄罗斯；欧洲、

北美洲

无边匐灯藓 Plagiomnium elimbatum (M. Fleisch.) T. J. Kop.

分布：云南；印度、印度尼西亚

阔边匐灯藓 Plagiomnium ellipticum (Brid.) T. J. Kop.

分布：黑龙江、吉林、辽宁、内蒙古、河北、山东、陕西、甘肃、新疆、四川、贵州、云南；蒙古国、日本、俄罗斯、智利、南非；中亚、北美洲

全缘匐灯藓 Plagiomnium integrum (Bosch et Sande Lac.) T. J. Kop.

分布：黑龙江、吉林、河北、山西、山东、陕西、甘肃、新疆、安徽、浙江、湖南、四川、重庆、贵州、云南、西藏、福建、台湾；印度、尼泊尔、不丹、缅甸、泰国、老挝、马来西亚、印度尼西亚、菲律宾

日本匐灯藓 Plagiomnium japonicum (Lindb.) T. J. Kop.

分布：黑龙江、吉林、辽宁、河北、山东、陕西、甘肃、安徽、上海、浙江、江西、湖南、湖北、四川、重庆、贵州、云南、西藏、福建、台湾；印度、尼泊尔、朝鲜、日本、俄罗斯

侧枝匐灯藓 Plagiomnium maximoviczii (Lindb.) T. J. Kop.

分布：黑龙江、吉林、内蒙古、河北、山西、河南、陕西、甘肃、安徽、江苏、浙江、江西、湖南、湖北、四川、重庆、贵州、云南、西藏、福建、台湾、广东、广西；泰国、巴基斯坦、印度、朝鲜、日本、俄罗斯

多蒴匐灯藓 Plagiomnium medium (Bruch et Schimp.) T. J. Kop.

分布：黑龙江、吉林、内蒙古、山西、山东、陕西、新疆、安徽、江苏、江西、湖北、贵州、云南、西藏；蒙古国、巴基斯坦、印度、不丹、日本、朝鲜、俄罗斯；欧洲、非洲(北部)、北美洲、中美洲

具喙匐灯藓 Plagiomnium rhynchophorum (Hook.) T. J. Kop.

分布：山东、陕西、江苏、江西、湖南、湖北、四川、重庆、贵州、云南、西藏、台湾、广东、海南；印度、不丹、尼泊尔、斯里兰卡、缅甸、泰国、越南、马来西亚、印度尼西亚、菲律宾；非洲、大洋洲、北美洲、南美洲

钝叶匐灯藓 Plagiomnium rostratum (Schrad.) T. J. Kop.

分布：黑龙江、吉林、辽宁、内蒙古、河北、北京、山西、山东、河南、陕西、宁夏、甘肃、青海、新疆、安徽、江苏、上海、浙江、江西、湖南、湖北、四川、重庆、贵州、云南、西藏、福建、台湾、广东；巴基斯坦、阿富汗、印度、缅甸、老挝、越南、俄罗斯、澳大利亚、智利；欧洲、非洲(北部)、北美洲、中美洲

大叶匐灯藓 Plagiomnium succulentum (Mitt.) T. J. Kop.

分布：山西、山东、河南、陕西、甘肃、安徽、江苏、浙江、江西、湖南、湖北、四川、重庆、贵州、云南、西藏、福建、台湾、广东、广西、海南、香港；印度、尼泊尔、不丹、缅甸、泰国、越南、柬埔寨、马来西亚、新加坡、印度尼西亚、菲律宾、朝鲜、日本、巴布亚新几内亚、瓦努阿图

毛齿匐灯藓 Plagiomnium tezukae (Sakurai) T. J. Kop.

分布：吉林、陕西、甘肃、新疆、四川、云南、西藏、台湾；日本、朝鲜

瘤柄匐灯藓 Plagiomnium venustum (Mitt.) T. J. Kop.

分布：黑龙江、吉林、辽宁、内蒙古、山西、河南、陕西、甘肃、新疆、安徽、上海、浙江、江西、湖南、湖北、四川、贵州、云南、西藏；北美洲

圆叶匐灯藓 Plagiomnium vesicatum (Besch.) T. J. Kop.

分布：黑龙江、吉林、辽宁、内蒙古、河北、山西、山东、河南、陕西、甘肃、新疆、安徽、江苏、浙江、江西、湖南、湖北、四川、重庆、贵州、云南、福建、台湾、广东、香港、澳门；日本、朝鲜、俄罗斯；欧洲

吴氏匐灯藓(新拟) Plagiomnium wui (T. J. Kop.) Y.-J. Yi et S. He

分布：湖北、云南；日本、哈萨克斯坦、俄罗斯

丝瓜藓属 Pohlia Hedw.

天命丝瓜藓 Pohlia annotina (Hedw.) Lindb.

分布：黑龙江、吉林、辽宁、上海、贵州、西藏；欧洲、美洲

红蒴丝瓜藓 Pohlia atrothecia (Müll. Hal.) Broth.

分布：陕西

糙枝丝瓜藓 Pohlia camptotrachela (Renauld et Cardot) Broth.

分布：吉林、陕西、新疆、贵州、西藏、香港；尼泊尔、日本、朝鲜、俄罗斯、巴西；欧洲、非洲(北部)、北美洲

贵州丝瓜藓 Pohlia cavaleriei (Cardot et Thér.) Redf. et B. C. Tan

分布：贵州

泛生丝瓜藓 Pohlia cruda (Hedw.) Lindb.

分布：黑龙江、吉林、辽宁、内蒙古、河北、山西、山东、河南、陕西、甘肃、新疆、安徽、江苏、浙江、湖北、四川、贵州、云南、西藏、台湾、广东；世界广布

小丝瓜藓 Pohlia crudoides (Sull. et Lesq.) Broth.

分布：吉林、山东、青海、新疆、四川、重庆、云南、福建、台湾；日本；北半球

小丝瓜藓(原变种) Pohlia crudoides var. **crudoides**

分布：吉林、山东、青海、新疆、四川、重庆、云南、台湾；北半球

小丝瓜藓狭叶变种 Pohlia crudoides var. **revolvens** (Cardot) Ochi

分布：福建、台湾；日本

林地丝瓜藓 Pohlia drummondii (Müll. Hal.) A. L. Andrews

分布：吉林、辽宁、北京、湖南、四川、云南；欧洲、北美洲、南美洲

丝瓜藓 Pohlia elongata Hedw.

分布：黑龙江、吉林、内蒙古、河北、山西、山东、陕西、甘肃、青海、新疆、安徽、上海、江西、湖北、四川、重庆、贵州、云南、西藏、福建、台湾、广西、香港；巴基斯坦、不丹、印度尼西亚、日本、巴布亚新几内亚、巴西、坦桑尼亚；欧洲、北美洲

疣齿丝瓜藓 Pohlia flexuosa Harv.

分布：辽宁、山东、宁夏、新疆、安徽、江苏、浙江、江西、湖南、四川、重庆、贵州、云南、西藏、福建、台湾、广东、广西；马来西亚、印度尼西亚、菲律宾、日本、巴布亚新几内亚、秘鲁；东南亚

南亚丝瓜藓 Pohlia gedeana (Bosch et Sande Lac.) Gangulee

分布：宁夏、贵州、云南、台湾；南亚地区

纤细丝瓜藓 Pohlia graciliformis (Cardot et Thér.) P. C. Chen ex Redf. et B. C. Tan

分布：贵州

纤毛丝瓜藓 Pohlia hisae T. J. Kop. et J. S. Lou

分布：四川、云南、西藏

明齿丝瓜藓 Pohlia hyaloperistoma D. C. Zhang

分布：吉林、陕西、新疆、贵州、云南、西藏

美丝瓜藓 Pohlia lescuriana (Sull.) Ochi

分布：吉林、江苏、浙江、贵州、西藏；日本、俄罗斯；欧洲、北美洲

异芽丝瓜藓 Pohlia leucostoma (Bosch et Sande Lac.) M. Fleisch.

分布：吉林、辽宁、河北、河南、山东、湖南、湖北、四川、贵州、云南、西藏、台湾、广西；尼泊尔、印度、印度尼西亚、日本、美国(夏威夷)

拟长蒴丝瓜藓 Pohlia longicolla (Hedw.) Lindb.

分布：黑龙江、吉林、辽宁、内蒙古、山东、陕西、四川、贵州、云南、西藏、台湾；巴基斯坦、不丹、日本、俄罗斯、秘鲁；欧洲、北美洲

勒氏丝瓜藓 Pohlia ludwigii (Schwägr.) Broth.

分布：河南、重庆、贵州、云南、西藏；日本、俄罗斯、秘鲁；北美洲

念珠丝瓜藓 Pohlia lutescens (Limpr.) Lindb.

分布：内蒙古、陕西、四川、云南、西藏；欧洲

疏叶丝瓜藓 Pohlia macrocarpa D. C. Zhang

分布：四川、贵州、云南、西藏

多态丝瓜藓 Pohlia minor Schleich. ex Schwägr.

分布：黑龙江、吉林、辽宁、内蒙古、陕西、青海、新疆、上海、四川、贵州、云南、西藏；巴基斯坦、印度、日本；欧洲

黄丝瓜藓 Pohlia nutans (Hedw.) Lindb.

分布：吉林、辽宁、内蒙古、陕西、甘肃、新疆、上海、浙江、四川、贵州、云南、西藏、台湾、广东；世界广布

粗枝丝瓜藓 Pohlia oerstediana (Müll. Hal.) A. J. Shaw

分布：云南、西藏；危地马拉、哥斯达黎加、印度、墨西哥

直蒴丝瓜藓 Pohlia orthocarpula (Müll. Hal.) Broth.

分布：陕西

卵蒴丝瓜藓 Pohlia proligera (Kindb.) Lindb. ex Arnell

分布：黑龙江、吉林、辽宁、内蒙古、山东、陕西、新疆、安徽、江苏、上海、浙江、江西、湖南、四川、重庆、贵州、云南、福建、广东、广西、香港；俄罗斯；北美洲

大丝瓜藓 Pohlia sphagnicola (Bruch et Schimp.) Broth.

分布：黑龙江、吉林、辽宁、内蒙古、山东；俄罗斯；欧洲、北美洲

大坪丝瓜藓 Pohlia tapintzensis (Besch.) Redf. et B. C. Tan

分布：贵州、云南、广西

狭叶丝瓜藓 Pohlia timmioides (Broth.) P. C. Chen ex Redf. et B. C. Tan

分布：云南、贵州

白色丝瓜藓 Pohlia wahlenbergii (F. Weber et D. Mohr) A. L. Andrews

分布：陕西、新疆、四川、贵州、云南、西藏、台湾、澳门；巴基斯坦、秘鲁、智利；亚洲、欧洲、非洲、大洋洲、北美洲

云南丝瓜藓 Pohlia yunnanensis (Besch.) Broth.

分布：云南

拟真藓属 **Pseudobryum** (Kindb.) T. J. Kop.

拟真藓 **Pseudobryum cinclidioides** (Huebener) T. J. Kop.
分布：黑龙江、辽宁、内蒙古、山东；蒙古国、印度、日本、俄罗斯；欧洲、北美洲

拟丝瓜藓属 **Pseudopohlia** R. S. Williams

拟丝瓜藓 **Pseudopohlia microstoma** (Harv.) Mizush.
分布：贵州、云南、西藏；菲律宾；非洲

毛灯藓属 **Rhizomnium** (Mitt. ex Broth.) T. J. Kop.

纤细毛灯藓 **Rhizomnium gracile** T. J. Kop.
分布：河北；亚洲(东北部)、欧洲、北美洲

扇叶毛灯藓 **Rhizomnium hattorii** T. J. Kop.
分布：江西、四川、贵州、云南、广西；朝鲜、日本

薄边毛灯藓 **Rhizomnium horikawae** (Nog.) T. J. Kop.
分布：四川、贵州、云南、西藏、台湾；印度、尼泊尔

大叶毛灯藓 **Rhizomnium magnifolium** (Horik.) T. J. Kop.
分布：黑龙江、吉林、陕西、甘肃、四川、云南、西藏、福建、台湾；印度、尼泊尔、朝鲜、日本、俄罗斯；欧洲、北美洲

圆叶毛灯藓 **Rhizomnium nudum** (E. Britton et R. S. Williams) T. J. Kop.
分布：云南、西藏；日本、俄罗斯；北美洲

小毛灯藓 **Rhizomnium parvulum** (Mitt.) T. J. Kop.
分布：陕西、江苏、湖北、重庆、贵州、云南、台湾；印度、日本、俄罗斯

拟毛灯藓 **Rhizomnium pseudopunctatum** (Bruch et Schimp.) T. J. Kop.
分布：吉林、辽宁、新疆、浙江、四川、贵州、台湾；俄罗斯；欧洲、北美洲

毛灯藓 **Rhizomnium punctatum** (Hedw.) T. J. Kop.
分布：黑龙江、吉林、辽宁、内蒙古、河南、陕西、宁夏、安徽、湖北、四川、贵州、云南、西藏、台湾；印度、克什米尔地区、朝鲜、日本、俄罗斯；欧洲、非洲(北部)、北美洲

细枝毛灯藓 **Rhizomnium striatulum** (Mitt.) T. J. Kop.
分布：黑龙江、吉林、辽宁、甘肃、安徽、湖南、重庆、贵州、云南、西藏、台湾；印度、朝鲜、日本、俄罗斯

具丝毛灯藓 **Rhizomnium tuomikoskii** T. J. Kop.
分布：甘肃、浙江、四川、重庆、贵州、云南、西藏、台湾、广西；日本

合齿藓属 **Synthetodontium** Cardot

昆仑合齿藓 **Synthetodontium kunlunense** J. C. Zhao et Y. Y. Liu
分布：新疆

疣灯藓属 **Trachycystis** Lindb.

鞭枝疣灯藓 **Trachycystis flagellaris** (Sull. et Lesq.) Lindb.
分布：黑龙江、吉林、辽宁、湖北、四川、重庆、贵州；朝鲜、日本、俄罗斯、美国

疣灯藓 **Trachycystis microphylla** (Dozy et Molk.) Lindb.
分布：黑龙江、吉林、辽宁、河北、山东、河南、陕西、新疆、安徽、江苏、上海、浙江、江西、湖南、湖北、四川、重庆、贵州、云南、福建、台湾、广东、广西、香港；朝鲜、日本、俄罗斯

树形疣灯藓 **Trachycystis ussuriensis** (Maack et Regel) T. J. Kop.
分布：黑龙江、吉林、辽宁、内蒙古、河北、山西、山东、河南、陕西、宁夏、甘肃、新疆、安徽、湖南、湖北、四川、重庆、贵州、云南、西藏、台湾、广东；蒙古国、朝鲜、日本、俄罗斯

96. 莫氏苔科 Moerckiaceae K. I. Goebel ex Stotler et Crand.-Stotl.

拟带叶苔属 **Hattorianthus** R. M. Schust. et Inoue

拟带叶苔 **Hattorianthus erimonus** (Steph.) R. M. Schust. et Inoue
分布：华中地区；日本、俄罗斯；欧洲、北美洲

97. 单月苔科 Monosoleniaceae Inoue

单月苔属 **Monosolenium** Griff.

单月苔 **Monosolenium tenerum** Griff.
分布：上海、云南、台湾、澳门；印度、日本

98. 小萼苔科 Myliaceae Schljakov

小萼苔属 **Mylia** S. Gray

裸萼小萼苔 **Mylia nuda** Inoue et B. Y. Yang
分布：浙江、云南、福建、台湾；日本、俄罗斯

小萼苔 **Mylia taylorii** (Hook.) S. Gray

分布：黑龙江、吉林、贵州、西藏、台湾；印度、尼泊尔、不丹、日本、朝鲜；欧洲、北美洲

瘤萼小萼苔 **Mylia verrucosa** Lindb.

分布：黑龙江、吉林、辽宁、河北、浙江、台湾；日本、俄罗斯

99. 金毛藓科 Myuriaceae M. Fleisch.

拟金毛藓属 Eumyurium Nog.

拟金毛藓 **Eumyurium sinicum** (Mitt.) Nog.

分布：贵州、云南、西藏、台湾、广东、海南；朝鲜、日本

红毛藓属 Oedicladium Mitt.

脆叶红毛藓 **Oedicladium fragile** Cardot

分布：安徽、台湾、广东、海南、香港；泰国、越南、菲律宾、日本

红毛藓 **Oedicladium rufescens** (Reinw. et Hornsch.) Mitt.

分布：贵州、广东、广西、海南、香港；缅甸、泰国、越南、菲律宾、斯里兰卡、马来西亚、印度尼西亚、新加坡、日本、新喀里多尼亚、澳大利亚

小红毛藓 **Oedicladium serricuspe** (Broth.) Nog. et Z. Iwats.

分布：湖南、贵州、台湾、广东、广西、香港；日本

扭叶红毛藓 **Oedicladium tortifolium** (P. C. Chen) Z. Iwats.

分布：四川

栅孔藓属 Palisadula Toyama

栅孔藓 **Palisadula chrysophylla** (Cardot) Toyama

分布：江西、福建、广东、广西、海南、香港；日本

小叶栅孔藓 **Palisadula katoi** (Broth.) Z. Iwats.

分布：安徽、广东、广西；日本

100. 平藓科 Neckeraceae Schimp.

艾氏藓属 Alleniella S. Olsson et Enroth et D. Quandt

艾氏藓 **Alleniella complanata** (Hedw.) S. Olsson

分布：甘肃；北美洲、非洲

尾枝藓属 Caduciella Enroth

广东尾枝藓 **Caduciella guangdongensis** Enroth

分布：湖南、云南、台湾、广东、香港

尾枝藓 **Caduciella mariei** (Besch.) Enroth

分布：云南、广西；泰国、越南、老挝、马来西亚、菲律宾、巴布亚新几内亚、澳大利亚；非洲

弯枝藓属 Curvicladium Enroth

弯枝藓 Curvicladium kurzii (Kindb.) Enroth

分布：云南；孟加拉国、尼泊尔、不丹、印度、泰国

狄氏藓属 Dixonia Horik. et Ando

狄氏藓(新拟) **Dixonia orientalis** (Mitt.) H. Akiy. et Tsubota

分布：云南、台湾；印度、斯里兰卡、缅甸、泰国、菲律宾、马来西亚

突蒴藓属 Exsertotheca S. Olsson et Enroth et D. Quandt

突蒴藓 **Exsertotheca crispa** (Hedw.) S. Olsson, Enroth et D. Quandt

分布：甘肃；欧洲

残齿藓属 Forsstroemia Lindb.

拟隐蒴残齿藓 **Forsstroemia cryphaeoides** Cardot

分布：辽宁、陕西、安徽、浙江、湖南、台湾；日本、朝鲜、俄罗斯

短肋残齿藓 **Forsstroemia goughiana** (Mitt.) S. Olsson

分布：河南、陕西、江西、贵州、四川；日本、印度

印度残齿藓 **Forsstroemia indica** (Mont.) Paris

分布：台湾；印度、斯里兰卡

大残齿藓 **Forsstroemia neckeroides** Broth.

分布：黑龙江、辽宁、云南；朝鲜、日本

野口残齿藓 **Forsstroemia noguchii** L. R. Stark

分布：陕西、湖北、四川；日本、俄罗斯

匍枝残齿藓 **Forsstroemia producta** (Hornsch.) Paris

分布：河南、陕西、甘肃、浙江、四川、贵州、云南、西藏；澳大利亚；非洲、美洲

残齿藓 **Forsstroemia trichomitria** (Hedw.) Lindb.

分布：黑龙江、河南、陕西、甘肃、上海、浙江、江西、湖南、贵州、西藏、台湾、广东；朝鲜、日本、尼泊尔、俄罗斯；美洲

短齿残齿藓 **Forsstroemia yezoana** (Besch.) S. Olsson

分布：陕西、江苏、上海、浙江、湖南、湖北、四川、重庆、贵州、西藏；日本、朝鲜

拟厚边藓属 Handeliobryum Broth.

拟厚边藓 Handeliobryum sikkimense (Paris) Ochyra
分布：四川、云南、西藏；印度、尼泊尔

波叶藓属 Himantocladium (Mitt.) M. Fleisch.

轮叶波叶藓 Himantocladium cyclophyllum (Müll. Hal.) M. Fleisch.
分布：贵州、云南、西藏、台湾、海南；印度尼西亚、菲律宾、巴布亚新几内亚、塔希提岛

台湾波叶藓 Himantocladium formosicum Broth. et Yasuda
分布：贵州、台湾；老挝、菲律宾

小波叶藓 Himantocladium plumula (Nees) M. Fleisch.
分布：贵州、云南、台湾、海南、香港；印度、孟加拉国、缅甸、老挝、柬埔寨、泰国、越南、马来西亚、菲律宾、印度尼西亚、日本；大洋洲

扁枝藓属 Homalia Brid.

扁枝藓 Homalia trichomanoides (Hedw.) Brid.
分布：黑龙江、内蒙古、河北、山东、陕西、甘肃、江苏、上海、浙江、江西、湖北、四川、贵州、云南、台湾、广东、香港；巴基斯坦、印度、不丹、日本、朝鲜、俄罗斯、墨西哥；欧洲、北美洲

扁枝藓(原变种) Homalia trichomanoides var. **trichomanoides**
分布：黑龙江、内蒙古、河北、山东、陕西、甘肃、江苏、上海、浙江、江西、湖北、四川、云南、台湾、广东、香港；巴基斯坦、印度、不丹、日本、朝鲜、俄罗斯；欧洲、北美洲

扁枝藓日本变种 Homalia trichomanoides var. **japonica** (Besch.) S. He
分布：辽宁、湖北、海南；日本、朝鲜

拟扁枝藓属 Homaliadelphus Dixon et P. de la Varde

夏氏拟扁枝藓圆叶变种 Homaliadelphus sharpii (R. S. Williams) Sharp var. **rotundata** (Nog.) Z. Iwats.
分布：甘肃、上海、湖北、贵州、云南、福建、广西；越南、日本

拟扁枝藓 Homaliadelphus targionianus (Mitt.) Dixon et P. de la Varde
分布：山东、河南、安徽、上海、江西、湖南、湖北、四川、重庆、贵州、云南、台湾；日本、泰国、越南、印度

树平藓属 Homaliodendron M. Fleisch.

粗肋树平藓 Homaliodendron crassinervium Thér.
分布：贵州、云南、海南；泰国、越南、柬埔寨

小树平藓 Homaliodendron exiguum (Bosch et Sande Lac.) M. Fleisch.
分布：江苏、浙江、江西、湖北、重庆、贵州、云南、福建、台湾、广东、海南、香港；日本、印度、尼泊尔、不丹、斯里兰卡、缅甸、泰国、越南、马来西亚、菲律宾、印度尼西亚；非洲、大洋洲

树平藓 Homaliodendron flabellatum (Sm.) M. Fleisch.
分布：江苏、浙江、江西、湖南、四川、重庆、贵州、云南、台湾、广东、海南、香港；日本、尼泊尔、印度、不丹、斯里兰卡、缅甸、泰国、老挝、越南、马来西亚、印度尼西亚、菲律宾；非洲、大洋洲、美洲

粗枝树平藓 Homaliodendron fruticosum (Mitt.) S. Olsson
分布：台湾；斯里兰卡、印度

舌叶树平藓 Homaliodendron ligulaefolium (Mitt.) M. Fleisch.
分布：河南、安徽、浙江、江西、湖南、重庆、贵州、云南、台湾、广东；斯里兰卡、越南、印度尼西亚、菲律宾、巴布亚新几内亚、新喀里多尼亚

钝叶树平藓 Homaliodendron microdendron (Mont.) M. Fleisch.
分布：重庆、贵州、云南、台湾、广东、海南、香港；印度、尼泊尔、不丹、泰国、老挝、柬埔寨、日本、印度尼西亚、越南、马来西亚、缅甸、菲律宾、瓦努阿图

西南树平藓 Homaliodendron montagneanum (Müll. Hal.) M. Fleisch.
分布：湖南、湖北、四川、贵州、云南、福建、台湾、广东、广西；尼泊尔、不丹、印度、缅甸、泰国、越南、印度尼西亚

台湾树平藓 Homaliodendron opacum Nog.
分布：台湾

疣叶树平藓 Homaliodendron papillosum Broth.
分布：甘肃、安徽、江西、湖南、湖北、贵州、云南、福建、广西；尼泊尔、不丹、越南

无肋树平藓 Homaliodendron pulchrum L. Y. Pei et Y. Jia
分布：四川、广西

刀叶树平藓 Homaliodendron scalpellifolium (Mitt.) M. Fleisch.
分布：陕西、安徽、上海、浙江、江西、湖南、湖北、四

川、重庆、贵州、云南、西藏、福建、台湾、广东、广西、海南；日本、尼泊尔、印度、斯里兰卡、泰国、老挝、越南、马来西亚、印度尼西亚、菲律宾、巴布亚新几内亚、新喀里多尼亚；非洲(东部)

波叶树平藓 **Homaliodendron undulatum** Nog.

分布：台湾

湿隐藓属 **Hydrocryphaea** Dixon

湿隐藓 **Hydrocryphaea wardii** Dixon

分布：贵州、云南；印度、老挝、越南

平藓属 **Neckera** Hedw.

不丹平藓 **Neckera bhutanensis** Nog.

分布：西藏；尼泊尔、不丹

阔叶平藓 **Neckera borealis** Nog.

分布：陕西、甘肃、青海、四川；朝鲜、日本

东亚平藓 **Neckera coreana** Cardot

分布：江西；朝鲜、日本

延叶平藓 **Neckera decurrens** Broth.

分布：湖南、湖北、贵州、云南

南亚平藓 **Neckera denigricans** Enroth

分布：云南；越南

无肋平藓 **Neckera enrothiana** M. C. Ji

分布：四川

曲枝平藓 **Neckera flexiramea** Cardot

分布：安徽、湖南、重庆、台湾、广西；朝鲜、日本

矮平藓 **Neckera humilis** Mitt.

分布：安徽、江苏、上海、浙江；日本、朝鲜

八列平藓 **Neckera konoi** Broth.

分布：安徽、四川；朝鲜、日本

平齿平藓 **Neckera laevidens** Broth. ex P. C. Wu et Y. Jia

分布：四川

扁枝平藓 **Neckera neckeroides** (Broth.) Enroth et B. C. Tan

分布：陕西、湖南、贵州

平藓 **Neckera pennata** Hedw.

分布：黑龙江、吉林、内蒙古、陕西、宁夏、甘肃、新疆、浙江、江西、湖南、湖北、四川、重庆、贵州、云南、西藏、台湾；世界广布

平藓羽枝变种 **Neckera pennata** var. **leiophylla** Dixon

分布：甘肃

平藓(原变种) **Neckera pennata** var. **pennata**

分布：黑龙江、吉林、内蒙古、陕西、宁夏、甘肃、新疆、浙江、江西、湖南、湖北、四川、重庆、云南、西藏、台湾；世界广布

翠平藓 **Neckera perpinnata** Cardot et Thér.

分布：贵州

多枝平藓 **Neckera polyclada** Müll. Hal.

分布：陕西、甘肃、上海、湖北、四川、重庆；日本

小平藓 **Neckera pusilla** Mitt.

分布：四川；日本、朝鲜

粗齿平藓 **Neckera serrulatifolia** Enroth et M. C. Ji

分布：西藏

四川平藓 **Neckera setschwanica** Broth.

分布：四川、贵州、云南、西藏；印度

粗肋平藓 **Neckera undulatifolia** (Tixier) Enroth

分布：贵州、广西；越南

西藏平藓 **Neckera xizangensis** J. Enroth et M. C. Ji

分布：西藏

云南平藓 **Neckera yunnanensis** Enroth

分布：云南

拟平藓属 **Neckeropsis** Reichardt

疏枝拟平藓 **Neckeropsis boniana** (Besch.) A. Touw et Ochyra

分布：云南；缅甸、越南、菲律宾

东亚拟平藓 **Neckeropsis calcicola** Nog.

分布：浙江、湖南、湖北、重庆、贵州、云南、台湾、广西；日本、印度、斯里兰卡、泰国、印度尼西亚

长毛拟平藓 **Neckeropsis crinita** (Griff.) M. Fleisch.

分布：云南；印度、斯里兰卡、泰国、印度尼西亚

长柄拟平藓 **Neckeropsis exserta** (Hook. ex Schwägr.) Broth.

分布：云南；孟加拉国、尼泊尔、缅甸、泰国、印度

截叶拟平藓 **Neckeropsis lepineana** (Mont.) M. Fleisch.

分布：浙江、湖南、湖北、贵州、云南、西藏、台湾、广东、广西；孟加拉国、印度、斯里兰卡、泰国、越南、马来西亚、印度尼西亚、菲律宾、太平洋群岛、美国(夏威夷)、澳大利亚；非洲

缘边拟平藓 **Neckeropsis moutieri** (Broth. et Paris) M. Fleisch.

分布：贵州、广西；越南

光叶拟平藓 Neckeropsis nitidula (Mitt.) M. Fleisch.

分布：江苏、浙江、湖南、贵州、云南、福建、台湾、香港；越南、日本、朝鲜

钝叶拟平藓 Neckeropsis obtusata (Mont.) M. Fleisch.

分布：甘肃、浙江、湖北、重庆、贵州、云南、台湾、广东、广西、海南、香港；越南、日本、美国(夏威夷)

舌叶拟平藓 Neckeropsis semperiana (Hampe ex Müll. Hal.) A. Touw

分布：贵州、广西、海南；泰国、越南、菲律宾

厚边拟平藓 Neckeropsis takahashii M. Higuchi

分布：云南

卷枝藓属 Noguchiodendron T. N. Ninh et Pócs

卷枝藓 Noguchiodendron sphaerocarpum (Nog.) T. N. Ninh et Pócs

分布：云南；不丹、印度、尼泊尔、泰国

羽枝藓属 Pinnatella M. Fleisch.

异苞羽枝藓 Pinnatella alopecuroides (Hook.) M. Fleisch.

分布：湖南、湖北、贵州、云南、海南；印度、不丹、尼泊尔、缅甸、泰国、斯里兰卡、越南、马来西亚、印度尼西亚、菲律宾、巴布亚新几内亚、澳大利亚

小羽枝藓 Pinnatella ambigua (Bosch et Sande Lac.) M. Fleisch.

分布：贵州、云南、台湾、广西、海南；不丹、缅甸、泰国、越南、马来西亚、印度尼西亚、菲律宾、日本

卵舌羽枝藓 Pinnatella foreauana Thér. et P. de la Varde

分布：云南；尼泊尔、缅甸、泰国、印度

扁枝羽枝藓 Pinnatella homaliadelphoides Enroth, S. Olsson

分布：云南

羽枝藓 Pinnatella kuehliana (Bosch et Sande Lac.) M. Fleisch.

分布：云南；缅甸、泰国、马来西亚、新加坡、印度尼西亚、菲律宾；大洋洲

东亚羽枝藓 Pinnatella makinoi (Broth.) Broth.

分布：湖南、重庆、贵州、云南、西藏、台湾；日本

粗羽枝藓 Pinnatella robusta Nog.

分布：台湾

台湾羽枝藓 Pinnatella taiwanensis Nog.

分布：湖南、台湾；越南

树枝藓属 Porotrichodendron M. Fleisch.

树枝藓 Porotrichodendron mahahaicum (Müll. Hal.) M. Fleisch.

分布：西藏；菲律宾

亮蒴藓属 Shevockia Enroth et M. C. Ji

卵叶亮蒴藓 Shevockia anacamptolepis (Müll. Hal.) Enroth et M. C. Ji

分布：西藏、台湾、广东、海南、香港；日本、越南、泰国、马来西亚、斯里兰卡、印度、印度尼西亚、菲律宾、巴布亚新几内亚

亮蒴藓 Shevockia inunctocarpa Enroth et M. C. Ji

分布：云南

台湾藓属 Taiwanobryum Nog.

齿叶台湾藓 Taiwanobryum crenulatum (Harv.) S. Olsson, Enroth et D. Quandt

分布：云南、西藏、台湾；缅甸、泰国、越南

台湾藓 Taiwanobryum speciosum Nog.

分布：浙江、贵州、云南、福建、台湾；日本

木藓属 Thamnobryum Nieuwl.

木藓 Thamnobryum alopecurum (Hedw.) Nieuwl. ex Gangulee

分布：吉林、辽宁、山东、陕西、浙江、贵州、台湾；日本、俄罗斯；欧洲、非洲、北美洲

兜叶木藓 Thamnobryum incurvum (Nog.) Nog. et Z. Iwats.

分布：台湾；日本

褶叶木藓 Thamnobryum plicatulum (Sande Lac.) Z. Iwats.

分布：安徽、湖北、四川、重庆、贵州、云南、台湾、香港；朝鲜、日本、俄罗斯

匙叶木藓 Thamnobryum subseriatum (Mitt. ex Sande Lac.) B. C. Tan

分布：山东、陕西、甘肃、安徽、江苏、上海、浙江、江西、湖南、湖北、四川、重庆、贵州、云南、台湾、广东、广西；巴基斯坦、缅甸、泰国、越南、日本、朝鲜、俄罗斯

南亚木藓 Thamnobryum subserratum (Hook.) Nog. et Z. Iwats.

分布：甘肃、上海、湖南、湖北、四川、贵州、云南、台湾；日本、印度、斯里兰卡、印度尼西亚、菲律宾

台湾木藓 **Thamnobryum tumidum** (Nog.) Nog. et Z. Iwats.
分布：台湾；日本

101. 新绒苔科 Neotrichocoleaceae Inoue

新绒苔属 **Neotrichocolea** S. Hatt.

新绒苔 **Neotrichocolea bissetii** (Mitt.) S. Hatt.
分布：安徽、贵州、福建；日本

102. 短角苔科 Notothyladaceae Müll. Frib. ex Prosk.

服角苔属 **Hattorioceros** (J. Haseg.) J. Haseg.

服角苔 **Hattorioceros striatisporus** (J. Haseg.) J. Haseg.
分布：西藏；斐济、印度

中角苔属 **Mesoceros** Piippo

版纳中角苔 **Mesoceros porcatus** Piippo
分布：云南

短角苔属 **Notothylas** Sull. ex A. Gray

爪哇短角苔 **Notothylas javanica** (Sande Lac.) Gottsche
分布：西藏、台湾、广西、澳门；日本、泰国、菲律宾

南亚短角苔 **Notothylas levier** Schiffn. ex Steph.
分布：云南；印度

短角苔 **Notothylas orbicularis** (Schwein.) Sull. ex A. Gray
分布：黑龙江、吉林、辽宁、江苏、浙江、四川、云南、台湾；俄罗斯、朝鲜；欧洲、北美洲

云南短角苔(新拟) **Notothylas yunnanensis** T. Peng et R. L. Zhu
分布：云南

黄角苔属 **Phaeoceros** Prosk.

球根黄角苔 **Phaeoceros bulbiculosus** (Brot.) Prosk.
分布：吉林、陕西、四川、云南；北美洲、欧洲

高领黄角苔 **Phaeoceros carolinianus** (Michx.) Prosk.
分布：贵州、福建、台湾；世界广布

小黄角苔 **Phaeoceros exiguus** (Steph.) J. Haseg.
分布：台湾；新喀里多尼亚

黄角苔 **Phaeoceros laevis** (L.) Prosk.
分布：黑龙江、吉林、辽宁、河北、陕西、浙江、江西、贵州、云南、福建、台湾、广东、广西、香港；日本、朝鲜、印度、菲律宾、印度尼西亚、澳大利亚、新西兰、俄罗斯、巴西；欧洲、北美洲

东亚黄角苔 **Phaeoceros miyakeanus** (Schiffn.) S. Hatt.
分布：陕西、台湾；日本、朝鲜、菲律宾

培氏黄角苔 **Phaeoceros pearsonii** (M. Howe) Prosk.
分布：台湾；北美洲

亚高山黄角苔 **Phaeoceros subalpinus** (Steph.) Udar et Singh
分布：云南

103. 长台藓科 Oedipodiaceae Schimp.

长台藓属 **Oedipodium** Schwägr.

长台藓 **Oedipodium griffithianum** (Dicks.) Schwägr.
分布：内蒙古、青海；日本、俄罗斯、智利；欧洲、北美洲(西部)

104. 曲背藓科 Oncophoraceae M. Stech

极地藓属 **Arctoa** Bruch et Schimp.

极地藓 **Arctoa fulvella** (Dicks.) Bruch et Schimp.
分布：贵州、云南、西藏；日本、俄罗斯；欧洲、北美洲

北方极地藓 **Arctoa hyperborea** (With.) Bruch et Schimp.
分布：黑龙江、吉林、内蒙古、四川、西藏；俄罗斯；欧洲、北美洲

狗牙藓属 **Cynodontium** Bruch et Schimp.

高山狗牙藓 **Cynodontium alpestre** (Wahlenb.) Milde
分布：吉林；俄罗斯；欧洲、北美洲

假狗牙藓 **Cynodontium fallax** Limpr.
分布：吉林、江西、四川、云南；俄罗斯；欧洲、北美洲

狗牙藓 **Cynodontium gracilecens** (F. Weber et D. Mohr) Schimp.
分布：黑龙江、吉林、内蒙古、湖北、四川、重庆、贵州、云南、西藏、台湾；朝鲜、日本、俄罗斯；欧洲、北美洲

纤细狗牙藓 **Cynodontium schisti** (F. Weber et D. Mohr) Lindb.
分布：新疆；美国；欧洲

曲柄狗牙藓 **Cynodontium sinensi-fugax** (Müll. Hal.) Broth. ex C. Gao
分布：陕西

卷毛藓属 **Dicranoweisia** Lindb. ex Mild.

细叶卷毛藓 **Dicranoweisia cirrata** (Hedw.) Lindb.

分布：吉林、内蒙古、新疆；巴基斯坦、蒙古国、高加索地区、澳大利亚；欧洲、非洲(北部)、北美洲

卷毛藓 **Dicranoweisia crispula** (Hedw.) Lindb. ex Milde

分布：吉林、内蒙古、甘肃、新疆、安徽、江西、四川、重庆、云南、西藏；朝鲜、日本、俄罗斯、秘鲁；欧洲、北美洲

南亚卷毛藓 **Dicranoweisia indica** (Wilson) Paris

分布：陕西、四川、云南、西藏；印度

高领藓属 **Glyphomitrium** Brid.

尖叶高领藓 **Glyphomitrium acuminatum** Broth.

分布：江苏、江西、贵州、云南、西藏

暖地高领藓 **Glyphomitrium calycinum** (Mitt.) Cardot

分布：江西、贵州、台湾；斯里兰卡

台湾高领藓 **Glyphomitrium formosanum** Z. Iwats.

分布：台湾

短枝高领藓 **Glyphomitrium humillimum** (Mitt.) Cardot

分布：黑龙江、安徽、江西、四川、云南、福建；日本、朝鲜、俄罗斯

湖南高领藓 **Glyphomitrium hunanense** Broth.

分布：山东、浙江、湖南

滇西高领藓 **Glyphomitrium minutissimum** (Okamura) Broth.

分布：重庆、贵州、云南；日本

卷尖高领藓 **Glyphomitrium tortifolium** Y. Jia, M. Z. Wang et Y. Liu

分布：湖南、四川、重庆

东亚高领藓 **Glyphomitrium warburgii** (Broth.) Cardot

分布：黑龙江、吉林、北京、安徽、福建

疣叶藓属(新拟) **Hymenoloma** Dusén

直叶疣叶藓(新拟) **Hymenoloma mulahacenii** (Höhn.) Ochyra

分布：宁夏、新疆；哈萨克斯坦、蒙古国、塔吉克斯坦、乌兹别克斯坦、俄罗斯(远东和西伯利亚地区)；欧洲、北美洲

凯氏藓属 **Kiaeria** I. Hagen

白氏凯氏藓 **Kiaeria blyttii** (Bruch et Schimp.) Broth.

分布：西藏；俄罗斯；欧洲、北美洲

镰叶凯氏藓 **Kiaeria falcata** (Hedw.) I. Hagen

分布：陕西、西藏、广西；日本；欧洲、北美洲

细叶凯氏藓 **Kiaeria glacialis** (Berggr.) I. Hagen

分布：广西；俄罗斯；欧洲、北美洲

泛生凯氏藓 **Kiaeria starkei** (F. Weber et D. Mohr) I. Hagen

分布：黑龙江、吉林、贵州、四川；日本、俄罗斯；欧洲、北美洲

曲背藓属 **Oncophorus** (Brid.) Brid.

卷叶曲背藓 **Oncophorus crispifolius** (Mitt.) Lindb.

分布：安徽、贵州、西藏、福建；朝鲜、日本、俄罗斯

细曲背藓 **Oncophorus gracilentus** S. Y. Zeng

分布：云南

大曲背藓 **Oncophorus virens** (Hedw.) Brid.

分布：内蒙古、河北、陕西、新疆、四川、贵州、西藏；巴基斯坦、朝鲜、日本、俄罗斯；欧洲、北美洲

曲背藓 **Oncophorus wahlenbergii** Brid.

分布：黑龙江、吉林、辽宁、内蒙古、河北、山西、山东、陕西、甘肃、新疆、江苏、湖南、四川、贵州、云南、西藏、台湾；巴基斯坦、不丹、朝鲜、日本、印度、俄罗斯；欧洲、北美洲

山毛藓属 **Oreas** Brid.

山毛藓 **Oreas martiana** (Hoppe et Hornsch.) Brid.

分布：陕西、四川；亚洲、欧洲、北美洲

石毛藓属 **Oreoweisia** (Bruch et Schimp.) De Not.

疏叶石毛藓 **Oreoweisia laxifolia** (Hook. f.) Kindb.

分布：辽宁、河北、甘肃、四川、贵州、云南、西藏、台湾、广西；印度、不丹、缅甸、日本

四川石毛藓 **Oreoweisia setschwanica** Broth.

分布：四川

小石毛藓 **Oreoweisia weisioides** Broth.

分布：四川

粗石藓属 **Rhabdoweisia** Bruch et Schimp.

平齿粗石藓 **Rhabdoweisia laevidens** Broth.

分布：云南

阔叶粗石藓 **Rhabdoweisia crenulata** (Mitt.) Jameson

分布：云南、台湾；日本、印度、英国、挪威、比利时、

法国、德国、格陵兰岛；北美洲

微齿粗石藓 **Rhabdoweisia crispata** (Dicks. ex With.) Lindb.

分布：吉林、辽宁、内蒙古、甘肃、贵州、云南；日本、印度尼西亚、玻利维亚；欧洲(中部和北部)、北美洲

中华粗石藓 **Rhabdoweisia sinensis** P. C. Chen

分布：四川、贵州、西藏、广东

合睫藓属 **Symblepharis** Mont.

大合睫藓 **Symblepharis oncophoroides** Broth.

分布：贵州、云南

南亚合睫藓 **Symblepharis reinwardtii** (Dozy et Molk.) Mitt.

分布：四川、重庆、贵州、云南、西藏、台湾、广西；尼泊尔、印度、缅甸、泰国、印度尼西亚、菲律宾

中华合睫藓 **Symblepharis sinensis** Müll. Hal.

分布：河北、陕西、云南

中华合睫藓(原变种) **Symblepharis sinensis** var. **sinensis**

分布：陕西、云南

中华合睫藓小型变种 **Symblepharis sinensis** var. **minor** Müll. Hal.

分布：河北、陕西

合睫藓 **Symblepharis vaginata** (Hook.) Wijk et Margad.

分布：黑龙江、吉林、辽宁、内蒙古、河北、山东、陕西、甘肃、新疆、安徽、江西、四川、贵州、云南、西藏、福建、台湾、广东、广西；巴基斯坦、印度、泰国、朝鲜、日本、俄罗斯、秘鲁；欧洲、北美洲、中美洲

105. 直齿藓科 Orthodontiaceae Goffinet

膜齿藓属(新拟) **Hymenodon** Hook. f. & Wilson

亮丝膜齿藓(新拟) **Hymenodon sericeus** (Dozy & Molk.) Müll. Hal.

分布：台湾；印度尼西亚

拟直齿藓属 **Orthodontopsis** Ignatova et B. C. Tan

具边拟直齿藓 **Orthodontopsis lignicola** (Broth.) Ignatova et B. C. Tan

分布：四川、云南、西藏

106. 木灵藓科 Orthotrichaceae Arn.

小蓑藓属 **Groutiella** Steere

小蓑藓 **Groutiella tomentosa** (Hornsch.) Wijk et Margad.

分布：云南、广东；世界热带、亚热带地区有分布

疣毛藓属 **Leratia** Broth. et Paris

小疣毛藓 **Leratia exigua** (Sull.) Goffinet

分布：江苏、江西、湖北、重庆、贵州；日本、阿尔卑斯山

直叶藓属 **Macrocoma** (Müll. Hal.) Grout

细枝直叶藓 **Macrocoma sullivantii** (Müll. Hal.) Grout

分布：吉林、甘肃、安徽、江西、湖南、湖北、四川、重庆、贵州、云南、西藏、福建、台湾、广西；印度、不丹、斯里兰卡、朝鲜、日本、秘鲁、智利、太平洋(中北部)

蓑藓属 **Macromitrium** Brid.

狭叶蓑藓 **Macromitrium angustifolium** Dozy et Molk.

分布：江西、重庆、西藏、福建、台湾、广东、海南；印度尼西亚、菲律宾、日本、巴布亚新几内亚

裸帽蓑藓(新拟) **Macromitrium blumei** Nees ex Schwägr.

分布：海南；印度尼西亚、马来西亚、菲律宾

中华蓑藓 **Macromitrium cavaleriei** Cardot et Thér.

分布：吉林、山东、河南、安徽、江苏、浙江、江西、湖南、湖北、四川、重庆、贵州、云南、西藏、福建、台湾、广东、广西；日本

脆尖蓑藓(新拟) **Macromitrium clastophyllum** Cardot et Beih.

分布：辽宁；朝鲜、印度尼西亚、巴布亚新几内亚

黄肋蓑藓 **Macromitrium comatum** Mitt.

分布：陕西、湖北、四川、云南、福建、海南；日本、朝鲜

华东蓑藓 **Macromitrium courtoisii** Broth. et Paris

分布：江苏、浙江

尾尖蓑藓(新拟) **Macromitrium cuspidatum** Hampe

分布：海南；印度尼西亚、马来西亚、菲律宾

长蒴蓑藓 **Macromitrium cylindrothecium** Nog.

分布：台湾

多枝蓑藓 **Macromitrium fasciculare** Mitt.

分布：海南；斯里兰卡、印度尼西亚、菲律宾、留尼汪岛

福氏蓑藓 Macromitrium ferriei Cardot et Thér.
分布：山西、安徽、江苏、浙江、江西、湖南、湖北、四川、重庆、贵州、云南、西藏、福建、台湾、广西、海南、香港；朝鲜、日本、越南、泰国

长枝蓑藓 Macromitrium formosae Cardot
分布：台湾；菲律宾

贵州蓑藓 Macromitrium fortunatii Cardot et Thér.
分布：贵州

缺齿蓑藓 Macromitrium gymnostomum Sull. et Lesq.
分布：吉林、安徽、江苏、浙江、江西、湖南、四川、贵州、云南、福建、台湾、广西、海南、香港；朝鲜、日本、越南

海南蓑藓 Macromitrium hainanese S. L. Guo et S. He
分布：海南

西南蓑藓 Macromitrium handelii Broth.
分布：湖南

异枝蓑藓 Macromitrium heterodictyon Dixon
分布：香港

阔叶蓑藓 Macromitrium holomitrioides Nog.
分布：贵州、云南、西藏、台湾；日本

粗叶蓑藓 Macromitrium incrustatifolium Robins.
分布：云南；印度

钝叶蓑藓 Macromitrium japonicum Dozy et Molk.
分布：内蒙古、山东、河南、陕西、甘肃、江苏、上海、浙江、湖南、湖北、重庆、贵州、云南、福建、台湾、广东、广西、香港；泰国、越南、日本、朝鲜、俄罗斯

稜蒴蓑藓 Macromitrium macrosporum Broth.
分布：海南；菲律宾

长柄蓑藓 Macromitrium microstomum (Hook. et Grev.) Schwägr.
分布：四川、云南、广西、海南、香港；柬埔寨、马来西亚、印度尼西亚、菲律宾、日本；大洋洲、美洲

扭叶蓑藓 Macromitrium moorcroftii (Hook. et Grev.) Schwägr.
分布：贵州、西藏；缅甸、印度、泰国

尼泊尔蓑藓 Macromitrium nepalense (Hook. et Grev.) Schwägr.
分布：贵州、云南、西藏、福建、广东、广西、海南、香港；印度、尼泊尔、老挝、缅甸、越南、泰国、柬埔寨、马来西亚、菲律宾、印度尼西亚

无锡蓑藓 Macromitrium ousiense Roth. et Paris
分布：江苏、贵州、福建

短柄蓑藓 Macromitrium prolongatum Mitt.
分布：浙江、重庆；日本、朝鲜

长叶蓑藓 Macromitrium rhacomitrioides Nog.
分布：台湾

史氏蓑藓大苞叶变种 Macromitrium schmidii var. **macroperichaetialium** S. L. Guo et T. Cao
分布：广东

短芒尖蓑藓 Macromitrium subincurvum Cardot et Thér.
分布：香港

尖叶蓑藓 Macromitrium taiheizanense Nog.
分布：四川

台湾蓑藓 Macromitrium taiwanense Nog.
分布：台湾

长帽蓑藓 Macromitrium tosae Besch.
分布：浙江、四川、重庆、贵州、云南、西藏、福建、广东、广西、海南；日本

香港蓑藓 Macromitrium tuberculatum Dixon
分布：香港

褶叶蓑藓(新拟) Macromitrium turgidum Dixon
分布：西藏、海南；印度、泰国

乳胞蓑藓 Macromitrium uraiense Nog.
分布：台湾

木灵藓属 Orthotrichum Hedw.

拟木灵藓 Orthotrichum affine Brid.
分布：内蒙古、宁夏、新疆、四川、重庆；巴基斯坦、印度；欧洲、非洲(北部和东部)、北美洲(西部)

木灵藓 Orthotrichum anomalum Hedw.
分布：内蒙古、河北、宁夏、青海、新疆、四川、贵州、云南、西藏、福建；阿富汗、巴基斯坦、印度、日本；欧洲、北美洲、中美洲

卷边木灵藓 Orthotrichum brassii E. B. Bartram
分布：西藏；巴布亚新几内亚

美孔木灵藓 Orthotrichum callistomum Fisch.-Oost. ex Bruch et Schimp.
分布：青海、四川、贵州、云南；尼泊尔；欧洲

丛生木灵藓 Orthotrichum consobrinum Cardot
分布：甘肃、安徽、江苏、上海、湖南、贵州、云南；日本、朝鲜

舌叶木灵藓 Orthotrichum crenulatum Mitt.
分布：新疆；印度、哈萨克斯坦、阿富汗、土耳其

皱叶木灵藓 **Orthotrichum crispifolium** Broth.
分布：云南；不丹

小蒴木灵藓 **Orthotrichum cupulatum** Brid.
分布：青海、新疆；印度、巴基斯坦、阿富汗、乌兹别克斯坦、新西兰、澳大利亚；欧洲、非洲(北部)、北美洲

毛帽木灵藓 **Orthotrichum dasymitrium** Lewinsky
分布：陕西、甘肃、新疆、四川、贵州

蚀齿木灵藓 **Orthotrichum erosum** Lewinsky
分布：陕西

红叶木灵藓 **Orthotrichum erubescens** Müll. Hal.
分布：安徽、湖南、重庆、贵州；日本

折叶木灵藓 **Orthotrichum griffithii** Mitt. ex Dixon
分布：四川、云南；印度、不丹

半裸蒴木灵藓 **Orthotrichum hallii** Sull. et Lesq.
分布：新疆；北美洲

颈领木灵藓 **Orthotrichum hooglandii** E. B. Bartram
分布：新疆；巴布亚新几内亚

中国木灵藓 **Orthotrichum hookeri** Wilson ex Mitt.
分布：甘肃、青海、新疆、四川、重庆、贵州、云南、西藏；尼泊尔、不丹、印度

中国木灵藓(原变种) **Orthotrichum hookeri** var. **hookeri**
分布：甘肃、青海、新疆、四川、重庆、云南、西藏；尼泊尔、不丹、印度

中国木灵藓细疣变种 **Orthotrichum hookeri** var. **granulatum** Lewinsky
分布：四川、云南、西藏；尼泊尔、不丹、印度

日本木灵藓 **Orthotrichum ibukiense** Toyama
分布：河北、甘肃、四川；日本

疣孢木灵藓 **Orthotrichum jetteae** B. H. Allen
分布：湖南、贵州

球蒴木灵藓东亚变种 **Orthotrichum laevigatum** Zett. var. **japonicum** (Z. Iwats.) Lewinsky
分布：四川、贵州、云南、西藏；印度、尼泊尔、日本

散生木灵藓 **Orthotrichum laxum** Lewinsky-Haapasaari
分布：青海

球蒴木灵藓 **Orthotrichum leiolecythis** Müll. Hal.
分布：陕西、湖北、四川

密生木灵藓 **Orthotrichum notabile** Lewinsky-Haapasaari
分布：四川

钝叶木灵藓 **Orthotrichum obtusifolium** Brid.
分布：黑龙江、内蒙古、河北、宁夏、甘肃、青海、新疆、江西、四川、云南；印度、日本；欧洲、美洲

裸帽木灵藓 **Orthotrichum pallens** Bruch ex Brid.
分布：河北、青海、新疆；墨西哥、加拿大、美国；亚洲、欧洲

美丽木灵藓 **Orthotrichum pulchrum** Lewinsky
分布：青海、四川、贵州

矮丛木灵藓 **Orthotrichum pumillum** Sw.
分布：河北、青海、重庆；巴基斯坦；欧洲、非洲(北部)、北美洲

卷叶木灵藓 **Orthotrichum revolutum** Müll. Hal.
分布：陕西、甘肃

石生木灵藓 **Orthotrichum rupestre** Schleich. ex Schwägr.
分布：吉林、新疆、云南；巴基斯坦、印度、智利；欧洲、非洲(北部)、北美洲

苏氏木灵藓 **Orthotrichum schofieldii** (B. C. Tan et Y. Jia) B. H. Allen
分布：青海

扭肋木灵藓 **Orthotrichum sinuosum** Lewinsky
分布：陕西

暗色木灵藓 **Orthotrichum sordidum** Sull. et Lesq.
分布：吉林、内蒙古、宁夏、新疆、湖北、重庆；日本、朝鲜；北美洲

黄木灵藓 **Orthotrichum speciosum** Nees
分布：吉林、内蒙古、河北、山西、青海、新疆、四川、重庆、云南；欧洲、非洲(北部)、北美洲、南美洲

长毛木灵藓(新拟) **Orthotrichum stramineum** Hornsch.
分布：云南；土耳其

条纹木灵藓 **Orthotrichum striatum** Hedw.
分布：吉林、内蒙古、山西、宁夏、新疆、四川、西藏；印度、巴基斯坦；欧洲、非洲(北部)、北美洲

粗柄木灵藓 **Orthotrichum subpumilum** E. B. Bartram ex Lewinsky
分布：青海、安徽

台湾木灵藓 **Orthotrichum taiwanense** Lewinsky
分布：贵州、西藏

蒴壶木灵藓 **Orthotrichum urnigerum** Myrin
分布：新疆；印度、哈萨克斯坦；欧洲

蠕齿木灵藓 **Orthotrichum vermiferum** Lewinsky-Haapasaari

分布：青海

火藓属 **Schlotheimia** Brid. Lewinsky-Haapasaari et Hedenäs

南亚火藓 **Schlotheimia grevilleana** Mitt.

分布：安徽、浙江、江西、湖南、四川、重庆、贵州、云南、福建、广东、海南、香港；日本、印度、斯里兰卡、越南、泰国、印度尼西亚、菲律宾；非洲(中南部)

小火藓 **Schlotheimia pungens** E. B. Bartram

分布：安徽、浙江、江西、四川、重庆、贵州、福建、台湾、广西、海南、香港

皱叶火藓 **Schlotheimia rugulosa** Nog.

分布：四川、重庆、福建、台湾、广西

卷叶藓属 **Ulota** D. Mohr

卷叶藓 **Ulota crispa** (Hedw.) Brid.

分布：吉林、新疆、安徽、浙江、江西、湖南、湖北、四川、重庆、贵州、云南、西藏、台湾；亚洲(东部)、欧洲、美洲

多疣卷叶藓(新拟) **Ulota curvifolia** (Wahlenb.) Lilj.

分布：新疆；俄罗斯

纤齿卷叶藓(新拟) **Ulota delicata** Q. H. Wang et Y. Jia

分布：福建

广口卷叶藓 **Ulota eurystoma** Nog.

分布：吉林、四川；日本

巨孢卷叶藓 **Ulota gigantospora** F. Lara

分布：四川

无齿卷叶藓 **Ulota gymnostoma** S. L. Guo

分布：安徽、湖南、四川、贵州、云南、福建

东亚卷叶藓 **Ulota japonica** (Sull. et Lesq.) Mitt.

分布：重庆；日本

大蒴卷叶藓 **Ulota macrocarpa** Broth.

分布：湖南、四川、贵州

台湾卷叶藓 **Ulota morrisonensis** Horik. et Nog.

分布：台湾

短柄卷叶藓 **Ulota perbreviseta** Dixon et Sakurai

分布：安徽、四川；日本、朝鲜

匍匐卷叶藓 **Ulota reptans** Mitt.

分布：吉林、四川、重庆；日本；北美洲(西部)

大卷叶藓 **Ulota robusta** Mitt.

分布：四川、贵州、云南、西藏；印度

云南卷叶藓 **Ulota yunnanensis** F. Lara

分布：云南

变齿藓属 **Zygodon** Hook. et Taylor

短齿变齿藓 **Zygodon brevisetus** Wilson ex Mitt.

分布：四川、贵州、云南、西藏；印度

钝叶变齿藓 **Zygodon obtusifolius** Hook.

分布：贵州、云南；尼泊尔、斯里兰卡、泰国、越南、墨西哥、巴西、新西兰、澳大利亚；美洲(中部)

南亚变齿藓 **Zygodon reinwardtii** (Hornsch.) A. Braun in B. S. G.

分布：四川、贵州、云南；印度尼西亚、巴布亚新几内亚、澳大利亚、秘鲁、巴西、智利；非洲

芽胞变齿藓 **Zygodon rupestris** Schimp. ex Lorentz

分布：云南；尼泊尔、不丹、日本；欧洲、北美洲

绿色变齿藓 **Zygodon viridissimus** (Dicks.) Brid.

分布：内蒙古、河北、四川、重庆、云南、西藏、台湾；世界广布

云南变齿藓 **Zygodon yunnanensis** Malta

分布：云南

107. 带叶苔科 Pallaviciniaceae Mig.

带叶苔属 **Pallavicinia** Gray

多形带叶苔 **Pallavicinia ambigua** (Mitt.) Steph.

分布：江西、湖南、重庆、贵州、福建、台湾；印度、印度尼西亚

暖地带叶苔 **Pallavicinia levieri** Schiffn.

分布：福建、台湾；日本

带叶苔 **Pallavicinia lyellii** (Hook.) Gray

分布：辽宁、山东、浙江、江西、湖南、四川、贵州、云南、福建、台湾、广东、广西、海南、香港、澳门；尼泊尔、不丹、印度尼西亚、新加坡、菲律宾、日本、巴布亚新几内亚、俄罗斯、澳大利亚、新西兰、巴西；非洲、北美洲

长刺带叶苔 **Pallavicinia subciliata** (Austin) Steph.

分布：浙江、湖南、重庆、贵州、云南、福建、台湾、广西、香港；日本

108. 溪苔科 Pelliaceae H. Klinggr.

溪苔属 **Pellia** Raddi

花叶溪苔 **Pellia endiviifolia** (Dicks.) Dumort.

分布：黑龙江、吉林、山东、甘肃、新疆、浙江、江西、福建、台湾；印度、尼泊尔、不丹、日本、朝鲜；欧洲、北美洲

溪苔 **Pellia epiphylla** (L.) Corda

分布：黑龙江、内蒙古、山东、新疆、浙江、云南、西藏、福建、广西；不丹、日本、朝鲜；欧洲、北美洲

波绿溪苔 **Pellia neesiana** (Gottsche) Limpr.

分布：上海、台湾；日本、朝鲜、喜马拉雅地区、俄罗斯；欧洲、北美洲

109. 毛枝藓科 Pilotrichaceae Kindb.

假黄藓属 **Actinodontium** Schwägr.

皱叶假黄藓 **Actinodontium rhaphidostegum** (Müll. Hal.) Bosch et Sande Lac.

分布：台湾；泰国、柬埔寨、菲律宾、印度尼西亚、马来西亚

强肋藓属 **Callicostella** (Müll. Hal.) Mitt.

强肋藓 **Callicostella papillata** (Mont.) Mitt.

分布：云南、西藏、台湾、广东、海南、香港；印度、斯里兰卡、缅甸、越南、泰国、柬埔寨、马来西亚、新加坡、菲律宾、印度尼西亚、社会群岛、瓦努阿图；非洲

平滑强肋藓 **Callicostella prabaktiana** (Müll. Hal.) Bosch et Sande Lac.

分布：海南；泰国、越南、马来西亚

圆网藓属 **Cyclodictyon** Mitt.

南亚圆网藓 **Cyclodictyon blumeanum** (Müll. Hal.) O. Kuntze

分布：台湾、海南；马来西亚、太平洋群岛、澳大利亚

拟油藓属 **Hookeriopsis** (Besch.) A. Jaeger

井齿拟油藓 **Hookeriopsis utacamundiana** (Mont.) Broth.

分布：湖南、贵州、云南、台湾、广东、广西、海南、香港；日本、斯里兰卡、越南、泰国、菲律宾、印度尼西亚、太平洋群岛

110. 羽苔科 Plagiochilaceae Müll. Frib.

树羽苔属(新拟) **Chistocaulon** Carl.

树羽苔(新拟) **Chistocaulon dendroides** (Nees) Carl.

分布：贵州、云南、西藏、台湾、广东、海南；日本、菲律宾、韩国、马来西亚、印度尼西亚

平叶苔属 **Pedinophyllum** (Lindb.) Lindb.

平叶苔 **Pedinophyllum interruptum** (Nees) Lindb.

分布：黑龙江、吉林、辽宁、内蒙古；俄罗斯；欧洲

截叶平叶苔 **Pedinophyllum truncatum** (Steph.) Inoue

分布：黑龙江、辽宁、内蒙古、河北、山东、甘肃、四川；朝鲜、日本

羽苔属 **Plagiochila** (Dumort.) Dumort.

埃氏羽苔 **Plagiochila akiyamae** Inoue

分布：云南、广西、海南；菲律宾、马来西亚

树形羽苔 **Plagiochila arbuscula** (Brid. ex Lehm. et Lindenb.) Lindenb.

分布：江西、云南、福建、台湾、广东、海南；印度尼西亚、巴布亚新几内亚、新喀里多尼亚、萨摩亚、菲律宾、马来西亚、日本

有刺羽苔 **Plagiochila aspericaulis** Grolle et M. L. So

分布：山东、云南、西藏；尼泊尔

羽苔 **Plagiochila asplenioides** (L.) Dumort.

分布：黑龙江、内蒙古、贵州；俄罗斯；欧洲、北美洲

阿萨羽苔 **Plagiochila assamica** Steph.

分布：云南；印度、不丹、泰国

刀叶羽苔 **Plagiochila bantamensis** (Reinw., Blume et Nees) Mont.

分布：云南、海南；日本、菲律宾、柬埔寨、印度尼西亚、马来西亚、斯里兰卡、尼科巴群岛、美拉尼西亚

贝多羽苔 **Plagiochila beddomei** Steph.

分布：云南；泰国、印度

秦岭羽苔 **Plagiochila biondiana** C. Massal.

分布：山东、陕西、四川、西藏

大明叶羽苔 **Plagiochila bischleriana** Grolle et M. L. So

分布：云南；尼泊尔

海岛羽苔 **Plagiochila blepharophora** (Nees) Nees

分布：台湾；印度尼西亚、菲律宾

加氏羽苔卢贝亚种 Plagiochila carringtonii (Balf.) Grolle subsp. **lobuchensis** Grolle
分布：云南；不丹、印度、尼泊尔

瘤茎羽苔 Plagiochila caulimammillosa Grolle et M. L. So
分布：云南、西藏

陈氏羽苔 Plagiochila chenii Grolle et M. L. So
分布：安徽、贵州

中华羽苔 Plagiochila chinensis Steph.
分布：河北、陕西、浙江、江西、湖南、四川、重庆、贵州、云南、西藏、福建、台湾、香港；越南、泰国、不丹、尼泊尔、印度、巴基斯坦

树生羽苔 Plagiochila corticola Steph.
分布：四川、云南、西藏、福建、广西；尼泊尔、不丹、印度

尖头羽苔 Plagiochila cuspidata Steph.
分布：湖南、广东；孟加拉国、尼泊尔、不丹、泰国

脆叶羽苔 Plagiochila debilis Mitt.
分布：四川、云南、西藏；不丹、尼泊尔、印度

落叶羽苔 Plagiochila defolians Grolle et M. L. So
分布：贵州、云南、西藏；日本

德氏羽苔 Plagiochila delavayi Steph.
分布：陕西、四川、重庆、贵州、云南、西藏；尼泊尔

亚洲羽苔 Plagiochila detecata M. L. So et Grolle
分布：四川；不丹、尼泊尔

小叶羽苔 Plagiochila devexa Steph.
分布：安徽、云南、西藏；不丹、印度、尼泊尔、斯里兰卡

密鳞羽苔 Plagiochila durelii Schiffn.
分布：安徽、浙江、四川、贵州、云南、西藏、福建、台湾、广西；尼泊尔、不丹、印度、泰国、越南

密鳞羽苔(原亚种) Plagiochila durelii subsp. **durelii**
分布：安徽、浙江、四川、贵州、云南、西藏、福建、台湾、广西；尼泊尔、不丹、印度、泰国、越南

密鳞羽苔贵州亚种 Plagiochila durelii subsp. **guizhouensis** Grolle et M. L. So
分布：四川、贵州

圆叶羽苔 Plagiochila duthiana Steph.
分布：黑龙江、辽宁、陕西、四川、云南、西藏；日本、印度、巴基斯坦、不丹、尼泊尔

大叶羽苔 Plagiochila elegans Mitt.
分布：浙江、四川、云南、西藏、台湾；不丹、尼泊尔、印度

峨眉羽苔 Plagiochila emeiensis Grolle et M. L. So
分布：四川、云南

二郎羽苔 Plagiochila erlangensis M. L. So
分布：四川

纤幼羽苔 Plagiochila exigua (Taylor) Taylor
分布：湖南、四川、云南、西藏；世界广布

长叶羽苔 Plagiochila flexuosa Mitt.
分布：安徽、浙江、四川、贵州、云南、福建、台湾、广东、广西、海南；日本、不丹、孟加拉国、印度、尼泊尔、越南、泰国、斯里兰卡

福氏羽苔 Plagiochila fordiana Steph.
分布：湖北、重庆、贵州、云南、福建、台湾、广东、海南、香港；日本、印度、越南、泰国

羽枝羽苔 Plagiochila fruticosa Mitt.
分布：上海、江西、云南、西藏、福建、台湾、广东；日本、尼泊尔、印度、不丹、越南、泰国、菲律宾

裂叶羽苔 Plagiochila furcifolia Mitt.
分布：浙江、江西、湖南、贵州、云南、福建、海南；日本、越南

鸽尾羽苔 Plagiochila ghatiensis Steph.
分布：湖北、四川、贵州、云南、西藏；印度、斯里兰卡

纤细羽苔 Plagiochila gracilis Lindenb. et Gottsche
分布：安徽、四川、贵州、云南、西藏、台湾；韩国、印度、日本、尼泊尔、不丹、菲律宾、泰国、印度尼西亚、斯里兰卡、加拿大

古氏羽苔 Plagiochila grollei Inoue
分布：贵州、云南、西藏；尼泊尔、不丹、孟加拉国、越南

拟纤幼羽苔 Plagiochila grossa Grolle et M. L. So
分布：四川

裸茎羽苔 Plagiochila gymnoclada Sande Lac.
分布：湖北、四川、云南、福建、台湾、广西；印度尼西亚、马来西亚、新喀里多尼亚、巴布亚新几内亚、菲律宾、孟加拉国

齿萼羽苔 Plagiochila hakkodensis Steph.
分布：内蒙古、陕西、浙江、湖北、四川、重庆、福建；日本、韩国

喜马拉雅羽苔 Plagiochila himalayana Schiffn.
分布：云南；印度

明层羽苔 Plagiochila hyalodermica Grolle et M. L. So
分布：云南；尼泊尔

背瓣羽苔 Plagiochila integrilobula Schiffn.

分布：云南、台湾；印度尼西亚、斯里兰卡

爪哇羽苔(新拟) Plagiochila javanica (Swartz.) Dum.

分布：香港；印度、印度尼西亚、马来西亚、菲律宾

容氏羽苔 Plagiochila junghuhniana Sande Lac.

分布：福建、台湾、广西、海南；菲律宾、泰国、越南、印度尼西亚

加萨羽苔 Plagiochila khasiana Mitt.

分布：云南、台湾、广东；泰国、印度、不丹、尼泊尔、斯里兰卡

昆明羽苔 Plagiochila kunmingensis Piippo

分布：云南

粗壮羽苔 Plagiochila magna Inoue

分布：台湾；日本

微齿羽苔 Plagiochila microdonta Mitt.

分布：台湾；孟加拉国、马来西亚

复枝羽苔 Plagiochila multipinnula Herzog et S. Hatt.

分布：台湾

尼泊尔羽苔 Plagiochila nepalensis Lindenb.

分布：陕西、甘肃、浙江、湖北、四川、贵州、云南、西藏、福建、台湾；日本、越南、泰国、不丹、缅甸、菲律宾、印度、尼泊尔

明叶羽苔 Plagiochila nitens Inoue

分布：湖北、贵州、云南；马来西亚

矩叶羽苔 Plagiochila oblonga Inoue

分布：台湾；喜马拉雅地区、泰国

钝叶羽苔 Plagiochila obtusa Lindenb.

分布：台湾、海南；越南、印度尼西亚、美拉尼西亚

卵叶羽苔 Plagiochila ovalifolia Mitt.

分布：吉林、辽宁、内蒙古、河北、山西、陕西、甘肃、青海、新疆、安徽、浙江、江西、湖南、湖北、四川、贵州、云南、西藏、福建、台湾、广西；日本、朝鲜、菲律宾

拟刺羽苔 Plagiochila paraphyllosa Grolle et M. L. So

分布：云南

圆头羽苔 Plagiochila parvifolia Lindenb.

分布：安徽、浙江、湖南、四川、云南、西藏、福建、台湾、香港；日本、韩国、缅甸、泰国、越南、孟加拉国、斯里兰卡、菲律宾、印度尼西亚

小枝羽苔 Plagiochila parviramifera Inoue

分布：四川；尼泊尔、不丹

大蠕形羽苔 Plagiochila peculiaris Schiffn.

分布：浙江、江西、云南、福建、台湾、广东、海南、香港；日本、不丹、印度、尼泊尔、泰国、越南、印度尼西亚

多齿羽苔 Plagiochila perserrata Herzog

分布：四川、云南、福建、台湾、广东；不丹、尼泊尔、婆罗洲

波氏羽苔 Plagiochila poeltii Inoue et Grolle

分布：四川、云南、西藏；尼泊尔、印度

密齿羽苔 Plagiochila porelloides (Torr. ex Nees) Lindenb.

分布：黑龙江、吉林、青海、新疆、湖北、四川、云南；日本、韩国；欧洲、北美洲

粗齿羽苔 Plagiochila pseudofirma Herzog

分布：四川、重庆、贵州、云南、西藏；不丹、印度、尼泊尔

拟波氏羽苔 Plagiochila pseudopoeltii Inoue

分布：湖北、云南、西藏；印度、尼泊尔、菲律宾

尖齿羽苔 Plagiochila pseudorenitens Schiffn.

分布：湖北、重庆、云南、广西；印度、尼泊尔、不丹、越南

美姿羽苔 Plagiochila pulcherrima Horik.

分布：浙江、江西、湖南、四川、贵州、云南、福建、台湾、广东、广西、海南；日本、泰国、菲律宾、越南

反叶羽苔 Plagiochila recurvata W. E. Nicholson Grolle

分布：云南、西藏；不丹、印度、尼泊尔

微凹羽苔 Plagiochila retusa Mitt.

分布：云南；印度、尼泊尔

沙拉羽苔 Plagiochila salacensis Gottsche

分布：云南、广西；印度、泰国、菲律宾、印度尼西亚

刺叶羽苔 Plagiochila sciophila Nees ex Lindenb.

分布：江苏、浙江、江西、湖南、湖北、四川、重庆、贵州、云南、西藏、福建、台湾、广东、广西、海南、香港；日本、韩国、菲律宾、泰国、不丹、尼泊尔、印度、巴基斯坦；大洋洲

疏叶羽苔 Plagiochila secretifolia Mitt.

分布：云南、西藏、台湾、广西；印度、不丹、尼泊尔、泰国、越南

延叶羽苔 Plagiochila semidecurrens (Lehm. et Lindenb.) Lindenb.

分布：陕西、安徽、浙江、江西、四川、贵州、云南、西藏、福建、台湾、广西、香港；日本、韩国、尼泊尔、印度、不丹、斯里兰卡、泰国、菲律宾、北太平洋；北美洲

延叶羽苔(原变种) Plagiochila semidecurrens var. **semidecurrens**

分布：陕西、安徽、浙江、江西、四川、贵州、云南、西藏、福建、台湾、广西、香港；日本、韩国、尼泊尔、印度、不丹、斯里兰卡、泰国、菲律宾、北太平洋

延叶羽苔北美变种 Plagiochila semidecurrens var. **alaskana** (A. Evans) Inoue

分布：陕西；日本；北美洲

上海羽苔 Plagiochila shanghaica Steph.

分布：江苏、上海、湖南、贵州、广西；日本

四川羽苔 Plagiochila sichuanensis Grolle et M. L. So

分布：四川、贵州、西藏

密疣羽苔 Plagiochila singularis Schiffn.

分布：贵州、台湾、海南；印度尼西亚、巴布亚新几内亚

司氏羽苔 Plagiochila stevensiana Steph.

分布：湖南、四川、贵州；印度

大耳羽苔 Plagiochila subtropica Steph.

分布：云南；不丹、尼泊尔、印度、泰国

戴氏羽苔 Plagiochila tagawae Inoue

分布：海南；泰国

台湾羽苔 Plagiochila taiwanensis Inoue

分布：台湾

狭叶羽苔 Plagiochila trabeculata Steph.

分布：浙江、江西、重庆、贵州、云南、西藏、福建、广东、广西、海南；朝鲜、日本、尼泊尔、不丹、泰国、菲律宾、印度尼西亚

短齿羽苔 Plagiochila vexans Schiffn. ex Steph.

分布：安徽、四川、重庆、贵州、福建、台湾、广西；日本、尼泊尔、孟加拉国

王氏羽苔 Plagiochila wangii Inoue

分布：云南、台湾

韦氏羽苔 Plagiochila wightii Nees ex Lindenb.

分布：四川、云南、广西；印度

玉龙羽苔 Plagiochila yulongensis Piippo

分布：云南

臧氏羽苔 Plagiochila zangii Grolle et M. L. So

分布：四川、云南、西藏

朱氏羽苔 Plagiochila zhuensis Grolle et M. L. So

分布：广东、广西

短羽苔 Plagiochila zonata Steph.

分布：四川、重庆、贵州、云南；不丹、印度

对羽苔属 Plagiochilion S. Hatt.

褐色对羽苔 Plagiochilion braunianum (Nees) S. Hatt.

分布：江西、四川、重庆、贵州、台湾、广西；菲律宾、印度尼西亚、巴布亚新几内亚、新喀里多尼亚、喜马拉雅地区

稀齿对羽苔 Plagiochilion mayebarae S. Hatt.

分布：浙江、湖北、四川、贵州、西藏、福建、台湾、广西；印度、日本

对羽苔 Plagiochilion oppositum (Reinw., Blume et Nees) S. Hatt.

分布：台湾、海南；越南、缅甸、斯里兰卡、菲律宾、印度尼西亚、巴布亚新几内亚

卵叶对羽苔 Plagiochilion theriotianum (Steph.) Inoue

分布：四川、云南、福建、海南；日本、印度尼西亚、新喀里多尼亚

黄羽苔属 Xenochila R. M. Schust.

黄羽苔 Xenochila integrifolia (Mitt.) Inoue

分布：湖南、湖北、四川、贵州、云南、台湾、广西；印度、不丹、朝鲜、日本

111. 棉藓科 Plagiotheciaceae M. Fleisch.

长灰藓属 Herzogiella Broth.

齿边长灰藓 Herzogiella perrobusta (Broth. ex Cardot) Z. Iwats.

分布：贵州、云南、西藏；日本、朝鲜

残齿长灰藓 Herzogiella renitens (Mitt.) Z. Iwats.

分布：重庆、贵州；印度

长灰藓 Herzogiella seligeri (Brid.) Z. Iwats.

分布：新疆、重庆、贵州、广东；欧洲、非洲、北美洲

明角长灰藓 Herzogiella striatella (Brid.) Z. Iwats.

分布：陕西、安徽、江西、湖北、四川、重庆、贵州、广西、加拿大、美国、格陵兰；亚洲(东部和北部)、欧洲

沼生长灰藓 Herzogiella turfacea (Lindb.) Z. Iwats.

分布：吉林、陕西、江西、四川、贵州、云南；日本、朝鲜、俄罗斯；欧洲(北部)、北美洲

拟同叶藓属 Isopterygiopsis Z. Iwats.

北地拟同叶藓 Isopterygiopsis muelleriana (Schimp.) Z. Iwats.

分布：吉林、四川、重庆、贵州；巴基斯坦、不丹、日本、俄罗斯；欧洲、北美洲

美丽拟同叶藓 Isopterygiopsis pulchella (Hedw.) Z. Iwats.
分布：吉林、内蒙古、河北、宁夏、新疆、贵州、西藏；巴基斯坦、蒙古国、俄罗斯、新西兰；欧洲、非洲、北美洲

小鼠尾藓属 Myurella Bruch et Schimp.

小鼠尾藓 Myurella julacea (Schwägr.) Bruch et Schimp.
分布：吉林、内蒙古、河北、山西、陕西、甘肃、青海、四川、贵州、西藏；巴基斯坦、缅甸、越南、智利

刺叶小鼠尾藓 Myurella sibirica (Müll. Hal.) Reimers
分布：辽宁、内蒙古、河北、陕西、甘肃、新疆、四川、贵州、西藏；日本、俄罗斯；欧洲、北美洲

柔叶小鼠尾藓 Myurella tenerrima (Brid.) Lindb.
分布：内蒙古、宁夏、青海、新疆；俄罗斯；欧洲、北美洲

灰石藓属 Orthothecium Bruch et Schimp.

金黄灰石藓 Orthothecium chryseum (Schwägr.) Schimp.
分布：新疆、西藏；俄罗斯；欧洲、北美洲

直叶灰石藓 Orthothecium intricatum (Hartm.) Schimp.
分布：山西、四川、贵州、云南；日本；欧洲、非洲(北部)、北美洲

灰石藓 Orthothecium rufescens (Dicks. ex Brid.) Schimp.
分布：西藏、台湾；日本、俄罗斯；欧洲、北美洲

棉藓属 Plagiothecium Bruch et Schimp.

圆条棉藓 Plagiothecium cavifolium (Brid.) Z. Iwats.
分布：吉林、内蒙古、山东、陕西、甘肃、新疆、安徽、江苏、上海、浙江、湖南、四川、重庆、贵州、云南、西藏、福建、香港；巴基斯坦、尼泊尔、不丹、日本、朝鲜、蒙古国、俄罗斯；欧洲、北美洲

圆条棉藓(原变种) Plagiothecium cavifolium var. **cavifolium**
分布：吉林、内蒙古、山东、陕西、甘肃、新疆、安徽、江苏、上海、浙江、湖南、四川、重庆、贵州、云南、西藏、福建、香港；巴基斯坦、尼泊尔、不丹、日本、朝鲜、蒙古国、俄罗斯(远东地区)；欧洲、北美洲

圆条棉藓阔叶变种 Plagiothecium cavifolium var. **fallax** (Cardot et Thér.) Z. Iwats.
分布：陕西、安徽、浙江、湖南、四川、西藏、福建；日本；北美洲

弯叶棉藓 Plagiothecium curvifolium Schlieph. ex Limpr.
分布：江苏、浙江、湖南、福建、台湾；日本；欧洲、非洲、北美洲

棉藓 Plagiothecium denticulatum (Hedw.) Bruch et Schimp.
分布：吉林、内蒙古、陕西、新疆、江西、贵州、西藏；孟加拉国、巴基斯坦、日本、俄罗斯、智利；欧洲、北美洲

棉藓(原变种) Plagiothecium denticulatum var. **denticulatum**
分布：吉林、内蒙古、陕西、新疆、江西、西藏；孟加拉国、巴基斯坦、日本、俄罗斯、智利；欧洲、北美洲

棉藓钝叶变种 Plagiothecium denticulatum var. **obtusifolium** (Turner) Moore
分布：新疆；日本；北美洲

直叶棉藓 Plagiothecium euryphyllum (Cardot et Thér.) Z. Iwats.
分布：山东、安徽、江苏、浙江、江西、湖南、四川、重庆、贵州、西藏、福建、台湾、广东、香港；越南、朝鲜、日本

直叶棉藓(原变种) Plagiothecium euryphyllum var. **euryphyllum**
分布：山东、安徽、江苏、浙江、江西、湖南、四川、重庆、贵州、福建、台湾、广东、香港；越南、朝鲜、日本

直叶棉藓短尖变种 Plagiothecium euryphyllum var. **brevirameum** (Cardot) Z. Iwats.
分布：安徽、浙江、江西、四川、重庆、贵州、西藏、福建；日本

台湾棉藓 Plagiothecium formosicum Broth. et Yasuda
分布：陕西、湖北、四川、重庆、贵州、云南、西藏、福建

台湾棉藓(原变种) Plagiothecium formosicum var. **formosicum**
分布：陕西、湖北、四川、重庆、贵州、云南、西藏、福建

台湾棉藓直叶变种 Plagiothecium formosicum var. **rectiapex** D. K. Li
分布：湖南、贵州、西藏

滇边棉藓 Plagiothecium handelii Broth.
分布：四川、贵州、云南

光泽棉藓 Plagiothecium laetum Bruch et Schimp.
分布：吉林、内蒙古、山西、陕西、新疆、重庆、贵州、

云南、西藏；俄罗斯；欧洲(中部)、北美洲

小叶棉藓 Plagiothecium latebricola Schimp.

分布：吉林、陕西、新疆、重庆；巴基斯坦、日本；欧洲、北美洲

扁平棉藓 Plagiothecium neckeroideum Bruch et Schimp.

分布：陕西、甘肃、安徽、浙江、江西、湖南、湖北、四川、重庆、贵州、云南、西藏、福建；日本、尼泊尔、不丹、印度、泰国、印度尼西亚、菲律宾、俄罗斯；欧洲

扁平棉藓(原变种) Plagiothecium neckeroideum var. **neckeroideum**

分布：陕西、甘肃、安徽、浙江、江西、湖南、湖北、四川、重庆、贵州、云南、西藏、福建；日本、尼泊尔、不丹、印度、泰国、印度尼西亚、菲律宾、俄罗斯；欧洲

扁平棉藓宽叶变种 Plagiothecium neckeroideum var. **niitakayamae** (Toyama) Z. Iwats.

分布：安徽、浙江、四川、贵州、云南、西藏、福建；日本

扁平棉藓锡金变种 Plagiothecium neckeroideum var. **sikkimense** Renauld et Cardot

分布：贵州、云南、西藏；印度、尼泊尔、菲律宾

垂蒴棉藓 Plagiothecium nemorale (Mitt.) A. Jaeger

分布：黑龙江、吉林、内蒙古、山东、陕西、安徽、江苏、上海、浙江、江西、湖南、四川、重庆、贵州、云南、西藏、福建、广东、广西、香港；巴基斯坦、朝鲜、日本、印度、尼泊尔、不丹、缅甸、俄罗斯；欧洲、非洲

圆叶棉藓 Plagiothecium paleaceum (Mitt.) A. Jaeger

分布：陕西、四川、重庆、贵州、云南、西藏；印度

毛尖棉藓 Plagiothecium piliferum (Hartm.) Bruch et Schimp.

分布：吉林、贵州；俄罗斯；欧洲、北美洲

阔叶棉藓 Plagiothecium platyphyllum MÖnk.

分布：山东、陕西、安徽、江苏、上海、浙江、江西、四川、重庆、贵州、云南；日本；欧洲

石氏棉藓 Plagiothecium shevockii S. He

分布：台湾

狭叶棉藓 Plagiothecium subulatum Broth.

分布：云南

长喙棉藓 Plagiothecium succulentum (Wilson) Lindb.

分布：吉林、山西、河南、陕西、安徽、江苏、浙江、江西、湖南、四川、重庆、贵州、云南、西藏、福建、广东、广西；欧洲

波叶棉藓 Plagiothecium undulatum (Hedw.) Bruch et Schimp.

分布：黑龙江、贵州、云南、西藏；俄罗斯；欧洲、北美洲

细柳藓属 Platydictya Berk.

细柳藓 Platydictya jungermannioides (Brid.) H. A. Crum

分布：内蒙古、山西、新疆、江苏、贵州、云南、西藏；巴基斯坦、日本、俄罗斯；欧洲、北美洲

小细柳藓 Platydictya subtilis (Hedw.) H. A. Crum

分布：黑龙江、内蒙古、陕西、贵州；日本、印度、不丹、俄罗斯；欧洲、北美洲

牛尾藓属 Struckia Müll. Hal.

牛尾藓 Struckia argentata (Mitt.) Müll. Hal.

分布：贵州、福建；尼泊尔、不丹、印度

长尖牛尾藓 Struckia zerovii (Lazarenko) Hedenäs

分布：新疆；俄罗斯

112. 紫叶苔科 Pleuroziaceae Müll. Frib.

紫叶苔属 Pleurozia Dumort.

南亚紫叶苔 Pleurozia acinosa (Mitt.) Trevis.

分布：湖南、台湾、海南；日本、缅甸、马来西亚、印度尼西亚、斯里兰卡、泰国、菲律宾

宽叶紫叶苔 Pleurozia caledonica (Gottsche ex J. B. Jack) Steph.

分布：海南；新喀里多尼亚

紫叶苔 Pleurozia gigantea (F. Weber) Lindb.

分布：江西、台湾、广东、海南；马来西亚、印度尼西亚、菲律宾、斯里兰卡、泰国、英国、坦桑尼亚

曲瓣紫叶苔 Pleurozia purpurea Lindb.

分布：台湾、广西；印度、不丹、尼泊尔、日本、挪威、加拿大

拟大紫叶苔 Pleurozia subinflata (Austin) Austin

分布：浙江、福建、海南；斯里兰卡、泰国、越南、日本

113. 金发藓科 Polytrichaceae Schwägr.

仙鹤藓属 Atrichum P. Beauv.

狭叶仙鹤藓 Atrichum angustatum (Brid.) Bruch et Schimp.

分布：湖北、四川、重庆、贵州、广西；欧洲、北美洲

小仙鹤藓 **Atrichum crispulum** Schimp. ex Besch.
分布：辽宁、江苏、上海、浙江、四川、重庆、贵州、云南、西藏、台湾、广西；朝鲜、日本、泰国

卷叶仙鹤藓 **Atrichum crispum** (James) Sull.
分布：河南、陕西；欧洲、北美洲

小胞仙鹤藓 **Atrichum rhystophyllum** (Müll. Hal.) Paris
分布：江西、湖南、四川、重庆、贵州、云南、西藏、广西；朝鲜、日本

薄壁仙鹤藓 **Atrichum subserratum** (Hook.) Mitt.
分布：贵州、云南、福建；巴基斯坦

仙鹤藓多蒴变种 **Atrichum undulatum** (Hedw.) P. Beauv. var. **gracilisetum** Besch.
分布：黑龙江、吉林、辽宁、内蒙古、山东、河南、陕西、甘肃、安徽、江苏、浙江、江西、湖北、四川、重庆、贵州、云南、西藏、福建、台湾、广东、广西、香港；巴基斯坦、缅甸、朝鲜、日本、喜马拉雅地区

东亚仙鹤藓 **Atrichum yakushimense** (Horik.) Mizut.
分布：安徽、江西、湖北、重庆、贵州、云南、广东、广西；日本

异蒴藓属 **Lyellia** R. Br.

异蒴藓 **Lyellia crispa** R. Br. bis
分布：云南、西藏；尼泊尔、俄罗斯；北美洲

宽果异蒴藓 **Lyellia platycarpa** Cardot et Thér.
分布：陕西、四川、云南、西藏

小赤藓属 **Oligotrichum** Lam. et DC.

高栉小赤藓 **Oligotrichum aligerum** Mitt.
分布：吉林、云南、西藏、台湾；不丹、日本、韩国；北美洲、中美洲

花栉小赤藓 **Oligotrichum crossidioides** P. C. Chen et T. L. Wan ex W. X. Xu et R. L. Xiong
分布：云南、西藏

镰叶小赤藓 **Oligotrichum falcatum** Steere
分布：西藏；喜马拉雅地区、美国、加拿大、格陵兰岛

小赤藓 **Oligotrichum hercynicum** (Hedw.) Lam. et Cardot
分布：西藏；日本；欧洲、北美洲

钝叶小赤藓 **Oligotrichum obtusatum** Broth.
分布：贵州、云南、台湾；尼泊尔

半栉小赤藓 **Oligotrichum semilamellatum** (Hook. f.) Mitt.
分布：云南；喜马拉雅地区

台湾小赤藓 **Oligotrichum suzukii** (Broth.) C. C. Chuang
分布：台湾

小金发藓属 **Pogonatum** P. Beauv.

小金发藓 **Pogonatum aloides** (Hedw.) P. Beauv.
分布：浙江、贵州、广东、香港；尼泊尔、不丹、印度、缅甸、斯里兰卡、泰国、越南、菲律宾、印度尼西亚、日本、俄罗斯；非洲、北美洲

穗发小金发藓 **Pogonatum camusii** (Thér.) A. Touw
分布：台湾、广西、海南；泰国、越南、印度尼西亚、日本

刺边小金发藓 **Pogonatum cirratum** (Sw.) Brid.
分布：江苏、江西、湖南、湖北、重庆、贵州、云南、西藏、台湾、广东、广西、海南、香港；泰国、越南、老挝、日本、菲律宾、马来西亚、印度尼西亚

刺边小金发藓(原亚种) **Pogonatum cirratum** subsp. **cirratum**
分布：江苏、江西、湖南、湖北、重庆、贵州、云南、西藏、台湾、广东、广西、海南、香港；泰国、越南、老挝、日本、菲律宾、马来西亚、印度尼西亚

刺边小金发藓褐色亚种 **Pogonatum cirratum** subsp. **fuscatum** (Mitt.) Hyvönen
分布：浙江、江西、湖南、湖北、四川、重庆、贵州、云南、福建、台湾；孟加拉国、尼泊尔、不丹、印度、缅甸、老挝、越南、马来西亚、菲律宾、智利

扭叶小金发藓 **Pogonatum contortum** (Brid.) Lesq.
分布：山东、四川、贵州、广东、广西、海南、香港；孟加拉国、日本、俄罗斯；北美洲(西部)

细疣小金发藓 **Pogonatum dentatum** (Brid.) Brid.
分布：吉林、新疆、贵州、香港；印度、尼泊尔、日本、朝鲜、俄罗斯；欧洲、北美洲

暖地小金发藓 **Pogonatum fastigiatum** Mitt.
分布：吉林、陕西、江西、湖南、四川、贵州、云南、福建、台湾、广东、广西；尼泊尔、不丹、印度、缅甸、泰国

东亚小金发藓 **Pogonatum inflexum** (Lindb.) Sande Lac.
分布：山东、河南、甘肃、安徽、江苏、上海、浙江、江西、湖南、湖北、重庆、贵州、云南、福建、台湾；朝鲜、日本

东北小金发藓 **Pogonatum japonicum** Sull. et Lesq.
分布：黑龙江、吉林、辽宁；朝鲜、日本、俄罗斯

小口小金发藓 Pogonatum microstomum (Schwägr.) Brid.
分布：四川、贵州、云南、西藏、台湾；不丹、缅甸、泰国、越南、印度尼西亚

细小金发藓 Pogonatum minus W. X. Xu et R. L. Xiong
分布：重庆、云南

硬叶小金发藓 Pogonatum neesii (Müll. Hal.) Dozy
分布：江苏、浙江、江西、湖南、湖北、贵州、云南、香港；孟加拉国、朝鲜、日本、尼泊尔、不丹、斯里兰卡、缅甸、越南、泰国、柬埔寨、马来西亚、菲律宾、印度尼西亚、巴布亚新几内亚、澳大利亚、斐济、新喀里多尼亚、萨摩亚、俄罗斯

川西小金发藓 Pogonatum nudiusculum Mitt.
分布：甘肃、四川、贵州、云南、西藏、台湾；尼泊尔、不丹、印度、斯里兰卡、菲律宾

双珠小金发藓 Pogonatum pergranulatum P. C. Chen
分布：湖北、四川、贵州、云南、西藏

全缘小金发藓 Pogonatum perichaetiale (Mont.) A. Jaeger
分布：新疆、江西、四川、贵州、云南、西藏；尼泊尔、不丹、印度、智利

南亚小金发藓 Pogonatum proliferum (Griff.) Mitt.
分布：江西、湖南、四川、贵州、云南、台湾、广西；尼泊尔、不丹、印度、缅甸、泰国、越南、菲律宾

树形小金发藓 Pogonatum sinense (Broth.) Hyvönen et P. C. Wu
分布：四川、云南、西藏；不丹

苞叶小金发藓 Pogonatum spinulosum Mitt.
分布：黑龙江、吉林、山东、河南、安徽、江苏、浙江、江西、湖南、湖北、四川、重庆、贵州、云南、福建、广西；越南、朝鲜、日本、菲律宾

半栉小金发藓 Pogonatum subfuscatum Broth.
分布：四川、贵州、云南、西藏、台湾；亚洲(南部)

海岛小金发藓 Pogonatum tahitense Schimp.
分布：台湾；印度尼西亚、美国(夏威夷)；大洋洲

疣小金发藓 Pogonatum urnigerum (Hedw.) P. Beauv.
分布：吉林、辽宁、内蒙古、河北、山东、河南、陕西、甘肃、新疆、安徽、浙江、江西、湖北、四川、重庆、贵州、云南、西藏、台湾、广西；巴基斯坦、巴布亚新几内亚、印度尼西亚、坦桑尼亚

拟金发藓属 Polytrichastrum G. L. Sm.

拟金发藓 Polytrichastrum alpinum (Hedw.) G. L. Sm.
分布：吉林、内蒙古、河北、山西、青海、新疆、四川、贵州、云南、西藏、台湾、广东；全世界广布

厚栉拟金发藓 Polytrichastrum emodi G. L. Sm.
分布：云南、西藏；喜马拉雅地区

台湾拟金发藓 Polytrichastrum formosum (Hedw.) G. L. Sm.
分布：黑龙江、吉林、辽宁、内蒙古、安徽、江苏、上海、浙江、江西、湖南、四川、重庆、贵州、云南、西藏、福建、台湾、广东、广西、香港；尼泊尔、叙利亚、日本、俄罗斯、澳大利亚、新西兰；欧洲、非洲(北部)、北美洲

台湾拟金发藓(原变种) Polytrichastrum formosum var. formosum
分布：黑龙江、吉林、辽宁、内蒙古、安徽、江苏、上海、浙江、江西、湖南、四川、重庆、贵州、云南、西藏、福建、台湾、广东、广西、香港；尼泊尔、叙利亚、日本、俄罗斯(远东地区)、澳大利亚、新西兰；欧洲、非洲(北部)、北美洲

台湾拟金发藓圆齿变种 Polytrichastrum formosum var. densifolium (Hedw.) G. L. Sm.
分布：四川、台湾；喜马拉雅地区、日本

细叶拟金发藓 Polytrichastrum longisetum (Sw. ex Brid.) G. L. Sm.
分布：吉林、内蒙古、新疆、贵州；日本、俄罗斯、新西兰；欧洲、北美洲

多形拟金发藓 Polytrichastrum ohioense (Renauld et Cardot) G. L. Sm.
分布：黑龙江、辽宁、内蒙古、新疆、湖南、湖北、重庆、贵州、云南；日本、俄罗斯；欧洲、北美洲

莓疣拟金发藓 Polytrichastrum papillatum G. L. Sm.
分布：西藏；喜马拉雅地区

长栉拟金发藓 Polytrichastrum sexangulare (Flörke ex Brid.) G. L. Sm.
分布：吉林、新疆；日本、俄罗斯；欧洲、北美洲

黄尖拟金发藓 Polytrichastrum xanthopilum (Wilson ex Mitt.) G. L. Sm.
分布：内蒙古、四川、贵州、云南、西藏；喜马拉雅地区；北美洲

金发藓属 Polytrichum Hedw.

金发藓 Polytrichum commune Hedw.
分布：吉林、内蒙古、甘肃、安徽、江苏、上海、江西、

湖南、四川、重庆、贵州、云南、台湾；全世界广布

桧叶金发藓 Polytrichum juniperinum Hedw.

分布：吉林、内蒙古、新疆、四川、贵州、云南、西藏；巴基斯坦、朝鲜、日本、俄罗斯、印度秘鲁、智利、南太平洋；欧洲、非洲、北美洲

毛尖金发藓 Polytrichum piliferum Schrad. ex Hedw.

分布：吉林、内蒙古、新疆、西藏；朝鲜、日本、俄罗斯、智利、太平洋地区；欧洲、非洲、北美洲

球蒴金发藓 Polytrichum sphaerothecium (Besch.) Müll. Hal.

分布：吉林；朝鲜、日本；北美洲

直叶金发藓 Polytrichum strictum Menzel ex Brid.

分布：黑龙江、吉林、辽宁、内蒙古、新疆；朝鲜、日本、俄罗斯；欧洲、美洲、南极地区

微齿金发藓 Polytrichum swartzii Hartm.

分布：重庆、贵州、台湾；日本、俄罗斯、智利；欧洲、北美洲

拟赤藓属 Psilopilum Brid.

全缘拟赤藓 Psilopilum cavifolium (Wilson) I. Hagen

分布：吉林；北美洲

114. 光萼苔科 Porellaceae Cavers

耳坠苔属 Ascidiota C. Massal.

耳坠苔 Ascidiota blepharophylla C. Massal.

分布：陕西、甘肃、云南；美国

多瓣苔属 Macvicaria W. E. Nicholson

多瓣苔 Macvicaria ulophylla (Steph.) S. Hatt.

分布：黑龙江、内蒙古、山东、湖南、四川、重庆、云南、福建；日本、朝鲜、俄罗斯

光萼苔属 Porella L.

尖瓣光萼苔 Porella acutifolia (Lehm. et Lindb.) Trevis.

分布：陕西、甘肃、浙江、湖南、四川、重庆、云南、西藏、福建；印度、斯里兰卡、印度尼西亚、菲律宾、越南、日本、巴布亚新几内亚

尖瓣光萼苔(原亚种) Porella acutifolia subsp. **acutifolia**

分布：陕西、甘肃、浙江、湖南、四川、重庆、云南、西藏、福建；印度、斯里兰卡、印度尼西亚、菲律宾、越南、日本、巴布亚新几内亚

尖瓣光萼苔东亚亚种 Porella acutifolia subsp. **tosana** (Steph.) S. Hatt.

分布：山东、湖南、四川、云南、西藏、福建、台湾；日本、朝鲜、越南

尖瓣光萼苔缅甸变种 Porella acutifolia var. **birmanica** S. Hatt.

分布：甘肃；缅甸、泰国、老挝、越南

尖瓣光萼苔细叶变种 Porella acutifolia var. **lancifolia** (Steph.) S. Hatt.

分布：四川；巴布亚新几内亚

树生光萼苔 Porella arboris-vitae (With.) Grolle

分布：台湾；摩洛哥；欧洲

丛生光萼苔 Porella caespitans (Steph.) S. Hatt.

分布：山东、陕西、甘肃、浙江、湖南、湖北、四川、重庆、贵州、云南、西藏、广西；尼泊尔、菲律宾、印度、不丹、日本、朝鲜

丛生光萼苔(原变种) Porella caespitans var. **caespitans**

分布：山东、陕西、甘肃、浙江、湖北、四川、重庆、贵州、云南、西藏、广西；印度、不丹、日本、朝鲜

丛生光萼苔心叶变种 Porella caespitans var. **cordifolia** (Steph.) S. Hatt. ex T. Katagiri et T. Yamag.

分布：浙江、湖南、湖北、四川、重庆、贵州；日本、朝鲜、尼泊尔、印度、菲律宾

丛生光萼苔日本变种 Porella caespitans var. **nipponica** S. Hatt.

分布：甘肃、浙江、湖南、湖北、四川、重庆、贵州、云南、西藏、福建、广西；日本、朝鲜、尼泊尔、印度、菲律宾

丛生光萼苔细柄变种 Porella caespitans var. **setigera** (Steph.) S. Hatt.

分布：黑龙江、山东、甘肃、安徽、四川、重庆、云南、台湾；越南、缅甸、尼泊尔、印度、不丹、朝鲜、日本

粗齿光萼苔 Porella campylophylla (Lehm. et Lindb.) Trevis.

分布：陕西、浙江、湖南、四川、重庆、云南、西藏、福建、广西、香港；印度、尼泊尔、不丹、斯里兰卡、缅甸、越南

粗齿光萼苔(原变种) Porella campylophylla var. **campylophylla**

分布：陕西、浙江、四川、重庆、云南、西藏、福建、广西、香港；印度、尼泊尔、不丹、斯里兰卡、缅甸、越南

多齿光萼苔全缘变种 Porella campylophylla (Lehm. et Lindenb.) Trev. var. **integra** Y. Jia et Qiang He

分布：云南

粗齿光萼苔舌叶变种 Porella campylophylla var. **ligulifera** (Taylor) S. Hatt.

分布：湖南、云南、西藏；尼泊尔、印度

陈氏光萼苔 **Porella chenii** S. Hatt.
分布：四川

中华光萼苔 **Porella chinensis** (Steph.) S. Hatt.
分布：黑龙江、内蒙古、河北、山东、陕西、甘肃、新疆、浙江、湖北、四川、重庆、贵州、云南、西藏；印度、不丹、尼泊尔、俄罗斯

中华光萼苔(原变种) **Porella chinensis** var. **chinensis**
分布：黑龙江、内蒙古、河北、山东、河南、陕西、甘肃、新疆、浙江、湖北、四川、重庆、贵州、云南、西藏；印度、不丹、尼泊尔、俄罗斯

中华光萼苔延叶变种 **Porella chinensis** var. **decurrens** (Steph.) S. Hatt.
分布：甘肃；喜马拉雅(西北部)

密叶光萼苔 **Porella densifolia** (Steph.) S. Hatt.
分布：陕西、甘肃、安徽、浙江、江西、湖南、四川、重庆、云南、西藏、福建、台湾；日本、朝鲜、越南

密叶光萼苔(原亚种) **Porella densifolia** subsp. **densifolia**
分布：陕西、甘肃、安徽、浙江、江西、湖南、四川、重庆、云南、西藏、福建、台湾；日本、朝鲜、越南

密叶光萼苔长叶亚种 **Porella densifolia** subsp. **appendiculata** (Steph.) S. Hatt.
分布：甘肃、浙江、四川、重庆、贵州、云南、西藏、福建；印度、尼泊尔、不丹

密叶光萼苔脱叶变种 **Porella densifolia** var. **fallax** (C. Massal.) S. Hatt.
分布：甘肃、四川、重庆；日本、朝鲜

密叶光萼苔细尖叶变种 **Porella densifolia** var. **paraphyllina** (P. C. Chen) Pócs
分布：安徽、四川、重庆、贵州、云南；印度、尼泊尔、越南

小叶光萼苔 **Porella fengii** P. C. Chen et S. Hatt.
分布：陕西、湖北、云南

耳叶光萼苔 **Porella frullanioides** (Steph.) J. X. Luo
分布：云南

细光萼苔 **Porella gracillima** Mitt.
分布：黑龙江、吉林、山东、陕西、甘肃、浙江、湖北、四川、重庆、云南、西藏、台湾；日本、朝鲜、喜马拉雅地区、俄罗斯

大叶光萼苔 **Porella grandifolia** (Steph.) S. Hatt.
分布：贵州、台湾；越南

巨瓣光萼苔 **Porella grandiloba** Lindb.
分布：黑龙江、吉林、台湾；朝鲜、日本、俄罗斯

尾尖光萼苔 **Porella handelii** S. Hatt.
分布：湖南、湖北、贵州、云南、西藏

海林光萼苔 **Porella heilingensis** C. Gao et C. W. Aur
分布：黑龙江

兴安光萼苔 **Porella hsinganica** C. Gao et C. W. Aur
分布：黑龙江、河北

日本光萼苔 **Porella japonica** (Sande Lac.) Mitt.
分布：黑龙江、山东、陕西、安徽、浙江、江西、湖南、四川、重庆、云南、西藏、广西；印度尼西亚、菲律宾、印度、不丹、日本、朝鲜

日本光萼苔(原变种) **Porella japonica** var. **japonica**
分布：黑龙江、吉林、山东、河南、陕西、安徽、浙江、江西、湖南、四川、重庆、云南、西藏、广西；印度尼西亚、菲律宾、印度、不丹、日本、朝鲜

日本光萼苔密齿变种 **Porella japonica** var. **densespinosa** S. Hatt. et M. X. Zhang
分布：陕西

全缘光萼苔 **Porella javanica** (Gottsche ex Steph.) Inoue
分布：西藏；马来西亚、印度尼西亚

宽叶光萼苔 **Porella latifolia** J. X. Lou et Q. Li
分布：四川、贵州

长叶光萼苔 **Porella longifolia** (Steph.) S. Hatt.
分布：四川、重庆、云南、西藏、广西；印度尼西亚

基齿光萼苔 **Porella madagascariensis** (Nees et Mont.) Trevis.
分布：四川、贵州、云南；印度、斯里兰卡、越南、马达加斯加

亮叶光萼苔 **Porella nitens** (Steph.) S. Hatt.
分布：山东、湖南、湖北、四川、重庆、云南、西藏、广西；尼泊尔、印度、不丹

绢丝光萼苔 **Porella nitidula** (C. Massal. ex Stephani) S. Hatt.
分布：陕西

高山光萼苔 **Porella oblongifolia** S. Hatt.
分布：黑龙江、甘肃、湖南、四川、贵州、云南、西藏、福建；不丹、日本、朝鲜、俄罗斯

钝叶光萼苔 **Porella obtusata** (Taylor) Trevis.
分布：甘肃、新疆、浙江、江西、湖南、湖北、四川、贵州、云南、西藏、福建、台湾、广西；日本、印度；欧洲

钝尖光萼苔 Porella obtusiloba S. Hatt.

分布：四川、贵州、云南、福建

毛边光萼苔 Porella perrottetiana (Mont.) Trevis.

分布：甘肃、安徽、浙江、江西、湖南、湖北、四川、重庆、贵州、云南、西藏、福建、广东、广西、香港；日本、朝鲜、缅甸、菲律宾、不丹、尼泊尔、斯里兰卡、印度

毛边光萼苔(原变种) Porella perrottetiana var. **perrottetiana**

分布：河南、甘肃、安徽、浙江、江西、湖南、湖北、四川、重庆、贵州、云南、西藏、福建、广东、广西、香港；日本、朝鲜、缅甸、菲律宾、不丹、尼泊尔、斯里兰卡、印度

毛边光萼苔齿叶变种 Porella perrottetiana var. **ciliatodentata** (P. C. Chen et P. C. Wu) S. Hatt.

分布：浙江、湖南、湖北、四川、重庆、贵州、云南、福建；日本、朝鲜、老挝、缅甸、菲律宾、尼泊尔、不丹、斯里兰卡、印度

毛尖光萼苔 Porella piligera Steph. ex Pócs

分布：黑龙江、河南；越南

光萼苔 Porella pinnata L.

分布：河北、山东、甘肃、浙江、江西、湖南、湖北、四川、贵州、西藏、福建；欧洲、北美洲

平叶光萼苔 Porella planifolia J. X. Lou

分布：四川

温带光萼苔 Porella platyphylla (L.) Pfeiff.

分布：黑龙江、吉林、内蒙古、河北、山东、陕西、甘肃、新疆、福建；蒙古国、俄罗斯；欧洲、北美洲

温带光萼苔(原变种) Porella platyphylla var. **platyphylla**

分布：黑龙江、吉林、内蒙古、河北、山东、陕西、甘肃、新疆、福建；蒙古国、俄罗斯(远东地区)；欧洲、北美洲

温带光萼苔圆齿变种 Porella platyphylla var. **subcrenulata** (C. Massal.) Piippo

分布：陕西

褶叶光萼苔 Porella plicata J. X. Lou

分布：云南、西藏

小瓣光萼苔 Porella plumosa (Mitt.) Inoue

分布：浙江、四川、云南；越南、菲律宾、喜马拉雅地区

卷瓣光萼苔 Porella recurve-loba Y. Jia et Qiang He

分布：甘肃

卷叶光萼苔 Porella revoluta (Lehm. et Lindenb.) Trevis.

分布：内蒙古、甘肃、新疆、湖北、四川、云南、西藏；尼泊尔、不丹

卷叶光萼苔(原变种) Porella revoluta var. **revoluta**

分布：内蒙古、甘肃、新疆、湖北、四川、云南、西藏；尼泊尔、不丹

卷叶光萼苔陕西变种 Porella revoluta var. **propingua** (C. Massal.) S. Hatt.

分布：甘肃、湖北、四川、云南、西藏

疏刺光萼苔 Porella spinulosa (Steph.) S. Hatt.

分布：黑龙江、四川、西藏；印度、日本、朝鲜、俄罗斯

齿边光萼苔 Porella stephaniana (C. Massal.) S. Hatt.

分布：陕西、浙江、四川、云南；日本

细齿光萼苔 Porella subobtusa (Steph.) S. Hatt.

分布：黑龙江、山东；日本

齿尖光萼苔 Porella subparaphyllina J. X. Lou

分布：云南

截叶光萼苔 Porella truncate J. X. Lou

分布：云南、西藏

卷波光萼苔 Porella undato-revoluta J. X. Lou

分布：云南

瓶萼光萼苔 Porella urceolata S. Hatt.

分布：湖南、四川、云南、西藏

毛缘光萼苔 Porella vernicosa Lindb.

分布：黑龙江、吉林、山东、云南、福建；朝鲜、俄罗斯

115. 丛藓科 Pottiaceae Hampe

矮藓属 **Acaulon** Müll. Hal.

尖叶矮藓 Acaulon triquetrum (Spruce) Müll. Hal.

分布：宁夏；俄罗斯；中亚、欧洲、非洲(北部)、北美洲

芦荟藓属 **Aloina** Kindb.

芦荟藓棉毛变种 Aloina aloides var. **ambigua** (Bruch et Schimp.) E. J. Craig

分布：河北、山西；印度、以色列、约旦、黎巴嫩、土耳其、美国、澳大利亚；欧洲、非洲(北部)

短喙芦荟藓 Aloina brevirostris (Hook. et Grev.) Kindb.

分布：山西、宁夏、青海、新疆；俄罗斯；欧洲、北美洲

斜叶芦荟藓 Aloina obliquifolia (Müll. Hal.) Broth.

分布：内蒙古、陕西、宁夏、甘肃、云南；日本

钝叶芦荟藓 Aloina rigida (Hedw.) Limpr.

分布：内蒙古、河北、陕西、宁夏、甘肃、青海、新疆、四川、贵州、云南、西藏；巴基斯坦、印度、蒙古国、俄罗斯、秘鲁；欧洲、非洲(北部)、北美洲

丛本藓属 Anoectangium Schwägr.

丛本藓 Anoectangium aestivum (Hedw.) Mitt.

分布：黑龙江、吉林、辽宁、内蒙古、山西、山东、河南、陕西、宁夏、青海、安徽、江苏、浙江、四川、重庆、贵州、云南、福建、台湾；巴基斯坦、斯里兰卡、日本、印度、菲律宾、印度尼西亚、新西兰、秘鲁；欧洲、北美洲

阔叶丛本藓 Anoectangium clarum Mitt.

分布：河北、山西、河南、四川、贵州、云南、西藏、广西；斯里兰卡、印度、尼泊尔、缅甸

粗肋丛本藓 Anoectangium crassinervium Mitt.

分布：西藏

扭叶丛本藓 Anoectangium stracheyanum Mitt.

分布：吉林、内蒙古、河北、北京、山西、山东、河南、陕西、安徽、浙江、江西、湖南、四川、重庆、贵州、云南、西藏、福建、台湾、广东；巴基斯坦、斯里兰卡、尼泊尔、缅甸、印度、泰国、越南、日本

卷叶丛本藓 Anoectangium thomsonii Mitt.

分布：黑龙江、吉林、辽宁、内蒙古、河北、山东、河南、陕西、宁夏、甘肃、青海、新疆、安徽、浙江、江西、湖北、四川、重庆、贵州、云南、西藏、福建、台湾、广东、香港；日本、印度、尼泊尔、缅甸、俄罗斯

扭口藓属 Barbula Hedw.

朝鲜扭口藓 Barbula amplexifolia (Mitt.) A. Jaeger

分布：辽宁、内蒙古、山西、上海、湖北、四川、贵州、云南；印度、日本、朝鲜

扁叶扭口藓 Barbula anceps Cardot

分布：台湾

水生扭口藓 Barbula aquatica Cardot et Thér.

分布：贵州

砂地扭口藓 Barbula arcuata Griff.

分布：吉林、辽宁、河北、山西、河南、陕西、安徽、江苏、浙江、四川、贵州、云南、西藏、台湾、香港；尼泊尔、印度、缅甸、泰国、马来西亚、新加坡、日本、菲律宾、印度尼西亚、巴布亚新几内亚、瓦努阿图、西太平洋群岛；美洲

陈氏扭口藓 Barbula chenia Redf. et B. C. Tan

分布：黑龙江、辽宁、内蒙古、河北、北京、四川、贵州、西藏、福建、广东

卷叶扭口藓 Barbula convoluta Hedw.

分布：黑龙江、贵州、西藏、台湾；日本

狄氏扭口藓 Barbula dixoniana (P. C. Chen) Redf. et B. C. Tan

分布：河南、江苏、湖南、四川、贵州、西藏

宽叶扭口藓 Barbula ehrenbergii (Lorentz) M. Fleisch.

分布：山西、山东、河南、陕西、四川、贵州、云南、西藏、福建；尼泊尔、巴基斯坦、印度；西亚、欧洲、非洲(北部)、北美洲

疣叶扭口藓 Barbula gangetica Müll. Hal.

分布：四川、贵州、云南、西藏；孟加拉国、印度

细叶扭口藓 Barbula gracilenta Mitt.

分布：辽宁、河南、宁夏、新疆、四川、西藏；印度、巴基斯坦

纤细扭口藓 Barbula gracillima (Herzog) Broth.

分布：云南

细齿扭口藓(新拟) Barbula hiroshii K. Saito

分布：湖北；日本

小扭口藓 Barbula indica (Hook.) Spreng.

分布：内蒙古、北京、山东、河南、宁夏、江苏、浙江、重庆、贵州、云南、西藏、福建、台湾、广东、香港；巴基斯坦、斯里兰卡、日本、印度、尼泊尔、缅甸、越南、泰国、马来西亚、新加坡、印度尼西亚、菲律宾；大洋洲、美洲

褶叶扭口藓 Barbula inflexa (Duby) Müll. Hal.

分布：西藏、福建、广东；斯里兰卡、泰国、印度尼西亚

爪哇扭口藓 Barbula javanica Dozy et Molk.

分布：山西、山东、河南、安徽、江苏、上海、四川、贵州、云南、西藏、福建、台湾、海南、香港、澳门；印度、巴基斯坦、尼泊尔、缅甸、越南、泰国、柬埔寨、马来西亚、新加坡、印度尼西亚、菲律宾、斯里兰卡、日本、巴布亚新几内亚

大叶扭口藓 Barbula majuscula Müll. Hal.

分布：陕西、贵州

芽胞扭口藓 Barbula propagulifera (X. J. Li et M. X. Zhang) Redf. et B. C. Tan

分布：陕西、贵州

拟扭口藓 Barbula pseudo-ehrenbergii M. Fleisch.

分布：北京、山东、陕西、四川、重庆、贵州、云南、西

藏、福建、台湾、广东；斯里兰卡、尼泊尔、印度、菲律宾、印度尼西亚

暗色扭口藓 **Barbula sordida** Besch.

分布：山东、浙江、四川、贵州、云南、福建、广东；越南

东亚扭口藓 **Barbula subcomosa** Broth.

分布：湖南、重庆、贵州、西藏、台湾；缅甸、越南、柬埔寨、日本

亮叶扭口藓 **Barbula subpellucida** Mitt.

分布：四川、云南、台湾；喜马拉雅(西北部)、印度

扭口藓 **Barbula unguiculata** Hedw.

分布：吉林、辽宁、内蒙古、河北、北京、山西、山东、河南、陕西、宁夏、甘肃、新疆、安徽、江苏、上海、浙江、江西、湖南、湖北、四川、重庆、贵州、云南、西藏、福建、台湾、广西、香港、澳门；巴基斯坦、日本、印度、俄罗斯、秘鲁、智利、澳大利亚；欧洲、非洲(北部)、北美洲

威氏扭口藓 **Barbula williamsii** (P. C. Chen) Z. Iwats. et B. C. Tan

分布：山西、山东、贵州、云南、西藏；菲律宾

云南扭口藓 **Barbula yunnanensis** Copp.

分布：云南

美叶藓属 **Bellibarbula** P. C. Chen

美叶藓 **Bellibarbula kurziana** Hampe ex P. C. Chen

分布：山西、青海、贵州、西藏；印度

尖叶美叶藓 **Bellibarbula recurva** (Griff.) R. H. Zander

分布：山东、宁夏、贵州、云南、西藏；印度；北美洲

红叶藓属 **Bryoerythrophyllum** P. C. Chen

高山红叶藓 **Bryoerythrophyllum alpigenum** (Vent.) P. C. Chen

分布：河北、陕西、四川、贵州、云南、西藏；巴基斯坦、印度、俄罗斯、高加索地区、澳大利亚；欧洲、北美洲

钝头红叶藓 **Bryoerythrophyllum brachystegium** (Besch.) Saito

分布：内蒙古、河北、山西、宁夏、湖北、四川、重庆、贵州、云南、西藏、台湾；日本

无齿红叶藓 **Bryoerythrophyllum gymnostomum** (Broth.) P. C. Chen

分布：吉林、内蒙古、河北、河南、宁夏、江苏、上海、四川、贵州、云南、西藏；印度、日本

异叶红叶藓 **Bryoerythrophyllum hostile** (Herzog) P. C. Chen

分布：贵州、云南

单胞红叶藓 **Bryoerythrophyllum inaequalifolium** (Taylor) R. H. Zander

分布：内蒙古、山东、河南、新疆、浙江、重庆、贵州、云南、西藏、福建；密克罗尼西亚、喜马拉雅地区、印度尼西亚、菲律宾、巴布亚新几内亚；欧洲(南部)、美洲

红叶藓 **Bryoerythrophyllum recurvirostrum** (Hedw.) P. C. Chen

分布：黑龙江、吉林、内蒙古、河北、山西、山东、陕西、宁夏、甘肃、青海、新疆、浙江、江西、湖南、四川、贵州、云南、西藏、福建、台湾；巴基斯坦、日本、印度尼西亚、巴布亚新几内亚、俄罗斯、坦桑尼亚；西亚、中亚、欧洲、大洋洲、北美洲

大红叶藓 **Bryoerythrophyllum rubrum** (Jur. ex Geh.) P. C. Chen

分布：内蒙古、河北、陕西、云南、台湾；俄罗斯；欧洲

东亚红叶藓 **Bryoerythrophyllum wallichii** (Mitt.) P. C. Chen

分布：四川、贵州、云南、西藏；日本、尼泊尔、印度

云南红叶藓 **Bryoerythrophyllum yunnanense** (Herzog) P. C. Chen

分布：河北、山西、陕西、新疆、湖北、四川、贵州、云南、西藏；印度

云南红叶藓(原变种) **Bryoerythrophyllum yunnanense** var. **yunnanense**

分布：山西、陕西、新疆、湖北、四川、贵州、云南、西藏；印度

云南红叶藓垫状变种 **Bryoerythrophyllum yunnanense** var. **pulvinans** (Herzog) P. C. Chen

分布：河北、云南

陈氏藓属 **Chenia** R. H. Zander

陈氏藓 **Chenia leptophylla** (Müll. Hal.) R. H. Zander

分布：吉林、山西、新疆、浙江、贵州、西藏、台湾；日本、印度；欧洲、非洲、北美洲

复边藓属 **Cinclidotus** P. Beauv.

复边藓 **Cinclidotus fontinaloides** (Hedw.) P. Beauv.

分布：西藏；伊朗、俄罗斯；欧洲、北美洲、非洲(北部)

流苏藓属 **Crossidium** Jur.

短丝流苏 **Crossidium aberrans** Holz. et E. B. Bartram

分布：宁夏；美国、墨西哥；欧洲

厚肋流苏藓 **Crossidium crassinervium** (De Not.) Jur.

分布：内蒙古、陕西、宁夏、甘肃、青海、新疆；俄罗斯、

阿富汗，地中海地区、新西兰；欧洲、非洲(北部)、北美洲

多列流苏藓 **Crossidium seriatum** H. A. Crum et Steere

分布：青海；墨西哥；欧洲、北美洲

绿色流苏藓 **Crossidium squamiferum** (Viv.) Jur.

分布：宁夏、四川；巴基斯坦、蒙古国、俄罗斯、新西兰；欧洲、非洲(北部)、北美洲

对齿藓属 Didymodon Hedw.

尖锐对齿藓 **Didymodon acutus** (Brid.) Saito

分布：内蒙古、河北、湖北、广西；日本、蒙古国、伊朗；欧洲、非洲(北部)、北美洲

鹅头对齿藓 **Didymodon anserinocapitatus** (X. J. Li) R. H. Zander

分布：西藏；美国

红对齿藓 **Didymodon asperifolius** (Mitt.) H. A. Crum

分布：黑龙江、内蒙古、河北、陕西、宁夏、甘肃、新疆、重庆、贵州、云南、西藏；印度、日本、俄罗斯；中亚、欧洲、北美洲

白氏对齿藓(新拟) **Didymodon baii** D. P. Zhao, J. N. Wang et X. D. Zhao

分布：内蒙古

尖叶对齿藓 **Didymodon constrictus** (Mitt.) Saito

分布：吉林、辽宁、内蒙古、河北、北京、山西、陕西、宁夏、新疆、安徽、上海、江西、湖北、四川、重庆、贵州、云南、西藏、福建、台湾、广西；尼泊尔、印度、巴基斯坦、缅甸、印度尼西亚、菲律宾、日本

尖叶对齿藓(原变种) **Didymodon constrictus** var. **constrictus**

分布：吉林、辽宁、内蒙古、河北、北京、山西、陕西、宁夏、新疆、安徽、上海、江西、湖北、四川、重庆、云南、西藏、福建、台湾、广西；尼泊尔、印度、巴基斯坦、缅甸、印度尼西亚、菲律宾、日本

尖叶对齿藓芒尖变种 **Didymodon constrictus** var. **flexicuspis** (P. C. Chen) Saito

分布：内蒙古、山西、山东、河南、宁夏、青海、新疆、四川、贵州、云南、西藏、台湾

长尖对齿藓 **Didymodon ditrichoides** (Broth.) X. J. Li et S. He

分布：辽宁、内蒙古、山西、河南、陕西、甘肃、青海、新疆、安徽、江苏、上海、浙江、江西、湖南、湖北、四川、贵州、云南、西藏、福建、台湾；欧洲、北美洲

粗对齿藓 **Didymodon eroso-denticulatus** (Müll. Hal.) Saito

分布：陕西、湖北、四川、重庆、贵州、云南、西藏、广西；日本

北地对齿藓 **Didymodon fallax** (Hedw.) R. H. Zander

分布：内蒙古、河北、山东、河南、陕西、宁夏、甘肃、新疆、上海、湖北、四川、重庆、贵州、云南、西藏、台湾；秘鲁；亚洲(东北部)、南亚、中亚、欧洲、非洲(北部)、北美洲

反叶对齿藓 **Didymodon ferrugineus** (Schimp. ex Besch.) Hill

分布：辽宁、内蒙古、河北、山西、山东、陕西、宁夏、甘肃、青海、新疆、安徽、浙江、江西、湖南、四川、重庆、贵州、云南、西藏、台湾、广西；印度、俄罗斯、古巴；欧洲、北美洲

高氏对齿藓 **Didymodon gaochenii** B. C. Tan et Y. Jia

分布：内蒙古、青海

大对齿藓 **Didymodon giganteus** (Funck) Jur.

分布：内蒙古、山西、河南、陕西、甘肃、新疆、湖北、四川、重庆、贵州、云南、西藏；印度、日本；欧洲、北美洲

阔裂尖对齿藓 **Didymodon hedysariformis** Otnyukova

分布：内蒙古、河北；蒙古国、俄罗斯

日本对齿藓 **Didymodon japonicus** (Broth.) Saito

分布：河南、陕西、宁夏、青海、浙江、江西、四川、重庆、贵州、西藏、福建；日本

梭尖对齿藓 **Didymodon johansenii** (R. S. Williams) H. A. Crum

分布：内蒙古、宁夏；蒙古国、俄罗斯；北美洲、北极地区

鞭枝对齿藓 **Didymodon leskeoides** K. Saito

分布：云南；日本

棕色对齿藓 **Didymodon luridus** Hornsch.

分布：山西；哈萨克斯坦、美国；欧洲

密执安对齿藓 **Didymodon michiganensis** (Steere) Saito

分布：内蒙古、云南；印度、日本；北美洲

黑对齿藓 **Didymodon nigrescens** (Mitt.) Saito

分布：内蒙古、河北、山西、陕西、宁夏、青海、新疆、江苏、上海、浙江、江西、四川、贵州、云南、西藏、台湾；印度、日本；北美洲

浅基对齿藓 **Didymodon pallido-basis** (Dixon) X. J. Li et Z. Iwats.

分布：辽宁

细叶对齿藓 **Didymodon perobtusus** Broth.

分布：内蒙古、陕西、宁夏、甘肃、新疆、湖北、贵州、

西藏；蒙古国

硬叶对齿藓 **Didymodon rigidulus** Hedw.

分布：内蒙古、贵州、云南、西藏；印度、日本、俄罗斯；西亚、中亚、欧洲、非洲(北部)、北美洲、中美洲、南美洲

硬叶对齿藓(原变种) **Didymodon rigidulus** Hedw. var. **rigidulus**

分布：贵州、云南、西藏；俄罗斯、秘鲁、巴西、智利；西亚、中亚、欧洲、非洲(北部)、北美洲

硬叶对齿藓细肋变种 **Didymodon rigidulus** var. **icmadophilus** (Schimp. ex Müll. Hal.) R. H. Zander

分布：内蒙古；印度、日本、俄罗斯；欧洲、北美洲、中美洲、南美洲

溪边对齿藓 **Didymodon rivicola** (Broth.) R. H. Zander

分布：吉林、内蒙古、河北、山东、陕西、新疆、江苏、四川、贵州、云南、西藏

剑叶对齿藓 **Didymodon rufidulus** (Müll. Hal.) Broth.

分布：吉林、辽宁、内蒙古、山西、山东、陕西、宁夏、新疆、浙江、湖北、四川、重庆、贵州、云南、西藏、福建、台湾

黑叶对齿藓 **Didymodon subandreaeoides** (Kindb.) R. H. Zander

分布：四川、云南、西藏；加拿大、美国

短叶对齿藓 **Didymodon tectorus** (Müll. Hal.) Saito

分布：辽宁、内蒙古、河北、北京、山西、山东、河南、陕西、甘肃、新疆、安徽、江苏、上海、浙江、江西、四川、贵州、云南、西藏、广西；越南

灰土对齿藓 **Didymodon tophaceus** (Brid.) Lisa

分布：辽宁、内蒙古、山东、宁夏、新疆、四川、重庆、贵州、云南、西藏；印度、巴基斯坦、缅甸、泰国、俄罗斯、日本；欧洲、非洲(北部)、北美洲、南美洲

土生对齿藓 **Didymodon vinealis** (Brid.) R. H. Zander

分布：辽宁、内蒙古、河北、山西、山东、陕西、宁夏、甘肃、新疆、江苏、上海、湖南、重庆、贵州、云南、西藏、福建、台湾；尼泊尔、印度、缅甸、越南、印度尼西亚、俄罗斯、秘鲁、智利；欧洲、非洲(北部)、北美洲

土生对齿藓(原变种) **Didymodon vinealis** var. **vinealis**

分布：辽宁、内蒙古、河北、山西、山东、陕西、宁夏、甘肃、新疆、江苏、上海、湖南、重庆、贵州、云南、西藏、福建、台湾；尼泊尔、印度、缅甸、越南、印度尼西亚、俄罗斯、秘鲁、智利；欧洲、非洲(北部)、北美洲

土生对齿藓棕色变种 **Didymodon vinealis** var. **luridus** (Hornsch.) R. H. Zander

分布：山西；哈萨克斯坦；欧洲、美洲

艳枝藓属 **Eucladium** Bruch et Schimp.

艳枝藓 **Eucladium verticillatum** (Hedw.) Bruch et Schimp.

分布：陕西、新疆；巴基斯坦、日本、印度、俄罗斯、智利；欧洲、非洲(北部)、北美洲

疣壶藓属 **Gymnostomiella** M. Fleisch.

长肋疣壶藓 **Gymnostomiella longinervis** Broth.

分布：江苏、台湾、广西、香港；缅甸、菲律宾、日本

疣壶藓小型变种 **Gymnostomiella vernicos** var. **tenerum** (Müll. Hal. ex Dus.) Arts

分布：四川；印度、缅甸、印度尼西亚、泰国；非洲

净口藓属 **Gymnostomum** Nees et Hornsch.

铜绿净口藓 **Gymnostomum aeruginosum** Smith

分布：内蒙古、山西、山东、新疆、江苏、浙江、四川、重庆、贵州、云南、西藏、台湾、广东；巴基斯坦、日本、菲律宾、智利；西亚、中亚、欧洲、非洲(北部)、北美洲、中美洲

净口藓 **Gymnostomum calcareum** Nees et Hornsch.

分布：内蒙古、河北、北京、山东、陕西、宁夏、甘肃、新疆、江苏、上海、四川、重庆、贵州、云南、西藏、广东、广西；印度、澳大利亚、智利；西亚、欧洲、非洲(北部)、北美洲

厚壁净口藓 **Gymnostomum laxirete** (Broth.) P. C. Chen

分布：云南

圆口藓属 **Gyroweisia** Schimp.

五台山圆口藓 **Gyroweisia shansiensis** Sakurai

分布：山西

云南圆口藓 **Gyroweisia yunnanensis** Broth.

分布：辽宁、湖北、贵州、西藏

细齿藓属 **Hennediella** Paris

宽叶细齿藓 **Hennediella heimii** (Hedw.) R. H. Zander

分布：新疆；蒙古国、澳大利亚、新西兰、加拿大、美国

卵叶藓属 **Hilpertia** R. H. Zander

卵叶藓 **Hilpertia velenovskyi** (Schiffn.) R. H. Zander

分布：内蒙古、山西、宁夏、青海、新疆；欧洲

立膜藓属 **Hymenostylium** Brid.

立膜藓 **Hymenostylium recurvirostrum** (Hedw.) Dixon

分布：吉林、内蒙古、河北、山西、山东、河南、陕西、宁夏、甘肃、江苏、浙江、湖南、湖北、四川、重庆、贵州、云南、西藏、福建、台湾；印度、尼泊尔、巴基斯坦、日本、俄罗斯；欧洲、非洲(北部)、北美洲

立膜藓(原变种) **Hymenostylium recurvirostrum** (Hedw.) Dixon var. **recurvirostrum**

分布：吉林、内蒙古、河北、山西、山东、河南、陕西、宁夏、甘肃、江苏、浙江、湖南、湖北、四川、重庆、贵州、云南、西藏、福建、台湾；印度、尼泊尔、巴基斯坦、日本、俄罗斯；欧洲、非洲(北部)、北美洲

立膜藓橙色变种 **Hymenostylium recurvirostrum** var. **cylindricum** (E. B. Bartram) R. H. Zander

分布：吉林、内蒙古、河南、陕西、宁夏、甘肃、江苏、上海、四川、重庆、贵州、云南、西藏、福建、台湾；印度、尼泊尔、菲律宾；非洲(中部)、大洋洲、北美洲、中美洲

立膜藓硬叶变种 **Hymenostylium recurvirostrum** var. **insigne** (Dixon) E. B. Bartram

分布：黑龙江、吉林、内蒙古、河南、湖南、湖北、四川、贵州、云南；日本；欧洲、北美洲

中华立膜藓 **Hymenostylium sinense** Sakurai

分布：山西

湿地藓属 **Hyophila** Brid.

尖叶湿地藓 **Hyophila acutifolia** K. Saito

分布：浙江；日本

卷叶湿地藓 **Hyophila involuta** (Hook.) A. Jaeger

分布：吉林、内蒙古、山西、山东、河南、上海、浙江、江西、湖南、湖北、四川、重庆、贵州、云南、西藏、福建、台湾、广东、广西、海南、香港、澳门；巴基斯坦、斯里兰卡、印度、尼泊尔、缅甸、泰国、越南、柬埔寨、印度尼西亚、日本、俄罗斯；欧洲、大洋洲、美洲

湿地藓 **Hyophila javanica** (Nees et Blume) Brid.

分布：北京、山东、上海、四川、贵州、云南、福建、海南、香港；越南、印度尼西亚

花状湿地藓 **Hyophila nymaniana** (M. Fleisch.) Menzel

分布：吉林、河北、北京、山东、陕西、安徽、江苏、浙江、江西、湖南、重庆、贵州、云南、西藏、福建、台湾、广东、海南；喜马拉雅地区、印度、泰国、马来半岛、菲律宾

芽胞湿地藓 **Hyophila propagulifera** Broth.

分布：北京、江苏、浙江、湖北、重庆、贵州、云南、台湾、广东、澳门；日本

四川湿地藓 **Hyophila setschwanica** (Broth.) Hilp. ex P. C. Chen

分布：四川、贵州、云南、海南、香港

匙叶湿地藓 **Hyophila spathulata** (Harv.) A. Jaeger

分布：山东、江苏、浙江、湖南、贵州、云南、福建、广西；孟加拉国、斯里兰卡、尼泊尔、印度尼西亚

薄齿藓属 **Leptodontium** (Müll. Hal.) Hampe ex Lindb.

陈氏薄齿藓 **Leptodontium chenianum** X. J. Li et M. Zang

分布：云南

厚壁薄齿藓 **Leptodontium flexifolium** (Dick.) Hampe

分布：黑龙江、内蒙古、甘肃、新疆、湖南、湖北、四川、重庆、贵州、云南、西藏、福建、台湾；印度、印度尼西亚、日本、巴布亚新几内亚、秘鲁；欧洲、非洲

齿叶薄齿藓 **Leptodontium handelii** Thér.

分布：四川、云南、西藏、福建；印度

疣薄齿藓 **Leptodontium scaberrimum** Broth.

分布：河南、四川、贵州

薄齿藓 **Leptodontium viticulosoides** (P. Beauv.) Wijk et Margad.

分布：四川、贵州、云南、西藏、台湾、广西；印度、印度尼西亚、不丹、尼泊尔、秘鲁、巴西、坦桑尼亚

芦氏藓属 **Luisierella** Ther. et P. de la Varde

短茎芦氏藓 **Luisierella barbula** (Schwägr.) Steere

分布：山东、四川、贵州、云南、西藏、香港；印度尼西亚、日本；美洲

细丛藓属 **Microbryum** Schimp.

刺孢细丛藓 **Microbryum davallianum** (Sm.) R. H. Zander

分布：内蒙古；澳大利亚；亚洲(西部)、欧洲、非洲(北部)、北美洲

刺孢细丛藓(原变种) **Microbryum davallianum** var. **davallianum**

分布：内蒙古；澳大利亚；非洲(北部)

刺孢细丛藓残齿变种 **Microbryum davallianum** var. **conicum** (Schleich. ex Schwägr.) R. H. Zander

分布：内蒙古；澳大利亚；亚洲(西部)、欧洲、非洲、北美洲

直齿细丛藓 Microbryum rectum (With.) R. H. Zander

分布：青海；乌兹别克斯坦、伊拉克、土耳其

条纹细丛藓 Microbryum starckeanum (Hedw.) R. H. Zander

分布：内蒙古、宁夏；新西兰；欧洲、非洲(北部)、北美洲

大丛藓属 Molendoa Lindb.

大丛藓 Molendoa hornschuchiana (Hook.) Lindb. ex Limpr.

分布：山西、陕西、江西、湖南、四川、重庆、贵州、云南；俄罗斯；欧洲、非洲(北部)

侧立大丛藓 Molendoa schliephackei (Limpr.) R. H. Zander

分布：黑龙江、辽宁、内蒙古、河北、北京、山西、山东、宁夏、江苏、浙江、湖北、四川、贵州、云南、西藏、福建；俄罗斯、瑞士

高山大丛藓 Molendoa sendtneriana (Bruch et Schimp.) Limpr.

分布：吉林、内蒙古、河北、北京、山西、山东、河南、陕西、宁夏、甘肃、新疆、安徽、江苏、浙江、江西、四川、贵州、云南、西藏、台湾、广东、广西；日本、印度、俄罗斯、美国、巴西；中亚

高山大丛藓(原变种) Molendoa sendtneriana var. **sendtneriana**

分布：吉林、内蒙古、河北、北京、山西、山东、河南、陕西、宁夏、甘肃、新疆、安徽、江苏、浙江、江西、四川、贵州、云南、西藏、台湾、广东、广西；日本、印度、俄罗斯、美国、巴西；中亚

高山大丛藓云南变种 Molendoa sendtneriana var. **yunnanensis** (Broth.) Györffy

分布：吉林、内蒙古、河北、山西、河南、陕西、新疆、安徽、江西、四川、云南、贵州、西藏

卷边藓属 Plaubelia Brid.

匙叶卷边藓 Plaubelia involuta (Magill) R. H. Zander

分布：云南；博茨瓦纳

侧出藓属 Pleurochaete Lindb.

侧出藓 Pleurochaete squarrosa (Brid.) Lindb.

分布：河南、重庆、贵州、云南、台湾；喜马拉雅地区、俄罗斯；西亚、欧洲、非洲(北部)、北美洲

拟流梳藓属 Pseudocrossidium R. S. Williams

湿地拟流梳藓 Pseudocrossidium hornschuchianum (Schultz) R. H. Zander

分布：青海；澳大利亚、南非；欧洲、北美洲

拟合睫藓属 Pseudosymblepharis Broth.

狭叶拟合睫藓 Pseudosymblepharis angustata (Mitt.) Hilp.

分布：吉林、内蒙古、河北、山西、山东、河南、陕西、宁夏、甘肃、新疆、安徽、江苏、浙江、江西、湖北、四川、重庆、贵州、云南、西藏、福建、台湾、广东、广西；印度、不丹、缅甸、泰国、印度尼西亚、日本、巴布亚新几内亚

细拟合睫藓 Pseudosymblepharis duriuscula (Mitt.) P. C. Chen

分布：山东、陕西、浙江、湖南、四川、重庆、贵州；斯里兰卡

盐土藓属 Pterygoneurum Jur.

芒尖盐土藓 Pterygoneurum kozlovii Lazarenko

分布：内蒙古、新疆；蒙古国、加拿大；欧洲

卵叶盐土藓 Pterygoneurum ovatum (Hedw.) Dixon

分布：内蒙古、宁夏、新疆；蒙古国、俄罗斯；非洲(北部)、北美洲

盐土藓 Pterygoneurum subsessils (Brid.) Jur.

分布：内蒙古、宁夏、新疆；蒙古国、俄罗斯、智利；中亚、非洲(北部)、北美洲

仰叶藓属 Reimersia P. C. Chen

仰叶藓 Reimersia inconspicua (Griff.) P. C. Chen

分布：山东、湖南、四川、贵州、西藏、台湾；尼泊尔、印度、泰国、菲律宾

舌叶藓属 Scopelophila (Mitt.) Lindb.

剑叶舌叶藓 Scopelophila cataractae (Mitt.) Broth.

分布：辽宁、山东、河南、陕西、甘肃、安徽、江苏、江西、湖南、四川、贵州、云南、西藏、福建、台湾、广西、香港；尼泊尔、印度、不丹、印度尼西亚、菲律宾、朝鲜、日本、巴布亚新几内亚；美洲

舌叶藓 Scopelophila ligulata (Spruce) Spruce

分布：辽宁、山东、安徽、浙江、湖南、四川、贵州、云南、台湾、广西；日本、印度、菲律宾、印度尼西亚；欧洲、非洲(北部)、美洲

短壶藓属 Splachnobryum Müll. Hal.

大短壶藓 Splachnobryum aquaticum Müll. Hal.

分布：云南；不丹、尼泊尔、印度、巴基斯坦、约旦、阿曼、也门、阿拉伯联合酋长国、缅甸、泰国、菲律宾、索马里

长叶短壶藓 Splachnobryum obtusum (Brid.) Müll. Hal.

分布：云南、台湾；孟加拉国、印度、缅甸、泰国、马来

西亚、印度尼西亚、菲律宾、巴布亚新几内亚、澳大利亚；欧洲、南美洲、非洲

石芽藓属 **Stegonia** Vent.

石芽藓 **Stegonia latifolia** (Schwägr.) Vent. ex Broth.
分布：辽宁、内蒙古、河北、山西、宁夏、甘肃、新疆、西藏；巴基斯坦、印度、蒙古国、俄罗斯；欧洲、北美洲

石芽藓毛尖变种(新拟) **Stegonia latifolia** var. **pilifera** (Dicks.) Broth.
分布：西藏；阿富汗、蒙古国、吉尔吉斯斯坦、土耳其

赤藓属 **Syntrichia** Brid.

北美赤藓 **Syntrichia amphidiacea** (Müll. Hal.) R. H. Zander
分布：云南；巴布亚新几内亚、坦桑尼亚；美洲

双齿赤藓 **Syntrichia bidentata** (X. L. Bai) Ochyra
分布：内蒙古、宁夏；蒙古国

齿肋赤藓 **Syntrichia caninervis** Mitt.
分布：内蒙古、宁夏、新疆、四川、西藏；蒙古国、俄罗斯；亚洲(西南部和中部)、欧洲、北美洲

希氏赤藓 **Syntrichia fragilis** (Taylor) Ochyra
分布：内蒙古、山西、新疆、四川、重庆、贵州、西藏；亚洲(西部和中部)、欧洲、北美洲

芽胞赤藓 **Syntrichia gemmascens** (P. C. Chen) R. H. Zander
分布：河北、北京、甘肃、四川、云南、广东；印度、尼泊尔、日本

树生赤藓 **Syntrichia laevipila** Brid.
分布：内蒙古、宁夏、青海、新疆；蒙古国；中亚、西亚、欧洲、非洲(北部)、北美洲、南美洲

长尖赤藓 **Syntrichia longimucronata** (X. J. Li) R. H. Zander
分布：陕西、新疆、四川、贵州、西藏

疏齿赤藓 **Syntrichia norvegica** F. Weber
分布：内蒙古、青海、台湾；蒙古国、日本、中亚、俄罗斯；欧洲、非洲(北部)、北美洲

疣赤藓 **Syntrichia papillosa** (Wilson) Jur.
分布：新疆；澳大利亚、新西兰；欧洲、美洲

大赤藓 **Syntrichia princeps** (De Not.) Mitt.
分布：内蒙古、陕西、宁夏、甘肃、新疆；印度、喜马拉雅地区、土耳其、澳大利亚；欧洲、非洲、美洲

山赤藓 **Syntrichia ruralis** (Hedw.) F. Weber et D. Mohr
分布：内蒙古、陕西、甘肃、青海、新疆、四川、西藏；印度、俄罗斯、澳大利亚；欧洲、非洲(北部)、美洲

高山赤藓 **Syntrichia sinensis** (Müll. Hal.) Ochyra
分布：内蒙古、河北、山西、山东、陕西、宁夏、甘肃、青海、新疆、江苏、浙江、江西、湖北、四川、贵州、云南、西藏、福建；巴基斯坦；亚洲(西部和中部)、欧洲、非洲(北部)、北美洲

反纽藓属 **Timmiella** (De Not.) Limpr.

反纽藓 **Timmiella anomala** (Bruch et Schimp.) Limpr.
分布：吉林、辽宁、内蒙古、河北、北京、山西、山东、河南、陕西、宁夏、甘肃、青海、新疆、安徽、浙江、江西、湖南、湖北、四川、重庆、贵州、云南、西藏、福建、台湾、广东；印度、巴基斯坦、缅甸、泰国、越南、菲律宾、日本；欧洲、非洲(北部)、北美洲

小反纽藓 **Timmiella diminuta** (Müll. Hal.) P. C. Chen
分布：黑龙江、吉林、辽宁、内蒙古、河北、北京、山东、河南、陕西、甘肃、安徽、江苏、湖南、四川、重庆、贵州、云南、西藏；印度

纽藓属 **Tortella** (Lindb.) Limpr.

折叶纽藓 **Tortella fragilis** (Hook. et Wilson) Limpr.
分布：内蒙古、河北、山西、山东、河南、陕西、宁夏、甘肃、青海、新疆、湖南、湖北、四川、重庆、贵州、云南、西藏、福建、广西；巴基斯坦、日本、俄罗斯；欧洲、北美洲

纽藓 **Tortella humilis** (Hedw.) Jenn.
分布：陕西、安徽、湖南、重庆、贵州、云南、西藏；日本；俄罗斯、巴西、太平洋岛屿、坦桑尼亚；亚洲(西部)、欧洲、北美洲

卷叶纽藓 **Tortella nitida** (Lindb.) Broth.
分布：新疆；哈萨克斯坦、埃及、地中海、美国；欧洲

长叶纽藓 **Tortella tortuosa** (Hedw.) Limpr.
分布：内蒙古、山西、山东、河南、陕西、宁夏、甘肃、青海、新疆、安徽、江苏、浙江、江西、湖北、四川、重庆、贵州、云南、西藏、福建、台湾、广东；巴基斯坦、尼泊尔、印度、日本、俄罗斯；欧洲、非洲(北部)、美洲

墙藓属 **Tortula** Hedw.

球蒴墙藓 **Tortula acaulon** (With.) R. H. Zander
分布：内蒙古、河北、新疆、四川；俄罗斯；欧洲、非洲(北部)、北美洲

卷叶墙藓 **Tortula atrovirens** (Smith) Lindb.
分布：内蒙古、宁夏、新疆；俄罗斯、智利、澳大利亚、蒙古国、印度；欧洲、非洲、北美洲

垫尖墙藓(新拟) Tortula brevissima Schiffn.

分布：西藏；亚洲西部、欧洲、北美洲

狭叶墙藓 Tortula cernua (Huebener) Lindb.

分布：青海；欧洲、北美洲

中甸墙藓 Tortula chungtienia R. H. Zander

分布：云南、西藏

钙土墙藓(新拟) Tortula grandiretis Broth.

分布：青海；乌兹别克斯坦、伊拉克、土耳其

长尖墙藓 Tortula hoppeana (Schultz) Ochyra

分布：河北、山东、甘肃、贵州；俄罗斯；亚洲、欧洲、非洲(北部)、北美洲

具齿墙藓 Tortula lanceola R. H. Zander

分布：内蒙古、江苏、西藏；日本、蒙古国；西亚、欧洲、北美洲

具边墙藓 Tortula laureri (Schultz) Lindb.

分布：内蒙古、河北、陕西、青海、浙江、湖南、四川、贵州、云南、广东；欧洲、北美洲

长蒴墙藓 Tortula leptotheca (Broth.) P. C. Chen

分布：贵州、云南、福建、广东；日本

北方墙藓 Tortula leucostoma (R. Br. bis) Hook. et Grev.

分布：吉林、内蒙古、山东、宁夏、四川、西藏；俄罗斯；中亚、欧洲、北美洲

短齿墙藓 Tortula modica R. H. Zander

分布：内蒙古、江苏、重庆、福建；日本、澳大利亚；欧洲、北美洲

无疣墙藓 Tortula mucronifolia Schwägr.

分布：内蒙古、河北、宁夏、甘肃、青海、新疆、上海；蒙古国、日本、俄罗斯；中亚、欧洲、非洲、北美洲

泛生墙藓 Tortula muralis Hedw.

分布：吉林、辽宁、内蒙古、河北、山东、河南、陕西、宁夏、甘肃、青海、新疆、江苏、上海、浙江、江西、湖南、湖北、四川、重庆、贵州、云南、西藏、福建、台湾；巴基斯坦、日本、俄罗斯、秘鲁、智利；欧洲、非洲、北美洲

泛生墙藓(原变种) Tortula muralis var. **muralis**

分布：吉林、辽宁、内蒙古、河北、山东、河南、陕西、宁夏、甘肃、青海、新疆、江苏、上海、浙江、江西、湖南、湖北、四川、重庆、贵州、云南、西藏、福建、台湾；巴基斯坦、日本、俄罗斯；欧洲、非洲、美洲

泛生墙藓无芒变种 Tortula muralis var. **aestiva** Brid. ex Hedw.

分布：河南、上海、湖南、四川、重庆、贵州、云南；日本；欧洲、非洲、北美洲、南美洲

平叶墙藓 Tortula planifolia X. J. Li

分布：山东、新疆、重庆、贵州、西藏

密疣墙藓 Tortula protobryoides R. H. Zander

分布：新疆；哈萨克斯坦、德国、西班牙、以色列、美国

粗疣墙藓 Tortula raucopapillosa (X. J. Li) R. H. Zander

分布：内蒙古、新疆、西藏

墙藓 Tortula subulata Hedw.

分布：河北、山东、河南、甘肃、新疆、贵州；土耳其、俄罗斯；欧洲、非洲、北美洲

合柱墙藓 Tortula systylia (Schimp.) Lindb.

分布：内蒙古、新疆、西藏；蒙古国、俄罗斯；中亚、欧洲、北美洲

西藏墙藓 Tortula thomsonii (Müll. Hal.) R. H. Zander

分布：重庆、西藏；中亚地区

亮尖墙藓(新拟) Tortula transcaspica Broth.

分布：西藏；蒙古国、哈萨克斯坦、塔吉克斯坦、乌兹别克斯坦

截叶墙藓 Tortula truncata (Hedw.) Mitt.

分布：河北、陕西、四川、重庆、贵州、台湾；日本、俄罗斯；西亚、欧洲、非洲(北部)、北美洲、南美洲

云南墙藓 Tortula yuennanensis P. C. Chen

分布：内蒙古、陕西、宁夏、四川、云南、西藏、福建、广西

毛口藓属 Trichostomum Bruch

毛口藓 Trichostomum brachydontium Bruch

分布：黑龙江、吉林、辽宁、河北、山西、山东、河南、陕西、安徽、江苏、上海、浙江、江西、四川、重庆、贵州、云南、西藏、福建、台湾、广东；巴基斯坦、日本、马来西亚、印度尼西亚、俄罗斯、秘鲁、巴西、智利；西亚、欧洲、非洲(北部)、北美洲

皱叶毛口藓 Trichostomum crispulum Bruch

分布：吉林、辽宁、内蒙古、陕西、宁夏、江苏、上海、浙江、江西、湖南、四川、贵州、云南、福建、广西；朝鲜、日本、俄罗斯、阿尔及利亚、突尼斯；欧洲、北美洲

卷叶毛口藓 Trichostomum hattorianum B. C. Tan et Z. Iwats.

分布：河南、宁夏、上海、江西、湖南、湖北、贵州、云南、福建、台湾、广东、香港

平叶毛口藓 Trichostomum planifolium (Dixon) R. H. Zander

分布：黑龙江、吉林、辽宁、内蒙古、河北、北京、山西、山东、河南、宁夏、安徽、江苏、上海、浙江、江西、湖

南、湖北、四川、重庆、贵州、云南、福建、台湾；日本、俄罗斯

阔叶毛口藓 Trichostomum platyphyllum (Iisiba) P. C. Chen

分布：黑龙江、辽宁、山东、江苏、浙江、江西、湖南、湖北、四川、贵州、西藏、台湾、广西；越南、日本

舌叶毛口藓 Trichostomum sinochenii Redf. et B. C. Tan

分布：河南、江苏、上海、浙江、贵州

旋齿毛口藓 Trichostomum spirale Grout

分布：吉林；北美洲

波边毛口藓 Trichostomum tenuirostre (Hook. f. et Taylor) Lindb.

分布：黑龙江、吉林、辽宁、内蒙古、河北、北京、山西、山东、河南、陕西、宁夏、新疆、安徽、江苏、浙江、江西、湖南、湖北、四川、重庆、贵州、云南、西藏、福建、台湾、广东、广西、海南；印度、缅甸、老挝、日本、俄罗斯、巴西；欧洲、非洲、北美洲

芒尖毛口藓 Trichostomum zanderi Redf. et B. C. Tan

分布：河北、山东、河南、江西、湖南、湖北、贵州、云南、西藏

托氏藓属 Tuerckheimia Broth.

线叶托氏藓 Tuerckheimia svihlae (E. B. Bartram) R. H. Zander

分布：吉林、陕西、江苏、浙江、江西、四川、云南、西藏、福建；朝鲜、日本、印度、缅甸

小墙藓属 Weisiopsis Broth.

褶叶小墙藓 Weisiopsis anomala (Broth. et Paris) Broth.

分布：吉林、辽宁、河北、北京、山东、安徽、江苏、上海、浙江、贵州、云南、西藏、福建、广东、广西；朝鲜、日本

小墙藓 Weisiopsis plicata (Mitt.) Broth.

分布：江苏、湖南、贵州、云南、西藏、福建、台湾、广东、海南；非洲(东南部)

小石藓属 Weissia Hedw.

小口小石藓 Weissia brachycarpa (Nees et Hornsch.) Jur.

分布：湖南、重庆、贵州；俄罗斯；亚洲、欧洲、非洲(北部)、北美洲

短柄小石藓 Weissia breviseta (Thér.) P. C. Chen

分布：黑龙江、河北、山东、江西、贵州、福建

小石藓 Weissia controversa Hedw.

分布：黑龙江、吉林、辽宁、内蒙古、北京、山西、山东、河南、陕西、宁夏、甘肃、新疆、安徽、江苏、上海、浙江、江西、湖南、湖北、四川、重庆、贵州、云南、西藏、福建、台湾、广东、广西、海南、香港、澳门；世界广布

缺齿小石藓 Weissia edentula Mitt.

分布：黑龙江、吉林、辽宁、内蒙古、北京、山东、河南、陕西、宁夏、新疆、安徽、江苏、上海、浙江、湖南、四川、重庆、贵州、云南、西藏、福建、台湾、广东、香港；印度、斯里兰卡、泰国、越南、柬埔寨、马来西亚、印度尼西亚、菲律宾、巴布亚新几内亚、澳大利亚；非洲

东亚小石藓 Weissia exserta (Broth.) P. C. Chen

分布：黑龙江、吉林、辽宁、河北、山西、陕西、安徽、江苏、上海、浙江、湖南、湖北、四川、贵州、云南、西藏、福建、台湾、广东、广西、海南；印度、日本

皱叶小石藓 Weissia longifolia Mitt.

分布：黑龙江、吉林、辽宁、山西、山东、河南、宁夏、安徽、江苏、上海、浙江、湖南、四川、贵州、云南、西藏、福建、台湾、海南、香港；日本、印度、巴基斯坦、俄罗斯；欧洲、非洲(北部)、北美洲

木何兰小石藓 Weissia muhlenbergiana (Sw.) W. D. Reese et B. A. E. Lemmon

分布：贵州；北美洲

钝叶小石藓 Weissia newcomeri (E. B. Bartram) Saito

分布：内蒙古、河北、宁夏、台湾；日本

116. 拟复叉苔科 Pseudolepicoleaceae Fulford et J. Taylor

拟复叉苔属 Pseudolepicolea Fulford et J. Taylor

拟复叉苔 Pseudolepicolea quadrilaciniata (Sull.) Fulford et Taylor

分布：浙江、四川、云南、台湾；印度、尼泊尔、不丹、印度尼西亚、日本

裂片苔属 Temnoma Mitt.

多毛裂片苔 Temnoma setigerum (Lindenb.) R. M. Schust.

分布：湖北、四川、台湾；印度、不丹、菲律宾、印度尼西亚、斐济、所罗门群岛、巴布亚新几内亚

117. 拟薄罗藓科 Pseudoleskeaceae Schimp.

多毛藓属 Lescuraea Bruch et Schimp.

弯叶多毛藓 Lescuraea incurvata (Hedw.) Lawt.

分布：内蒙古、山东、新疆、江苏、浙江、四川、云南、西藏；巴基斯坦、日本；欧洲、北美洲

多态多毛藓 Lescuraea mutabilis (Brid.) Lindb.
分布：黑龙江、贵州；巴基斯坦、日本、印度、俄罗斯；欧洲(南部)、非洲(北部)、北美洲

密根多毛藓 Lescuraea radicosa (Mitt.) Mönk.
分布：新疆、江苏、贵州、云南；日本；欧洲、北美洲

石生多毛藓 Lescuraea saxicola (Schimp.) Molendo
分布：新疆、湖南、重庆；日本、朝鲜；欧洲、北美洲

四川多毛藓 Lescuraea setschwanica (Broth.) C. Cao et W. H. Wang
分布：四川

云南多毛藓 Lescuraea yunnanensis (Broth.) C. Cao et W. H. Wang
分布：贵州、云南

拟褶叶藓属 Pseudopleuropus Takaki

喜马拉雅拟褶叶藓 Pseudopleuropus himalayanus (Ochyra) T. Y. Chiang
分布：云南；尼泊尔

纤枝拟褶叶藓 Pseudopleuropus indicus (Dixon) T. Y. Chiang
分布：云南；印度

台湾拟褶叶藓 Pseudopleuropus morrisonensis Takaki
分布：台湾

118. 假细罗藓科 Pseudoleskeellaceae Ignatov et Ignatova

假细罗藓属 Pseudoleskeella Kindb.

假细罗藓 Pseudoleskeella catenulata (Brid. ex Schrad.) Kindb.
分布：辽宁、内蒙古、山西、山东、青海、新疆、贵州；巴基斯坦、日本、格陵兰岛；欧洲、北美洲

疣叶假细罗藓 Pseudoleskeella papillosa (Lindb.) Kindb.
分布：四川、云南、西藏；欧洲、北美洲

瓦叶假细罗藓 Pseudoleskeella tectorum (Brid.) Kindb.
分布：黑龙江、吉林、辽宁、内蒙古、河北、山西、山东、甘肃、青海、新疆、四川、贵州、云南、西藏；俄罗斯；欧洲、北美洲

119. 腋苞藓科 Pterigynandraceae Schimp.

腋苞藓属 Pterigynandrum Hedw.

腋苞藓 Pterigynandrum filiforme Hedw.
分布：台湾；日本、蒙古国、哈萨克斯坦、美国、加勒比地区、哥斯达黎加

叉肋藓属 Trachyphyllum A. Gepp.

狭叶叉肋藓(新拟) Trachyphyllum carinatum Dixon
分布：云南；缅甸、泰国

叉肋藓 Trachyphyllum inflexum (Harv.) A. Gepp.
分布：安徽、浙江、贵州、云南、西藏；尼泊尔、印度、缅甸、泰国、柬埔寨、越南、印度尼西亚、菲律宾；非洲、大洋洲

120. 蕨藓科 Pterobryaceae Kindb.

耳平藓属 Calyptothecium Mitt.

无肋耳平藓 Calyptothecium acostatum J. X. Lou
分布：西藏

芽胞耳平藓 Calyptothecium auriculatum (Dixon) Nog.
分布：云南、西藏、福建、海南；孟加拉国、印度

急尖耳平藓 Calyptothecium hookeri (Mitt.) Broth.
分布：甘肃、江西、四川、重庆、贵州、云南、福建、台湾、海南；日本、尼泊尔、不丹、缅甸、泰国、印度

带叶耳平藓 Calyptothecium phyllogonoides Nog. et X. J. Li
分布：云南、海南

羽枝耳平藓 Calyptothecium pinnatum Nog.
分布：四川、贵州、云南、西藏、台湾；尼泊尔、印度、缅甸

尾枝耳平藓 Calyptothecium ramosii Broth.
分布：台湾、海南；菲律宾

耳平藓 Calyptothecium urvilleanum (Müll. Hal.) Broth.
分布：四川、重庆、贵州、云南、西藏、台湾、广东、广西、海南；日本、斯里兰卡、印度、缅甸、泰国、印度尼西亚、菲律宾、斐济、巴布亚新几内亚、太平洋岛屿

长尖耳平藓 Calyptothecium wrightii (Mitt.) M. Fleisch.
分布：贵州、云南、西藏、台湾、香港；斯里兰卡、印度、尼泊尔、缅甸、孟加拉国、泰国、越南、老挝、印度尼西亚

兜叶藓属 Horikawaea Nog.

平尖兜叶藓 Horikawaea dubia (Tixier) S. H. Lin
分布：江西、四川、贵州、云南、台湾、广东、海南；越南

兜叶藓 Horikawaea nitida Nog.
分布：贵州、西藏、福建、台湾、广东、广西、海南；

越南

双肋兜叶藓 **Horikawaea tjibodensis** (M. Fleisch.) M. C. Ji. et Enroth
分布：海南；菲律宾

细树藓属 **Micralsopsis** W. R. Buck

细树藓 **Micralsopsis complanata** (Dixon) W. R. Buck
分布：云南；印度

山地藓属 **Osterwaldiella** M. Fleisch. ex Broth.

山地藓 **Osterwaldiella monostricta** M. Fleisch. ex Broth.
分布：四川、西藏；印度

长蕨藓属 **Penzigiella** M. Fleisch.

长蕨藓 **Penzigiella cordata** (Hook. ex Harv.) M. Fleisch.
分布：云南；尼泊尔、缅甸、泰国、不丹、印度

小蕨藓属 **Pireella** Cardot

台湾小蕨藓 **Pireella formosana** Broth.
分布：台湾

滇蕨藓属 **Pseudopterobryum** Broth.

大滇蕨藓 **Pseudopterobryum laticuspis** Broth.
分布：云南

滇蕨藓 **Pseudopterobryum tenuicuspes** Broth.
分布：甘肃、湖南、四川、重庆、贵州、云南、西藏

蕨藓属 **Pterobryon** Hornsch.

树形蕨藓 **Pterobryon arbuscula** Mitt.
分布：贵州、云南、台湾；日本、朝鲜

拟蕨藓属 **Pterobryopsis** M. Fleisch.

尖叶拟蕨藓 **Pterobryopsis acuminata** (Hook.) M. Fleisch.
分布：四川、贵州、云南、西藏、台湾、海南；尼泊尔、印度、泰国、缅甸、印度尼西亚

拟蕨藓 **Pterobryopsis crassicaulis** (Müll. Hal.) M. Fleisch.
分布：贵州、云南、广西、海南；泰国、越南、马来西亚、斯里兰卡、菲律宾、印度尼西亚

兜尖拟蕨藓 **Pterobryopsis crassiuscula** (Cardot) Broth.
分布：台湾

鞭枝拟蕨藓 **Pterobryopsis foulkesiana** (Mitt.) M. Fleisch.
分布：甘肃、四川、云南、西藏；印度

南亚拟蕨藓 **Pterobryopsis orientalis** (Müll. Hal.) M. Fleisch.
分布：陕西、甘肃、四川、贵州、云南；印度尼西亚、尼泊尔、印度、缅甸、泰国、越南

大拟蕨藓 **Pterobryopsis scabriucula** (Mitt.) M. Fleisch.
分布：甘肃、云南、西藏；印度、斯里兰卡、缅甸、泰国

四川拟蕨藓 **Pterobryopsis setschwanica** Broth.
分布：四川、贵州

海岛拟蕨藓 **Pterobryopsis subcrassicaulis** Broth.
分布：台湾、海南；日本

瓢叶藓属 **Symphysodontella** M. Fleisch.

小叶瓢叶藓 **Symphysodontella parvifolia** E. B. Bartram
分布：海南；印度尼西亚、巴布亚新几内亚

双肋瓢叶藓 **Symphysodontella siamensis** Dixon
分布：海南；泰国

扭尖瓢叶藓 **Symphysodontella tortifolia** Dixon
分布：四川、云南；印度、越南

121. 毛叶苔科 Ptilidiaceae H. Klinggr.

毛叶苔属 **Ptilidium** Nees

毛叶苔 **Ptilidium ciliare** (L.) Hampe
分布：黑龙江、吉林、内蒙古、甘肃；北半球广布

深裂毛叶苔 **Ptilidium pulcherrimum** (F. Weber) Hampe
分布：黑龙江、内蒙古、陕西、新疆、云南；北半球广布

122. 缩叶藓科 Ptychomitriaceae Schimp.

小缩叶藓属 **Campylostelium** Bruch et Schimp.

小缩叶藓 **Campylostelium saxicola** (F. Weber et D. Mohr) Bruch et Schimp.
分布：吉林、台湾；日本；欧洲、北美洲

旱藓属 **Indusiella** Broth. et Müll. Hal.

旱藓 **Indusiella thianschanica** Broth. et Müll. Hal.
分布：内蒙古、青海、新疆、西藏；俄罗斯、蒙古国；北美洲、非洲

缨齿藓属 **Jaffueliobryum** Thér.

缨齿藓 **Jaffueliobryum wrightii** (Sull.) Thér.
分布：内蒙古、河北、宁夏、青海、新疆、西藏；蒙古国、

俄罗斯、美国、墨西哥、玻利维亚

缩叶藓属 **Ptychomitrium** Fürnr.

齿边缩叶藓 **Ptychomitrium dentatum** (Mitt.) A. Jaeger
分布：内蒙古、河南、陕西、甘肃、青海、安徽、浙江、江西、湖南、四川、贵州、福建、广东、广西；越南、日本

东亚缩叶藓 **Ptychomitrium fauriei** Besch.
分布：河北、安徽、浙江、湖南、贵州、云南、西藏；朝鲜、日本

台湾缩叶藓 **Ptychomitrium formosicum** Broth. et Yasuda
分布：贵州、台湾；日本

多枝缩叶藓 **Ptychomitrium gardneri** Lesq.
分布：河北、山西、河南、陕西、江苏、浙江、湖南、湖北、四川、重庆、贵州、云南、西藏、台湾；日本；北美洲(西部)

狭叶缩叶藓 **Ptychomitrium linearifolium** Reimers
分布：河北、山西、陕西、甘肃、安徽、江苏、浙江、江西、湖南、湖北、四川、重庆、贵州、云南、福建；朝鲜、日本

疣胞缩叶藓 **Ptychomitrium mamillosum** S. L. Guo, T. Cao et C. Gao
分布：四川

中华缩叶藓 **Ptychomitrium sinense** (Mitt.) A. Jaeger
分布：黑龙江、吉林、辽宁、内蒙古、河北、北京、山西、山东、河南、陕西、江苏、上海、浙江、江西、湖南、湖北、贵州；朝鲜、日本

扭叶缩叶藓 **Ptychomitrium tortula** (Harv.) A. Jaeger
分布：宁夏、四川、云南、西藏；尼泊尔、印度、不丹

威氏缩叶藓 **Ptychomitrium wilsonii** Sull. et Lesq.
分布：安徽、江苏、浙江、江西、湖南、福建、贵州、广东、广西；朝鲜、日本

玉龙缩叶藓 **Ptychomitrium yulongshanum** T. Cao et S. L. Guo
分布：云南

123. 棱蒴藓科 Ptychomniaceae M. Fleisch.

绳藓属 **Garovaglia** Endl.

狭叶绳藓 **Garovaglia angustifolia** Mitt.
分布：西藏；越南、印度尼西亚、马来西亚、菲律宾、太平洋群岛

南亚绳藓 **Garovaglia elegans** (Dozy et Molk.) Hampe ex Bosch et Sande Lac.
分布：贵州、云南、西藏、台湾、广东、广西、海南；日本、菲律宾、越南、印度尼西亚、巴布亚新几内亚

绳藓 **Garovaglia plicata** (Brid.) Bosch et Sande Lac.
分布：云南、海南；印度、斯里兰卡、印度尼西亚、越南、马来西亚、菲律宾、巴布亚新几内亚

背刺绳藓 **Garovaglia powellii** Mitt.
分布：云南、海南；尼泊尔、越南、老挝、泰国、马来西亚、印度尼西亚、美国(夏威夷)、澳大利亚、斐济群岛、社会群岛

直棱藓属 **Glyphothecium** Hampe

直棱藓 **Glyphothecium sciuroides** (Hook.) Hampe
分布：云南、台湾；斯里兰卡、印度尼西亚、菲律宾、巴布亚新几内亚、新西兰、澳大利亚；南美洲

汉氏藓属 **Hampeella** Müll. Hal.

汉氏藓 **Hampeella pallens** (Sande Lac.) M. Fleisch.
分布：台湾；印度尼西亚、巴布亚新几内亚

124. 金灰藓科 Pylaisiaceae Schimp.

大湿原藓属 **Calliergonella** Loeske

大湿原藓 **Calliergonella cuspidata** (Hedw.) Loeske
分布：黑龙江、吉林、辽宁、内蒙古、甘肃、浙江、四川、贵州、云南；日本、印度、尼泊尔、不丹、俄罗斯、波多黎各、巴西；欧洲、非洲、大洋洲(北部)、北美洲

弯叶大湿原藓 **Calliergonella lindbergii** (Mitt.) Hedenäs
分布：黑龙江、吉林、辽宁、内蒙古、河北、陕西、宁夏、新疆、安徽、江西、湖北、四川、贵州、云南；日本、俄罗斯；欧洲、北美洲

毛灰藓属 **Homomallium** (Schimp.) Loeske

东亚毛灰藓 **Homomallium connexum** (Cardot) Broth.
分布：黑龙江、内蒙古、山西、山东、陕西、宁夏、新疆、安徽、江苏、上海、浙江、湖南、湖北、四川、贵州、云南、西藏、福建、台湾；朝鲜、日本、俄罗斯

毛灰藓 **Homomallium incurvatum** (Brid.) Loeske
分布：吉林、内蒙古、河北、山西、山东、河南、陕西、甘肃、新疆、江西、湖南、湖北、四川、重庆、贵州、云南、西藏；蒙古国、日本、俄罗斯、克什米尔地区；欧洲、北美洲

贴生毛灰藓 Homomallium japonico-adnatum (Broth.) Broth.

分布：山东、浙江、湖北、云南、西藏；朝鲜、日本

墨西哥毛灰藓 Homomallium mexicanum Cardot

分布：黑龙江、湖北、四川、贵州；北美洲

华中毛灰藓 Homomallium plagiangium (Müll. Hal.) Broth.

分布：河北、山西、陕西、湖北、四川、贵州、西藏；俄罗斯

南亚毛灰藓 Homomallium simlaense (Mitt.) Broth.

分布：宁夏、四川、重庆、云南、西藏；巴基斯坦、印度

云南毛灰藓 Homomallium yuennanense Broth.

分布：宁夏、甘肃、四川、贵州、云南、西藏

金灰藓属 **Pylaisia** Bruch et Schimp.

东亚金灰藓 Pylaisia brotheri Besch.

分布：黑龙江、吉林、辽宁、内蒙古、河北、山东、陕西、宁夏、甘肃、浙江、江西、湖南、湖北、四川、重庆、贵州、云南、西藏；朝鲜、日本

骤尖金灰藓 Pylaisia buckii T. Y. Chiang et C. Y. Lin

分布：台湾

大金灰藓 Pylaisia cristata Cardot

分布：黑龙江、河南、江西、西藏；日本

弯枝金灰藓 Pylaisia curviramea Dixon

分布：河北、河南、陕西、湖北、云南；蒙古国、俄罗斯

泛生金灰藓 Pylaisia extenta (Mitt.) A. Jaeger

分布：四川、贵州、云南；尼泊尔

弯叶金灰藓 Pylaisia falcata Schimp.

分布：宁夏、青海、新疆、四川、贵州、云南；不丹、印度、秘鲁；北美洲、中美洲

节齿金灰藓 Pylaisia intricata (Hedw.) Schimp.

分布：吉林；美国

丝金灰藓 Pylaisia levieri (Müll. Hal.) T. Arikawa

分布：内蒙古、陕西、江西、四川、重庆、贵州、云南、台湾

金灰藓 Pylaisia polyantha (Hedw.) Bruch et Schimp.

分布：黑龙江、吉林、辽宁、内蒙古、河北、山西、山东、河南、陕西、宁夏、甘肃、新疆、安徽、江西、四川、贵州、云南、西藏；蒙古国、朝鲜、日本、俄罗斯；欧洲、非洲、北美洲

北方金灰藓 Pylaisia selwynii Kindb.

分布：黑龙江、吉林、辽宁、内蒙古、河北、四川、贵州、云南；蒙古国、朝鲜；欧洲、北美洲

拟金灰藓 Pylaisia speciosa (Mitt.) Wilson ex Paris

分布：云南；喜马拉雅(东部)

多胞金灰藓 Pylaisia steerei (Ando et Higuchi) Ignatova

分布：新疆；俄罗斯、美国

叠叶金灰藓 Pylaisia subimbricata Broth. et Paris

分布：安徽、江苏

125. 毛锦藓科 Pylaisiadelphaceae Goffinet et W. R. Buck

小锦藓属 **Brotherella** Loeske ex M. Fleisch.

扁枝小锦藓 Brotherella complanata Reimers et Sakurai

分布：浙江、江西、湖南、重庆；日本

曲叶小锦藓 Brotherella curvirostris (Schwägr.) M. Fleisch.

分布：湖北、四川、贵州、云南、西藏；印度、不丹、缅甸、越南、柬埔寨、老挝

尾尖小锦藓 Brotherella cuspidata Y. Jia et J. M Xu

分布：云南

赤茎小锦藓 Brotherella erythrocaulis (Mitt.) M. Fleisch.

分布：内蒙古、河北、浙江、江西、湖南、湖北、四川、重庆、贵州、云南、西藏、福建、台湾、广东、广西、香港；印度、不丹、缅甸、泰国

弯叶小锦藓 Brotherella falcate (Dozy et Molk.) M. Fleisch.

分布：四川、贵州、云南、西藏、福建、台湾、广西、海南；日本、越南、老挝、泰国、印度尼西亚、马来西亚

东亚小锦藓 Brotherella fauriei (Cardot) Broth.

分布：安徽、江苏、浙江、江西、湖南、四川、重庆、贵州、云南、福建、台湾、广东、广西、海南、香港、澳门；日本

南方小锦藓 Brotherella henonii (Duby) M. Fleisch.

分布：浙江、江西、湖南、四川、重庆、贵州、云南、西藏、福建、广东、广西；日本、朝鲜

南方小锦藓(原变种) Brotherella henonii var. **henonii**

分布：浙江、江西、湖南、四川、重庆、贵州、云南、西藏、福建、广东、广西；日本、朝鲜

南方小锦藓弯叶变种 Brotherella henonii (Duby) M. Fleisch. var. **falcatula** (Broth.) B. C. Tan et Y. Jia

分布：云南

垂蒴小锦藓 **Brotherella nictans** (Mitt.) Broth.

分布：浙江、江西、湖南、湖北、四川、重庆、贵州、云南、西藏、福建、广西；巴基斯坦、越南、柬埔寨、老挝

垂蒴小锦藓(原变种) **Brotherella nictans** var. **nictans**

分布：浙江、江西、湖南、湖北、四川、重庆、贵州、云南、西藏、福建、广西；巴基斯坦、越南、柬埔寨、老挝

垂蒴小锦藓云南变种 **Brotherella nictans** var. **zangmu-xingjiangiorum** B. C. Tan

分布：云南

外弯小锦藓 **Brotherella recurvans** (Michx.) M. Fleisch.

分布：江苏；日本；北美洲

拟疣胞藓属 **Clastobryopsis** M. Fleisch.

短茎拟疣胞藓 **Clastobryopsis brevinervis** M. Fleisch.

分布：贵州、台湾、广西；日本、印度尼西亚、巴布亚新几内亚

拟疣胞藓 **Clastobryopsis planula** (Mitt.) Fleisch.

分布：四川、重庆、贵州、云南、西藏、福建、广西、香港；孟加拉国、印度、尼泊尔、不丹、日本、印度尼西亚、菲律宾

拟疣胞藓(原变种) **Clastobryopsis planula** (Mitt.) M. Fleisch. var. **planula**

分布：四川、重庆、贵州、云南、西藏、福建、广西、香港；孟加拉国、印度、尼泊尔、不丹、日本、印度尼西亚、菲律宾

拟疣胞藓纤枝变种 **Clastobryopsis planula** (Mitt.) M. Fleisch. var. **delicata** (Broth. ex Fleisch.) B. C. Tan et Y. Jia

分布：云南；印度

粗枝拟疣胞藓 **Clastobryopsis robusta** (Broth.) M. Fleisch.

分布：重庆、贵州、云南、台湾、广西；日本、菲律宾、印度尼西亚、巴布亚新几内亚

疣胞藓属 **Clastobryum** Dozy et Molk.

纤枝疣胞藓 **Clastobryum cuculligerum** (Sande Lac.) Tixier

分布：海南；柬埔寨、印度尼西亚、日本、马来西亚、菲律宾、斯里兰卡、泰国、越南、巴布亚新几内亚

三列疣胞藓 **Clastobryum glabrescens** (Z. Iwats.) B. C. Tan

分布：江西、贵州、台湾、广西；印度尼西亚、菲律宾、日本

腐木藓属 **Heterophyllium** (Schimp.) Kindb.

腐木藓 **Heterophyllium affine** (Hook.) M. Fleisch.

分布：江西、湖南、湖北、四川、重庆、贵州、云南、福建、台湾、广西、海南；日本、柬埔寨、老挝、越南、斯里兰卡、马来西亚、澳大利亚

淡色腐木藓 **Heterophyllium albicans** Thér.

分布：福建

小蒴腐木藓 **Heterophyllium microcarpum** Thér.

分布：福建

鞭枝藓属 **Isocladiella** Dixon

鞭枝藓 **Isocladiella surcularis** (Dixon) B. C. Tan et Mohamed

分布：江西、贵州、云南、福建、广东、广西、海南、香港、澳门；斯里兰卡、泰国、越南、柬埔寨、老挝、日本、马来西亚、澳大利亚

同叶藓属 **Isopterygium** Mitt.

淡色同叶藓 **Isopterygium albescens** (Hook.) A. Jaeger

分布：吉林、浙江、江西、贵州、云南、西藏、福建、台湾、广东、海南、香港；斯里兰卡、日本、尼泊尔、印度、缅甸、老挝、越南、泰国、柬埔寨、马来西亚、新加坡、菲律宾、印度尼西亚、美国(夏威夷)；大洋洲

南亚同叶藓 **Isopterygium bancanum** (Sande Lac.) A. Jaeger

分布：浙江、湖北、重庆、贵州；不丹、印度、泰国、越南、印度尼西亚、菲律宾

华东同叶藓 **Isopterygium courtoisii** Broth. et Paris

分布：安徽、江苏、上海、贵州、西藏、福建

刘氏同叶藓 **Isopterygium lioui** Thér. et P. de la Varde

分布：安徽

小羽枝同叶藓 **Isopterygium microplumosum** (Müll. Hal.) Broth.

分布：贵州；印度、巴西

纤枝同叶藓 **Isopterygium minutirameum** (Müll. Hal.) A. Jaeger

分布：浙江、江西、湖南、四川、贵州、云南、西藏、福建、台湾、广东、广西、香港；日本、印度、缅甸、斯里兰卡、泰国、老挝、越南、柬埔寨、马来西亚、新加坡、印度尼西亚、菲律宾、澳大利亚、新西兰、瓦努阿图

芽胞同叶藓 **Isopterygium propaguliferum** Toyama

分布：湖南、云南、福建、广西、海南；日本、越南、柬埔寨

石生同叶藓 **Isopterygium saxense** R. S. Williams

分布：广东；菲律宾

齿边同叶藓 **Isopterygium serrulatum** M. Fleisch.

分布：北京、安徽、江苏、江西、湖南、贵州、云南、西藏、广东；孟加拉国、印度

密枝同叶藓 **Isopterygium strictirameum** Dixon

分布：福建

羽枝同叶藓 **Isopterygium subpinnatum** (E. S. Salmon) Broth. ex Paris

分布：浙江

柔叶同叶藓 **Isopterygium tenerum** (Sw.) Mitt.

分布：安徽、江西、湖南、四川、贵州、云南、福建、台湾、香港；日本、印度；美洲

平锦藓属 **Platygyrium** Bruch et Schimp.

平锦藓 **Platygyrium repens**

分布：黑龙江、吉林、内蒙古、新疆、四川；日本、蒙古国、俄罗斯；欧洲、非洲、北美洲

拟金枝藓属 **Pseudotrismegistia** H. Akiy. et Tsubota

拟波叶金枝藓 **Pseudotrismegistia undulata** (Broth. et Yasuda) H. Akiy. et Tsubota

分布：云南、台湾、广西、海南；泰国、越南、柬埔寨、老挝

毛锦藓属 **Pylaisiadelpha** Cardot

弯叶毛锦藓 **Pylaisiadelpha tenuirostris** (Bruch et Schimp. ex Sull.) W. R. Buck

分布：黑龙江、吉林、内蒙古、陕西、安徽、浙江、江西、湖北、四川、重庆、贵州、云南、西藏、福建、台湾、广东；巴基斯坦、日本；北美洲

暗绿毛锦藓 **Pylaisiadelpha tristoviridis** (Broth.) O. M. Afonina

分布：浙江、江西、四川、贵州、台湾；朝鲜、日本

短叶毛锦藓 **Pylaisiadelpha yokohamae** (Broth.) W. R. Buck

分布：黑龙江、辽宁、浙江、江西、四川、贵州、云南、西藏、福建、广东、广西；日本、朝鲜

麻锦藓属 **Taxithelium** Spruce ex Mitt.

长柄麻锦藓 **Taxithelium alare** Broth.

分布：海南；泰国、印度尼西亚、菲律宾

南亚麻锦藓 **Taxithelium instratum** (Brid.) Broth.

分布：安徽、台湾、香港；缅甸、越南、泰国、柬埔寨、马来西亚、新加坡、菲律宾、印度尼西亚、澳大利亚；非洲

短茎麻锦藓 **Taxithelium lindbergii** (A. Jaeger) Renauld et Cardot

分布：台湾、海南、香港；泰国、印度尼西亚、菲律宾、日本

海岛麻锦藓 **Taxithelium liukiuense** Sak.

分布：海南、香港；日本

尼泊尔麻锦藓 **Taxithelium nepalense** (Schwägr.) Broth.

分布：云南、广东、海南、香港；印度、尼泊尔、孟加拉国、缅甸、泰国、越南、老挝、柬埔寨、马来西亚、印度尼西亚、菲律宾；非洲(中部)、大洋洲

卵叶麻锦藓 **Taxithelium oblongifolium** (Sull. et Lesq.) Z. Iwats.

分布：云南、台湾、海南、香港、澳门；菲律宾

金枝藓属 **Trismegistia** (Müll. Hal.) Müll. Hal.

扭叶金枝藓阔叶变种 **Trismegistia calderensis** var. **rigida** (Mitt.) H. Akiy.

分布：海南；柬埔寨、印度尼西亚、马来西亚、菲律宾、泰国、越南

金枝藓 **Trismegistia lancifolia** (Harv.) Broth.

分布：海南；泰国、菲律宾、巴布亚新几内亚

刺枝藓属 **Wijkia** (Mitt.) H. A. Crum

弯叶刺枝藓 **Wijkia deflexifolia** (Renauld et Cardot) H. A. Crum

分布：浙江、四川、重庆、贵州、云南、西藏、福建、台湾、广西、海南；印度、泰国、越南、柬埔寨、老挝、菲律宾

角状刺枝藓 **Wijkia hornschuchii** (Dozy et Molk.) H. A. Crum

分布：浙江、江西、湖南、湖北、四川、重庆、贵州、云南、西藏、福建、台湾、广西；印度尼西亚、巴布亚新几内亚、日本

细枝刺枝藓 **Wijkia surcularis** (Mitt.) H. A. Crum

分布：河南、浙江、江西、四川、重庆、贵州、云南、台湾、广东、广西、海南；泰国、越南、柬埔寨、老挝

毛尖刺枝藓 **Wijkia tanytricha** (Mont.) H. A. Crum

分布：江西、四川、贵州、云南、西藏、台湾、广东、广西；印度、不丹、泰国、越南、印度尼西亚

126. 卷柏藓科 Racopilaceae Kindb.

卷柏藓属 Racopilum P. Beauv.

疣卷柏藓 **Racopilum convolutaceum** (Müll. Hal.) Reichardt

分布：西藏；澳大利亚、新西兰、太平洋岛屿、智利

薄壁卷柏藓 **Racopilum cuspidigerum** (Schwägr.) Ångström

分布：江苏、浙江、江西、湖南、湖北、四川、重庆、贵州、云南、西藏、福建、台湾、广东、广西、海南、香港；印度、斯里兰卡、缅甸、泰国、越南、柬埔寨、马来西亚、印度尼西亚、菲律宾、日本、巴布亚新几内亚、太平洋岛屿、澳大利亚、美国(夏威夷)；南美洲

直蒴卷柏藓 **Racopilum orthocarpum** Wilson ex Mitt.

分布：贵州、云南、广西；不丹、尼泊尔、印度、斯里兰卡、缅甸、泰国、越南

粗齿卷柏藓 **Racopilum spectabile** Reinw. et Hornsch.

分布：贵州、云南、西藏、台湾、广西；泰国、马来西亚、菲律宾、印度尼西亚；大洋洲

127. 扁萼苔科 Radulaceae Müll. Frib.

扁萼苔属 Radula Dumort.

尖舌扁萼苔 **Radula acuminata** Steph.

分布：安徽、浙江、江西、湖南、湖北、四川、云南、福建、台湾、广东；泰国、日本、菲律宾、印度、越南、印度尼西亚

美丽扁萼苔 **Radula amoena** Herzog

分布：湖南、四川、重庆、贵州、云南、福建；印度尼西亚、巴布亚新几内亚

齿边扁萼苔 **Radula anceps** Sande Lac.

分布：四川、台湾；印度、马来西亚、印度尼西亚、菲律宾、日本；大洋洲

尖瓣扁萼苔 **Radula apiculata** Sande Lac. ex Steph.

分布：安徽、浙江、江西、湖南、四川、重庆、贵州、福建、台湾、广西、香港；印度、日本、泰国、菲律宾、印度尼西亚；大洋洲

长枝扁萼苔 **Radula aquiligia** (Hook. f. et Taylor) Gottsche

分布：黑龙江、吉林、辽宁、山东、陕西；朝鲜、日本

阿萨密扁萼苔 **Radula assamica** Steph.

分布：云南、西藏、福建；印度、斯里兰卡、泰国、缅甸、越南

耳瓣扁萼苔 **Radula auriculata** Steph.

分布：四川、台湾；尼泊尔、印度、朝鲜、日本；北美洲

婆罗洲扁萼苔 **Radula borneensis** Steph.

分布：福建、海南；越南、印度尼西亚

断叶扁萼苔 **Radula caduca** K. Yamada

分布：重庆、贵州、云南、福建、海南；尼泊尔、不丹、泰国、巴布亚新几内亚

钟萼扁萼苔 **Radula campanigera** Mont.

分布：西藏、台湾；泰国、马来西亚、印度尼西亚

大瓣扁萼苔 **Radula cavifolia** Hampe

分布：安徽、浙江、江西、四川、重庆、贵州、云南、台湾、广西、香港；越南、日本、马来西亚、印度尼西亚、朝鲜、菲律宾

中华扁萼苔 **Radula chinensis** Steph.

分布：安徽、四川、云南、台湾；不丹、日本

扁萼苔 **Radula complanata** (L.) Dumort.

分布：黑龙江、吉林、辽宁、内蒙古、山东、甘肃、青海、新疆、浙江、江西、湖南、湖北、四川、重庆、云南、福建、台湾；朝鲜、日本、印度、巴西

镰叶扁萼苔 **Radula falcata** Steph.

分布：广西、海南；印度尼西亚、菲律宾、巴布亚新几内亚

台湾扁萼苔 **Radula formosa** (C. F. W. Meissn. ex Spreng.) Nees

分布：重庆、台湾、海南；泰国、印度尼西亚、菲律宾、日本、新西兰；非洲

异胞扁萼苔 **Radula gedena** Gottsche ex Steph.

分布：四川、福建、广西；泰国、越南、印度尼西亚、日本

圆瓣扁萼苔 **Radula inouei** K. Yamada

分布：贵州、台湾、广西

日本扁萼苔 **Radula japonica** Gottsche ex Steph.

分布：辽宁、山东、江苏、上海、浙江、江西、湖南、重庆、西藏、福建、台湾、广东、广西、海南、香港；朝鲜、日本

爪哇扁萼苔 **Radula javanica** Gottsche

分布：浙江、江西、湖北、云南、福建、台湾、广东、广西、海南、香港；日本、朝鲜、印度、斯里兰卡、越南、泰国、马来西亚、菲律宾、印度尼西亚、玻利维亚；大洋洲

尖叶扁萼苔 **Radula kojana** Steph.

分布：安徽、浙江、江西、湖南、湖北、四川、重庆、贵

州、云南、福建、台湾、广西、海南、香港、新疆；朝鲜、日本、菲律宾

曲瓣扁萼苔 Radula kurzii Steph.

分布：海南；斯里兰卡、印度

刺边扁萼苔 Radula lacerata Steph.

分布：海南；泰国、印度尼西亚；大洋洲

芽胞扁萼苔 Radula lindenbergiana Gottsche ex Hartm. f.

分布：吉林、内蒙古、河北、山东、陕西、安徽、浙江、江西、湖南、四川、重庆、贵州、云南、西藏、福建、台湾、广西；北半球温带广布

热带扁萼苔 Radula madagascariensis Gottsche

分布：福建、广西；印度、尼泊尔、孟加拉国、菲律宾、印度尼西亚、马达加斯加

迈氏扁萼苔 Radula meyer Steph.

分布：湖北、云南、海南；泰国、菲律宾、印度尼西亚；非洲

多萼扁萼苔 Radula multiflora Gottsche ex Schiffn.

分布：广西、海南；泰国、菲律宾、印度尼西亚、巴布亚新几内亚、新喀里多尼亚

角瓣扁萼苔 Radula nymanii Steph.

分布：台湾；越南、泰国、菲律宾、印度尼西亚、巴布亚新几内亚、斐济

树生扁萼苔 Radula obscura Mitt.

分布：四川、台湾、广东、海南；印度、尼泊尔、印度尼西亚、菲律宾、泰国

钝瓣扁萼苔 Radula obtusiloba Steph.

分布：黑龙江、吉林、浙江、香港；朝鲜；亚洲(东部)

厚角扁萼苔 Radula okamurama Steph.

分布：福建、台湾、广西；日本

南亚扁萼苔 Radula onraedtii K. Yamada

分布：台湾、海南；斯里兰卡、泰国

东亚扁萼苔 Radula oyamensis Steph.

分布：浙江、福建、台湾、广西、香港；日本

直瓣扁萼苔 Radula perrottetii Gottsche ex Steph.

分布：浙江、湖南、湖北、西藏、福建、台湾；日本、泰国、印度、印度尼西亚

菲律宾扁萼苔 Radula philippinensis K. Yamada

分布：台湾；菲律宾

长舌扁萼苔 Radula protensa Lindenb.

分布：台湾；印度、印度尼西亚、菲律宾、马来西亚、巴布亚新几内亚

卷尖扁萼苔 Radula reflexa Nees et Mont.

分布：福建；印度、巴布亚新几内亚

反叶扁萼苔 Radula retroflexa Taylor

分布：云南、福建、台湾、广西、海南；泰国、马来西亚、印度尼西亚、日本、菲律宾、巴布亚新几内亚、新西兰

反叶扁萼苔(原变种) Radula retroflexa var. **retroflexa**

分布：云南、福建、台湾、广西、海南；印度尼西亚、日本、菲律宾

反叶扁萼苔月瓣变种 Radula retroflexa var. **fauciloba** (Steph.) K. Yamada

分布：四川、海南；泰国、马来西亚、日本、菲律宾、巴布亚新几内亚、新西兰

星苞扁萼苔 Radula stellatogemmipara C. Gao et Y. H. Wu

分布：福建、广西

大扁萼苔 Radula sumatrana Steph.

分布：海南；泰国、印度尼西亚

细茎扁萼苔 Radula tjibodensis Goebel

分布：四川、贵州、云南、福建；印度尼西亚、泰国、越南、印度、菲律宾

东京扁萼苔 Radula tokiensis Steph.

分布：吉林、辽宁、浙江、四川、福建、台湾、香港；朝鲜、日本

短萼扁萼苔 Radula yangii K. Yamada

分布：台湾；斯里兰卡、泰国、马来西亚、印度尼西亚

128. 异齿藓科 Regmatodontaceae Broth.

异齿藓属 Regmatodon Brid.

异齿藓 Regmatodon declinatus (Hook.) Brid.

分布：江苏、上海、浙江、江西、湖南、重庆、贵州、云南、西藏、福建、海南；尼泊尔、印度、缅甸、泰国、越南

长肋异齿藓 Regmatodon longinervis C. Gao

分布：贵州、西藏

多蒴异齿藓 Regmatodon orthostegius Mont.

分布：四川、贵州、云南、西藏；印度、泰国、越南、印度尼西亚

齿边异齿藓 Regmatodon serrulatus (Dozy et Molk.) Bosch et Sande Lac.

分布：贵州、云南、西藏；越南、印度尼西亚

云南藓属 **Yunnanobryon** Shevock

云南藓 Yunnanobryon rhyacophilum Shevock
分布：云南

129. 刺藓科 Rhachitheciaceae H. Rob.

刺藓属 **Rhachithecium** Broth. ex Le Jolis

刺藓 Rhachithecium perpusillum (Thwaites et Mitt.) Broth.
分布：四川、贵州、云南；印度、斯里兰卡、墨西哥、巴西；非洲

130. 桧藓科 Rhizogoniaceae Broth.

桧藓属 **Pyrrhobryum** Mitt.

大桧藓 Pyrrhobryum dozyanum (Sande Lac.) Manuel
分布：安徽、浙江、江西、湖南、湖北、四川、重庆、贵州、云南、西藏、福建、台湾、广东、广西、海南；日本、朝鲜、印度尼西亚

阔叶桧藓 Pyrrhobryum latifolium (Bosch et Sande Lac.) Mitt.
分布：浙江、江西、湖南、湖北、四川、重庆、贵州、云南、西藏、福建、台湾、广东、海南；越南、马来西亚、印度尼西亚、菲律宾、日本、坦桑尼亚

刺叶桧藓 Pyrrhobryum spiniforme (Hedw.) Mitt.
分布：浙江、江西、湖南、贵州、云南、西藏、福建、台湾、广东、广西、海南、香港；朝鲜、日本、印度、尼泊尔、斯里兰卡、缅甸、越南、泰国、柬埔寨、马来西亚、新加坡、菲律宾、印度尼西亚；非洲、大洋洲、美洲

131. 垂枝藓科 Rhytidiaceae Broth.

垂枝藓属 **Rhytidium** (Sull.) Kindb.

垂枝藓 Rhytidium rugosum (Hedw.) Kindb.
分布：吉林、内蒙古、河北、宁夏、甘肃、青海、新疆、四川、贵州、云南、西藏；朝鲜、日本、俄罗斯、不丹；欧洲、北美洲、南美洲

132. 钱苔科 Ricciaceae Rchb.

钱苔属 **Riccia** L.

宽瓣钱苔 Riccia cavernosa Hoffm.
分布：内蒙古、新疆；印度、蒙古国、俄罗斯、巴西、加勒比地区、澳大利亚；欧洲、非洲

中华钱苔 Riccia chinensis Herzog
分布：湖南、云南

凸面钱苔 Riccia convexa Steph.
分布：不详

片叶钱苔 Riccia crystallina L.
分布：吉林、辽宁、内蒙古、云南；欧洲、非洲(北部)、北美洲

云南钱苔 Riccia delavayi Steph.
分布：云南

荒地钱苔 Riccia esulcata Steph.
分布：不详

多孢钱苔 Riccia fertilissima Steph.
分布：不详

叉钱苔 Riccia fluitans L.
分布：黑龙江、辽宁、内蒙古、山西、山东、甘肃、新疆、江苏、上海、浙江、湖南、湖北、云南、福建、台湾、香港、澳门；朝鲜、日本、俄罗斯；欧洲、北美洲

小孢钱苔 Riccia frostii Austin
分布：吉林、辽宁、内蒙古、新疆、云南；俄罗斯；欧洲、北美洲

钱苔 Riccia glauca L.
分布：黑龙江、辽宁、山东、甘肃、上海、浙江、江西、云南、福建、台湾、香港、澳门；朝鲜、日本、俄罗斯；欧洲、北美洲

稀枝钱苔 Riccia huebeneriana Lindenb.
分布：吉林、辽宁、内蒙古、云南、澳门；日本、朝鲜、俄罗斯；欧洲

吉林钱苔 Riccia kirinensis C. Gao et G. C. Zhang
分布：吉林

辽宁钱苔 Riccia liaoningensis C. Gao et G. C. Zhang
分布：辽宁、云南

黑鳞钱苔 Riccia nigrella DC.
分布：四川；澳大利亚；亚洲、欧洲、非洲(南部)、北美洲

日本钱苔 Riccia nipponica S. Hatt.
分布：上海、浙江；日本

突果钱苔 Riccia pseudofluitans C. Gao et G. C. Zhang
分布：辽宁

佐藤钱苔 Riccia satoi S. Hatt.
分布：山西

刺毛钱苔 **Riccia setigera** R. M. Schust.
分布：宁夏；美国

肥果钱苔 **Riccia sorocarpa** Bischl.
分布：吉林、辽宁、内蒙古、山东、宁夏、新疆、四川、云南；日本、朝鲜；欧洲、北美洲

浮苔属 Ricciocarpos Corda

浮苔 **Ricciocarpos natans** (L.) Corda
分布：黑龙江、辽宁、内蒙古、新疆、浙江、四川、贵州、云南、福建、台湾；印度、尼泊尔、不丹、朝鲜、日本、俄罗斯、巴西、玻利维亚；欧洲、非洲、大洋洲、北美洲

133. 合叶苔科 Scapaniaceae Mig.

折叶苔属 Diplophyllum (Dumort.) Dumort.

折叶苔 **Diplophyllum albicans** (L.) Dumort.
分布：黑龙江、吉林、台湾；日本、朝鲜、俄罗斯；欧洲、北美洲

尖瓣折叶苔 **Diplophyllum apiculatum** (A. Evans) Steph.
分布：安徽、贵州、云南、福建；北美洲

钝瓣折叶苔 **Diplophyllum obtusifolium** (Hook.) Dumort.
分布：甘肃、云南、台湾；日本；欧洲、北美洲

齿边折叶苔 **Diplophyllum serrulatum** (K. Müller) Steph.
分布：浙江、湖南、福建、台湾；日本、朝鲜

鳞叶折叶苔 **Diplophyllum taxifolium** (Wahlenb.) Dumort.
分布：黑龙江、吉林、辽宁、浙江、江西、湖南、四川、福建、台湾；日本、朝鲜、俄罗斯；欧洲、北美洲

裂齿折叶苔 **Diplophyllum trollii** Grolle
分布：云南；印度、尼泊尔、不丹

合叶苔属 Scapania (Dumort.) Dumort.

尖瓣合叶苔 **Scapania ampliata** Steph.
分布：台湾、广东；日本、韩国、澳大利亚

多胞合叶苔 **Scapania apiculata** Spruce
分布：黑龙江、吉林、内蒙古、湖南、西藏；不丹、日本、朝鲜、俄罗斯；欧洲、北美洲

腋毛合叶苔 **Scapania bolanderi** Austin
分布：浙江、四川、贵州、云南、西藏、福建、台湾、广西；日本；北美洲

厚边合叶苔 **Scapania carinthiaca** J. B. Jack
分布：黑龙江、吉林、内蒙古、四川；朝鲜、俄罗斯；欧洲、北美洲

刺边合叶苔 **Scapania ciliata** Sande Lac.
分布：甘肃、安徽、江苏、浙江、江西、湖南、湖北、四川、重庆、贵州、云南、西藏、福建、台湾、广东、广西、香港；印度、尼泊尔、不丹、日本、朝鲜

刺毛合叶苔 **Scapania ciliatospinosa** Horik.
分布：内蒙古、宁夏、湖北、贵州、台湾；印度、尼泊尔、不丹、印度尼西亚、日本

卷边合叶苔 **Scapania contorta** Mitt.
分布：四川、重庆；印度、不丹、尼泊尔

短合叶苔 **Scapania curta** (Mart.) Dumort.
分布：黑龙江、吉林、湖南、湖北、四川、贵州、西藏、福建、台湾；日本、朝鲜、俄罗斯；欧洲、北美洲

兜瓣合叶苔 **Scapania cuspiduligera** (Nees) K. Müller
分布：内蒙古、河北、新疆、四川；日本；欧洲、北美洲

凹瓣合叶苔 **Scapania davidii** Potemkin
分布：西藏；印度、尼泊尔

德氏合叶苔 **Scapania delavayi** Steph.
分布：云南

褐色合叶苔 **Scapania ferruginea** (Lehm. et Lindenb.) Lehm. et Lindenb.
分布：甘肃、四川、贵州、云南、西藏、台湾；印度、尼泊尔、不丹、印度尼西亚

拟褐色合叶苔 **Scapania ferrugineaoides** T. Cao, C. Gao et J. Sun
分布：四川

高氏合叶苔 **Scapania gaochii** X. Fu ex T. Cao
分布：湖南、湖北、贵州、云南

紫色合叶苔 **Scapania gigantea** Horik.
分布：云南；日本

长尖合叶苔 **Scapania glaucocephala** (Taylor) Austin
分布：四川；欧洲、北美洲

灰绿合叶苔 **Scapania glaucoviridis** Horik.
分布：台湾

纤细合叶苔 **Scapania gracilis** Lindb.
分布：台湾；俄罗斯；欧洲

格氏合叶苔 **Scapania griffithii** Schiffn.
分布：贵州、云南、台湾；印度、尼泊尔、不丹

复瘤合叶苔 **Scapania harae** Amakawa
分布：云南；尼泊尔、印度、不丹

秦岭合叶苔 Scapania hians K. Müller
分布：陕西、云南

湿生合叶苔 Scapania irrigua (Nees) Nees
分布：黑龙江、吉林、内蒙古；日本、朝鲜、俄罗斯；欧洲、北美洲

爪哇合叶苔 Scapania javanica Gottsche
分布：台湾；印度尼西亚

克氏合叶苔 Scapania karl-muelleri Grolle
分布：云南、西藏；尼泊尔

柯氏合叶苔 Scapania koponenii Potemkin
分布：湖南、贵州、福建、广东

舌叶合叶苔 Scapania ligulata Steph.
分布：辽宁、山东、安徽、浙江、江西、湖南、四川、重庆、贵州、云南、西藏、福建、台湾、广西、香港；朝鲜、尼泊尔、日本

舌叶合叶苔(原亚种) Scapania ligulata subsp. **ligulata**
分布：湖南、台湾；日本

舌叶合叶苔多齿亚种 Scapania ligulata subsp. **stephanii** (K. Müller) Potemkin, Piippo et T. J. Kop.
分布：辽宁、山东、安徽、浙江、江西、湖南、四川、重庆、贵州、云南、西藏、福建、台湾、广西、香港；朝鲜、尼泊尔、日本

片毛合叶苔 Scapania macroparaphyllia T. Cao, C. Gao et J. Sun
分布：西藏

腐木合叶苔 Scapania massalongoi K. Müller
分布：黑龙江、吉林、湖南、四川、重庆、贵州、云南；欧洲、北美洲

尖叶合叶苔 Scapania mucronata H. Buch
分布：黑龙江、吉林、内蒙古、新疆、四川；日本、俄罗斯；欧洲、北美洲

林地合叶苔 Scapania nemorea (L.) Grolle
分布：内蒙古、陕西、甘肃、江西、四川、云南、西藏；俄罗斯；欧洲、北美洲

尼泊尔合叶苔 Scapania nepalensis Nees
分布：四川、云南、西藏；印度、尼泊尔

离瓣合叶苔 Scapania nimbosa Taylor
分布：贵州、西藏；尼泊尔、印度；欧洲

离瓣合叶苔(原变种) Scapania nimbosa var. **nimbosa**
分布：贵州、西藏；尼泊尔、印度；欧洲

离瓣合叶苔云南变种 Scapania nimbosa var. **yunnanensis** W. E. Nicholson
分布：云南、西藏

东亚合叶苔 Scapania orientalis Steph. ex K. Müller
分布：江西、四川、贵州、云南；印度

分瓣合叶苔 Scapania ornithopodioides (With.) Waddel
分布：甘肃、浙江、湖南、四川、贵州、云南、西藏、福建、台湾；日本、不丹、菲律宾、美国(夏威夷)；欧洲

沼生合叶苔 Scapania paludicola Loeske et K. Müller
分布：黑龙江、吉林、内蒙古；日本、俄罗斯；欧洲、北美洲

大合叶苔 Scapania paludosa (K. Müller) K. Müller
分布：内蒙古、贵州；日本、朝鲜、俄罗斯；欧洲、北美洲

毛茎合叶苔 Scapania paraphyllia T. Cao et C. Gao
分布：浙江

小合叶苔 Scapania parvifolia Warnst.
分布：黑龙江、吉林、内蒙古、新疆；日本、俄罗斯；欧洲、北美洲

弯瓣合叶苔 Scapania parvitexta Steph.
分布：吉林、辽宁、安徽、浙江、重庆、云南、西藏、福建、台湾、广西；日本、朝鲜

大褶合叶苔 Scapania plicata (Lindb.) Potemkin
分布：黑龙江、陕西、四川；日本、朝鲜、俄罗斯；北美洲

圆叶合叶苔 Scapania rotundifolia W. E. Nicholson
分布：云南、西藏；尼泊尔

中-印合叶苔(新拟) Scapania schljakovii Potemkin
分布：云南；印度

偏合叶苔 Scapania secunda Steph.
分布：云南；尼泊尔

香格里拉合叶苔 Scapania sinikkae Potemkin
分布：云南、西藏

亚高山合叶苔 Scapania subalpina (Nees ex Lindenb.) Dumort.
分布：吉林；日本、俄罗斯

粗壮合叶苔 Scapania subnimbosa Steph.
分布：云南、福建、台湾；不丹、日本

湿地合叶苔 Scapania uliginosa (Lindenb.) Dumort.
分布：黑龙江、重庆、福建；欧洲、北美洲

斜齿合叶苔 **Scapania umbrosa** (Schrad.) Dumort.
分布：江西、湖南、四川、福建；欧洲、北美洲

合叶苔 **Scapania undulata** (L.) Dumort.
分布：甘肃、安徽、浙江、湖南、四川、西藏、福建、台湾、广西；日本、朝鲜、俄罗斯；欧洲、北美洲

粗疣合叶苔 **Scapania verrucosa** Heeg
分布：河北、陕西、甘肃、安徽、浙江、江西、湖北、四川、重庆、贵州、云南、西藏、福建、广西；喜马拉雅(西北部)、不丹、日本、土耳其、俄罗斯、墨西哥；欧洲

134. 歧舌苔科 Schistochilaceae H. Buch

歧舌苔属 **Schistochila** Dumort.

尖叶歧舌苔 **Schistochila acuminata** Steph.
分布：台湾；菲律宾、印度尼西亚、马来西亚

歧舌苔 **Schistochila aligera** (Nees et Blume) J. B. Jack et Steph.
分布：云南、台湾、广东、海南；印度、泰国、马来西亚、菲律宾、印度尼西亚、斯里兰卡、巴布亚新几内亚、密克罗尼西亚

阔叶歧舌苔 **Schistochila blumei** (Nees) Trevis.
分布：湖南、台湾；泰国、菲律宾、印度尼西亚、马来西亚、巴布亚新几内亚

粗齿狭瓣苔 **Schistochila macrodonta** W. E. Nicholson
分布：云南；不丹

小歧舌苔 **Schistochila minor** C. Gao et Y. H. Wu
分布：台湾

全缘歧舌苔 **Schistochila nuda** Horik.
分布：云南、台湾；日本、菲律宾

135. 光藓科 Schistostegaceae Schimp.

光藓属 **Schistostega** D. Mohr

光藓 **Schistostega pennata** (Hedw.) F. Weber et D. Mohr
分布：吉林；北温带广布

136. 蝎尾藓科 Scorpidiaceae Ignatov et Ignatova

钩茎藓属 **Hamatocaulis** Hedenäs

匍地钩茎藓 **Hamatocaulis lapponicus** (Norrl.) Hedenäs
分布：新疆；俄罗斯；欧洲、北美洲

三洋藓属 **Sanionia** Loeske

三洋藓 **Sanionia uncinata** (Hedw.) Loeske
分布：黑龙江、吉林、辽宁、内蒙古、河北、山西、陕西、甘肃、青海、新疆、四川、云南、西藏；日本、印度、尼泊尔、不丹、巴基斯坦、格陵兰、俄罗斯、墨西哥、坦桑尼亚；欧洲、大洋洲、美洲、南极洲

蝎尾藓属 **Scorpidium** (Schimp.) Limpr.

蝎尾藓 **Scorpidium scorpioides** (Hedw.) Limpr.
分布：山西、西藏；俄罗斯、秘鲁；欧洲、北美洲

137. 细叶藓科 Seligeriaceae Schimp.

小穗藓属 **Blindia** Bruch et Schimp.

小穗藓 **Blindia acuta** (Hedw.) Bruch et Schimp.
分布：吉林、辽宁、河北、陕西、湖北、四川、贵州、台湾；日本、俄罗斯；欧洲、北美洲

短胞小穗藓 **Blindia campylopodioldes** Dixon et Badhm.
分布：陕西；巴基斯坦

东亚小穗藓 **Blindia japonica** Broth.
分布：吉林、辽宁、山东、贵州、台湾；日本

短齿藓属 **Brachydontium** Bruch ex Fürnr.

短齿藓 **Brachydontium trichodes** (F. Weber) Mild.
分布：四川；乌克兰；欧洲、北美洲

细叶藓属 **Seligeria** Bruch et Schimp.

异叶细叶藓 **Seligeria diversifolia** Lindb.
分布：四川；美国、格陵兰岛、乌克兰；欧洲

无齿细叶藓 **Seligeria donniana** (Sm.) Müll. Hal.
分布：青海；日本、俄罗斯；中亚、欧洲、北美洲

138. 锦藓科 Sematophyllaceae Broth.

顶胞藓属 **Acroporium** Mitt.

密叶顶胞藓 **Acroporium condensatum** Müll. Hal. ex E. B. Bartram
分布：台湾、广西、海南；菲律宾

针叶顶胞藓 **Acroporium diminutum** (Brid.) M. Fleisch.
分布：云南、西藏、广东、海南；老挝、泰国、越南、印度尼西亚、菲律宾

弯叶顶胞藓(新拟) **Acroporium downii** (Dixon) Broth.
分布：台湾；马来西亚、印度尼西亚、泰国、越南

阔基顶胞藓(新拟) Acroporium joannis-winkleri Broth.

分布：台湾；马来西亚、印度尼西亚、泰国、越南

狭叶顶胞藓 Acroporium lamprophyllum Mitt.

分布：贵州、云南、台湾、海南；斯里兰卡、泰国、越南、柬埔寨、老挝、马来西亚、印度尼西亚、菲律宾、澳大利亚

卷尖顶胞藓 Acroporium rufum (Reinw. et Hornsch.) M. Fleisch.

分布：广东、广西、海南；斯里兰卡、柬埔寨、马来西亚、印度尼西亚

心叶顶胞藓 Acroporium secundum (Reinw. et Hornsch.) M. Fleisch.

分布：湖北、贵州、云南、台湾、广西、海南、香港；泰国、缅甸、新加坡、越南、柬埔寨、老挝、日本、马来西亚、菲律宾、印度尼西亚

顶胞藓 Acroporium stramineum (Reinw. et Hornsch.) M. Fleisch.

分布：贵州、台湾、广东、海南；斯里兰卡、越南、柬埔寨、老挝、马来西亚、印度尼西亚、澳大利亚

顶胞藓(原变种) Acroporium stramineum var. **stramineum**

分布：台湾、广东、海南；斯里兰卡、越南、柬埔寨、老挝、马来西亚、印度尼西亚、澳大利亚

顶胞藓粗枝变种 Acroporium stramineum var. **turgidum** (Mitt.) B. C. Tan

分布：台湾、海南；斯里兰卡、越南、柬埔寨、老挝、马来西亚、印度尼西亚

疣柄顶胞藓 Acroporium strepsiphyllum (Mont.) B. C. Tan

分布：贵州、云南、台湾、海南；泰国、越南、印度尼西亚、澳大利亚

花锦藓属 Chionostomum Müll. Hal.

海南花锦藓 Chionostomum hainanense B. C. Tan et Y. Jia

分布：海南

花锦藓 Chionostomum rostratum (Griff.) Müll. Hal.

分布：云南、广西；斯里兰卡、印度、缅甸、泰国、越南、柬埔寨、老挝、菲律宾、马来西亚

拟刺疣藓属 Papillidiopsis W. R. Buck et B. C. Tan

疣柄拟刺疣藓 Papillidiopsis complanata (Dixon) W. R. Buck et B. C. Tan

分布：广东、海南、香港；日本、泰国、越南、柬埔寨、老挝、马来西亚；非洲

褶边拟刺疣藓 Papillidiopsis macrosticta (Broth. et Paris) W. R. Buck et B. C. Tan

分布：贵州、云南、台湾、广东、香港；日本、越南、柬埔寨、老挝

光泽拟刺疣藓 Papillidiopsis ramulina (Thwaites et Mitt.) W. R. Buck et B. C. Tan

分布：贵州、云南、台湾；马来半岛、印度尼西亚、菲律宾、澳大利亚

圆齿拟刺疣藓 Papillidiopsis stissophylla (Hampe et Müll. Hal.) B. C. Tan et Y. Jia

分布：台湾；印度尼西亚

细锯齿藓属 Radulina W. R. Buck et B. C. Tan

细锯齿藓 Radulina hamata (Dozy et Molk.) W. R. Buck et B. C. Tan

分布：云南、台湾、海南；泰国、老挝、越南、柬埔寨、印度尼西亚、日本

细锯齿藓(原变种) Radulina hamata var. **hamata**

分布：云南、台湾、海南；泰国、老挝、越南、柬埔寨、印度尼西亚、日本

细锯齿藓狭尖变种 Radulina hamata var. **ferrei** (Cardot et Thér.) B. C. Tan et Y. Jia

分布：海南；日本

狗尾藓属 Rhaphidostichum M. Fleisch.

狗尾藓 Rhaphidostichum bunodicarpum (Müll. Hal.) M. Fleisch.

分布：江西、贵州、海南；印度尼西亚、菲律宾、巴布亚新几内亚；大洋洲

毛尖狗尾藓 Rhaphidostichum piliferum (Broth.) Broth.

分布：江西、贵州、台湾；越南、柬埔寨、菲律宾

锦藓属 Sematophyllum Mitt.

婆罗锦藓 Sematophyllum borneense (Broth.) P. Camara

分布：江西、福建；泰国、巴布亚新几内亚

橙色锦藓 Sematophyllum phoeniceum (Müll. Hal.) M. Fleisch.

分布：浙江、江西、湖南、重庆、贵州、云南、西藏、福建、广东、广西、海南、台湾、澳门；孟加拉国、印度、越南、柬埔寨、老挝；非洲

矮锦藓 Sematophyllum subhumile Müll. Hal. M. Fleisch.

分布：安徽、江苏、上海、浙江、江西、湖南、湖北、四

川、贵州、云南、福建、广西、海南、香港、澳门；尼泊尔、印度、缅甸、泰国、老挝、越南、柬埔寨、菲律宾、印度尼西亚；大洋洲

锦藓 **Sematophyllum subpinnatum** (Brid.) E. Britton
分布：浙江、贵州、云南、福建、台湾、广东、广西、海南、香港；热带、亚热带

刺疣藓属 Trichosteleum Mitt.

垂蒴刺疣藓 **Trichosteleum boschii** (Dozy et Molk.) A. Jaeger
分布：贵州、福建、广东、广西、海南、香港、澳门；孟加拉国、日本、印度、尼泊尔、缅甸、老挝、越南、泰国、柬埔寨、马来西亚、新加坡、菲律宾、印度尼西亚；大洋洲

全缘刺疣藓 **Trichosteleum lutschianum** (Broth. et Paris) Broth.
分布：江西、湖南、湖北、四川、贵州、广东、广西、海南；日本

假疣刺疣藓(新拟) **Trichosteleum pseudomammosum** M. Fleisch.
分布：台湾；马来西亚、斯里兰卡、越南

小蒴刺疣藓 **Trichosteleum saproxylophilum** (Müll. Hal.) B. C. Tan
分布：广东、海南；印度尼西亚、菲律宾、马来西亚

绿色刺疣藓 **Trichosteleum singpurense** M. Fleisch.
分布：海南、香港；泰国、新加坡、柬埔寨、菲律宾

长喙刺疣藓 **Trichosteleum stigmosum** Mitt.
分布：江西、贵州、云南、福建、广东、广西、海南；菲律宾；大洋洲

裂帽藓属 Warburgiella Müll. Hal. ex Broth.

短柄裂帽藓(新拟) **Warburgiella breviseta** (Broth.) Broth.
分布：台湾；马来西亚、菲律宾、越南

裂帽藓 **Warburgiella cupressinoides** Müll. Hal. ex Broth.
分布：贵州、云南、台湾、广西；越南、柬埔寨、老挝、马来西亚

139. 泥炭藓科 Sphagnaceae Dumort.

泥炭藓属 Sphagnum L.

拟尖叶泥炭藓 **Sphagnum acutifolioides** Warnst.
分布：黑龙江、新疆、安徽、浙江、江西、四川、贵州、云南、福建、海南；喜马拉雅地区、越南

截叶泥炭藓 **Sphagnum angstroemii** C. Hartm.
分布：内蒙古；俄罗斯；欧洲、北美洲

小叶泥炭藓 **Sphagnum angustifolium** (C. E. O. Jensen ex Russow) C. Jens
分布：黑龙江、吉林；朝鲜、日本、俄罗斯；欧洲、北美洲

尖叶泥炭藓 **Sphagnum capillifolium** (Ehrh.) Hedw.
分布：黑龙江、吉林、内蒙古、新疆、江西、湖北、贵州、云南、西藏；印度、朝鲜、日本、俄罗斯、智利、巴西；非洲、北美洲

中华泥炭藓 **Sphagnum chinense** Brid.
分布：中国

密叶泥炭藓 **Sphagnum compactum** Lam. et de Cand.
分布：黑龙江、内蒙古、安徽、江西、四川、云南、福建、海南；喜马拉雅地区

扭枝泥炭藓 **Sphagnum contortum** Schultz
分布：吉林、辽宁；日本、乌克兰；欧洲、北美洲

拟狭叶泥炭藓 **Sphagnum cuspidatulum** Müll. Hal.
分布：四川、贵州、云南、西藏、广东；印度、尼泊尔、缅甸、泰国、马来西亚、菲律宾、印度尼西亚

狭叶泥炭藓 **Sphagnum cuspidatum** Ehrh. ex Hofm.
分布：黑龙江、内蒙古、贵州、云南、福建；秘鲁、智利、澳大利亚、印度、尼泊尔、缅甸、泰国、柬埔寨、马来西亚、印度尼西亚、日本、巴布亚新几内亚；欧洲、非洲(东部)、北美洲

细齿泥炭藓 **Sphagnum denticulatum** Brid.
分布：四川、云南；欧洲、非洲(北部)、北美洲

长叶泥炭藓 **Sphagnum falcatulum** Besch.
分布：内蒙古、贵州、云南、西藏、广西；澳大利亚、新西兰、智利

假泥炭藓 **Sphagnum fallax** (H. Klinggr.) H. Klinggr.
分布：黑龙江、内蒙古；日本、俄罗斯；欧洲、北美洲

锈色泥炭藓 **Sphagnum fuscum** (Schimp.) H. Klinggr.
分布：黑龙江、内蒙古；日本、俄罗斯；欧洲、北美洲

白齿泥炭藓 **Sphagnum girgensohnii** Russow
分布：黑龙江、吉林、内蒙古、四川、贵州、云南、西藏、台湾；朝鲜、日本、印度尼西亚、尼泊尔、不丹、印度、乌克兰、俄罗斯；欧洲、北美洲

毛壁泥炭藓 **Sphagnum imbricatum** Hornsch. ex Russow
分布：黑龙江、吉林、内蒙古；朝鲜、日本、印度、俄罗

斯；欧洲、美洲

垂枝泥炭藓 Sphagnum jensenii H. Lindb.

分布：黑龙江、吉林、辽宁、内蒙古、四川、云南；日本；俄罗斯；亚洲(中部)、欧洲、北美洲

暖地泥炭藓 Sphagnum junghuhnianum Dozy et Molk.

分布：浙江、江西、湖南、四川、贵州、云南、西藏、福建、台湾、广东、广西、海南；喜马拉雅地区、印度、泰国、越南、印度尼西亚、菲律宾、马来西亚、日本、巴布亚新几内亚

暖地泥炭藓(原亚种) Sphagnum junghuhnianum subsp. **junghuhnianum**

分布：浙江、江西、湖南、四川、贵州、云南、西藏、台湾、广西、海南；印度、泰国、越南、印度尼西亚、菲律宾、马来西亚、日本、巴布亚新几内亚

暖地泥炭藓拟柔叶亚种 Sphagnum junghuhnianum subsp. **pseudomolle** (Warnst.) H. Suzuki

分布：浙江、江西、四川、贵州、云南、西藏、福建、台湾、广东、海南；喜马拉雅地区、印度、印度尼西亚、菲律宾、马来西亚、泰国、日本

加萨泥炭藓 Sphagnum khasianum Mitt.

分布：安徽、四川、贵州、云南、西藏；喜马拉雅地区、印度、泰国

利尼泥炭藓 Sphagnum lenense H. Lindb. ex Pohle

分布：黑龙江；俄罗斯；欧洲、北美洲

吕宋泥炭藓 Sphagnum luzonense Warnst.

分布：贵州、云南；泰国、越南、菲律宾

中位泥炭藓 Sphagnum magellanicum Brid.

分布：黑龙江、吉林、内蒙古、安徽、湖南、四川、贵州、云南；俄罗斯、马达加斯加、秘鲁、智利、巴西、喜马拉雅地区、日本、印度尼西亚；欧洲、非洲(南部)、北美洲

小孔泥炭藓 Sphagnum microporum Warnst. ex Cardot

分布：黑龙江、吉林、内蒙古、江苏、云南、福建；朝鲜

多纹泥炭藓 Sphagnum multifibrosum X. J. Li et M. Zang

分布：黑龙江、贵州、云南、西藏、福建

秃叶泥炭藓 Sphagnum obtusiusculum Lindb. ex Warnst.

分布：黑龙江、新疆、江西、四川、贵州、云南；南非、马达加斯加

舌叶泥炭藓 Sphagnum obtusum Warnst.

分布：黑龙江、内蒙古、新疆、江西、四川、云南；南非、马达加斯加

卵叶泥炭藓 Sphagnum ovatum Hampe

分布：新疆、安徽、贵州、云南、西藏、广东、广西、海南；尼泊尔、印度、泰国

泥炭藓 Sphagnum palustre L.

分布：吉林、辽宁、内蒙古、河北、河南、甘肃、安徽、江苏、浙江、江西、湖北、四川、重庆、贵州、云南、西藏、福建、台湾、广东、广西、海南、香港；尼泊尔、印度、泰国、巴西

疣泥炭藓 Sphagnum papillosum Lindb.

分布：黑龙江、吉林、内蒙古；日本；欧洲、北美洲

瓢叶泥炭藓 Sphagnum perichaetiale Hampe

分布：内蒙古；喜马拉雅地区、印度、泰国、柬埔寨、越南、菲律宾、印度尼西亚、马来西亚；欧洲、非洲、南美洲

拟宽叶泥炭藓 Sphagnum platyphylloides Warnst.

分布：新疆、安徽、浙江、贵州、云南、西藏、广西、海南；中南美洲

阔叶泥炭藓 Sphagnum platyphyllum (Lindb.) Warnst.

分布：黑龙江、内蒙古；日本、俄罗斯；欧洲、北美洲

异叶泥炭藓 Sphagnum portoricense Hampe

分布：内蒙古；亚洲(北部)、中北美洲

刺叶泥炭藓 Sphagnum pungifolium X. J. Li

分布：云南

五列泥炭藓 Sphagnum quinquefarium (Lindb.) Warnst.

分布：四川、云南；日本；北欧、中欧山地，北美洲

喙叶泥炭藓 Sphagnum recurvum P. Beauv.

分布：黑龙江、吉林、内蒙古、贵州、云南、西藏；尼泊尔、印度、日本、俄罗斯、秘鲁、智利、新西兰；欧洲、北美洲

岸生泥炭藓 Sphagnum riparium Åongstr.

分布：黑龙江；日本、俄罗斯；欧洲、北美洲

红叶泥炭藓 Sphagnum rubellum Wilson

分布：内蒙古、新疆；印度、日本、俄罗斯；欧洲、北美洲

广舌泥炭藓 Sphagnum russowii Warnst.

分布：黑龙江、内蒙古、四川、重庆、贵州、云南、西藏；日本、俄罗斯；欧洲、北美洲

丝光泥炭藓 Sphagnum sericeum Müll. Hal.

分布：云南、台湾；马来西亚、印度尼西亚、菲律宾、巴布亚新几内亚

粗叶泥炭藓 Sphagnum squarrosum Crome

分布：黑龙江、吉林、内蒙古、新疆、四川、贵州、云南；

印度、朝鲜、日本、格陵兰、新西兰；中亚、欧洲、非洲(北部)、北美洲

羽枝泥炭藓 Sphagnum subnitens Russow et Warnst.

分布：贵州、云南；喜马拉雅地区、日本、俄罗斯、智利；欧洲、非洲(北部)、北美洲

偏叶泥炭藓 Sphagnum subsecundum Nees

分布：黑龙江、辽宁、内蒙古、安徽、贵州、云南；尼泊尔、印度、缅甸、泰国、印度尼西亚、朝鲜、日本、俄罗斯；欧洲、美洲

柔叶泥炭藓 Sphagnum tenellum Ehrh. ex Hoffm.

分布：黑龙江、云南；印度、日本；欧洲、非洲(北部)、北美洲

细叶泥炭藓 Sphagnum teres (Schimp.) Åongstr.

分布：黑龙江、吉林、内蒙古、陕西、新疆、四川、云南、西藏；印度、日本、乌克兰、俄罗斯；欧洲、北美洲

阔边泥炭藓 Sphagnum warnstorfii Russow

分布：黑龙江、新疆；俄罗斯；欧洲、亚北极地区、北美洲大西洋沿岸

多枝泥炭藓 Sphagnum wulfianum Girg.

分布：黑龙江；俄罗斯；欧洲、北美洲

140. 壶藓科 Splachnaceae Grev. et Arn.

壶藓属 Splachnum Hedw.

大壶藓 Splachnum ampullaceum Hedw.

分布：黑龙江、内蒙古、四川、云南；北半球广布

大壶藓(原变种) Splachnum ampullaceum var. **ampullaceum**

分布：黑龙江、内蒙古、四川、云南；北半球广布

大壶藓短柄变种 Splachnum ampullaceum var. **brevisetum** C. Gao

分布：内蒙古

黄壶藓 Splachnum luteum Hedw.

分布：黑龙江、内蒙古；北半球广布

红壶藓 Splachnum rubrum Hedw.

分布：内蒙古；亚洲(北部)、欧洲、北美洲

卵叶壶藓 Splachnum sphaericum Hedw.

分布：内蒙古；北半球广布

壶藓 Splachnum vasculosum Hedw.

分布：内蒙古、四川；北半球广布

小壶藓属 Tayloria Hook.

尖叶小壶藓 Tayloria acuminata Hornsch.

分布：内蒙古、山西、山东、新疆、四川、西藏；欧洲、北美洲

高山小壶藓 Tayloria alpicola Broth.

分布：四川、重庆、云南、西藏；尼泊尔

何氏小壶藓 Tayloria hornschuchii (Grev. et Arn.) Broth.

分布：云南、台湾；尼泊尔

南亚小壶藓 Tayloria indica Mitt.

分布：内蒙古、四川、重庆、贵州、云南、西藏、台湾、广西；不丹、斯里兰卡、缅甸、菲律宾、泰国、日本、印度

舌叶小壶藓 Tayloria lingulata (Dicks.) Lindb.

分布：内蒙古、新疆；俄罗斯；欧洲、北美洲

卷边小壶藓 Tayloria recurvimarginata Nog.

分布：台湾

残齿小壶藓 Tayloria rudimenta X. L. Bai et B. C. Tan

分布：内蒙古、宁夏

德氏小壶藓 Tayloria rudolphiana (Garov.) Bruch et Schimp.

分布：云南；奥地利

齿边小壶藓 Tayloria serrata (Hedw.) Bruch et Schimp.

分布：河北、四川；俄罗斯；欧洲、非洲(北部)、北美洲

仰叶小壶藓 Tayloria squarrosa (Hook.) T. J. Kop.

分布：云南、西藏；不丹、印度、尼泊尔

平滑小壶藓 Tayloria subglabra (Griff.) Mitt.

分布：云南、台湾；印度、尼泊尔、不丹、斯里兰卡、泰国、越南、菲律宾

并齿藓属 Tetraplodon Bruch et Schimp.

狭叶并齿藓 Tetraplodon angustatus (Hedw.) Bruch et Schimp.

分布：黑龙江、吉林、内蒙古、甘肃、新疆、四川、云南；日本、印度、俄罗斯；欧洲、北美洲

狭叶并齿藓(原变种) Tetraplodon angustatus var. **angustatus**

分布：黑龙江、内蒙古、新疆、四川、云南；日本、印度、俄罗斯；欧洲、北美洲

狭叶并齿藓全缘变种 Tetraplodon angustatus var. **integerrimus** C. Gao

分布：黑龙江、吉林、内蒙古、甘肃、云南

并齿藓 Tetraplodon mnioides (Hedw.) Bruch et Schimp.

分布：内蒙古、河北、陕西、甘肃、新疆、四川、贵州、

云南、西藏；印度、不丹、日本、俄罗斯、秘鲁、智利；欧洲、北美洲

黄柄并齿藓 Tetraplodon urceolatus (Hedw.) Bruch et Schimp.

分布：黑龙江、甘肃、青海、新疆、四川、云南、西藏；俄罗斯；欧洲、北美洲

隐壶藓属 **Voitia** Hornsch.

大隐壶藓 Voitia grandis D. G. Long

分布：云南

隐壶藓 Voitia nivalis Hornsch.

分布：黑龙江、内蒙古、宁夏、甘肃、新疆、云南、西藏；日本、俄罗斯、秘鲁；欧洲、北美洲

141. 硬叶藓科 Stereophyllaceae W. R. Buck et R. R. Ireland

拟绢藓属 **Entodontopsis** Broth.

尖叶拟绢藓 Entodontopsis anceps (Bosch et Sande Lac.) W. R. Buck et R. R. Ireland

分布：云南、台湾、海南、香港；印度、缅甸、孟加拉国、斯里兰卡、泰国、越南、印度尼西亚、菲律宾

舌叶拟绢藓 Entodontopsis nitens (Mitt.) W. R. Buck et R. R. Ireland

分布：云南、台湾；孟加拉国、印度、缅甸、老挝、越南、印度尼西亚、坦桑尼亚；南美洲

异形拟绢藓 Entodontopsis pygmaea (Paris et Broth.) W. R. Buck et R. R. Ireland

分布：云南；印度、尼泊尔、泰国、越南

四川拟绢藓 Entodontopsis setschwanica (Broth.) W. R. Buck et R. R. Ireland

分布：四川；尼泊尔、印度

狭叶拟绢藓 Entodontopsis wightii (Mitt.) W. R. Buck et R. R. Ireland

分布：四川、云南；孟加拉国、印度、泰国、缅甸、越南、斯里兰卡、印度尼西亚

142. 刺果藓科 Symphyodontaceae M. Fleisch.

灰果藓属 **Chaetomitriopsis** M. Fleisch.

灰果藓 Chaetomitriopsis glaucocarpa (Reinw. ex Schwägr.) M. Fleisch.

分布：云南、西藏、台湾；印度、缅甸、越南、老挝、泰国、印度尼西亚、菲律宾、巴布亚新几内亚

刺柄藓属 **Chaetomitrium** Dozy et Molk.

疣蒴刺柄藓 Chaetomitrium acanthocarpum Bosch et Sande Lac.

分布：台湾；印度尼西亚

直喙刺柄藓 Chaetomitrium orthorrhynchum (Dozy et Molk.) Bosch et Sande Lac.

分布：台湾；印度尼西亚、菲律宾

疣叶刺柄藓 Chaetomitrium papillifolium Bosch et Sande Lac.

分布：云南；印度、印度尼西亚、菲律宾

刺果藓属 **Symphyodon** Mont.

平叶刺果藓 Symphyodon complanatus Dixon

分布：贵州、台湾；印度

长刺刺果藓 Symphyodon echinatus (Mitt.) A. Jaeger

分布：贵州、云南、广西；印度、尼泊尔、斯里兰卡、泰国

刺果藓 Symphyodon perrottetii Mont.

分布：贵州、云南、台湾、广西、海南；印度、印度尼西亚、马来西亚、菲律宾、新加坡、斯里兰卡、泰国、老挝、越南、日本

矮刺果藓 Symphyodon pygmaeus (Broth.) S. He et Snider

分布：云南、海南；印度尼西亚、尼泊尔、泰国、美国(夏威夷)、马达加斯加

贵州刺果藓 Symphyodon weymouthioides Cardot et Thér.

分布：湖北、贵州；印度

云南刺果藓 Symphyodon yuennanensis Broth.

分布：贵州、云南

刺蒴藓属 **Trachythecium** M. Fleisch.

小果刺蒴藓 Trachythecium micropyxis (Broth.) E. B. Bartram

分布：贵州、台湾；菲律宾

刺蒴藓强肋变种 Trachythecium verrucosum (Hampe) M. Fleisch. var. **binervulum** Herzog

分布：贵州、台湾；印度尼西亚、马来西亚、巴布亚新几内亚、新喀里多尼亚

143. 藻苔科 Takakiaceae M. Stech et W. Frey

藻苔属 **Takakia** S. Hatt. et Inoue

角叶藻苔 **Takakia ceratophylla** (Mitt.) Grolle

分布：云南、西藏；印度；北美洲(阿留申群岛)

藻苔 **Takakia lepidozioides** S. Hatt. et Inoue

分布：西藏；印度尼西亚、尼泊尔、日本；北美洲西北部沿海岛屿

144. 皮叶苔科 Targioniaceae Dumort.

皮叶苔属 **Targionia** L.

台湾皮叶苔 **Targionia formosica** Horik.

分布：台湾

皮叶苔 **Targionia hypophylla** L.

分布：黑龙江、吉林、辽宁、内蒙古、河北、河南、湖北、四川、云南；印度、尼泊尔、不丹、朝鲜、日本、玻利维亚；欧洲、大洋洲、北美洲

145. 四齿藓科 Tetraphidaceae Schimp.

四齿藓属 **Tetraphis** Hedw.

疣柄四齿藓 **Tetraphis geniculata** Girg. ex Mild.

分布：吉林、内蒙古；日本、俄罗斯；北美洲

四齿藓 **Tetraphis pellucida** Hedw.

分布：黑龙江、吉林、辽宁、内蒙古、陕西、甘肃、新疆、四川、重庆、贵州、云南、西藏、台湾；朝鲜、日本、俄罗斯；欧洲、北美洲

小四齿藓属 **Tetrodontium** Schwägr.

小四齿藓 **Tetrodontium brownianum** (Dicks.) Schwägr.

分布：四川；日本；欧洲、北美洲

无肋小四齿藓 **Tetrodontium repandum** (Funck) Schwägr.

分布：吉林；日本、俄罗斯；欧洲、北美洲(西部)

146. 羽藓科 Thuidiaceae Schimp.

山羽藓属 **Abietinella** Müll. Hal.

山羽藓 **Abietinella abietina** (Hedw.) M. Fleisch.

分布：黑龙江、吉林、内蒙古、河北、北京、山西、河南、陕西、宁夏、甘肃、青海、新疆、湖北、四川、贵州、云南、台湾；巴基斯坦、不丹、日本、俄罗斯；北美洲

美丽山羽藓 **Abietinella histricosa** (Mitt.) Broth.

分布：河北、陕西、甘肃、新疆、四川；日本；欧洲

锦丝藓属 **Actinothuidium** (Besch.) Broth.

锦丝藓 **Actinothuidium hookeri** (Mitt.) Broth.

分布：黑龙江、吉林、河北、山西、陕西、宁夏、甘肃、四川、贵州、云南、西藏、台湾；不丹、尼泊尔、印度、缅甸

虫毛藓属 **Boulaya** Cardot

虫毛藓 **Boulaya mittenii** (Broth.) Cardot

分布：黑龙江、内蒙古、西藏、台湾；日本、朝鲜、俄罗斯

毛羽藓属 **Bryonoguchia** Z. Iwats. et Inoue

短叶毛羽藓 **Bryonoguchia brevifolia** S. Y. Zeng

分布：贵州、云南

毛羽藓 **Bryonoguchia molkenboeri** (Sande Lac.) Z. Iwats. et Inoue

分布：黑龙江、吉林、山东、河南、湖北、四川、贵州、云南、西藏；日本、朝鲜、俄罗斯

细羽藓属 **Cyrto-hypnum** Hampe et Lorentz

密枝细羽藓 **Cyrto-hypnum tamariscellum** (Müll. Hal.) W. R. Buck et H. A. Crum

分布：吉林、江西、湖南、湖北、四川、重庆、贵州、云南、福建、台湾、广东；朝鲜、日本、印度、泰国、缅甸、越南、菲律宾、巴布亚新几内亚

多毛细羽藓 **Cyrto-hypnum vestitissimum** (Besch.) W. R. Buck et H. A. Crum

分布：陕西、江西、湖北、四川、重庆、贵州、云南、台湾、海南；日本、印度、尼泊尔、俄罗斯

小羽藓属 **Haplocladium** (Müll. Hal.) Müll. Hal.

狭叶小羽藓 **Haplocladium angustifolium** (Hampe et Müll. Hal.) Broth.

分布：吉林、辽宁、内蒙古、河北、山西、山东、河南、陕西、江苏、上海、浙江、江西、湖北、四川、重庆、贵州、云南、福建、台湾、广东、香港、澳门；朝鲜、日本、越南、缅甸、柬埔寨、印度、巴基斯坦、尼泊尔、不丹、俄罗斯；欧洲、非洲、北美洲、中美洲

卵叶小羽藓 **Haplocladium discolor** (Broth. et Paris) Broth.

分布：重庆、贵州；朝鲜、日本

瓦叶小羽藓 Haplocladium larminatii (Broth. et Paris) Broth.

分布：江苏、上海、台湾；越南、日本

细叶小羽藓 Haplocladium microphyllum (Hedw.) Broth.

分布：吉林、辽宁、内蒙古、山东、河南、陕西、宁夏、江苏、上海、浙江、江西、湖北、四川、重庆、贵州、云南、福建、台湾、广东、香港、澳门；巴基斯坦、朝鲜、日本、印度、不丹、越南、泰国、俄罗斯；欧洲、北美洲

东亚小羽藓 Haplocladium strictulum (Cardot) Reimers

分布：辽宁、内蒙古、河北、山东、宁夏、浙江、四川、贵州；朝鲜、日本

沼羽藓属 Helodium Warnst.

狭叶沼羽藓 Helodium paludosum (Austin) Broth.

分布：黑龙江、吉林、内蒙古、四川；俄罗斯；北美洲

东亚沼羽藓 Helodium sachalinense (Lindb.) Broth.

分布：黑龙江、吉林、辽宁、内蒙古、新疆；日本、朝鲜、俄罗斯(远东地区)

拟塔藓属 Hylocomiopsis Cardot

拟塔藓 Hylocomiopsis ovicarpa (Besch.) Cardot

分布：吉林；日本、韩国、俄罗斯

南羽藓属 Indothuidium A. Touw

南羽藓 Indothuidium kiasense (R. S. Williams) A. Touw

分布：云南、台湾；印度、斯里兰卡、缅甸、泰国、印度尼西亚、马来西亚、菲律宾、太平洋岛屿

鹤嘴藓属 Pelekium Mitt.

纤枝鹤嘴藓 Pelekium bonianum (Besch.) A. Touw

分布：重庆、贵州、云南、台湾、广西；印度、缅甸、泰国、老挝、越南、印度尼西亚、日本；大洋洲

美丽鹤嘴藓 Pelekium contortulum (Mitt.) A. Touw

分布：贵州、云南、台湾；日本、印度、巴基斯坦、菲律宾、巴布亚新几内亚

尖毛鹤嘴藓 Pelekium fuscatum (Besch.) A. Touw

分布：贵州、云南；印度、不丹、缅甸、泰国

密毛鹤嘴藓 Pelekium gratum (P. Beauv.) A. Touw

分布：贵州、云南、海南；印度、尼泊尔、不丹、缅甸、斯里兰卡、泰国、柬埔寨、越南、印度尼西亚、马来西亚、菲律宾；非洲、大洋洲

小叶鹤嘴藓 Pelekium microphyllum (Schwägr.) T. J. Kop. et A. Touw

分布：云南；印度、尼泊尔、泰国、越南

糙柄鹤嘴藓 Pelekium minusculum (Mitt.) A. Touw

分布：贵州、云南；尼泊尔、印度、不丹、泰国、越南、印度尼西亚、坦桑尼亚、马拉维

多疣鹤嘴藓 Pelekium pygmaeum (Schimp.) A. Touw

分布：辽宁、河北、湖南、重庆、贵州；朝鲜、日本；北美洲

鹤嘴藓 Pelekium velatum Mitt.

分布：湖北、云南、台湾；印度、泰国、印度尼西亚、菲律宾、巴布亚新几内亚、太平洋岛屿

红毛鹤嘴藓 Pelekium versicolor (Hornsch. ex Müll. Hal.) A. Touw

分布：贵州、云南、福建、广东、广西；印度、缅甸、斯里兰卡、越南、马来西亚、印度尼西亚、菲律宾、日本、朝鲜、巴布亚新几内亚、美国；非洲

硬羽藓属 Rauiella Reimers

东亚硬羽藓 Rauiella fujisana (Paris) Reimers

分布：吉林、辽宁、内蒙古、河北、陕西、甘肃、贵州；朝鲜、日本

羽藓属 Thuidium Bruch et Schimp.

绿羽藓 Thuidium assimile (Mitt.) A. Jaeger

分布：吉林、内蒙古、河北、山西、山东、河南、陕西、宁夏、甘肃、青海、新疆、上海、浙江、江西、湖南、湖北、四川、重庆、贵州、云南、福建、广西；日本、俄罗斯；欧洲、北美洲

大羽藓 Thuidium cymbifolium (Dozy et Molk.) Dozy et Molk.

分布：河北、山东、陕西、宁夏、甘肃、新疆、安徽、江苏、上海、浙江、江西、湖南、湖北、四川、重庆、贵州、云南、福建、台湾、广东、广西、海南、香港；世界广布

细枝羽藓 Thuidium delicatulum (Hedw.) Schimp.

分布：山西、陕西、甘肃、上海、贵州、香港；朝鲜、日本；欧洲、美洲

齿蚀叶羽藓 Thuidium erosifolium S. Y. Zeng

分布：西藏

拟灰羽藓 Thuidium glaucinoides Broth.

分布：山东、湖南、四川、重庆、贵州、云南、福建、台湾、广东、广西、香港、澳门；日本、印度、斯里兰卡、缅甸、泰国、越南、老挝、柬埔寨、马来西亚、印度尼西亚、菲律宾；大洋洲

短肋羽藓 Thuidium kanedae Sakurai

分布：辽宁、宁夏、甘肃、安徽、江苏、上海、浙江、江

西、湖南、湖北、四川、重庆、贵州、云南、福建、台湾；朝鲜、日本

南亚羽藓 Thuidium kuripanum (Dozy et Molk.) R. Watan.

分布：云南；印度、缅甸、泰国、老挝、越南、马来西亚、菲律宾、斐济、萨摩亚、澳大利亚

毛尖羽藓 Thuidium plumulosum (Dozy et Molk.) Dozy et Molk.

分布：贵州、西藏、福建；缅甸、越南、柬埔寨、泰国、老挝、印度尼西亚

灰羽藓 Thuidium pristocalyx (Müll. Hal.) A. Jaeger

分布：辽宁、江苏、上海、浙江、江西、湖南、重庆、贵州、云南、福建、台湾、广东、广西、海南、香港；朝鲜、日本、印度、尼泊尔、不丹、缅甸、斯里兰卡、越南、老挝、柬埔寨、泰国、马来西亚、印度尼西亚、菲律宾、巴布亚新几内亚、瓦努阿图、俄罗斯

钩叶羽藓 Thuidium recognitum (Hedw.) Lindb.

分布：黑龙江、吉林、辽宁、内蒙古、山东、陕西、新疆、安徽、浙江、贵州；日本、俄罗斯；欧洲、北美洲

亚灰羽藓 Thuidium subglaucinum Cardot

分布：浙江、重庆、贵州、台湾、广西；朝鲜、日本

短枝羽藓 Thuidium submicropteris Cardot

分布：吉林、湖北、重庆、贵州；日本、朝鲜

羽藓 Thuidium tamariscinum (Hedw.) Bruch et Schimp.

分布：四川、贵州、台湾、黄河以北；日本、俄罗斯、牙买加、坦桑尼亚；欧洲

单羽藓 Thuidium unipinnatum Y. M. Fang et T. J. Kop.

分布：云南

147. 美姿藓科 Timmiaceae Schimp.

美姿藓属 Timmia Hedw.

南方美姿藓 Timmia austriaca Hedw.

分布：山西、青海、新疆、四川、西藏；日本、俄罗斯；南亚、欧洲、北美洲

美姿藓 Timmia megapolitana Hedw.

分布：吉林、辽宁、内蒙古、山西、陕西、宁夏、甘肃、新疆、四川、云南；巴基斯坦、不丹、蒙古国、俄罗斯、日本；欧洲、北美洲

美姿藓(原变种) Timmia megapolitana var. **megapolitana**

分布：吉林、辽宁、内蒙古、山西、陕西、宁夏、甘肃、新疆、四川、云南；不丹、蒙古国、俄罗斯、日本；欧洲、北美洲

美姿藓北方变种 Timmia megapolitana var. **bavarica** (Hessl.) Brid.

分布：黑龙江、吉林、辽宁、内蒙古、河北、山西、山东、陕西、宁夏、甘肃、青海、新疆、湖北、四川、贵州、云南、西藏；巴基斯坦、蒙古国、日本、俄罗斯；欧洲、非洲、北美洲

挪威美姿藓 Timmia norvegica Z J. E. Zetterst.

分布：陕西、新疆；亚洲(北部及中部)、欧洲、北美洲

挪威美姿藓(原变种) Timmia norvegica var. **norvegica**

分布：陕西、新疆；亚洲(北部及中部)、欧洲、北美洲

挪威美姿藓纤细变种 Timmia norvegica var. **comata** (Lindb. et Arnell) H. A. Crum

分布：新疆；西亚、中亚、欧洲、北美洲(北部)

球蒴美姿藓 Timmia sphaerocarpa Y. Jia et Y. Liu

分布：四川、西藏

148. 粗柄藓科 Trachylomataceae W. R. Buck et Vitt.

粗柄藓属 Trachyloma Brid.

南亚粗柄藓 Trachyloma indicum Mitt.

分布：台湾、海南；印度、斯里兰卡、泰国、越南、马来西亚、印度尼西亚、菲律宾、巴布亚新几内亚、澳大利亚、美国(夏威夷)

149. 陶氏苔科 Treubiaceae Verd.

拟陶氏苔属 Apotreubia S. Hatt. et Mizut.

拟陶氏苔 Apotreubia nana (S. Hatt. et Inoue) S. Hatt. et Mizut.

分布：台湾；日本

云南拟陶氏苔 Apotreubia yunnanensis Higuchi

分布：四川、云南

陶氏苔属 Treubia K. I. Goebel

陶氏苔 Treubia insignis K. I. Goebel

分布：台湾；印度尼西亚

150. 绒苔科 Trichocoleaceae Nakai

绒苔属 Trichocolea Dumort.

皮毛绒苔(新拟) Trichocolea magna T. Katagiri

分布：云南、台湾；印度尼西亚、马来西亚、菲律宾、泰国、巴布亚新几内亚

眼油绒苔(新拟) Trichocolea pluma (Reinw., Blume et Nees) Mont.

分布：四川、广东、广西、湖北、浙江、海南、台湾；不丹、印度尼西亚、日本、马来西亚、菲律宾、泰国、越南、巴布亚新几内亚、波利尼西亚、密克罗尼西亚

残尖绒苔(新拟) Trichocolea rudimentaris Steph.

分布：台湾；印度尼西亚、日本、马来西亚、菲律宾、泰国、密克罗尼西亚

台湾绒苔 Trichocolea merrillana Steph.

分布：重庆、贵州、云南、台湾；泰国、菲律宾、印度尼西亚

绒苔 Trichocolea tomentella (Ehrh.) Dumort.

分布：黑龙江、山东、陕西、甘肃、新疆、浙江、江西、湖南、湖北、四川、重庆、贵州、云南、西藏、福建、台湾、广西、海南、香港；朝鲜、日本、不丹、菲律宾、印度尼西亚、俄罗斯；欧洲、大洋洲、北美洲

151. 魏氏苔科 Wiesnerellaceae Inoue

魏氏苔属 Wiesnerella Schiffn.

魏氏苔 Wiesnerella denudata (Mitt.) Steph.

分布：浙江、湖南、四川、云南、福建、台湾；克什米尔地区、印度尼西亚、日本、朝鲜、美国(夏威夷)

蕨类植物 PTERIDOPHYTES*

152. 铁角蕨科 Aspleniaceae Newm.

铁角蕨属 **Asplenium** L.

黑色铁角蕨 Asplenium adiantum-nigrum L.

分布：陕西、台湾、西藏、云南；阿富汗、印度、巴基斯坦；欧洲(地中海)至亚洲西南地区、北美洲

合生铁角蕨 Asplenium adnatum Copel.

分布：广东

西南铁角蕨 Asplenium aethiopicum (Burm. f.) Becherer

分布：湖南、江西、四川、云南；印度、印度尼西亚、马来西亚、缅甸、菲律宾、泰国、越南、澳大利亚、马卡罗尼西亚、美国(夏威夷)；热带非洲、热带美洲

匙形铁角蕨 Asplenium affine Sw.

分布：海南；印度尼西亚、马来西亚、菲律宾、斯里兰卡、马斯克林群岛

西部铁角蕨 Asplenium aitchisonii Fraser-Jenk. et Reichst.

分布：甘肃、新疆、四川、云南、西藏；不丹、印度、尼泊尔、巴基斯坦

阿尔泰铁角蕨 Asplenium altajense (Kom.) Grubov

分布：内蒙古、宁夏、新疆、四川；蒙古国、俄罗斯

广布铁角蕨 Asplenium anogrammoides Christ

分布：吉林、辽宁、河北、山西、山东、陕西、宁夏、安徽、江苏、浙江、江西、湖南、湖北、四川、贵州、云南、福建、广东；印度、日本、韩国、越南

大鳞巢蕨 Asplenium antiquum Makino

分布：湖南、福建、台湾；日本、韩国

狭翅巢蕨 Asplenium antrophyoides Christ

分布：湖南、四川、贵州、云南、广东、广西；老挝、泰国、越南

黑鳞铁角蕨 Asplenium asterolepis Ching

分布：贵州

华南铁角蕨 Asplenium austrochinense Ching

分布：安徽、浙江、江西、湖南、湖北、四川、贵州、云南、福建、广东、广西；日本、越南

大盖铁角蕨 Asplenium bullatum Wall. ex Mett.

分布：湖南、四川、贵州、云南、西藏、福建、台湾；不丹、印度、缅甸、尼泊尔、越南

线柄铁角蕨 Asplenium capillipes Makino

分布：陕西、甘肃、湖南、四川、贵州、云南、台湾；不丹、印度、日本、韩国、尼泊尔

东海铁角蕨 Asplenium castaneoviride Baker

分布：辽宁、山东、江苏；日本、韩国

高加索铁角蕨 Asplenium caucasicum (Fraser-Jenk. et Lovis) Viane

分布：新疆、西藏、台湾；阿富汗、印度、巴基斯坦、俄罗斯；亚洲(西南部)、欧洲

药蕨 Asplenium ceterach L.

分布：新疆、西藏；阿富汗、印度、克什米尔地区、巴基斯坦；亚洲、欧洲、非洲

线裂铁角蕨 Asplenium coenobiale Hance

分布：湖南、四川、贵州、云南、福建、广东；日本、越南

壮乡铁角蕨 Asplenium cornutissimum X. C. Zhang et R. H. Jiang

分布：广西

毛轴铁角蕨 Asplenium crinicaule Hance

分布：江西、湖南、四川、贵州、云南、西藏、福建、广东、广西、海南；印度、马来西亚、缅甸、菲律宾、泰国、越南、澳大利亚

乌来铁角蕨 Asplenium cuneatiforme Christ

分布：台湾

苍山蕨 Asplenium dalhousiae Hook.

分布：西藏；阿富汗、印度、克什米尔地区、尼泊尔、巴基斯坦、墨西哥、美国；非洲

水鳖蕨 Asplenium delavayi (Franch.) Copel.

分布：甘肃、四川、贵州、云南；不丹、印度、缅甸、尼泊尔

圆叶铁角蕨 Asplenium dolomiticum (Lovis et Reichst.) A. Löve et D. Löve

分布：河北、四川、云南、西藏；阿富汗、蒙古国、俄罗

* 蕨类植物部分的编著者：中国科学院植物研究所 张宪春。

斯、伊朗、土耳其；欧洲

剑叶铁角蕨 **Asplenium ensiforme** Wall. ex Hook. et Grev.

分布：江苏、江西、湖南、四川、贵州、云南、西藏、台湾、广东、广西；不丹、印度、日本、缅甸、尼泊尔、斯里兰卡、泰国、越南

云南铁角蕨 **Asplenium exiguum** Bedd.

分布：河北、山西、河南、湖南、四川、贵州、云南、西藏、台湾、广西；印度、蒙古国、缅甸、尼泊尔、菲律宾、俄罗斯、泰国、越南、墨西哥、美国

网脉铁角蕨 **Asplenium finlaysonianum** Wall. ex Hook.

分布：云南、西藏、广东、广西、海南；不丹、印度、印度尼西亚、马来西亚、缅甸、尼泊尔、越南

南海铁角蕨 **Asplenium formosae** Christ

分布：台湾、广东、海南；日本、越南

易变铁角蕨 **Asplenium fugax** Christ

分布：四川、贵州、云南；不丹、尼泊尔

腺齿铁角蕨 **Asplenium glanduliserrulatum** Ching ex S. H. Wu

分布：贵州、云南

厚叶铁角蕨 **Asplenium griffithianum** Hook.

分布：湖南、四川、贵州、云南、西藏、福建、台湾、广东、广西、海南；不丹、印度、日本、缅甸、尼泊尔、越南

撕裂铁角蕨 **Asplenium gueinzianum** Mett. ex Kuhn

分布：云南、西藏、台湾；不丹、印度、缅甸、尼泊尔、越南

海南铁角蕨 **Asplenium hainanense** Ching

分布：海南；泰国、越南

江南铁角蕨 **Asplenium holosorum** Christ

分布：江西、湖南、湖北、四川、贵州、云南、台湾、广东、广西、海南；越南

扁柄巢蕨 **Asplenium humbertii** Tardieu

分布：云南、广西、海南；老挝、泰国、越南

肾羽铁角蕨 **Asplenium humistratum** Ching ex H. S. Kung

分布：湖南、湖北、四川、贵州、云南

虎尾铁角蕨 **Asplenium incisum** Thunb.

分布：黑龙江、辽宁、河北、山西、山东、河南、陕西、甘肃、安徽、江苏、浙江、江西、湖南、四川、贵州、云南、福建、台湾、广东；日本、韩国、俄罗斯

胎生铁角蕨 **Asplenium indicum** Sledge

分布：甘肃、安徽、浙江、江西、湖南、四川、贵州、云南、西藏、福建、台湾、广东、广西；不丹、印度、缅甸、尼泊尔、菲律宾、斯里兰卡、泰国、越南

贵阳铁角蕨 **Asplenium interjectum** Christ

分布：贵州、云南；泰国、越南

甘肃铁角蕨 **Asplenium kansuense** Ching

分布：河北、山西、陕西、湖北、四川、云南；印度

江苏铁角蕨 **Asplenium kiangsuense** Ching et Y. X. Jing

分布：安徽、江苏、浙江、江西、湖南、云南、福建

对开蕨 **Asplenium komarovii** Akasawa

分布：吉林、台湾；日本、韩国、俄罗斯；北美洲

西疆铁角蕨 **Asplenium kukkonenii** Viane et Reichst.

分布：云南、西藏；印度、尼泊尔、巴基斯坦

热带铁角蕨 **Asplenium lepturus** J. Sm. ex C. Presl

分布：海南；老挝、菲律宾、越南

泸山铁角蕨 **Asplenium lushanense** C. Chr.

分布：四川、云南；尼泊尔、越南

内蒙铁角蕨 **Asplenium mae** Viane et Reichst.

分布：辽宁、内蒙古、山西

大叶苍山蕨 **Asplenium magnificum** (Ching) Bir

分布：云南；印度、尼泊尔

兰屿铁角蕨 **Asplenium matsumurae** Christ

分布：台湾

滇南铁角蕨 **Asplenium microtum** Maxon

分布：云南

郎木铁角蕨 **Asplenium neovarians** Ching

分布：甘肃、四川

西北铁角蕨 **Asplenium nesii** Christ

分布：内蒙古、河北、山西、陕西、宁夏、甘肃、青海、新疆、四川、云南、西藏；阿富汗、印度、尼泊尔、巴基斯坦

巢蕨 **Asplenium nidus** L.

分布：贵州、云南、西藏、台湾、广东、广西、海南；柬埔寨、印度、印度尼西亚、日本、老挝、马来西亚、缅甸、斯里兰卡、越南、澳大利亚热带地区、波利尼西亚；非洲

倒挂铁角蕨 **Asplenium normale** D. Don

分布：安徽、江苏、浙江、江西、湖南、四川、贵州、云

南、西藏、福建、台湾、广东、广西、海南；不丹、印度、日本、马来西亚、缅甸、尼泊尔、菲律宾、斯里兰卡、泰国、越南、澳大利亚、太平洋岛屿；热带非洲

黑鳞巢蕨 **Asplenium oblanceolatum** Copel.
分布：云南、海南；印度、马来西亚、缅甸、泰国、越南

东南铁角蕨 **Asplenium oldhamii** Hance
分布：安徽、浙江、江西、福建、台湾

疏脉苍山蕨 **Asplenium paucivenosum** (Ching) Bir
分布：云南、西藏；不丹、印度、尼泊尔

北京铁角蕨 **Asplenium pekinense** Hance
分布：辽宁、内蒙古、河北、山西、山东、河南、陕西、宁夏、甘肃、安徽、江苏、浙江、湖南、湖北、四川、重庆、贵州、云南、西藏、福建、台湾、广东、广西；印度、日本、韩国、巴基斯坦、俄罗斯

长叶巢蕨 **Asplenium phyllitidis** D. Don
分布：四川、贵州、云南、西藏、广西、海南；孟加拉国、不丹、印度、印度尼西亚、马来西亚、缅甸、尼泊尔、巴布亚新几内亚、泰国

镰叶铁角蕨 **Asplenium polyodon** G. Forst.
分布：广东、广西、贵州、海南、台湾、云南；印度、印度尼西亚、马来西亚、缅甸、菲律宾、斯里兰卡、越南、澳大利亚、印度洋岛屿、太平洋岛屿 (包括新西兰)；热带非洲

长叶铁角蕨 **Asplenium prolongatum** Hook.
分布：河南、甘肃、安徽、浙江、江西、湖南、湖北、四川、贵州、云南、西藏、福建、台湾、广东、广西、海南；印度、日本、韩国、马来西亚、缅甸、斯里兰卡、越南、斐济

假大羽铁角蕨 **Asplenium pseudolaserpitiifolium** Ching
分布：湖南、云南、西藏、福建、台湾、广东、广西、海南；印度、印度尼西亚、日本、马来西亚、缅甸、菲律宾、泰国、越南

斜裂铁角蕨 **Asplenium pseudopraemorsum** Ching
分布：海南

叶基宽铁角蕨 **Asplenium pulcherrimum** (Baker) Ching ex Tardieu
分布：四川、重庆、贵州、云南、福建、台湾、广东、广西；马来西亚、越南

俅江苍山蕨 **Asplenium qiujiangense** (Ching et Fu) Nakaike
分布：云南

四倍体铁角蕨 **Asplenium quadrivalens** (D. E. Meyer) Landolt
分布：山西、河南、陕西、甘肃、新疆、安徽、江苏、浙江、江西、湖南、湖北、四川、贵州、云南、西藏、福建、台湾、广东、广西；温带广布，热带高山地区也有分布

骨碎补铁角蕨 **Asplenium ritoense** Hayata
分布：浙江、江西、贵州、福建、台湾、广东、海南；日本、韩国

瑞丽铁角蕨 **Asplenium rockii** C. Chr.
分布：云南；不丹、印度、缅甸、泰国

过山蕨 **Asplenium ruprechtii** Sa. Kurata
分布：黑龙江、吉林、辽宁、内蒙古、河北、山西、山东、河南、陕西、宁夏、江苏、湖北、四川；日本、韩国、俄罗斯

卵叶铁角蕨 **Asplenium ruta-muraria** L.
分布：辽宁、内蒙古、山西、陕西、甘肃、新疆、湖南、四川、贵州、云南、台湾；阿富汗、印度、日本、克什米尔地区、哈萨克斯坦、韩国、吉尔吉斯斯坦、尼泊尔、巴基斯坦、俄罗斯、塔吉克斯坦；亚洲、欧洲、非洲、北美洲

岭南铁角蕨 **Asplenium sampsonii** Hance
分布：贵州、云南、广东、广西、海南；越南

华中铁角蕨 **Asplenium sarelii** Hook.
分布：河南、陕西、安徽、江苏、浙江、湖南、湖北、四川、重庆、贵州

石生铁角蕨 **Asplenium saxicola** Rosenst.
分布：湖南、四川、贵州、云南、广东、广西；越南

狭叶铁角蕨 **Asplenium scortechinii** Bedd.
分布：贵州、云南、广东、广西、海南；印度、马来西亚、缅甸、泰国、越南

近变异铁角蕨 **Asplenium semivarians** Viane et Reichst.
分布：云南；印度、菲律宾、斯里兰卡；热带非洲

叉叶铁角蕨 **Asplenium septentrionale** (L.) Hoffm.
分布：山西、陕西、新疆、西藏、台湾；阿富汗、印度、克什米尔地区、哈萨克斯坦、吉尔吉斯斯坦、蒙古国、尼泊尔、巴基斯坦、俄罗斯、塔吉克斯坦；亚洲、欧洲、非洲、北美洲

黑边铁角蕨 **Asplenium speluncae** Christ
分布：江西、湖南、贵州、广东、广西

拟大羽铁角蕨 **Asplenium sublaserpitiifolium** Ching
分布：云南、台湾、广东、广西；越南

俅江铁角蕨 **Asplenium subspathulinum** X. C. Zhang
分布：云南

膜连铁角蕨 **Asplenium tenerum** G. Forst.
分布：台湾、海南；印度、印度尼西亚、日本、韩国、马

来西亚、缅甸、菲律宾、斯里兰卡、越南、太平洋岛屿

细茎铁角蕨 **Asplenium tenuicaule** Hayata

分布：重庆、甘肃、贵州、河北、黑龙江、河南、湖南、江苏、江西、吉林、辽宁、内蒙古、青海、山西、山东、陕西、四川、台湾、西藏、云南、浙江；不丹、印度、日本、韩国、尼泊尔、巴基斯坦、菲律宾、俄罗斯、泰国、美国(夏威夷)；非洲

细茎铁角蕨(原变种) **Asplenium tenuicaule** var. **tenuicaule**

分布：河北、山西、陕西、四川、西藏、台湾；日本、韩国、泰国、美国(夏威夷)；东非

尖齿铁角蕨 **Asplenium tenuicaule** var. **argutum** Viane

分布：四川

钝齿铁角蕨 **Asplenium tenuicaule** var. **subvarians** (Ching) Viane

分布：黑龙江、吉林、辽宁、内蒙古、河北、山西、山东、河南、陕西、甘肃、青海、江苏、浙江、江西、湖南、四川、重庆、贵州、云南、西藏；不丹、印度、日本、韩国、尼泊尔、巴基斯坦、菲律宾、俄罗斯

细裂铁角蕨 **Asplenium tenuifolium** D. Don

分布：湖南、四川、贵州、云南、西藏、台湾、广西、海南；不丹、印度、印度尼西亚、马来西亚、缅甸、尼泊尔、菲律宾、斯里兰卡、泰国、越南

蒙自铁角蕨 **Asplenium trapezoideum** Ching

分布：湖南、云南、西藏、广西；缅甸、越南

铁角蕨 **Asplenium trichomanes** L.

分布：山西、河南、陕西、甘肃、新疆、安徽、江苏、浙江、江西、湖南、湖北、四川、贵州、云南、西藏、福建、台湾、广东、广西；广布于温带及热带高山地区

台南铁角蕨 **Asplenium trigonopterum** Kunze

分布：台湾；日本

三翅铁角蕨 **Asplenium tripteropus** Nakai

分布：河南、陕西、甘肃、安徽、浙江、江西、湖南、湖北、四川、贵州、云南、福建、台湾；日本、韩国、缅甸

变异铁角蕨 **Asplenium varians** Wall. ex Hook. et Grev.

分布：陕西、湖南、湖北、四川、重庆、贵州、云南、西藏、广东、广西；不丹、印度、尼泊尔、越南；非洲

欧亚铁角蕨 **Asplenium viride** Huds.

分布：新疆、四川、西藏、台湾；阿富汗、印度、日本、克什米尔地区、尼泊尔、巴基斯坦、俄罗斯；欧洲、北美洲

闽浙铁角蕨 **Asplenium wilfordii** Mett. ex Kuhn

分布：浙江、江西、福建、台湾；日本、韩国

狭翅铁角蕨 **Asplenium wrightii** D. C. Eaton ex Hook.

分布：安徽、江苏、浙江、江西、湖南、四川、贵州、云南、福建、台湾、广东、广西、海南；日本、韩国、越南

棕鳞铁角蕨 **Asplenium yoshinagae** Makino

分布：浙江、湖南、湖北、四川、贵州、云南、西藏、福建、广东、广西；印度、日本、越南

膜叶铁角蕨属 **Hymenasplenium** Hayata

阿里山膜叶铁角蕨 **Hymenasplenium adiantifrons** (Hayata) Viane et S. Y. Dong

分布：台湾

无配膜叶铁角蕨 **Hymenasplenium apogamum** (N. Murak. et Hatan.) Nakaike

分布：云南、台湾；日本、老挝、泰国、越南

细辛膜叶铁角蕨 **Hymenasplenium cardiophyllum** (Hance) Nakaike

分布：海南；越南

贡山膜叶铁角蕨 **Hymenasplenium changputungense** (Ching) Viane et S. Y. Dong

分布：云南

齿果膜叶铁角蕨 **Hymenasplenium cheilosorum** (Kunze ex Mett.) Tagawa

分布：浙江、贵州、云南、西藏、福建、台湾、广东、广西、海南；不丹、印度、印度尼西亚、日本、马来西亚、缅甸、尼泊尔、菲律宾、斯里兰卡、泰国、越南

切边膜叶铁角蕨 **Hymenasplenium excisum** (C. Presl) S. Linds.

分布：贵州、云南、西藏、台湾、广东、广西、海南；不丹、印度、印度尼西亚、马来西亚、缅甸、尼泊尔、菲律宾、斯里兰卡、泰国、越南；热带非洲

绒毛膜叶铁角蕨 **Hymenasplenium furfuraceum** (Ching) Viane et S. Y. Dong

分布：云南

东亚膜叶铁角蕨 **Hymenasplenium hondoense** (N. Murak. et Hatan.) Nakaike

分布：四川、福建、广西；印度、日本、韩国、尼泊尔

阔齿膜叶铁角蕨 **Hymenasplenium latidens** (Ching) Viane et S. Y. Dong

分布：云南

单边膜叶铁角蕨 **Hymenasplenium murakami-hatanakae** Nakaike

分布：江西、云南、台湾；日本

荫湿膜叶铁角蕨 Hymenasplenium obliquissimum (Hayata) Sugim.

分布：江西、湖南、四川、贵州、云南、台湾、广东、广西；印度、印度尼西亚、日本、尼泊尔、越南

绿杆膜叶铁角蕨 Hymenasplenium obscurum (Blume) Tagawa

分布：贵州、云南、福建、台湾、广东、广西、海南；印度、印度尼西亚、缅甸、尼泊尔、斯里兰卡、泰国、越南；非洲

尖峰岭膜叶铁角蕨 Hymenasplenium pseudobscurum Viane

分布：贵州、云南、台湾、海南；泰国、越南

镇康膜叶铁角蕨 Hymenasplenium quercicola (Ching) Viane et S. Y. Dong

分布：云南

微凹膜叶铁角蕨 Hymenasplenium retusulum (Ching) Viane et S. Y. Dong

分布：云南

小膜叶铁角蕨 Hymenasplenium subnormale (Copel.) Nakaike

分布：云南、台湾；印度尼西亚、日本、马来西亚、菲律宾

天全膜叶铁角蕨 Hymenasplenium szechuanense (Ching) Viane et S. Y. Dong

分布：四川、云南

无量山膜叶铁角蕨 Hymenasplenium wuliangshanense (Ching) Viane et S. Y. Dong

分布：云南

153. 蹄盖蕨科 Athyriaceae Alston

安蕨属 Anisocampium C. Presl

安蕨 Anisocampium cumingianum C. Presl

分布：云南、台湾；印度、印度尼西亚、老挝、缅甸、菲律宾、斯里兰卡

拟鳞毛安蕨 Anisocampium cuspidatum (Bedd.) Yea C. Liu, W. L. Chiou et M. Kato

分布：贵州、云南、西藏、广西；不丹、喜马拉雅、印度、缅甸、尼泊尔、泰国

日本安蕨 Anisocampium niponicum (Bedd.) Yea C. Liu, W. L. Chiou et M. Kato

分布：辽宁、河北、山西、山东、河南、陕西、宁夏、甘肃、安徽、江苏、浙江、江西、湖南、湖北、四川、重庆、贵州、云南、台湾、广东、广西；印度、日本、韩国、缅甸、尼泊尔、越南

华东安蕨 Anisocampium sheareri (Baker) Ching

分布：甘肃、安徽、江苏、浙江、江西、湖南、湖北、四川、重庆、贵州、云南、福建、台湾、广东、广西；日本、韩国

蹄盖蕨属 Athyrium Roth

金平蹄盖蕨 Athyrium adpressum Ching et W. M. Chu

分布：云南

斜羽蹄盖蕨 Athyrium adscendens Ching

分布：四川

宿蹄盖蕨 Athyrium anisopterum Christ

分布：江西、湖南、四川、贵州、云南、西藏、台湾、广东、广西；印度、印度尼西亚、马来西亚、缅甸、尼泊尔、菲律宾、斯里兰卡、泰国、越南

鹿角蹄盖蕨 Athyrium araiostegioides Ching

分布：四川、云南

阿里山蹄盖蕨 Athyrium arisanense (Hayata) Tagawa

分布：台湾；日本

大叶假冷蕨 Athyrium atkinsonii Bedd.

分布：山西、河南、陕西、甘肃、江西、湖南、湖北、四川、重庆、贵州、云南、西藏、福建、台湾；不丹、喜马拉雅、印度、日本、克什米尔地区、韩国、缅甸、尼泊尔、巴基斯坦

剑叶蹄盖蕨 Athyrium attenuatum (Wall. ex C. B. Clarke) Tagawa

分布：四川、云南；阿富汗、不丹、印度、克什米尔地区、尼泊尔、巴基斯坦

阿墩子假冷蕨 Athyrium atuntzeense (Ching) Z. R. Wang et Z. R. He

分布：云南

藏东南蹄盖蕨 Athyrium austro-orientale Ching

分布：四川、云南、西藏

百山祖蹄盖蕨 Athyrium baishanzuense Ching et Y. T. Hsieh

分布：浙江

宝兴蹄盖蕨 Athyrium baoxingense Ching

分布：四川

苍山蹄盖蕨 Athyrium biserrulatum Christ

分布：四川、贵州、云南、西藏；不丹、印度、缅甸、尼

泊尔、巴基斯坦

波密蹄盖蕨 **Athyrium bomicola** Ching
分布：西藏

东北蹄盖蕨 **Athyrium brevifrons** Nakai ex Tagawa
分布：黑龙江、吉林、辽宁、内蒙古、河北、山西、山东；日本、韩国、俄罗斯

中缅蹄盖蕨 **Athyrium brevisorum** (Wall. ex Hook.) T. Moore
分布：云南；缅甸、尼泊尔、巴基斯坦

短柄蹄盖蕨 **Athyrium brevistipes** Ching
分布：陕西、湖南、湖北、四川、重庆、贵州

圆果蹄盖蕨 **Athyrium bucahwangense** Ching
分布：云南、西藏

尾羽蹄盖蕨 **Athyrium caudatum** Ching
分布：云南

长尾蹄盖蕨 **Athyrium caudiforme** Ching
分布：湖南、四川

秦氏蹄盖蕨 **Athyrium chingianum** Z. R. Wang et X. C. Zhang
分布：云南

中越蹄盖蕨 **Athyrium christensenii** Tardieu
分布：云南、广西；越南

中甸蹄盖蕨 **Athyrium chungtienense** Ching
分布：云南

芽胞蹄盖蕨 **Athyrium clarkei** Bedd.
分布：贵州、云南；印度、缅甸、尼泊尔

坡生蹄盖蕨 **Athyrium clivicola** Tagawa
分布：安徽、浙江、江西、湖南、湖北、四川、重庆、贵州、福建、台湾、广西；日本、韩国

坡生蹄盖蕨(原变种) **Athyrium clivicola** var. **clivicola**
分布：安徽、浙江、江西、湖南、湖北、四川、重庆、贵州、福建、台湾、广西；日本、韩国

圆羽蹄盖蕨 **Athyrium clivicola** var. **rotundum** Z. R. Wang
分布：重庆

短羽蹄盖蕨 **Athyrium contingens** Ching et S. K. Wu
分布：四川、西藏

川西蹄盖蕨 **Athyrium costulalisorum** Ching
分布：四川

粗柄蹄盖蕨 **Athyrium crassipes** Ching
分布：四川

蒿坪蹄盖蕨 **Athyrium criticum** Ching
分布：陕西、四川、云南

合欢山蹄盖蕨 **Athyrium cryptogrammoides** Hayata
分布：浙江、湖南、湖北、贵州、台湾、广西；日本

大卫假冷蕨 **Athyrium davidii** (Franch.) Christ
分布：四川、云南、西藏；印度、缅甸、尼泊尔

大相岭蹄盖蕨 **Athyrium daxianglingense** Ching et H. S. Kung
分布：四川、云南

林光蹄盖蕨 **Athyrium decorum** Ching
分布：云南

翅轴蹄盖蕨 **Athyrium delavayi** Christ
分布：湖北、四川、重庆、贵州、云南、台湾、广西；印度、缅甸

薄叶蹄盖蕨 **Athyrium delicatulum** Ching et S. K. Wu
分布：四川、重庆、贵州、云南、西藏、广西

溪边蹄盖蕨 **Athyrium deltoidofrons** Makino
分布：浙江、江西、湖南、四川、贵州、福建；日本、韩国

溪边蹄盖蕨(原变种) **Athyrium deltoidofrons** var. **deltoidofrons**
分布：浙江、江西、湖南、四川、贵州、福建；日本、韩国

瘦叶蹄盖蕨 **Athyrium deltoidofrons** var. **gracillinum** (Ching) Z. R. Wang
分布：江西

希陶蹄盖蕨 **Athyrium dentigerum** (Wall. ex C. B. Clarke) Mehra et Bir
分布：甘肃、四川、贵州、云南、西藏；印度、缅甸

齿尖蹄盖蕨 **Athyrium dentilobum** Ching et S. K. Wu
分布：西藏

湿生蹄盖蕨 **Athyrium devolii** Ching
分布：浙江、江西、四川、重庆、贵州、云南、西藏、福建、广西

疏叶蹄盖蕨 **Athyrium dissitifolium** (Baker) C. Chr.
分布：湖南、四川、贵州、云南、广西；不丹、印度、缅甸、尼泊尔、泰国、越南

疏叶蹄盖蕨(原变种) **Athyrium dissitifolium** var. **dissitifolium**
分布：湖南、四川、贵州、云南、广西；不丹、印度、缅甸、尼泊尔、泰国、越南

二回疏叶蹄盖蕨 **Athyrium dissitifolium** var. **funebre** (Christ) Ching et Z. R. Wang
分布：云南

库尔海蹄盖蕨 **Athyrium dissitifolium** var. **kulhaitense** (Atk. ex C. B. Clarke) Ching
分布：云南；印度、缅甸、尼泊尔

多变蹄盖蕨 **Athyrium drepanopterum** (Kunze) A. Braun ex Milde
分布：四川、贵州、云南、西藏、台湾；不丹、印度、缅甸、尼泊尔、菲律宾、越南

毛翼蹄盖蕨 **Athyrium dubium** Ching
分布：四川、贵州、云南、西藏；印度

长叶蹄盖蕨 **Athyrium elongatum** Ching
分布：江西、广西

石生蹄盖蕨 **Athyrium emeicola** Ching
分布：四川

轴果蹄盖蕨 **Athyrium epirachis** (Christ) Ching
分布：湖南、湖北、四川、重庆、贵州、云南、福建、台湾、广东、广西；日本

红柄蹄盖蕨 **Athyrium erythropodum** Hayata
分布：台湾；菲律宾

无盖蹄盖蕨 **Athyrium exindusiatum** Ching
分布：云南、西藏；印度、缅甸、尼泊尔

麦秆蹄盖蕨 **Athyrium fallaciosum** Milde
分布：黑龙江、吉林、辽宁、内蒙古、河北、山西、河南、陕西、宁夏、甘肃、湖北、四川；韩国

方氏蹄盖蕨 **Athyrium fangii** Ching
分布：四川、云南；不丹、印度、尼泊尔

佛瑞蹄盖蕨 **Athyrium fauriei** (Christ) Makino
分布：中国广布；日本、菲律宾

喜马拉雅蹄盖蕨 **Athyrium fimbriatum** Hook. ex T. Moore
分布：湖南、四川、云南、西藏；印度、缅甸、尼泊尔

狭叶蹄盖蕨 **Athyrium flabellulatum** (C. B. Clarke) Tardieu
分布：西藏；不丹、印度、尼泊尔

大盖蹄盖蕨 **Athyrium foliolosum** T. Moore ex R. Sim
分布：云南、西藏、台湾；不丹、印度、缅甸、尼泊尔

腺毛蹄盖蕨 **Athyrium glandulosum** Ching
分布：四川、云南

广南蹄盖蕨 **Athyrium guangnanense** Ching
分布：贵州、云南

海南蹄盖蕨 **Athyrium hainanense** Ching
分布：海南

中锡蹄盖蕨 **Athyrium himalaicum** Ching ex Mehra et Bir
分布：四川、云南、西藏；不丹、印度、尼泊尔

毛轴蹄盖蕨 **Athyrium hirtirachis** Ching et Y. P. Hsu
分布：甘肃、四川

密羽蹄盖蕨 **Athyrium imbricatum** Christ
分布：四川、重庆、贵州；日本

凌云蹄盖蕨 **Athyrium infrapuberulum** Ching
分布：广西

居中蹄盖蕨 **Athyrium interjectum** Ching
分布：云南

中间蹄盖蕨 **Athyrium intermixtum** Ching et P. S. Chui
分布：安徽、浙江

长江蹄盖蕨 **Athyrium iseanum** Rosenst.
分布：安徽、江苏、浙江、江西、湖南、湖北、四川、重庆、贵州、云南、西藏、福建、台湾、广东、广西；日本、韩国

长江蹄盖蕨(原变种) **Athyrium iseanum** var. **iseanum**
分布：安徽、江苏、浙江、江西、湖南、湖北、四川、重庆、贵州、云南、西藏、福建、台湾、广东、广西；日本、韩国

西南蹄盖蕨 **Athyrium iseanum** var. **chuanqianense** Z. R. Wang
分布：四川、贵州、云南、西藏、广西

金沙江蹄盖蕨 **Athyrium jinshajiangense** Ching et K. H. Shing
分布：云南

紫柄蹄盖蕨 **Athyrium kenzo-satakei** Sa. Kurata
分布：江西、湖南、四川、贵州、广东、广西；日本

紫柄蹄盖蕨(原变种) **Athyrium kenzo-satakei** var. **kenzo-satakei**
分布：四川、贵州、广东、广西；日本

介贵山蹄盖蕨 **Athyrium kenzo-satakei** var. **jiegui-shanense** (Ching) Z. R. Wang
分布：广西

仓田蹄盖蕨 **Athyrium kuratae** Seriz.
分布：云南、台湾；日本

线羽蹄盖蕨 **Athyrium lineare** Ching
分布：云南

长柄蹄盖蕨 **Athyrium longius** Ching
分布：湖南、贵州

泸定蹄盖蕨 **Athyrium ludingense** Z. R. Wang et Li Bing Zhang
分布：四川

川滇蹄盖蕨 **Athyrium mackinnonii** (C. Hope) C. Chr.
分布：陕西、甘肃、湖南、湖北、四川、重庆、贵州、云南、西藏、广西；阿富汗、印度、缅甸、尼泊尔、巴基斯坦、泰国、越南

川滇蹄盖蕨(原变种) **Athyrium mackinnonii** var. **mackinnonii**
分布：陕西、甘肃、湖南、湖北、四川、重庆、贵州、云南、西藏、广西；阿富汗、印度、缅甸、尼泊尔、巴基斯坦、泰国、越南

光轴蹄盖蕨 **Athyrium mackinnonii** var. **glabratum** Y. T. Hsieh et Z. R. Wang
分布：西藏

易贡蹄盖蕨 **Athyrium mackinnonii** var. **yigongense** Ching et S. K. Wu
分布：西藏

昴山蹄盖蕨 **Athyrium maoshanense** Ching et P. S. Chiu
分布：浙江

墨脱蹄盖蕨 **Athyrium medogense** X. C. Zhang
分布：西藏

狭基蹄盖蕨 **Athyrium mehrae** Bir
分布：云南、西藏；印度

黑鳞蹄盖蕨 **Athyrium melanolepis** (Franch. et Sav.) Christ
分布：黑龙江、吉林；日本、韩国

蒙自蹄盖蕨 **Athyrium mengtzeense** Hieron.
分布：四川、贵州、云南、台湾

小蹄盖蕨 **Athyrium minimum** Ching
分布：台湾

多羽蹄盖蕨 **Athyrium multipinnum** Y. T. Hsieh et Z. R. Wang
分布：浙江、江西、湖南、贵州

红苞蹄盖蕨 **Athyrium nakanoi** Makino
分布：云南、西藏、台湾；不丹、印度、日本、尼泊尔

南岳蹄盖蕨 **Athyrium nanyueense** Ching
分布：湖南

疏羽蹄盖蕨 **Athyrium nephrodioides** (Baker) Christ
分布：甘肃、湖北、四川、云南

黑足蹄盖蕨 **Athyrium nigripes** (Blume) T. Moore
分布：云南、西藏、台湾；印度、印度尼西亚、日本、斯里兰卡、越南

滇西蹄盖蕨 **Athyrium nudifrons** Ching
分布：云南

聂拉木蹄盖蕨 **Athyrium nyalamense** Y. T. Hsieh et Z. R. Wang
分布：云南、西藏；不丹、印度、缅甸、尼泊尔

聂拉木蹄盖蕨(原变种) **Athyrium nyalamense** var. **nyalamense**
分布：云南、西藏；不丹、印度、缅甸、尼泊尔

毛聂拉木蹄盖蕨 **Athyrium nyalamense** var. **puberulum** Z. R. Wang
分布：云南

钝顶蹄盖蕨 **Athyrium obtusilimbum** Ching
分布：云南

峨嵋蹄盖蕨 **Athyrium omeiense** Ching
分布：陕西、甘肃、湖南、湖北、四川、重庆、贵州、云南

对生蹄盖蕨 **Athyrium oppositipennum** Hayata
分布：台湾

光蹄盖蕨 **Athyrium otophorum** (Miq.) Koidz.
分布：安徽、浙江、湖南、湖北、四川、重庆、贵州、云南、福建、台湾、广东、广西；日本、韩国

裸囊蹄盖蕨 **Athyrium pachyphyllum** Ching
分布：湖南、贵州、云南、广西

篦齿蹄盖蕨 **Athyrium pectinatum** (Wall. ex Mett.) T. Moore
分布：西藏；不丹、印度、克什米尔地区、尼泊尔

贵州蹄盖蕨 **Athyrium pubicostatum** Ching et Z. Y. Liu
分布：湖南、湖北、四川、重庆、贵州、云南、台湾、广西

逆叶蹄盖蕨 **Athyrium reflexipinnum** Hayata
分布：台湾；日本、韩国、菲律宾

长根假冷蕨 **Athyrium repens** (Ching) Fraser-Jenk.
分布：四川

轴生蹄盖蕨 **Athyrium rhachidosorum** (Hand.-Mazz.) Ching
分布：四川、云南、西藏；缅甸

玫瑰蹄盖蕨 **Athyrium roseum** Christ
分布：云南

玫瑰蹄盖蕨(原变种) **Athyrium roseum** var. **roseum**
分布：云南

福贡蹄盖蕨 **Athyrium roseum** var. **fugongense** Z. R. Wang
分布：云南

黑龙江蹄盖蕨 **Athyrium rubripes** (Kom.) Kom.
分布：黑龙江；俄罗斯

瑞丽蹄盖蕨 **Athyrium ruilicola** W. M. Chu
分布：云南

岩生蹄盖蕨 **Athyrium rupicola** (Edgew. ex C. Hope) C. Chr.
分布：四川、云南、西藏；不丹、印度、克什米尔地区、尼泊尔、巴基斯坦

睫毛盖假冷蕨 **Athyrium schizochlamys** (Ching) K. Iwats.
分布：四川、云南、西藏；尼泊尔

绢毛蹄盖蕨 **Athyrium sericellum** Ching
分布：重庆

高山蹄盖蕨 **Athyrium silvicola** Tagawa
分布：四川、云南、台湾、广西；印度、日本、尼泊尔

中华蹄盖蕨 **Athyrium sinense** Rupr.
分布：内蒙古、河北、山西、山东、河南、陕西、宁夏、甘肃

假冷蕨 **Athyrium spinulosum** (Maxim.) Milde
分布：黑龙江、吉林、辽宁、内蒙古、河南、陕西、四川；日本、韩国、俄罗斯

软刺蹄盖蕨 **Athyrium strigillosum** (E. J. Lowe) T. Moore ex Salomon
分布：江西、湖南、四川、贵州、云南、西藏、台湾、广东、广西；不丹、印度、日本、克什米尔地区、缅甸、尼泊尔

姬蹄盖蕨 **Athyrium subrigescens** (Hayata) Hayata ex H. Itô
分布：台湾；日本

三角叶假冷蕨 **Athyrium subtriangulare** (Hook.) Bedd.
分布：陕西、甘肃、青海、湖北、四川、重庆、云南、西藏；不丹、印度、尼泊尔

毛叶蹄盖蕨 **Athyrium suprapuberulum** Ching
分布：四川、云南

上毛蹄盖蕨 **Athyrium suprapubescens** Ching
分布：四川、贵州

腺叶蹄盖蕨 **Athyrium supraspinescens** C. Chr.
分布：云南

察陇蹄盖蕨 **Athyrium tarulakaense** Ching
分布：云南

三回蹄盖蕨 **Athyrium tripinnatum** Tagawa
分布：台湾

同形蹄盖蕨 **Athyrium uniforme** Ching
分布：云南

粗脉蹄盖蕨 **Athyrium venulosum** Ching
分布：湖北

尖头蹄盖蕨 **Athyrium vidalii** (Franch. et Sav.) Nakai
分布：河南、陕西、甘肃、安徽、浙江、江西、湖南、湖北、四川、重庆、贵州、云南、福建、台湾、广西；日本、韩国

尖头蹄盖蕨(原变种) **Athyrium vidalii** var. **vidalii**
分布：河南、陕西、甘肃、安徽、浙江、江西、湖南、湖北、四川、重庆、贵州、云南、福建、台湾、广西；日本、韩国

松谷蹄盖蕨 **Athyrium vidalii** var. **amabile** (Ching) Z. R. Wang
分布：浙江

胎生蹄盖蕨 **Athyrium viviparum** Christ
分布：江西、湖南、四川、重庆、贵州、云南、广东、广西

黑秆蹄盖蕨 **Athyrium wallichianum** Ching
分布：四川、云南、西藏；不丹、印度、克什米尔地区、缅甸、尼泊尔、巴基斯坦

启无蹄盖蕨 **Athyrium wangii** Ching
分布：云南、海南

华中蹄盖蕨 **Athyrium wardii** (Hook.) Makino
分布：安徽、浙江、江西、湖南、湖北、四川、重庆、贵州、云南、福建、广西；日本、韩国

华中蹄盖蕨(原变种) **Athyrium wardii** var. **wardii**
分布：安徽、浙江、江西、湖南、湖北、四川、重庆、贵州、云南、福建、广西；日本、韩国

密羽华中蹄盖蕨 **Athyrium wardii** var. **densipinnum** Z. R. Wang et Li Bing Zhang
分布：四川

无毛华中蹄盖蕨 **Athyrium wardii** var. **glabratum** Y. T. Hsieh et Z. R. Wang

分布：浙江、湖南、福建

乌蒙山蹄盖蕨 **Athyrium wumonshanicum** Ching

分布：云南

西畴蹄盖蕨 **Athyrium xichouense** Y. T. Hsieh et Z. R. Wang

分布：云南

禾秆蹄盖蕨 **Athyrium yokoscense** (Franch. et Sav.) Christ

分布：黑龙江、吉林、辽宁、山东、河南、安徽、江苏、浙江、江西、湖南、重庆、贵州；日本、韩国、俄罗斯

元阳蹄盖蕨 **Athyrium yuanyangense** Y. T. Hsieh et W. M. Chu

分布：云南

俞氏蹄盖蕨 **Athyrium yui** Ching

分布：云南

察隅蹄盖蕨 **Athyrium zayuense** Z. R. Wang

分布：西藏

贞丰蹄盖蕨 **Athyrium zhenfengense** Ching

分布：贵州

角蕨属 **Cornopteris** Nakai

密羽角蕨 **Cornopteris approximata** W. M. Chu

分布：云南

复叶角蕨 **Cornopteris badia** Ching

分布：云南；印度、尼泊尔

溪生角蕨 **Cornopteris banajaoensis** (C. Chr.) K. Iwats. et M. G. Price

分布：台湾；印度、日本、尼泊尔、菲律宾

尖羽角蕨 **Cornopteris christenseniana** (Koidz.) Tagawa

分布：浙江；日本、韩国

细齿角蕨 **Cornopteris crenulatoserrulata** (Makino) Nakai

分布：黑龙江、吉林、辽宁、河南、陕西；日本、韩国、俄罗斯

角蕨 **Cornopteris decurrentialata** (Hook.) Nakai

分布：河南、甘肃、安徽、江苏、浙江、江西、湖南、四川、重庆、贵州、云南、福建、台湾、广东、广西；韩国、日本

阔基角蕨 **Cornopteris latibasis** W. M. Chu

分布：四川、云南

阔片角蕨 **Cornopteris latiloba** Ching

分布：云南

大叶角蕨 **Cornopteris major** W. M. Chu

分布：云南

峨眉角蕨 **Cornopteris omeiensis** Ching

分布：四川、贵州

黑叶角蕨 **Cornopteris opaca** (D. Don) Tagawa

分布：江西、云南、福建、台湾、广西；不丹、印度、印度尼西亚、日本、尼泊尔、越南

滇南角蕨 **Cornopteris pseudofluvialis** Ching et W. M. Chu

分布：云南

对囊蕨属 **Deparia** Hook. et Grev.

岳麓山对囊蕨 **Deparia abbreviata** (W. M. Chu) Z. R. He

分布：湖南、广西

尖片对囊蕨 **Deparia acuta** (Ching) Fraser-Jenk.

分布：四川、西藏；喜马拉雅、印度、巴基斯坦

尖片对囊蕨(原变种) **Deparia acuta** var. **acuta**

分布：四川、西藏；喜马拉雅、印度、巴基斯坦

巴嘎对囊蕨 **Deparia acuta** var. **bagaensis** (Ching et S. K. Wu) Z. R. Wang

分布：西藏

六巴对囊蕨 **Deparia acuta** var. **liubaensis** (Z. R. Wang) Z. R. Wang

分布：四川

大耳对囊蕨 **Deparia auriculata** (W. M. Chu et Z. R. Wang) Z. R. Wang

分布：四川、云南

大耳对囊蕨(原变种) **Deparia auriculata** var. **auriculata**

分布：四川、云南

中甸对囊蕨 **Deparia auriculata** var. **zhongdianensis** (Z. R. Wang) Z. R. Wang

分布：云南

对囊蕨 **Deparia boryana** (Willd.) M. Kato

分布：陕西、浙江、湖南、四川、贵州、云南、西藏、福建、台湾、广东、广西、海南；印度、印度尼西亚、马来西亚、缅甸、尼泊尔、菲律宾、斯里兰卡、泰国、越南；非洲

短羽对囊蕨 **Deparia brevipinna** (Ching et K. H. Shing ex Z. R. Wang) Z. R. Wang

分布：云南

中华对囊蕨 Deparia chinensis (Ching) Z. R. Wang
分布：陕西、四川、重庆

美丽对囊蕨 Deparia concinna (Z. R. Wang) M. Kato
分布：湖南、四川、重庆、贵州、云南

陕甘对囊蕨 Deparia confusa (Ching et Y. P. Hsu) Z. R. Wang
分布：陕西、甘肃

钝羽对囊蕨 Deparia conilii (Franch. et Sav.) M. Kato
分布：山东、河南、甘肃、安徽、江苏、江西、湖南、台湾、浙江；日本、韩国

朝鲜对囊蕨 Deparia coreana (Christ) M. Kato
分布：黑龙江、吉林、辽宁、河北、河南、陕西、甘肃；日本、韩国

斜生对囊蕨 Deparia dickasonii M. Kato
分布：湖南、贵州、云南；缅甸

二型叶对囊蕨 Deparia dimorphophyllum (Koidz.) M. Kato
分布：河南、安徽、浙江、江西、湖南、贵州；日本

昆明对囊蕨 Deparia dolosa (Christ) M. Kato
分布：四川、云南

昆明对囊蕨(原变种) Deparia dolosa var. **dolosa**
分布：四川、云南

耿马对囊蕨 Deparia dolosa var. **chinensis** (Z. R. Wang) Z. R. Wang
分布：云南

棒孢对囊蕨 Deparia emeiensis (Z. R. Wang) Z. R. Wang
分布：四川

直立对囊蕨 Deparia erecta (Z. R. Wang) M. Kato
分布：湖南、湖北、四川、重庆、贵州、云南

镰小羽对囊蕨 Deparia falcatipinnula (Z. R. Wang) Z. R. Wang
分布：四川

全缘对囊蕨 Deparia formosana (Rosenst.) R. Sano
分布：云南、台湾；日本

陕西对囊蕨 Deparia giraldii (Christ) X. C. Zhang
分布：山西、河南、陕西、宁夏、甘肃、湖北、四川

海南对囊蕨 Deparia hainanensis (Ching) R. Sano
分布：海南

鄂西对囊蕨 Deparia henryi (Baker) M. Kato
分布：河南、陕西、甘肃、湖南、湖北、四川、重庆、贵州、云南、福建

网脉对囊蕨 Deparia heterophlebia (Mett. ex Baker) R. Sano
分布：云南、西藏；印度、马来西亚、缅甸、尼泊尔、泰国

毛轴对囊蕨 Deparia hirtirachis (Ching ex Z. R. Wang) Z. R. Wang
分布：云南；缅甸

东洋对囊蕨 Deparia japonica (Thunb.) M. Kato
分布：山东、河南、甘肃、安徽、江苏、上海、浙江、江西、湖南、湖北、四川、重庆、贵州、云南、福建、台湾、广东、广西；日本、印度、韩国、缅甸、尼泊尔

东洋对囊蕨(原变种) Deparia japonica var. **japonica**
分布：山东、河南、甘肃、安徽、江苏、上海、浙江、江西、湖南、湖北、四川、重庆、贵州、云南、福建、台湾、广东、广西；日本、印度、韩国、缅甸、尼泊尔

花叶东洋对囊蕨 Deparia japonica var. **variegata** (W. M. Chu et Z. R. He) Z. R. He
分布：云南

金佛山对囊蕨 Deparia jinfoshanensis (Z. Y. Liu) Z. R. He
分布：重庆、贵州

九龙对囊蕨 Deparia jiulungensis (Ching) Z. R. Wang
分布：安徽、浙江、江西、四川、台湾；日本

九龙对囊蕨(原变种) Deparia jiulungensis var. **jiulungensis**
分布：安徽、浙江、江西、四川

东亚对囊蕨 Deparia jiulungensis var. **albosquamata** (M. Kato) Z. R. Wang
分布：安徽、台湾；日本

中日对囊蕨 Deparia kiusiana (Koidz.) M. Kato
分布：山东、贵州；日本

单叶对囊蕨 Deparia lancea (Thunb.) Fraser-Jenk.
分布：河南、安徽、江苏、浙江、江西、湖南、四川、贵州、云南、福建、台湾、广东、广西、海南；印度、日本、缅甸、尼泊尔、菲律宾、斯里兰卡、越南

凉山对囊蕨 Deparia liangshanensis (Ching ex Z. R. Wang) Z. R. Wang
分布：四川、贵州、云南

凉山对囊蕨(原变种) Deparia liangshanensis var. **liangshanensis**
分布：四川、贵州、云南

绢毛对囊蕨 **Deparia liangshanensis** var. **sericea** (Ching et Z. R. Wang) Z. R. Wang
分布：云南

狭叶对囊蕨 **Deparia longipes** (Ching) Shinohara
分布：湖南、四川、云南、西藏、台湾

泸定对囊蕨 **Deparia ludingensis** (Z. R. Wang et Li Bing Zhang) Z. R. Wang
分布：四川

鲁山对囊蕨 **Deparia lushanensis** (J. X. Li) Z. R. He
分布：山东

墨脱对囊蕨 **Deparia medogensis** (Ching et S. K. Wu) Z. R. Wang
分布：云南、西藏

墨脱对囊蕨(原变种) **Deparia medogensis** var. **medogensis**
分布：云南、西藏

粒腺对囊蕨 **Deparia medogensis** var. **glandulifera** (W. M. Chu) Z. R. Wang
分布：云南

大久保对囊蕨 **Deparia okuboana** (Makino) M. Kato
分布：河南、陕西、甘肃、安徽、江苏、浙江、江西、湖南、湖北、四川、贵州、云南、福建、广东、广西；日本、越南

峨眉对囊蕨 **Deparia omeiensis** (Z. R. Wang) M. Kato
分布：四川

阔羽对囊蕨 **Deparia pachyphylla** (Ching) Z. R. He
分布：湖南、湖北

毛叶对囊蕨 **Deparia petersenii** (Kunze) M. Kato
分布：山西、山东、河南、甘肃、安徽、江苏、浙江、江西、湖南、湖北、四川、重庆、贵州、云南、西藏、福建、台湾、广东、广西、海南；日本、韩国；亚洲、大洋洲

阔基对囊蕨 **Deparia pseudoconilii** (Seriz.) Seriz.
分布：浙江；日本

翅轴对囊蕨 **Deparia pterorachis** (Christ) M. Kato
分布：黑龙江、吉林；日本、韩国、俄罗斯

东北对囊蕨 **Deparia pycnosora** (Christ) M. Kato
分布：黑龙江、吉林、辽宁、河北、山东；日本、韩国、俄罗斯

东北对囊蕨(原变种) **Deparia pycnosora** var. **pycnosora**
分布：黑龙江、吉林、辽宁、河北、山东；日本、韩国、俄罗斯

长齿对囊蕨 **Deparia pycnosora** var. **longidens** (Z. R. Wang) Z. R. Wang
分布：黑龙江

刺毛对囊蕨 **Deparia setigera** (Ching ex Y. T. Hsieh) Z. R. Wang
分布：浙江、湖南、四川、重庆、贵州

山东对囊蕨 **Deparia shandongensis** (J. X. Li et Z. C. Ding) Z. R. He
分布：山东

华中对囊蕨 **Deparia shennongensis** (Ching, Boufford et K. H. Shing) X. C. Zhang
分布：河北、河南、陕西、安徽、浙江、江西、湖南、湖北、四川、贵州、云南

四川对囊蕨 **Deparia sichuanensis** (Z. R. Wang) Z. R. Wang
分布：甘肃、湖北、四川、重庆、贵州、云南、西藏

四川对囊蕨(原变种) **Deparia sichuanensis** var. **sichuanensis**
分布：甘肃、四川、重庆、贵州、云南、西藏

贡山对囊蕨 **Deparia sichuanensis** var. **gongshanensis** (Z. R. Wang) Z. R. Wang
分布：云南

鄂渝对囊蕨 **Deparia sichuanensis** var. **jinfoshanensis** (Z. R. Wang) Z. R. Wang
分布：湖北、重庆

锡金对囊蕨 **Deparia sikkimensis** (Ching) Nakaike et S. Malik
分布：西藏；印度

川东对囊蕨 **Deparia stenopterum** (Christ) Z. R. Wang
分布：湖南、湖北、四川、贵州、云南

羽裂叶对囊蕨 **Deparia tomitaroana** (Masam.) R. Sano
分布：浙江、江西、湖南、四川、重庆、云南、福建、台湾、广东、海南；日本

截头对囊蕨 **Deparia truncata** (Ching ex Z. R. Wang) Z. R. Wang
分布：云南

单叉对囊蕨 **Deparia unifurcata** (Baker) M. Kato
分布：陕西、浙江、湖南、湖北、四川、重庆、贵州、云南、台湾；日本

河北对囊蕨 **Deparia vegetior** (Kitag.) X. C. Zhang
分布：河北、山西、山东、河南、陕西、甘肃、四川、重庆

河北对囊蕨(原变种) Deparia vegetior var. **vegetior**
分布：河北、山西、山东、河南、陕西、甘肃、四川

密云对囊蕨　Deparia vegetior var. **miyunensis** (Ching et Z. R. Wang) Z. R. Wang
分布：北京

壳盖对囊蕨　Deparia vegetior var. **turgida** (Ching et Z. R. Wang) Z. R. Wang
分布：四川、重庆

湖北对囊蕨　Deparia vermiformis (Ching, Boufford et K. H. Shing) Z. R. Wang
分布：湖北

绿叶对囊蕨　Deparia viridifrons (Makino) M. Kato
分布：浙江、江西、湖南、四川、贵州、云南、福建；日本、韩国

峨山对囊蕨　Deparia wilsonii (Christ) X. C. Zhang
分布：甘肃、湖北、四川、贵州、云南、西藏

峨山对囊蕨(原变种) Deparia wilsonii var. **wilsonii**
分布：甘肃、湖北、四川、贵州、云南、西藏

哈巴对囊蕨　Deparia wilsonii var. **habaensis** (Ching et Z. R. Wang) Z. R. Wang
分布：云南

锐裂对囊蕨　Deparia wilsonii var. **incisoserrata** (Ching et Z. R. Wang) Z. R. Wang
分布：云南

大对囊蕨　Deparia wilsonii var. **maxima** (Ching et Z. R. Wang) Z. R. Wang
分布：甘肃、四川

木里对囊蕨　Deparia wilsonii var. **muliensis** (Z. R. Wang) Z. R. Wang
分布：四川、西藏

云南对囊蕨　Deparia yunnanensis (Ching) R. Sano
分布：云南

双盖蕨属　Diplazium Sw.

狭翅双盖蕨　Diplazium alatum (Christ) R. Wei et X. C. Zhang
分布：贵州、云南、广西

奄美双盖蕨　Diplazium amamianum Tagawa
分布：台湾；日本

粗糙双盖蕨　Diplazium asperum Blume
分布：云南、台湾、海南；柬埔寨、印度、印度尼西亚、老挝、马来西亚、缅甸、巴布亚新几内亚、菲律宾、斯里兰卡、泰国、越南

褐色双盖蕨　Diplazium axillare Ching
分布：四川、贵州、云南、西藏、广西；印度、缅甸

百山祖双盖蕨　Diplazium baishanzuense (Ching et P. S. Chiu) Z. R. He
分布：浙江

白沙双盖蕨　Diplazium basahense Ching
分布：海南

美丽双盖蕨　Diplazium bellum (C. B. Clarke) Bir
分布：云南；不丹、印度、缅甸

拟长果双盖蕨　Diplazium calogrammoides (Ching ex W. M. Chu et Z. R. He) Z. R. He
分布：云南

长果双盖蕨　Diplazium calogrammum Christ
分布：云南；越南

昌江双盖蕨　Diplazium changjiangense Z. R. He
分布：海南

中华双盖蕨　Diplazium chinense (Baker) C. Chr.
分布：安徽、江苏、上海、浙江、江西、四川、重庆、贵州、福建、台湾、广西；日本、韩国、越南

边生双盖蕨　Diplazium conterminum Christ
分布：浙江、江西、湖南、重庆、贵州、云南、福建、台湾、广东、广西；日本、泰国、越南

厚叶双盖蕨　Diplazium crassiusculum Ching
分布：浙江、江西、湖南、贵州、福建、台湾、广东、广西；日本

毛柄双盖蕨　Diplazium dilatatum Blume
分布：浙江、四川、重庆、贵州、云南、福建、台湾、广东、广西、海南；印度、印度尼西亚、日本、老挝、马来西亚、缅甸、尼泊尔、菲律宾、泰国、越南、澳大利亚热带地区、波利尼西亚

鼎湖山毛轴双盖蕨　Diplazium dinghushanicum (Ching et S. H. Wu) Z. R. He
分布：广东

光脚双盖蕨　Diplazium doederleinii (Luerss.) Makino
分布：浙江、湖南、四川、贵州、云南、福建、台湾、广东、广西；日本、越南

双盖蕨　Diplazium donianum (Mett.) Tardieu
分布：安徽、贵州、云南、福建、台湾、广东、广西、海南；不丹、印度、日本、缅甸、尼泊尔、越南

双盖蕨(原变种) Diplazium donianum var. **donianum**
分布：安徽、贵州、云南、福建、台湾、广东、广西、海

南；不丹、印度、日本、缅甸、尼泊尔、越南

隐脉双盖蕨 **Diplazium donianum** var. **aphanoneuron** (Ohwi) Tagawa

分布：台湾、海南；日本

顶羽裂双盖蕨 **Diplazium donianum** var. **lobatum** Tagawa

分布：云南、台湾；日本

独龙江双盖蕨 **Diplazium dulongjiangense** (W. M. Chu) Z. R. He

分布：云南

独山双盖蕨 **Diplazium dushanense** (Ching ex W. M. Chu et Z. R. He) R. Wei et X. C. Zhang

分布：贵州、广西

食用双盖蕨 **Diplazium esculentum** (Retz.) Sw.

分布：安徽、浙江、江西、湖南、四川、贵州、云南、西藏、福建、台湾、广东、广西、海南；波利尼西亚的热带和亚热带地区；热带亚洲

食用双盖蕨(原变种) **Diplazium esculentum** var. **esculentum**

分布：安徽、浙江、江西、湖南、四川、贵州、云南、西藏、福建、台湾、广东、广西、海南；波利尼西亚；热带亚洲

毛轴食用双盖蕨 **Diplazium esculentum** var. **pubescens** (Link) Tardieu et C. Chr.

分布：浙江、江西、四川、贵州、云南、西藏、海南；印度、缅甸、越南

棕鳞双盖蕨 **Diplazium forrestii** (Ching ex Z. R. Wang) Fraser-Jenk.

分布：云南、西藏、台湾；印度、缅甸

大型双盖蕨 **Diplazium giganteum** (Baker) Ching

分布：河南、江西、湖北、四川、重庆、贵州、云南、西藏；喜马拉雅、不丹、印度

格林双盖蕨 **Diplazium glingense** (Ching et Y. X. Lin) Z. R. He

分布：西藏

镰羽双盖蕨 **Diplazium griffithii** T. Moore

分布：湖南、贵州、云南、广西；印度、越南

薄盖双盖蕨 **Diplazium hachijoense** Nakai

分布：安徽、浙江、江西、湖南、四川、重庆、贵州、福建、广东、广西；日本、韩国

海南双盖蕨 **Diplazium hainanense** Ching

分布：海南；越南

异果双盖蕨 **Diplazium heterocarpum** Ching

分布：重庆、贵州

篦齿双盖蕨 **Diplazium hirsutipes** (Bedd.) B. K. Nayar et S. Kaur

分布：云南、西藏；不丹、印度、缅甸、尼泊尔、越南

鳞轴双盖蕨 **Diplazium hirtipes** Christ

分布：湖南、湖北、四川、重庆、贵州、云南、广西；越南

毛鳞双盖蕨 **Diplazium hirtisquama** (Ching et W. M. Chu) Z. R. He

分布：云南

疏裂双盖蕨 **Diplazium incomptum** Tagawa

分布：台湾；日本

金佛山双盖蕨 **Diplazium jinfoshanicola** (W. M. Chu) Z. R. He

分布：重庆

金平双盖蕨 **Diplazium jinpingense** (W. M. Chu) Z. R. He

分布：云南

甘肃双盖蕨 **Diplazium kansuense** (Ching et Y. P. Hsu) Z. R. He

分布：甘肃

台湾双盖蕨 **Diplazium kappanense** (Hayata) Ching

分布：台湾；日本

柄鳞双盖蕨 **Diplazium kawakamii** Hayata

分布：云南、台湾；日本

柄鳞双盖蕨(原变种) **Diplazium kawakamii** var. **kawakamii**

分布：云南、台湾；日本

花莲双盖蕨 **Diplazium kawakamii** var. **subglabratum** Tagawa

分布：台湾

阔羽双盖蕨 **Diplazium latipinnulum** (Ching et W. M. Chu) Z. R. He

分布：西藏

异裂双盖蕨 **Diplazium laxifrons** Rosenst.

分布：湖南、四川、重庆、贵州、云南、西藏、福建、台湾、广东、广西；不丹、印度、克什米尔地区、尼泊尔

卵叶双盖蕨 **Diplazium leptophyllum** Christ

分布：云南；不丹、缅甸、泰国

浅裂双盖蕨 **Diplazium lobulosum** (Wall. ex Mett.) C. Presl

分布：云南、西藏；印度、缅甸、尼泊尔

浅裂双盖蕨(原变种) Diplazium lobulosum var. **lobulosum**
分布：云南、西藏；印度、缅甸、尼泊尔

石林双盖蕨 Diplazium lobulosum var. **shilinicola** (W. M. Chu et J. J. He) Z. R. He
分布：云南

马鞍山双盖蕨 Diplazium maonense Ching
分布：福建、台湾、广东、香港

阔片双盖蕨 Diplazium matthewii (Copel.) C. Chr.
分布：福建、广东、广西；越南

大叶双盖蕨 Diplazium maximum (D. Don) C. Chr.
分布：江西、贵州、云南、福建、广西、海南；不丹、印度、缅甸、尼泊尔

墨脱双盖蕨 Diplazium medogense (Ching et S. K. Wu) Fraser-Jenk.
分布：云南、西藏

大羽双盖蕨 Diplazium megaphyllum (Baker) Christ
分布：四川、重庆、贵州、云南、台湾、广西；缅甸、越南

深裂双盖蕨 Diplazium metcalfii Ching
分布：广东

江南双盖蕨 Diplazium mettenianum (Miq.) C. Chr.
分布：安徽、浙江、江西、湖南、四川、重庆、贵州、云南、福建、台湾、广东、广西、海南；日本、泰国、越南

江南双盖蕨(原变种) Diplazium mettenianum var. **mettenianum**
分布：安徽、浙江、江西、湖南、四川、重庆、贵州、云南、福建、台湾、广东、广西、海南；日本、泰国、越南

小叶双盖蕨 Diplazium mettenianum var. **fauriei** (Christ) Tagawa
分布：浙江、江西、福建、广东；日本、越南

假密果双盖蕨 Diplazium multicaudatum (Wall. ex C. B. Clarke) Z. R. He
分布：云南；印度、缅甸、尼泊尔

高大双盖蕨 Diplazium muricatum (Mett.) Alderw.
分布：云南、西藏、广西；印度、缅甸、尼泊尔

南川双盖蕨 Diplazium nanchuanicum (W. M. Chu) Z. R. He
分布：重庆、贵州

乌鳞双盖蕨 Diplazium nigrosquamosum (Ching) Z. R. He
分布：云南

日本双盖蕨 Diplazium nipponicum Tagawa
分布：浙江

假耳羽双盖蕨 Diplazium okudairai Makino
分布：江西、湖南、四川、重庆、贵州、云南、台湾；日本、韩国

卵果双盖蕨 Diplazium ovatum (W. M. Chu ex Ching et Z. Y. Liu) Z. R. He
分布：四川、重庆、贵州、云南；越南

刺轴双盖蕨 Diplazium paradoxum Fée
分布：广东、海南；斯里兰卡

褐柄双盖蕨 Diplazium petelotii Tardieu
分布：贵州、云南；泰国、越南

假镰羽双盖蕨 Diplazium petrii Tardieu
分布：浙江、贵州、云南、台湾、广西、海南；日本、菲律宾、越南

薄叶双盖蕨 Diplazium pinfaense Ching
分布：浙江、江西、湖南、四川、重庆、贵州、云南、福建、广西；日本

裂羽双盖蕨 Diplazium pinnatifidopinnatum (Hook.) T. Moore
分布：云南、海南；印度、缅甸、越南

双生双盖蕨 Diplazium prolixum Rosenst.
分布：重庆、贵州、云南、广西；越南

矩圆双盖蕨 Diplazium pseudosetigerum (Christ) Fraser-Jenk.
分布：重庆、贵州、广西；越南

毛轴双盖蕨 Diplazium pullingeri (Baker) J. Sm.
分布：浙江、江西、贵州、云南、福建、台湾、广东、广西、海南；日本、越南

毛轴双盖蕨(原变种) Diplazium pullingeri var. **pullingeri**
分布：福建、广东、广西、贵州、海南、江西、台湾、云南、浙江

大围山毛轴双盖蕨 Diplazium pullingeri var. **daweishanicola** (W. M. Chu et Z. R. He) Z. R. He
分布：云南

四棱双盖蕨 Diplazium quadrangulatum (W. M. Chu) Z. R. He
分布：云南

锯齿双盖蕨 Diplazium serratifolium Ching
分布：云南、广西、海南；越南

长羽柄双盖蕨 **Diplazium siamense** C. Chr.
分布：云南；泰国

黑鳞双盖蕨 **Diplazium sibiricum** (Turcz. ex Kunze) Sa. Kurata
分布：黑龙江、吉林、辽宁、内蒙古、河北、山西、河南、甘肃、四川、云南、西藏；日本、韩国、俄罗斯；欧洲

黑鳞双盖蕨(原变种) **Diplazium sibiricum** var. **sibiricum**
分布：黑龙江、吉林、辽宁、内蒙古、河北、山西、河南；日本、韩国、俄罗斯；欧洲(北部)

无毛黑鳞双盖蕨 **Diplazium sibiricum** var. **glabrum** (Tagawa) Sa. Kurata
分布：山西、河南、甘肃、四川、云南、西藏；日本、韩国

锡金双盖蕨 **Diplazium sikkimense** (C. B. Clarke) C. Chr.
分布：云南；印度、缅甸

肉刺双盖蕨 **Diplazium simile** (W. M. Chu) R. Wei et X. C. Zhang
分布：云南

密果双盖蕨 **Diplazium spectabile** (Wall. ex Mett.) Ching
分布：云南；不丹、印度、尼泊尔

粤北双盖蕨 **Diplazium splendens** Ching
分布：湖南、云南、广东、广西；越南

鳞柄双盖蕨 **Diplazium squamigerum** (Mett.) C. Hope
分布：山西、河南、甘肃、安徽、江苏、浙江、江西、湖北、四川、重庆、贵州、云南、西藏、福建、台湾、广西；印度、日本、韩国、尼泊尔

网脉双盖蕨 **Diplazium stenochlamys** C. Chr.
分布：云南；越南

狭鳞双盖蕨 **Diplazium stenolepis** Ching
分布：广西、海南；越南

楔羽双盖蕨 **Diplazium subdilatatum** (Ching) Z. R. He
分布：海南

察隅双盖蕨 **Diplazium subspectabile** (Ching et W. M. Chu) Z. R. He
分布：西藏

肉质双盖蕨 **Diplazium succulentum** (C. B. Clarke) C. Chr.
分布：贵州、云南；印度

东北双盖蕨 **Diplazium taquetii** C. Chr.
分布：辽宁；韩国

西藏双盖蕨 **Diplazium tibeticum** (Ching et S. K. Wu) Z. R. He
分布：西藏

圆裂双盖蕨 **Diplazium uraiense** Rosenst.
分布：台湾、海南

淡绿双盖蕨 **Diplazium virescens** Kunze
分布：安徽、浙江、江西、湖南、湖北、四川、重庆、贵州、云南、福建、台湾、广东、广西；日本、韩国、越南

淡绿双盖蕨(原变种) **Diplazium virescens** Kunze var. **virescens**
分布：安徽、浙江、江西、湖南、湖北、四川、重庆、贵州、云南、福建、台湾、广东、广西；日本、韩国、越南

冲绳双盖蕨 **Diplazium virescens** var. **okinawaense** (Tagawa) Sa. Kurata
分布：云南、台湾、广东；日本

异基双盖蕨 **Diplazium virescens** var. **sugimotoi** Sa. Kurata
分布：四川、贵州、云南、广东；日本

草绿双盖蕨 **Diplazium viridescens** Ching
分布：广西、海南；越南

深绿双盖蕨 **Diplazium viridissimum** Christ
分布：四川、贵州、云南、西藏、台湾、广东、广西、海南；喜马拉雅、印度、缅甸、尼泊尔、菲律宾、越南

黄志双盖蕨 **Diplazium wangii** Ching
分布：海南

短果双盖蕨 **Diplazium wheeleri** (Baker) Diels
分布：浙江、四川、广东；日本

耳羽双盖蕨 **Diplazium wichurae** (Mett.) Diels
分布：安徽、江苏、浙江、江西、四川、贵州、福建、台湾、广东；日本、韩国

耳羽双盖蕨(原变种) **Diplazium wichurae** var. **wichurae**
分布：安徽、江苏、浙江、江西、四川、贵州、福建、台湾、广东；日本、韩国；广布于东亚

龙池双盖蕨 **Diplazium wichurae** var. **parawichurae** (Ching) Z. R. He
分布：江苏

假江南双盖蕨 **Diplazium yaoshanense** (Y. C. Wu) Tardieu
分布：广西；日本、越南

154. 乌毛蕨科 Blechnaceae Newman

乌木蕨属 **Blechnidium** T. Moore

乌木蕨 **Blechnidium melanopus** (Hook.) T. Moore
分布：贵州、云南、台湾；印度、缅甸

乌毛蕨属 **Blechnum** L.

乌毛蕨 **Blechnum orientale** L.

分布：浙江、江西、湖南、四川、重庆、贵州、云南、西藏、福建、台湾、广东、广西、海南；日本、澳大利亚、太平洋岛屿；热带亚洲

苏铁蕨属 **Brainea** J. Sm.

苏铁蕨 **Brainea insignis** (Hook.) J. Sm.

分布：贵州、云南、福建、台湾、广东、广西、海南；热带亚洲

崇澍蕨属 **Chieniopteris** Ching

崇澍蕨 **Chieniopteris harlandii** (Hook.) Ching

分布：湖南、贵州、福建、台湾、广东、广西、海南；日本、越南

裂羽崇澍蕨 **Chieniopteris kempii** (Copel.) Ching

分布：福建、台湾、广东、广西；日本

扫把蕨属 **Diploblechnum** Hayata

扫把蕨 **Diploblechnum fraseri** (A. Cunn.) De Vol

分布：台湾；印度尼西亚、马来西亚、菲律宾、新西兰

光叶藤蕨属 **Stenochlaena** J. Sm.

光叶藤蕨 **Stenochlaena palustris** (Burm. f.) Bedd.

分布：云南、广东、广西、海南；柬埔寨、印度、印度尼西亚、老挝、马来西亚、尼泊尔、泰国、越南、澳大利亚、太平洋岛屿

荚囊蕨属 **Struthiopteris** Scop.

荚囊蕨 **Struthiopteris eburnea** (Christ) Ching

分布：安徽、湖南、湖北、四川、贵州、福建、台湾、广西

荚囊蕨(原变种) **Struthiopteris eburnea** var. **eburnea**

分布：安徽、湖南、湖北、四川、贵州、福建、广西

天长罗蔓蕨 **Struthiopteris eburnea** var. **obtusa** (Tagawa) Tagawa

分布：台湾

宽叶荚囊蕨 **Struthiopteris hancockii** (Hance) Tagawa

分布：台湾；日本

狗脊属 **Woodwardia** Sm.

狗脊 **Woodwardia japonica** (L. f.) Sm.

分布：广布于长江流域及台湾；日本、韩国、越南

滇南狗脊 **Woodwardia magnifica** Ching et P. S. Chiu

分布：云南；越南

东方狗脊 **Woodwardia orientalis** Sw.

分布：安徽、浙江、江西、湖南、福建、台湾、广东、广西；日本、菲律宾

珠芽狗脊 **Woodwardia prolifera** Hook. et Arn.

分布：安徽、浙江、江西、湖南、福建、台湾、广东、广西；日本

顶芽狗脊 **Woodwardia unigemmata** (Makino) Nakai

分布：山西、甘肃、江西、湖南、湖北、四川、贵州、云南、西藏、福建、台湾、广东、广西；不丹、印度、日本、克什米尔地区、缅甸、尼泊尔、巴基斯坦、菲律宾、越南

155. 金毛狗科 Cibotiaceae Korall

金毛狗属 **Cibotium** Kaulf.

金毛狗 **Cibotium barometz** (L.) J. Sm.

分布：浙江、江西、湖南、四川、重庆、贵州、云南、西藏、福建、台湾、广东、广西、海南；印度、印度尼西亚、日本、马来西亚、缅甸、泰国、越南

菲律宾金毛狗 **Cibotium cumingii** Kunze

分布：台湾；菲律宾

156. 桫椤科 Cyatheaceae Kaulf.

桫椤属 **Alsophila** R. Br.

毛叶桫椤 **Alsophila andersonii** J. Scott ex Bedd.

分布：云南、西藏；不丹、印度

滇南桫椤 **Alsophila austroyunnanensis** S. G. Lu

分布：云南

中华桫椤 **Alsophila costularis** Baker

分布：云南、西藏、广西；孟加拉国、不丹、印度、缅甸、越南

粗齿桫椤 **Alsophila denticulata** Baker

分布：浙江、江西、湖南、四川、重庆、贵州、云南、福建、台湾、广东、广西；日本

兰屿桫椤 **Alsophila fenicis** (Copel.) C. Chr.

分布：台湾；菲律宾

大叶黑桫椤 **Alsophila gigantea** Wall. ex Hook.

分布：云南、广东、广西、海南；柬埔寨、印度、印度尼西亚、老挝、缅甸、尼泊尔、斯里兰卡、泰国、越南

喀西桫椤 **Alsophila khasyana** T. Moore ex Kuhn

分布：云南、西藏；印度、缅甸

阴生桫椤 Alsophila latebrosa Wall. ex Hook.
分布：云南、海南；柬埔寨、印度尼西亚、马来西亚、泰国

南洋桫椤 Alsophila loheri (Christ) R. M. Tryon
分布：台湾；印度尼西亚、菲律宾

小黑桫椤 Alsophila metteniana Hance
分布：浙江、四川、重庆、贵州、福建、台湾、广东；日本

黑桫椤 Alsophila podophylla Hook.
分布：贵州、云南、福建、台湾、广东、广西、海南；日本、泰国、越南

桫椤 Alsophila spinulosa (Wall. ex Hook.) R. M. Tryon
分布：江西、四川、重庆、贵州、云南、西藏、福建、台湾、广东、广西、海南；孟加拉国、不丹、印度、中印半岛、日本、缅甸、尼泊尔、斯里兰卡、泰国

白桫椤属 Sphaeropteris Bernh.

白桫椤 Sphaeropteris brunoniana (Wall. ex Hook.) R. M. Tryon
分布：云南、西藏、海南；孟加拉国、印度、缅甸、尼泊尔、越南

笔筒树 Sphaeropteris lepifera (J. Sm. ex Hook.) R. M. Tryon
分布：台湾、广西、海南；日本、巴布亚新几内亚、菲律宾

157. 冷蕨科 Cystopteridaceae Shmakov

亮毛蕨属 Acystopteris Nakai

亮毛蕨 Acystopteris japonica (Luerss.) Nakai
分布：浙江、江西、湖南、湖北、重庆、贵州、云南、福建、广西；日本

台湾亮毛蕨 Acystopteris taiwaniana (Tagawa) A. Löve et D. Löve
分布：台湾

禾秆亮毛蕨 Acystopteris tenuisecta (Blume) Tagawa
分布：四川、云南、西藏、台湾、广西；不丹、印度、印度尼西亚、日本、马来西亚、缅甸、尼泊尔、菲律宾、新加坡、泰国、越南、新西兰

冷蕨属 Cystopteris Bernh.

光叶蕨 Cystopteris chinensis (Ching) X. C. Zhang et R. Wei
分布：四川

德钦冷蕨 Cystopteris deqinensis Z. R. Wang
分布：云南

皱孢冷蕨 Cystopteris dickieana R. Sim
分布：河北、陕西、甘肃、青海、新疆、四川、云南、西藏、台湾；阿富汗、印度、尼泊尔、巴基斯坦；欧洲、非洲、北美洲

冷蕨 Cystopteris fragilis (L.) Bernh.
分布：黑龙江、吉林、辽宁、内蒙古、河北、山西、山东、河南、陕西、宁夏、甘肃、青海、新疆、安徽、四川、云南、西藏、台湾；阿富汗、印度、日本、克什米尔地区、韩国、蒙古国、尼泊尔、巴基斯坦、俄罗斯、伊朗、土耳其；欧洲、非洲、美洲

贵州冷蕨 Cystopteris guizhouensis X. Y. Wang et P. S. Wang
分布：贵州

西宁冷蕨 Cystopteris kansuana C. Chr.
分布：甘肃、青海、四川、云南、西藏

卷叶冷蕨 Cystopteris modesta Ching
分布：云南

高山冷蕨 Cystopteris montana (Lam.) Bernh. ex Desv.
分布：内蒙古、河北、山西、河南、陕西、宁夏、甘肃、青海、新疆、四川、云南、西藏、台湾；印度、日本、克什米尔地区、韩国、尼泊尔、巴基斯坦、俄罗斯；欧洲、北美洲

宝兴冷蕨 Cystopteris moupinensis Franch.
分布：河北、河南、陕西、甘肃、青海、四川、贵州、云南、西藏、台湾；印度

膜叶冷蕨 Cystopteris pellucida (Franch.) Ching
分布：河南、陕西、甘肃、四川、云南、西藏

欧洲冷蕨 Cystopteris sudetica A. Braun et Milde
分布：黑龙江、吉林、辽宁、内蒙古、河北、山西、云南、西藏；日本、韩国、俄罗斯；欧洲

藏冷蕨 Cystopteris tibetica Z. R. Wang
分布：云南、西藏

羽节蕨属 Gymnocarpium Newman

密腺羽节蕨 Gymnocarpium altaycum Chang Y. Yang
分布：青海、新疆

欧洲羽节蕨 Gymnocarpium dryopteris (L.) Newman
分布：黑龙江、吉林、辽宁、内蒙古、山西、陕西、新疆；日本、韩国；欧洲、北美洲

羽节蕨 Gymnocarpium jessoense (Koidz.) Koidz.
分布：黑龙江、吉林、辽宁、内蒙古、河北、山西、河南、

陕西、宁夏、甘肃、青海、新疆、四川、贵州、云南、西藏；阿富汗、不丹、印度、日本、韩国、尼泊尔、巴基斯坦、俄罗斯；北美洲

东亚羽节蕨 **Gymnocarpium oyamense** (Baker) Ching
分布：河南、陕西、甘肃、安徽、浙江、江西、湖南、湖北、四川、重庆、贵州、云南、西藏、台湾；印度、日本、尼泊尔、巴布亚新几内亚、菲律宾

细裂羽节蕨 **Gymnocarpium remotepinnatum** (Hayata) Ching
分布：云南、台湾

158. 骨碎补科 Davalliaceae M. R. Schomb. ex A. B. Frank

小膜盖蕨属 **Araiostegia** Copel.

细裂小膜盖蕨 **Araiostegia faberiana** (C. Chr.) Ching
分布：四川、贵州、云南、西藏；缅甸、泰国

宿枝小膜盖蕨 **Araiostegia hookeri** (T. Moore ex Bedd.) Ching
分布：四川、云南、西藏；不丹、印度、尼泊尔

鳞轴小膜盖蕨 **Araiostegia perdurans** (Christ) Copel.
分布：浙江、江西、四川、贵州、云南、西藏、福建、台湾、广西

美小膜盖蕨 **Araiostegia pulchra** (D. Don) Copel.
分布：四川、贵州、云南、西藏、广西；不丹、印度、老挝、缅甸、尼泊尔、斯里兰卡、泰国、越南

骨碎补属 **Davallia** Sm.

假脉骨碎补 **Davallia denticulata** (Burm. f.) Mett. ex Kuhn
分布：海南；柬埔寨、印度、印度尼西亚、老挝、马来西亚、缅甸、巴布亚新几内亚、菲律宾、泰国、越南、澳大利亚、印度洋岛屿、太平洋岛屿；非洲

大叶骨碎补 **Davallia divaricata** Blume
分布：福建、广东、广西、海南、台湾、云南；柬埔寨、印度、印度尼西亚、老挝、马来西亚、缅甸、巴布亚新几内亚、菲律宾、泰国、越南、太平洋岛屿(所罗门群岛)

那坡骨碎补 **Davallia napoensis** F. G. Wang et F. W. Xing
分布：广西

中国骨碎补 **Davallia sinensis** (Christ) Ching
分布：云南、广西；越南

阔叶骨碎补 **Davallia solida** (G. Forst.) Sw.
分布：云南、台湾、广东、广西；柬埔寨、印度、印度尼西亚、马来西亚、缅甸、巴布亚新几内亚、菲律宾、斯里兰卡、泰国、越南、太平洋岛屿

骨碎补 **Davallia trichomanoides** Blume
分布：辽宁、山东、江苏、浙江、云南、福建、台湾；不丹、印度、印度尼西亚、日本、韩国、马来西亚、缅甸、尼泊尔、巴布亚新几内亚、泰国、越南

阴石蕨属 **Humata** Cav.

长叶阴石蕨 **Humata assamica** (Bedd.) C. Chr.
分布：云南、西藏；不丹、印度、缅甸

杯盖阴石蕨 **Humata griffithiana** (Hook.) C. Chr.
分布：浙江、江西、湖南、四川、贵州、云南、西藏、福建、台湾、广东、广西；不丹、印度、日本、老挝、缅甸、越南

马来阴石蕨 **Humata pectinata** (Sm.) Desv.
分布：台湾；柬埔寨、印度、印度尼西亚、马来西亚、巴布亚新几内亚、菲律宾、泰国、太平洋岛屿

阴石蕨 **Humata repens** (L. f.) Small ex Diels
分布：浙江、江西、四川、贵州、云南、福建、台湾、广东、广西、海南；柬埔寨、印度、印度尼西亚、日本、马来西亚、缅甸、巴布亚新几内亚、菲律宾、斯里兰卡、泰国、越南、澳大利亚、印度洋岛屿、太平洋岛屿；非洲

假钻毛蕨属 **Paradavallodes** Ching

秦氏假钻毛蕨 **Paradavallodes chingiae** (Ching) Ching
分布：云南

膜叶假钻毛蕨 **Paradavallodes membranulosa** (Wall. ex Hook.) Ching
分布：四川、云南

假钻毛蕨 **Paradavallodes multidentata** (Hook. et Baker) Ching
分布：甘肃、四川、重庆、云南、西藏；缅甸、印度、尼泊尔

159. 碗蕨科 Dennstaedtiaceae Lotsy

碗蕨属 **Dennstaedtia** Bernh.

顶生碗蕨 **Dennstaedtia appendiculata** (Wall. ex Hook.) J. Sm.
分布：四川、重庆、西藏；不丹、印度、尼泊尔

峨山碗蕨 **Dennstaedtia elwesii** (Baker) Bedd.
分布：四川；印度

细毛碗蕨 **Dennstaedtia hirsuta** (Sw.) Mett. ex Miq.
分布：黑龙江、吉林、辽宁、陕西、甘肃、浙江、湖南、

湖北、四川、重庆、贵州、台湾、广东、广西；日本、韩国、俄罗斯

乌柄碗蕨 Dennstaedtia melanostipes Ching

分布：云南

碗蕨 Dennstaedtia scabra (Wall. ex Hook.) T. Moore

分布：浙江、江西、湖南、四川、重庆、贵州、云南、西藏、福建、台湾、广东、广西；不丹、印度、日本、韩国、老挝、马来西亚、菲律宾、斯里兰卡、越南

碗蕨(原变种) Dennstaedtia scabra var. **scabra**

分布：浙江、江西、湖南、四川、重庆、贵州、云南、西藏、台湾、广东、广西；印度、日本、韩国、老挝、马来西亚、菲律宾、斯里兰卡、越南

光叶碗蕨 Dennstaedtia scabra var. **glabrescens** (Ching) C. Chr.

分布：浙江、江西、湖南、四川、重庆、贵州、云南、西藏、福建、台湾、广东、广西；印度、日本、韩国、老挝、马来西亚、菲律宾、斯里兰卡、越南

刺柄碗蕨 Dennstaedtia scandens (Blume) T. Moore

分布：台湾；印度尼西亚、马来西亚、巴布亚新几内亚、菲律宾、太平洋岛屿(塔希提岛)

司氏碗蕨 Dennstaedtia smithii (Hook.) T. Moore

分布：台湾；印度尼西亚、菲律宾

溪洞碗蕨 Dennstaedtia wilfordii (T. Moore) Christ

分布：黑龙江、吉林、辽宁、河北、山西、山东、河南、陕西、安徽、江苏、浙江、江西、湖南、湖北、四川、重庆、贵州、福建

栗蕨属 Histiopteris (J. Agardh) J. Sm.

栗蕨 Histiopteris incisa (Thunb.) J. Sm.

分布：福建、浙江、江西、湖南、贵州、云南、西藏、台湾、广东、广西、海南；不丹、印度、日本、马达加斯加

姬蕨属 Hypolepis Bernh.

台湾姬蕨 Hypolepis alpina (Blume) Hook.

分布：台湾；印度尼西亚、巴布亚新几内亚、菲律宾、越南、澳大利亚、太平洋岛屿(新喀里多尼亚、新赫布里底群岛、新西兰)

亚光姬蕨 Hypolepis glabrescens Ching

分布：云南

灰姬蕨 Hypolepis pallida (Blume) Hook.

分布：台湾；印度、马来西亚、菲律宾、越南

无腺姬蕨 Hypolepis polypodioides (Blume) Hook.

分布：云南、台湾、广东、海南；孟加拉国、不丹、柬埔寨、印度、印度尼西亚、克什米尔地区、老挝、马来西亚、缅甸、尼泊尔、菲律宾、泰国、越南、太平洋岛屿

姬蕨 Hypolepis punctata (Thunb.) Mett.

分布：安徽、江苏、浙江、江西、四川、贵州、云南、福建、台湾、广东；柬埔寨、日本、韩国、老挝、马来西亚、菲律宾、斯里兰卡、越南、澳大利亚；热带美洲

密毛姬蕨 Hypolepis resistens (Kunze) Hook.

分布：海南；印度、印度尼西亚、马来西亚、巴布亚新几内亚、菲律宾、斯里兰卡、澳大利亚、太平洋岛屿

狭叶姬蕨 Hypolepis tenera Ching

分布：云南

细叶姬蕨 Hypolepis tenuifolia (G. Forst.) Bernh.

分布：海南、台湾；印度尼西亚、巴布亚新几内亚、菲律宾、澳大利亚、太平洋岛屿(包括皮特凯恩群岛)

鳞盖蕨属 Microlepia C. Presl

博罗鳞盖蕨 Microlepia boluoensis Y. Yuan et L. Fu

分布：广东

金果鳞盖蕨 Microlepia chrysocarpa Ching

分布：湖南、重庆、贵州、广西

革质鳞盖蕨 Microlepia crassa Ching

分布：云南

长托鳞盖蕨 Microlepia firma Mett. ex Kuhn

分布：四川、云南、西藏；不丹、印度、缅甸、尼泊尔、斯里兰卡、泰国

华南鳞盖蕨 Microlepia hancei Prantl

分布：浙江、江西、湖南、贵州、云南、福建、台湾、广东、广西、海南；不丹、柬埔寨、印度、日本、老挝、尼泊尔、越南

虎克鳞盖蕨 Microlepia hookeriana (Wall. ex Hook.) C. Presl

分布：浙江、江西、湖南、贵州、云南、福建、台湾、广东、广西、海南；婆罗洲、印度、印度尼西亚、日本、马来西亚、尼泊尔、越南

西南鳞盖蕨 Microlepia khasiyana (Hook.) C. Presl

分布：甘肃、湖南、四川、重庆、贵州、云南、西藏；印度、缅甸、尼泊尔

克氏鳞盖蕨 Microlepia krameri C. M. Kuo

分布：台湾、香港

毛阔叶鳞盖蕨 Microlepia kurzii (C. B. Clarke) Bedd.

分布：云南；缅甸、泰国

边缘鳞盖蕨 Microlepia marginata (Panz.) C. Chr.
分布：河南、甘肃、安徽、江苏、浙江、江西、湖南、湖北、四川、重庆、贵州、云南、福建、台湾、广东、广西、海南；印度、印度尼西亚、日本、尼泊尔、巴布亚新几内亚、斯里兰卡、泰国、越南

边缘鳞盖蕨(原变种) Microlepia marginata var. **marginata**
分布：河南、甘肃、安徽、江苏、浙江、江西、湖南、湖北、四川、重庆、贵州、云南、福建、台湾、广东、广西、海南；印度、印度尼西亚、日本、尼泊尔、巴布亚新几内亚、斯里兰卡、越南

二回边缘鳞盖蕨 Microlepia marginata var. **bipinnata** Makino
分布：安徽、江苏、浙江、江西、湖北、四川、重庆、贵州、云南、福建、台湾、广东、广西、海南；印度、日本、尼泊尔、巴布亚新几内亚、斯里兰卡、越南

光叶鳞盖蕨 Microlepia marginata var. **calvescens** (Wall. ex Hook.) C. Chr.
分布：浙江、湖南、四川、重庆、贵州、云南、福建、台湾、广东、广西、海南；印度、印度尼西亚、泰国、越南

羽叶鳞盖蕨 Microlepia marginata var. **intramarginalis** (Tagawa) Y. H. Yan
分布：台湾

毛叶边缘鳞盖蕨 Microlepia marginata var. **villosa** (C. Presl) Y. C. Wu
分布：安徽、江苏、浙江、江西、湖北、四川、重庆、贵州、云南、福建、台湾、广东、广西、海南；印度、日本、尼泊尔、巴布亚新几内亚、斯里兰卡、越南

岭南鳞盖蕨 Microlepia matthewii Christ
分布：湖南、广东、广西；越南

膜质鳞盖蕨 Microlepia membranacea B. S. Wang
分布：湖南、广东

皖南鳞盖蕨 Microlepia modesta Ching
分布：安徽、浙江、江西

团羽鳞盖蕨 Microlepia obtusiloba Hayata
分布：贵州、云南、台湾、广东、广西、海南；越南

阔叶鳞盖蕨 Microlepia platyphylla (D. Don) J. Sm.
分布：贵州、云南、西藏、台湾、广西、海南；不丹、印度、老挝、缅甸、尼泊尔、菲律宾、斯里兰卡、泰国、越南

假粗毛鳞盖蕨 Microlepia pseudostrigosa Makino
分布：陕西、江苏、浙江、湖南、湖北、四川、重庆、贵州、云南、广东、广西；日本、越南

斜方鳞盖蕨 Microlepia rhomboidea (Wall. ex Kunze) Prantl
分布：云南、广东、广西、海南；不丹、印度、印度尼西亚、缅甸、尼泊尔、菲律宾、越南

热带鳞盖蕨 Microlepia speluncae (L.) T. Moore
分布：贵州、云南、西藏、台湾、广东、广西、海南；不丹、柬埔寨、印度、印度尼西亚、日本、老挝、缅甸、尼泊尔、菲律宾、斯里兰卡、泰国、越南、澳大利亚、波利尼西亚、巴西、西印度群岛；非洲

粗毛鳞盖蕨 Microlepia strigosa (Thunb.) C. Presl
分布：浙江、江西、四川、重庆、贵州、云南、福建、台湾、广东、广西、海南；喜马拉雅、印度尼西亚、日本、菲律宾、斯里兰卡、泰国、太平洋岛屿

亚粗毛鳞盖蕨 Microlepia substrigosa Tagawa
分布：台湾；日本

尖山鳞盖蕨 Microlepia subtrichosticha Ching
分布：海南

薄叶鳞盖蕨 Microlepia tenera Christ
分布：贵州、云南、台湾、广西

乔大鳞盖蕨 Microlepia todayensis Christ
分布：云南、广西、海南；印度尼西亚、马来西亚、菲律宾、越南

针毛鳞盖蕨 Microlepia trapeziformis (Roxb.) Kuhn
分布：云南、西藏、台湾、广东、广西、海南；印度、印度尼西亚、马来西亚、缅甸、菲律宾、泰国、越南

毛果鳞盖蕨 Microlepia trichocarpa Hayata
分布：贵州、云南、台湾、广东、广西；印度、尼泊尔

稀子蕨属 Monachosorum Kunze

尾叶稀子蕨 Monachosorum flagellare (Maxim. ex Makino) Hayata
分布：江西、湖南、四川、贵州、云南、广西；日本

稀子蕨 Monachosorum henryi Christ
分布：江西、湖南、四川、重庆、贵州、云南、西藏、台湾、广东、广西；不丹、印度、缅甸、尼泊尔、越南

穴子蕨 Monachosorum maximowiczii (Baker) Hayata
分布：安徽、江西、湖南、湖北、四川、贵州、云南、台湾；日本

曲轴蕨属 Paesia J. Saint-Hilaire

台湾曲轴蕨 Paesia taiwanensis W. C. Shieh
分布：台湾

蕨属 **Pteridium** Gled. ex Scop.

蕨 **Pteridium aquilinum** var. **latiusculum** (Desv.) Underw. ex A. Heller

分布：中国广布；日本；欧洲、北美洲

食蕨 **Pteridium esculentum** (G. Forst.) Cokayne

分布：广西、海南；柬埔寨、印度、印度尼西亚、马来西亚、菲律宾、泰国、越南、澳大利亚、太平洋岛屿

镰羽蕨 **Pteridium falcatum** Ching

分布：广西

长羽蕨 **Pteridium lineare** Ching

分布：云南

毛轴蕨 **Pteridium revolutum** (Blume) Nakai

分布：河南、陕西、甘肃、浙江、江西、湖南、湖北、四川、贵州、云南、西藏、台湾、广东、广西；澳大利亚；广布于亚洲热带和亚热带地区

毛轴蕨(原变种) **Pteridium revolutum** var. **revolutum**

分布：河南、陕西、甘肃、江西、湖南、湖北、四川、贵州、云南、西藏、台湾、广东、广西；澳大利亚；广布于亚洲热带和亚热带地区

糙轴蕨 **Pteridium revolutum** var. **muricatulum** Ching et S. H. Wu

分布：四川、云南

云南蕨 **Pteridium yunnanense** Ching et S. H. Wu

分布：云南

160. 肠蕨科 Diplaziopsidaceae X. C. Zhang et Christenh.

肠蕨属 **Diplaziopsis** C. Chr.

阔羽肠蕨 **Diplaziopsis brunoniana** (Wall.) W. M. Chu

分布：贵州、云南、台湾、海南；印度、尼泊尔、菲律宾、越南

川黔肠蕨 **Diplaziopsis cavaleriana** (Christ) C. Chr.

分布：浙江、江西、湖北、四川、重庆、贵州、云南、福建；不丹、印度、日本、尼泊尔、越南

肠蕨 **Diplaziopsis javanica** (Blume) C. Chr.

分布：台湾；印度尼西亚、马来西亚、斯里兰卡、太平洋岛屿(波利尼西亚、塔希提岛)

161. 双扇蕨科 Dipteridaceae Seward et E. Dale

燕尾蕨属 **Cheiropleuria** C. Presl

燕尾蕨 **Cheiropleuria bicuspis** (Blume) C. Presl

分布：贵州、台湾、海南；印度尼西亚、日本、马来西亚、巴布亚新几内亚、泰国、越南

全缘燕尾蕨 **Cheiropleuria integrifolia** (D. C. Eaton ex Hook.) M. Kato

分布：台湾、广东、广西；日本

双扇蕨属 **Dipteris** Reinw.

中华双扇蕨 **Dipteris chinensis** Christ

分布：重庆、贵州、云南、广东、广西；缅甸、越南

双扇蕨 **Dipteris conjugata** Reinw.

分布：台湾、海南；柬埔寨、印度、印度尼西亚、日本、马来西亚、菲律宾、泰国、越南、太平洋岛屿

喜马拉雅双扇蕨 **Dipteris wallichii** (R. Br.) T. Moore

分布：西藏；孟加拉国、不丹、印度、尼泊尔

162. 鳞毛蕨科 Dryopteridaceae Herter

复叶耳蕨属 **Arachniodes** Blume

哀牢山复叶耳蕨 **Arachniodes ailaoshanensis** Ching

分布：云南

斜方复叶耳蕨 **Arachniodes amabilis** (Blume) Tindale

分布：安徽、江苏、浙江、江西、湖南、湖北、四川、重庆、贵州、云南、福建、台湾、广东、广西；印度、印度尼西亚、日本、韩国、尼泊尔、菲律宾、斯里兰卡

美丽复叶耳蕨 **Arachniodes amoena** (Ching) Ching

分布：浙江、江西、湖南、贵州、福建、广东、广西

刺头复叶耳蕨 **Arachniodes aristata** (G. Forst.) Tindale

分布：山东、河南、安徽、江苏、浙江、江西、湖南、贵州、福建、台湾、广东、广西；印度、日本、韩国、马来西亚、尼泊尔、菲律宾、澳大利亚、太平洋岛屿

西南复叶耳蕨 **Arachniodes assamica** (Kuhn) Ohwi

分布：四川、重庆、贵州、云南、广西；印度、缅甸、尼泊尔、泰国、越南

粗齿黔蕨 **Arachniodes blinii** (H. Lév.) Nakaike

分布：江西、湖南、重庆、贵州、广西

大片复叶耳蕨 Arachniodes cavaleriei (Christ) Ohwi
分布：安徽、浙江、江西、湖南、湖北、贵州、云南、福建、广东、广西、海南；泰国、日本、越南

中华复叶耳蕨 Arachniodes chinensis (Rosenst.) Ching
分布：安徽、浙江、江西、湖南、四川、重庆、贵州、云南、福建、台湾、广东、广西、海南；印度尼西亚、日本、马来西亚、泰国、越南

细裂复叶耳蕨 Arachniodes coniifolia (T. Moore) Ching
分布：四川、重庆、贵州、云南、广西；不丹、尼泊尔

国楣复叶耳蕨 Arachniodes fengii Ching
分布：云南

华南复叶耳蕨 Arachniodes festina (Hance) Ching
分布：江西、四川、贵州、云南、台湾、广东、广西

高大复叶耳蕨 Arachniodes gigantea Ching
分布：云南

台湾复叶耳蕨 Arachniodes globisora (Hayata) Ching
分布：云南、台湾；泰国、越南

粗裂复叶耳蕨 Arachniodes grossa (Tardieu et C. Chr.) Ching
分布：广东、广西、海南；越南

海南复叶耳蕨 Arachniodes hainanensis (Ching) Ching
分布：海南

假斜方复叶耳蕨 Arachniodes hekiana Sa. Kurata
分布：安徽、浙江、湖南、四川、重庆、贵州、云南、福建、广东、广西；日本

云南复叶耳蕨 Arachniodes henryi (Christ) Ching
分布：云南；缅甸、泰国、越南

湖南复叶耳蕨 Arachniodes hunanensis Ching
分布：湖南

缩羽复叶耳蕨 Arachniodes japonica (Sa. Kurata) Nakaike
分布：浙江、福建；日本

金平复叶耳蕨 Arachniodes jinpingensis Y. T. Hsieh
分布：云南

长羽复叶耳蕨 Arachniodes longipinna Ching
分布：广西

毛枝蕨 Arachniodes miqueliana (Maxim. ex Franch. et Sav.) Ohwi
分布：吉林、安徽、浙江、江西、四川、贵州、云南；日本、韩国

长叶黔蕨 Arachniodes neopodophylla (Ching) Nakaike
分布：贵州

黑鳞复叶耳蕨 Arachniodes nigrospinosa (Ching) Ching
分布：贵州、台湾、广东、广西

贵州复叶耳蕨 Arachniodes nipponica (Rosenst.) Ohwi
分布：浙江、江西、湖南、四川、重庆、贵州、云南、广东；日本

假西南复叶耳蕨 Arachniodes pseudoassamica Ching
分布：云南

四回毛枝蕨 Arachniodes quadripinnata (Hayata) Seriz.
分布：安徽、江西、四川、贵州、云南、台湾、广西；日本

相似复叶耳蕨 Arachniodes similis Ching
分布：浙江、广东

长尾复叶耳蕨 Arachniodes simplicior (Makino) Ohwi
分布：河南、陕西、甘肃、安徽、江苏、浙江、江西、湖南、湖北、四川、重庆、贵州、云南、西藏、福建、广西；日本

华西复叶耳蕨 Arachniodes simulans (Ching) Ching
分布：陕西、甘肃、安徽、江西、湖南、湖北、四川、重庆、贵州、云南；不丹、印度、日本

无鳞毛枝蕨 Arachniodes sinomiqueliana (Ching) Ohwi
分布：浙江、江西、湖南、四川、重庆、贵州、云南；日本

中华斜方复叶耳蕨 Arachniodes sinorhomboidea Ching
分布：湖南、四川、贵州

美观复叶耳蕨 Arachniodes speciosa (D. Don) Ching
分布：甘肃、安徽、江苏、浙江、江西、湖南、湖北、四川、重庆、贵州、云南、福建、台湾、广西、海南；不丹、印度、日本、尼泊尔、巴布亚新几内亚、泰国、越南

清秀复叶耳蕨 Arachniodes spectabilis (Ching) Ching
分布：云南；印度、老挝、缅甸、泰国

石盖蕨 Arachniodes superba Fraser-Jenk.
分布：云南、西藏；不丹、印度、缅甸、尼泊尔

中越复叶耳蕨 Arachniodes tonkinensis (Ching) Ching
分布：湖南、云南；越南

黔蕨 Arachniodes tsiangiana (Ching) Nakaike
分布：贵州

武陵山复叶耳蕨 Arachniodes wulingshanensis S. F. Wu
分布：湖南

东洋复叶耳蕨 Arachniodes yoshinagae (Makino) Ohwi

分布：湖南、重庆；日本

紫云山复叶耳蕨 Arachniodes ziyunshanensis Y. T. Hsieh

分布：浙江、湖南、重庆、贵州、云南

实蕨属 Bolbitis Schott

多羽实蕨 Bolbitis angustipinna (Hayata) H. Itô

分布：云南、台湾、海南；不丹、印度、缅甸、尼泊尔、斯里兰卡、泰国

刺蕨 Bolbitis appendiculata (Willd.) K. Iwats.

分布：云南、台湾、广东、广西、海南；孟加拉国、不丹、印度、印度尼西亚、日本、老挝、马来西亚、缅甸、菲律宾、斯里兰卡、泰国、越南

昌江实蕨 Bolbitis changjiangensis F. G. Wang et F. W. Xing

分布：海南

贵州实蕨 Bolbitis christensenii (Ching) Ching

分布：贵州、广西；越南

密叶实蕨 Bolbitis confertifolia Ching

分布：云南

紫轴实蕨 Bolbitis costata (C. Presl) Ching

分布：云南；孟加拉国、印度、缅甸、尼泊尔、泰国

间断实蕨 Bolbitis deltigera (Bedd.) C. Chr.

分布：云南、海南；孟加拉国、不丹、印度、缅甸、尼泊尔、泰国

疏裂刺蕨 Bolbitis fengiana (Ching) S. Y. Dong

分布：云南

厚叶实蕨 Bolbitis hainanensis Ching et Chu H. Wang

分布：云南、海南

河口实蕨 Bolbitis hekouensis Ching

分布：云南、海南

长叶实蕨 Bolbitis heteroclita (C. Presl) Ching

分布：四川、重庆、贵州、云南、台湾、广东、广西、海南；孟加拉国、印度、印度尼西亚、日本、马来群岛、缅甸、尼泊尔、巴布亚新几内亚、菲律宾、泰国、越南

虎克实蕨 Bolbitis hookeriana K. Iwats.

分布：云南；孟加拉国、柬埔寨、印度、老挝、马来群岛、缅甸、泰国、越南

长耳刺蕨 Bolbitis longiaurita F. G. Wang et F. W. Xing

分布：云南

墨脱刺蕨 Bolbitis medogensis (Ching et S. K. Wu) S. Y. Dong

分布：西藏

根叶刺蕨 Bolbitis rhizophylla (Kaulf.) Hennipman

分布：台湾

红柄实蕨 Bolbitis scalpturata (Fée) Ching

分布：台湾、海南；印度尼西亚、马来西亚、缅甸、菲律宾、泰国、越南

附着实蕨 Bolbitis scandens W. M. Chu

分布：云南

中华刺蕨 Bolbitis sinensis (Baker) K. Iwats.

分布：贵州、云南、香港；孟加拉国、柬埔寨、印度、印度尼西亚、小巽他群岛、缅甸、泰国、越南

华南实蕨 Bolbitis subcordata (Copel.) Ching

分布：浙江、江西、云南、福建、台湾、广东、广西、海南；日本、越南

西藏实蕨 Bolbitis tibetica Ching et S. K. Wu

分布：西藏

镰裂刺蕨 Bolbitis tonkinensis (C. Chr.) K. Iwats.

分布：云南；越南、泰国

宽羽实蕨 Bolbitis virens (Wall. ex Hook. et Grev.) Schott

分布：云南；孟加拉国、缅甸、泰国

网脉实蕨 Bolbitis × laxireticulata K. Iwats.

分布：台湾、广东、海南、香港；日本琉球

南仁实蕨 Bolbitis × nanjenensis C. M. Kuo

分布：台湾

云南刺蕨 Bolbitis ×multipinna F. G. Wang

分布：云南、广西

肋毛蕨属 Ctenitis (C. Chr.) C. Chr.

海南肋毛蕨 Ctenitis decurrentipinnata (Ching) Ching

分布：海南；菲律宾、越南

滇桂肋毛蕨 Ctenitis dianguiensis (W. M. Chu et H. G. Zhou) S. Y. Dong

分布：云南、广西、海南；越南

二型肋毛蕨 Ctenitis dingnanensis Ching

分布：江西、广东

直鳞肋毛蕨 Ctenitis eatonii (Baker) Ching

分布：江西、湖南、湖北、四川、贵州、台湾、广东、广

西；日本

桂滇肋毛蕨 Ctenitis guidianensis H. G. Zhou et W. M. Chu
分布：云南、广西

金佛山肋毛蕨 Ctenitis jinfoshanensis Ching et Z. Y. Liu
分布：四川

银毛肋毛蕨 Ctenitis mannii (C. Hope) Ching
分布：云南；印度

棕鳞肋毛蕨 Ctenitis pseudorhodolepis Ching et Chu H. Wang
分布：湖南、四川、贵州

厚叶肋毛蕨 Ctenitis sinii (Ching) Ohwi
分布：浙江、江西、湖南、福建、广东、广西；日本

亮鳞肋毛蕨 Ctenitis subglandulosa (Hance) Ching
分布：浙江、江西、湖南、湖北、四川、贵州、云南、福建、台湾、广东、广西、海南；不丹、印度、马来西亚、菲律宾、越南；亚洲(东南部)

贯众属 Cyrtomium C. Presl

等基贯众 Cyrtomium aequibasis (C. Chr.) Ching
分布：四川、重庆、贵州、云南

奇叶贯众 Cyrtomium anomophyllum (Zenker) Fraser-Jenk.
分布：四川、云南、西藏、台湾；不丹、印度、日本、尼泊尔、巴基斯坦

黑点贯众 Cyrtomium atropunctatum Sa. Kurata
分布：台湾；日本

刺齿贯众 Cyrtomium caryotideum (Wall. ex Hook. et Grev.) C. Presl
分布：陕西、甘肃、江西、湖南、湖北、四川、重庆、贵州、云南、西藏、台湾、广东、广西；不丹、印度、日本、尼泊尔、巴基斯坦、菲律宾、越南

秦氏贯众 Cyrtomium chingianum P. S. Wang
分布：贵州

密羽贯众 Cyrtomium confertifolium Ching et K. H. Shing
分布：浙江、江西、湖南、贵州

福建贯众 Cyrtomium conforme Ching
分布：福建

披针贯众 Cyrtomium devexiscapulae (Koidz.) Koidz. et Ching
分布：浙江、江西、四川、重庆、贵州、福建、台湾、广东、广西；日本、韩国、越南

全缘贯众 Cyrtomium falcatum (L. f.) C. Presl
分布：辽宁、山东、江苏、浙江、福建、台湾、广东；中南半岛、日本、韩国、波利尼西亚、美国(夏威夷)、留尼汪岛；非洲、北美洲；引进到欧洲并已本土化

贯众 Cyrtomium fortunei J. Sm.
分布：河北、山西、山东、河南、陕西、甘肃、安徽、江苏、浙江、江西、湖南、湖北、四川、重庆、贵州、云南、福建、台湾、广东、广西；印度、日本、韩国、尼泊尔、泰国、越南；逃逸至欧洲和北美洲并已归化

惠水贯众 Cyrtomium grossum Christ
分布：贵州、云南

贵州贯众 Cyrtomium guizhouense H. S. Kung et P. S. Wang
分布：贵州

单叶贯众 Cyrtomium hemionitis Christ
分布：贵州、云南、广西；越南

宽镰贯众 Cyrtomium latifalcatum S. K. Wu et Mitsuta
分布：云南

小羽贯众 Cyrtomium lonchitoides (Christ) Christ
分布：河南、甘肃、四川、贵州、云南、西藏、广西

大叶贯众 Cyrtomium macrophyllum (Makino) Tagawa
分布：陕西、甘肃、安徽、江西、湖南、湖北、四川、贵州、云南、西藏、台湾；不丹、印度、日本、克什米尔地区、尼泊尔、巴基斯坦

膜叶贯众 Cyrtomium membranifolium Ching et K. H. Shing ex H. S. Kung et P. S. Wang
分布：湖北

钝羽贯众 Cyrtomium muticum (Christ) Ching
分布：四川、云南

低头贯众 Cyrtomium nephrolepioides (Christ) Copel.
分布：湖南、四川、贵州、广西

斜基贯众 Cyrtomium obliquum Ching et K. H. Shing
分布：浙江、广东、广西

峨眉贯众 Cyrtomium omeiense Ching et K. H. Shing
分布：湖南、湖北、四川、贵州、西藏、台湾

厚叶贯众 Cyrtomium pachyphyllum (Rosenst.) C. Chr.
分布：贵州、云南、广西

尖齿贯众 Cyrtomium serratum Ching et K. H. Shing
分布：湖南、四川

邢氏贯众 **Cyrtomium shingianum** H. S. Kung et P. S. Wang
分布：贵州

新宁贯众 **Cyrtomium sinningense** Ching et K. H. Shing
分布：湖南

台湾贯众 **Cyrtomium taiwanianum** Tagawa
分布：台湾

秦岭贯众 **Cyrtomium tsinglingense** Ching et K. H. Shing
分布：陕西、甘肃、四川、贵州、云南、广西

齿盖贯众 **Cyrtomium tukusicola** Tagawa
分布：浙江、湖南、四川、重庆、贵州、云南、台湾；日本

线羽贯众 **Cyrtomium urophyllum** Ching
分布：湖南、四川、贵州、云南、广西

阔羽贯众 **Cyrtomium yamamotoi** Tagawa
分布：河南、陕西、甘肃、安徽、浙江、江西、湖南、湖北、四川、重庆、贵州、云南、台湾、广西；日本

云南贯众 **Cyrtomium yunnanense** Ching
分布：云南

鳞毛蕨属 **Dryopteris** Adans.

滇缅鳞毛蕨 **Dryopteris acrophorus** Li Bing Zhang
分布：云南；缅甸

尖齿鳞毛蕨 **Dryopteris acutodentata** Ching
分布：四川、云南、西藏；不丹、印度、克什米尔地区、尼泊尔

小叶鳞毛蕨 **Dryopteris adscendens** (Ching ex S. H. Wu) Li Bing Zhang
分布：云南

多雄拉鳞毛蕨 **Dryopteris alpestris** Tagawa
分布：云南、西藏、台湾；印度、尼泊尔

高山金冠鳞毛蕨 **Dryopteris alpicola** Ching et Z. R. Wang
分布：四川、云南；尼泊尔

黑水鳞毛蕨 **Dryopteris amurensis** Christ
分布：黑龙江、吉林、辽宁、内蒙古；日本、韩国、俄罗斯

狭叶鳞毛蕨 **Dryopteris angustifrons** (Hook.) Kuntze
分布：云南；印度、缅甸、尼泊尔

中越鳞毛蕨 **Dryopteris annamensis** (Tagawa) Li Bing Zhang
分布：云南、西藏、台湾、海南；越南

顶果鳞毛蕨 **Dryopteris apiciflora** (Wall. ex Mett.) Kuntze
分布：云南、西藏、台湾；不丹、印度、缅甸、尼泊尔

阿萨姆鳞毛蕨 **Dryopteris assamensis** (C. Hope) C. Chr. et Ching
分布：贵州、云南、广东、广西；印度、越南

暗鳞鳞毛蕨 **Dryopteris atrata** (Wall. ex Kunze) Ching
分布：山西、山东、陕西、甘肃、安徽、江苏、浙江、江西、湖南、湖北、四川、贵州、云南、西藏、福建、台湾、广东、广西、海南；不丹、印度、缅甸、尼泊尔、斯里兰卡、泰国、越南

多鳞鳞毛蕨 **Dryopteris barbigera** (T. Moore ex Hook.) Kuntze
分布：青海、四川、云南；不丹、印度、克什米尔地区、尼泊尔

基生鳞毛蕨 **Dryopteris basisora** Christ
分布：四川、云南；不丹、印度、尼泊尔

西域鳞毛蕨 **Dryopteris blanfordii** (C. Hope) C. Chr.
分布：甘肃、四川、云南、西藏；阿富汗、印度、克什米尔地区、尼泊尔、巴基斯坦

西域鳞毛蕨(原亚种) **Dryopteris blanfordii** subsp. **blanfordii**
分布：四川、西藏；阿富汗、印度、克什米尔地区、尼泊尔、巴基斯坦

黑鳞西域鳞毛蕨 **Dryopteris blanfordii** subsp. **nigrosquamosa** (Ching) Fraser-Jenk.
分布：甘肃、四川、云南、西藏；尼泊尔

大平鳞毛蕨 **Dryopteris bodinieri** (Christ) C. Chr.
分布：湖南、四川、贵州、云南

蓬莱鳞毛蕨 **Dryopteris cacaina** Tagawa
分布：台湾

假边果鳞毛蕨 **Dryopteris caroli-hopei** Fraser-Jenk.
分布：云南、西藏；印度、尼泊尔、不丹、缅甸

刺叶鳞毛蕨 **Dryopteris carthusiana** (Vill.) H. P. Fuchs
分布：新疆；欧洲、北美洲

阔鳞鳞毛蕨 **Dryopteris championii** (Benth.) C. Chr. ex Ching
分布：山东、河南、江苏、浙江、江西、湖南、湖北、四川、贵州、云南、福建、台湾、广东、广西；日本、韩国

中华鳞毛蕨 **Dryopteris chinensis** (Baker) Koidz.
分布：辽宁、山东、河南、安徽、江苏、浙江、江西；日本、韩国

离轴鳞毛蕨 **Dryopteris christensenae** (Ching) Li Bing Zhang
分布：云南

金冠鳞毛蕨 **Dryopteris chrysocoma** (Christ) C. Chr.
分布：四川、贵州、云南、西藏；不丹、印度、克什米尔地区、缅甸、尼泊尔

金冠鳞毛蕨(原变种) **Dryopteris chrysocoma** var. **chrysocoma**
分布：四川、贵州、云南、西藏；不丹、印度、克什米尔地区、缅甸、尼泊尔

密鳞金冠鳞毛蕨 **Dryopteris chrysocoma** var. **squamosa** (C. Chr.) Ching
分布：云南

膜边鳞毛蕨 **Dryopteris clarkei** (Baker) Kuntze
分布：四川、贵州、云南、西藏、广西；不丹、印度、缅甸、尼泊尔

二型鳞毛蕨 **Dryopteris cochleata** (Buch.-Ham. ex D. Don) C. Chr.
分布：四川、贵州、云南；孟加拉国、不丹、印度、印度尼西亚、克什米尔地区、缅甸、尼泊尔、菲律宾、泰国

混淆鳞毛蕨 **Dryopteris commixta** Tagawa
分布：浙江、江西、四川、福建、广西；日本

连合鳞毛蕨 **Dryopteris conjugata** Ching
分布：云南；印度、尼泊尔

东北亚鳞毛蕨 **Dryopteris coreano-montana** Nakai
分布：黑龙江、吉林；俄罗斯、朝鲜半岛、日本

近中肋鳞毛蕨 **Dryopteris costalisora** Tagawa
分布：台湾；印度、尼泊尔

粗茎鳞毛蕨 **Dryopteris crassirhizoma** Nakai
分布：黑龙江、吉林、辽宁、河北；日本、韩国、俄罗斯

桫椤鳞毛蕨 **Dryopteris cycadina** (Franch. et Sav.) C. Chr.
分布：浙江、江西、湖南、湖北、四川、贵州、云南、福建、台湾、广西；日本

弯羽鳞毛蕨 **Dryopteris cyclopeltidiformis** C. Chr.
分布：海南；越南

迷人鳞毛蕨 **Dryopteris decipiens** (Hook.) Kuntze
分布：安徽、江苏、浙江、江西、湖南、四川、贵州、福建、广东、广西；日本

迷人鳞毛蕨(原变种) **Dryopteris decipiens** var. **decipiens**
分布：安徽、浙江、江西、湖南、四川、贵州、福建、台湾、广东、广西；日本

深裂迷人鳞毛蕨 **Dryopteris decipiens** var. **diplazioides** (Christ) Ching
分布：安徽、江苏、浙江、江西、四川、贵州、福建、台湾；日本

德化鳞毛蕨 **Dryopteris dehuaensis** Ching
分布：浙江、江西、福建

红腺鳞毛蕨 **Dryopteris diacalpe** Li Bing Zhang
分布：四川、云南

棕鳞鳞毛蕨 **Dryopteris diacalpioides** (Ching) Li Bing Zhang
分布：云南

远轴鳞毛蕨 **Dryopteris dickinsii** (Franch. et Sav.) C. Chr.
分布：安徽、浙江、江西、湖北、四川、贵州、云南、福建、台湾、广西；印度、日本

弯柄假复叶耳蕨 **Dryopteris diffracta** (Baker) C. Chr.
分布：贵州、云南、西藏、台湾、广西、海南；印度、缅甸、泰国、越南

独龙江鳞毛蕨 **Dryopteris dulongensis** (S. K. Wu et X. Cheng) Li Bing Zhang
分布：云南

峨眉鳞毛蕨 **Dryopteris emeiensis** (Ching) Li Bing Zhang
分布：四川

宜昌鳞毛蕨 **Dryopteris enneaphylla** (Baker) C. Chr.
分布：浙江、湖北、台湾

宜昌鳞毛蕨(原变种) **Dryopteris enneaphylla** var. **enneaphylla**
分布：浙江、湖北、台湾

大宜昌鳞毛蕨 **Dryopteris enneaphylla** var. **pseudo-sieboldii** (Hayata) Tagawa et K. Iwats.
分布：台湾

红盖鳞毛蕨 **Dryopteris erythrosora** (D. C. Eaton) Kuntze
分布：安徽、江苏、浙江、江西、湖南、湖北、四川、贵州、云南、福建、广东、广西；日本、韩国

广布鳞毛蕨 **Dryopteris expansa** (C. Presl) Fraser-Jenk. et Jermy
分布：黑龙江、吉林、辽宁、河北；日本、韩国、俄罗斯；

欧洲、北美洲

峨边鳞毛蕨 **Dryopteris exstipellata** (Ching et S. H. Wu) Li Bing Zhang
分布：四川、广东

近纤维鳞毛蕨 **Dryopteris fibrillosissima** Ching
分布：四川、西藏

欧洲鳞毛蕨 **Dryopteris filix-mas** (L.) Schott
分布：新疆；中亚、欧洲、北美洲

台湾鳞毛蕨 **Dryopteris formosana** (Christ) C. Chr.
分布：浙江、四川、台湾；日本

香鳞毛蕨 **Dryopteris fragrans** (L.) Schott
分布：黑龙江、吉林、辽宁、内蒙古、河北、新疆；日本、韩国、俄罗斯；欧洲、北美洲

硬果鳞毛蕨 **Dryopteris fructuosa** (Christ) C. Chr.
分布：湖北、四川、云南、西藏、台湾；不丹、印度、缅甸、尼泊尔

黑足鳞毛蕨 **Dryopteris fuscipes** C. Chr.
分布：安徽、江苏、浙江、江西、湖南、湖北、四川、贵州、云南、福建、台湾、广东、广西；日本、韩国、越南

芽孢鳞毛蕨 **Dryopteris gemmifera** S. Y. Dong
分布：海南

华北鳞毛蕨 **Dryopteris goeringiana** (Kuntze) Koidz.
分布：辽宁、内蒙古、河北、山西、河南、陕西、甘肃、新疆、四川；日本、韩国、俄罗斯

贡嘎鳞毛蕨 **Dryopteris gonggaensis** H. S. Kung
分布：四川

大叶鳞毛蕨 **Dryopteris grandifrons** Li Bing Zhang
分布：云南

广西鳞毛蕨 **Dryopteris guangxiensis** S. G. Lu
分布：广西

裸叶鳞毛蕨 **Dryopteris gymnophylla** (Baker) C. Chr.
分布：河北、山东、河南、安徽、江苏、浙江、江西、湖北、贵州；日本、韩国

裸果鳞毛蕨 **Dryopteris gymnosora** (Makino) C. Chr.
分布：安徽、浙江、江西、湖南、湖北、四川、贵州、云南、福建；日本

哈巴鳞毛蕨 **Dryopteris habaensis** Ching
分布：云南

边生鳞毛蕨 **Dryopteris handeliana** C. Chr.
分布：浙江、湖南、湖北、四川、贵州、云南；日本

杭州鳞毛蕨 **Dryopteris hangchowensis** Ching
分布：浙江；日本

草质假复叶耳蕨 **Dryopteris hasseltii** (Blume) C. Chr.
分布：云南、台湾、海南；印度、印度尼西亚、日本、马来西亚、尼泊尔、巴布亚新几内亚、菲律宾、新加坡、斯里兰卡、泰国、越南、太平洋岛屿

有盖鳞毛蕨 **Dryopteris hendersonii** (Bedd.) C. Chr.
分布：贵州、云南、台湾；印度、日本、马来西亚、缅甸、尼泊尔、菲律宾

异鳞鳞毛蕨 **Dryopteris heterolaena** C. Chr.
分布：浙江、湖南、四川、贵州、云南、西藏、广东、广西

木里鳞毛蕨 **Dryopteris himachalensis** Fraser-Jenk.
分布：四川、云南；印度

桃花岛鳞毛蕨 **Dryopteris hondoensis** Koidz.
分布：浙江、四川；日本、韩国

虎克鳞毛蕨 **Dryopteris hookeriana** (T. Moore) Li Bing Zhang
分布：西藏；印度、尼泊尔

假异鳞毛蕨 **Dryopteris immixta** Ching
分布：陕西、甘肃、江苏、浙江、江西、湖南、湖北、四川、贵州、云南、福建

平行鳞毛蕨 **Dryopteris indusiata** (Makino) Makino et Yamamoto ex Yamamoto
分布：浙江、江西、湖南、四川、贵州、云南、福建、广西；日本

羽裂鳞毛蕨 **Dryopteris integriloba** C. Chr.
分布：云南、台湾、广东、广西、海南；越南

韭菜坪鳞毛蕨 **Dryopteris jiucaipingensis** P. S. Wang, Q. Luo et Li Bing Zhang
分布：贵州

粗齿鳞毛蕨 **Dryopteris juxtaposita** Christ
分布：甘肃、四川、贵州、云南、西藏；不丹、印度、克什米尔地区、尼泊尔

泡鳞鳞毛蕨 **Dryopteris kawakamii** Hayata
分布：浙江、江西、湖南、四川、重庆、贵州、云南、福建、台湾、广东、广西

京鹤鳞毛蕨 **Dryopteris kinkiensis** Koidz. ex Tagawa
分布：浙江、江西、四川、福建、广东；日本

近多鳞鳞毛蕨 **Dryopteris komarovii** Kossinsky
分布：陕西、甘肃、青海、四川、云南、西藏、台湾；不丹、

印度、克什米尔地区、缅甸、尼泊尔、巴基斯坦、俄罗斯

宪需鳞毛蕨 **Dryopteris kungiana** Li Bing Zhang
分布：四川

拟倒鳞鳞毛蕨 **Dryopteris kwanzanensis** Tagawa
分布：台湾

齿果鳞毛蕨 **Dryopteris labordei** (Christ) C. Chr.
分布：安徽、浙江、江西、湖南、湖北、四川、贵州、云南、福建、台湾、广东、广西；日本

狭顶鳞毛蕨 **Dryopteris lacera** (Thunb.) Kuntze
分布：黑龙江、浙江、江西、湖南、湖北、四川、台湾；日本、韩国

脉纹鳞毛蕨 **Dryopteris lachoongensis** (Bedd.) B. K. Nayar et S. Kaur
分布：云南、西藏；不丹、印度、尼泊尔

阔基鳞毛蕨 **Dryopteris latibasis** Ching
分布：云南

黑鳞鳞毛蕨 **Dryopteris lepidopoda** Hayata
分布：四川、云南、西藏、台湾；不丹、印度、克什米尔地区、尼泊尔

轴鳞鳞毛蕨 **Dryopteris lepidorachis** C. Chr.
分布：安徽、江苏、浙江、江西、福建

两广鳞毛蕨 **Dryopteris liangkwangensis** Ching
分布：云南、广东、广西；越南

荔波鳞毛蕨 **Dryopteris liboensis** P. S. Wang, X. Y. Wang et Li Bing Zhang
分布：贵州

路南鳞毛蕨 **Dryopteris lunanensis** (Christ) C. Chr.
分布：甘肃、四川、贵州、云南；日本

边果鳞毛蕨 **Dryopteris marginata** (C. B. Clarke) Christ
分布：江西、四川、贵州、云南、台湾、广西；不丹、印度、缅甸、尼泊尔、泰国、越南

马氏鳞毛蕨 **Dryopteris maximowicziana** (Miq.) C. Chr.
分布：浙江、江西、湖南、四川、重庆、贵州、福建、台湾、广西；日本、韩国

墨脱鳞毛蕨 **Dryopteris medogensis** (Ching et S. K. Wu) Li Bing Zhang
分布：云南、西藏

黑苞鳞毛蕨 **Dryopteris melanocarpa** Hayata
分布：台湾

细鳞鳞毛蕨 **Dryopteris microlepis** (Baker) C. Chr.
分布：贵州、云南

山地鳞毛蕨 **Dryopteris monticola** (Makino) C. Chr.
分布：辽宁；日本、韩国

丽江鳞毛蕨 **Dryopteris montigena** Ching
分布：云南

黑鳞远轴鳞毛蕨 **Dryopteris namegatae** (Sa. Kurata) Sa. Kurata
分布：甘肃、浙江、江西、湖南、四川、云南；日本

近川西鳞毛蕨 **Dryopteris neorosthornii** Ching
分布：四川、云南、西藏；不丹、印度、尼泊尔

优雅鳞毛蕨 **Dryopteris nobilis** Ching
分布：云南；印度

优雅鳞毛蕨(原变种) **Dryopteris nobilis** var. **nobilis**
分布：云南

冯氏鳞毛蕨 **Dryopteris nobilis** var. **fengiana** Ching
分布：云南

节毛鳞毛蕨 **Dryopteris nodosa** (C. Presl) Li Bing Zhang
分布：台湾；印度尼西亚、日本、马来西亚、菲律宾、斐济、波利尼西亚

林芝鳞毛蕨 **Dryopteris nyingchiensis** Ching
分布：云南、西藏

太平鳞毛蕨 **Dryopteris pacifica** (Nakai) Tagawa
分布：安徽、江苏、浙江、江西、湖南、福建；日本、韩国

鱼鳞鳞毛蕨 **Dryopteris paleolata** (Pic. Serm.) Li Bing Zhang
分布：江西、四川、贵州、云南、西藏、福建、台湾、广东、广西、海南；不丹、印度、日本、尼泊尔、菲律宾、越南

大果鳞毛蕨 **Dryopteris panda** (C. B. Clarke) Christ
分布：甘肃、四川、贵州、云南、西藏；印度、尼泊尔、巴基斯坦

假路南鳞毛蕨 **Dryopteris paralunanensis** W. M. Chu ex S. G. Lu
分布：云南

半岛鳞毛蕨 **Dryopteris peninsulae** Kitag.
分布：辽宁、山东、河南、陕西、甘肃、江西、湖北、四川、贵州、云南

柄盖鳞毛蕨 **Dryopteris peranema** Li Bing Zhang
分布：云南、西藏；喜马拉雅

柄叶鳞毛蕨 **Dryopteris podophylla** (Hook.) Kuntze
分布：云南、福建、广东、广西、海南

蓝色鳞毛蕨 **Dryopteris polita** Rosenst.
分布：云南、台湾、海南；印度尼西亚、日本、泰国、

越南

微孔鳞毛蕨 **Dryopteris porosa** Ching

分布：四川、贵州、云南；不丹、印度、尼泊尔、泰国

南亚鳞毛蕨 **Dryopteris pseudocaenopteris** (Kunze) Li Bing Zhang

分布：云南、台湾、海南；不丹、印度、印度尼西亚、马来西亚、缅甸、尼泊尔、巴布亚新几内亚、菲律宾、斯里兰卡、泰国、越南

拟路南鳞毛蕨 **Dryopteris pseudolunanensis** Tagawa

分布：台湾

假稀羽鳞毛蕨 **Dryopteris pseudosparsa** Ching

分布：四川、贵州、云南、广西

蕨状鳞毛蕨 **Dryopteris pteridoformis** Christ

分布：贵州、云南；印度、缅甸

豫陕鳞毛蕨 **Dryopteris pulcherrima** Ching

分布：河北、山西、河南、甘肃、安徽、四川、西藏

肿足鳞毛蕨 **Dryopteris pulvinulifera** (Bedd.) Kuntze

分布：云南；不丹、印度、尼泊尔、菲律宾、斯里兰卡

密鳞鳞毛蕨 **Dryopteris pycnopteroides** (Christ) C. Chr.

分布：湖北、四川、贵州、云南；日本

藏布鳞毛蕨 **Dryopteris redactopinnata** S. K. Basu et Panigr.

分布：四川、云南、西藏、台湾；不丹、印度、克什米尔地区、尼泊尔、巴基斯坦

倒鳞鳞毛蕨 **Dryopteris reflexosquamata** Hayata

分布：湖南、四川、贵州、云南、台湾

川西鳞毛蕨 **Dryopteris rosthornii** (Diels) C. Chr.

分布：山西、甘肃、湖北、四川、贵州、云南

红褐鳞毛蕨 **Dryopteris rubrobrunnea** W. M. Chu

分布：云南

阔羽鳞毛蕨 **Dryopteris ryo-itoana** Sa. Kurata

分布：浙江、江西、湖南；日本

棕边鳞毛蕨 **Dryopteris sacrosancta** Koidz.

分布：辽宁、山东、浙江；日本、韩国

虎耳鳞毛蕨 **Dryopteris saxifraga** H. Itô

分布：吉林、辽宁；日本、韩国

无盖鳞毛蕨 **Dryopteris scottii** (Bedd.) Ching ex C. Chr.

分布：安徽、江苏、浙江、江西、四川、贵州、云南、福建、台湾、广东、广西、海南；不丹、印度、日本、缅甸、尼泊尔、泰国、越南

腺毛鳞毛蕨 **Dryopteris sericea** C. Chr.

分布：山西、陕西、甘肃、湖北

刺尖鳞毛蕨 **Dryopteris serratodentata** (Bedd.) Hayata

分布：四川、云南、西藏、台湾；不丹、印度、克什米尔地区、缅甸、尼泊尔、巴基斯坦

两色鳞毛蕨 **Dryopteris setosa** (Thunb.) Akasawa

分布：山西、山东、河南、陕西、安徽、江苏、浙江、江西、湖南、湖北、四川、贵州、云南、福建；日本、韩国

霞客鳞毛蕨 **Dryopteris shiakeana** H. Shang et Y. H. Yan

分布：广东

东亚鳞毛蕨 **Dryopteris shikokiana** (Makino) C. Chr.

分布：湖南、四川、贵州、云南、广西；日本

奇羽鳞毛蕨 **Dryopteris sieboldii** (Van Houtte ex Mett.) Kuntze

分布：安徽、浙江、江西、湖南、贵州、福建、广东、广西；日本

锡金鳞毛蕨 **Dryopteris sikkimensis** (Bedd.) Kuntze

分布：云南、西藏；印度

高鳞毛蕨 **Dryopteris simasakii** (H. Itô) Sa. Kurata

分布：浙江、四川、贵州、云南、广西；日本

高鳞毛蕨(原变种) **Dryopteris simasakii** var. **simasakii**

分布：浙江、四川、贵州、云南、广西；日本

密鳞高鳞毛蕨 **Dryopteris simasakii** var. **paleacea** (H. Itô) Sa. Kurata

分布：四川、贵州、云南、广西；日本

纤维鳞毛蕨 **Dryopteris sinofibrillosa** Ching

分布：四川、云南、西藏；印度、克什米尔地区、尼泊尔、巴基斯坦

落鳞鳞毛蕨 **Dryopteris sordidipes** Tagawa

分布：台湾；日本

稀羽鳞毛蕨 **Dryopteris sparsa** (D. Don) Kuntze

分布：山西、安徽、浙江、江西、四川、贵州、云南、西藏、福建、台湾、广东、广西、海南；不丹、印度、印度尼西亚、日本、缅甸、尼泊尔、泰国、越南

大鳞鳞毛蕨 **Dryopteris sphaeropteroides** (Baker) C. Chr.

分布：四川、云南

光亮鳞毛蕨 **Dryopteris splendens** (Hook.) Kuntze

分布：云南；不丹、印度、尼泊尔

褐鳞鳞毛蕨 **Dryopteris squamifera** Ching et S. K. Wu

分布：青海、四川、云南、西藏；不丹、印度、克什米尔

地区、尼泊尔、巴基斯坦

肉刺鳞毛蕨 **Dryopteris squamiseta** (Hook.) Kuntze
分布：台湾、西藏、云南；不丹、印度、印度洋岛屿(留尼汪岛)、马达加斯加；非洲

狭鳞鳞毛蕨 **Dryopteris stenolepis** (Baker) C. Chr.
分布：甘肃、四川、云南、西藏、台湾、广西；不丹、印度、尼泊尔

近暗鳞鳞毛蕨 **Dryopteris subatrata** Tagawa
分布：台湾

裂盖鳞毛蕨 **Dryopteris subexaltata** (Christ) C. Chr.
分布：台湾；日本

柳羽鳞毛蕨 **Dryopteris subimpressa** Loyal
分布：云南；不丹、印度、尼泊尔

半育鳞毛蕨 **Dryopteris sublacera** Christ
分布：陕西、湖北、四川、云南、西藏、台湾；不丹、印度、尼泊尔

无柄鳞毛蕨 **Dryopteris submarginata** Rosenst.
分布：浙江、江西、湖南、四川、贵州、福建、广西

近密鳞鳞毛蕨 **Dryopteris subpycnopteroides** Ching ex Fraser-Jenk.
分布：云南

微弯假复叶耳蕨 **Dryopteris subreflexipinna** M. Ogata
分布：台湾

三角鳞毛蕨 **Dryopteris subtriangularis** (C. Hope) C. Chr.
分布：四川、贵州、云南、西藏、台湾、广西、海南；印度、缅甸、菲律宾、泰国、越南

大明鳞毛蕨 **Dryopteris tahmingensis** Ching
分布：云南、福建、广东、广西

华南鳞毛蕨 **Dryopteris tenuicula** C. G. Matthew et Christ
分布：浙江、湖南、四川、贵州、台湾、广东、广西；日本、韩国

落叶鳞毛蕨 **Dryopteris tenuipes** (Rosenst.) Seriz.
分布：台湾

陇蜀鳞毛蕨 **Dryopteris thibetica** (Franch.) C. Chr.
分布：甘肃、四川、云南

定结鳞毛蕨 **Dryopteris tingiensis** Ching et S. K. Wu ex Fraser-Jenk.
分布：西藏

东京鳞毛蕨 **Dryopteris tokyoensis** (Matsum. ex Makino) C. Chr.
分布：浙江、江西、湖南、湖北、福建；日本

裂羽鳞毛蕨 **Dryopteris toyamae** Tagawa
分布：台湾；日本

巢形鳞毛蕨 **Dryopteris transmorrisonense** (Hayata) Hayata
分布：四川、贵州、云南、西藏、台湾；不丹、印度、尼泊尔

观光鳞毛蕨 **Dryopteris tsoongii** Ching
分布：安徽、浙江、江西

同形鳞毛蕨 **Dryopteris uniformis** (Makino) Makino
分布：安徽、江苏、浙江、江西、福建；日本、韩国

变异鳞毛蕨 **Dryopteris varia** (L.) Kuntze
分布：河南、安徽、江苏、浙江、江西、湖南、湖北、四川、贵州、云南、福建、台湾、广东、广西；印度、日本、韩国、菲律宾、越南

大羽鳞毛蕨 **Dryopteris wallichiana** (Spreng.) Hyl.
分布：山西、江西、四川、贵州、云南、西藏、福建、台湾；不丹、印度、日本、马来西亚、缅甸、尼泊尔

大羽鳞毛蕨(原变种) **Dryopteris wallichiana** var. **wallichiana**
分布：山西、江西、四川、贵州、云南、西藏、福建、台湾；不丹、印度、日本、马来西亚、缅甸、尼泊尔

贵州鳞毛蕨 **Dryopteris wallichiana** var. **kweichowicola** (Ching ex P. S. Wang) S. K. Wu
分布：贵州

黄山鳞毛蕨 **Dryopteris whangshangensis** Ching
分布：安徽、浙江、江西、湖北、福建

细叶鳞毛蕨 **Dryopteris woodsiisora** Hayata
分布：辽宁、山东、江西、四川、贵州、云南、西藏、台湾、广东；不丹、印度、尼泊尔、泰国

素功鳞毛蕨 **Dryopteris wusugongii** Li Bing Zhang
分布：云南

武夷山鳞毛蕨 **Dryopteris wuyishanica** Ching et P. S. Chiu
分布：福建

兆洪鳞毛蕨 **Dryopteris wuzhaohongii** Li Bing Zhang
分布：云南、台湾

寻乌鳞毛蕨 **Dryopteris xunwuensis** Ching et K. H. Shing
分布：江西、广西

易贡鳞毛蕨 **Dryopteris yigongensis** Ching
分布：云南、西藏；印度

永德鳞毛蕨 **Dryopteris yongdeensis** W. M. Chu ex S. G. Lu
分布：云南

栗柄鳞毛蕨 Dryopteris yoroii Seriz.

分布：四川、贵州、云南、西藏、台湾、广西；不丹、印度、缅甸、尼泊尔

永自鳞毛蕨 Dryopteris yungtzeensis Ching

分布：云南

维明鳞毛蕨 Dryopteris zhuweimingii Li Bing Zhang

分布：湖南、湖北、四川、贵州、云南、台湾、广西；菲律宾

霍氏鳞毛蕨 Dryopteris ×holttumii Li Bing Zhang

分布：台湾

舌蕨属 Elaphoglossum Schott ex J. Sm.

爪哇舌蕨 Elaphoglossum angulatum (Blume) T. Moore

分布：台湾、海南；印度、印度尼西亚、马来西亚、菲律宾、斯里兰卡、越南、马达加斯加；非洲

吕宋舌蕨 Elaphoglossum luzonicum Copel.

分布：台湾、广东、海南；马来西亚、巴布亚新几内亚、菲律宾

吕宋舌蕨(原变种) Elaphoglossum luzonicum var. **luzonicum**

分布：台湾；马来西亚、巴布亚新几内亚、菲律宾

华南吕宋舌蕨 Elaphoglossum luzonicum var. **mcclurei** (Ching) F. G. Wang et F. W. Xing

分布：广东、海南

舌蕨 Elaphoglossum marginatum T. Moore

分布：四川、贵州、云南、西藏、台湾、广西；不丹、印度、印度尼西亚、马来西亚、尼泊尔、菲律宾、越南

舌蕨(原变种) Elaphoglossum marginatum var. **marginatum**

分布：四川、贵州、云南、西藏、台湾、广西；不丹、印度、尼泊尔

南海舌蕨 Elaphoglossum marginatum var. **callifolium** (Blume) F. G. Wang, F. W. Xing et Mickel

分布：台湾；印度尼西亚、马来西亚、菲律宾、越南

圆叶舌蕨 Elaphoglossum sinii C. Chr.

分布：云南、广西

华南舌蕨 Elaphoglossum yoshinagae (Yatabe) Makino

分布：江西、湖南、贵州、福建、台湾、广东、广西、海南；日本

云南舌蕨 Elaphoglossum yunnanense (Baker) C. Chr.

分布：云南、海南；印度、马来西亚、越南

节毛蕨属 Lastreopsis Ching

云南节毛蕨 Lastreopsis microlepioides (Ching) W. M. Chu et Z. R. He

分布：云南

海南节毛蕨 Lastreopsis subrecedens Ching

分布：海南

台湾节毛蕨 Lastreopsis tenera (R. Br.) Tindale

分布：台湾；印度、印度尼西亚、马来西亚、菲律宾、斯里兰卡、澳大利亚

网藤蕨属 Lomagramma J. Sm.

网藤蕨 Lomagramma matthewii (Ching) Holttum

分布：云南、福建、广东、海南

云南网藤蕨 Lomagramma yunnanensis Ching

分布：云南

耳蕨属 Polystichum Roth

刺叶耳蕨 Polystichum acanthophyllum (Franch.) Christ

分布：四川、云南、西藏、台湾；印度、尼泊尔

欧洲耳蕨 Polystichum aculeatum (L.) Roth ex Mertens

分布：新疆；亚洲、欧洲

尖齿耳蕨 Polystichum acutidens Christ

分布：浙江、湖南、湖北、四川、贵州、云南、西藏、台湾、广西；印度、缅甸、泰国、越南

尖头耳蕨 Polystichum acutipinnulum Ching et K. H. Shing

分布：河南、湖南、湖北、四川、贵州、云南、福建

阿当耳蕨 Polystichum adungense Ching et Fraser-Jenk. ex H. S. Kung et Li Bing Zhang

分布：云南；印度、缅甸

角状耳蕨 Polystichum alcicorne (Baker) Diels

分布：四川、重庆、贵州

高大耳蕨 Polystichum altum Ching ex Li Bing Zhang et H. S. Kung

分布：四川、云南

节毛耳蕨 Polystichum articulatipilosum H. G. Zhou et Hua Li

分布：广西

上斜刀羽耳蕨 Polystichum assurgentipinnum W. M. Chu et B. Y. Zhang

分布：重庆

小狭叶芽胞耳蕨 **Polystichum atkinsonii** Bedd.
分布：陕西、湖南、湖北、四川、重庆、贵州、云南、西藏；不丹、印度、日本、尼泊尔

长羽芽胞耳蕨 **Polystichum attenuatum** Tagawa et K. Iwats.
分布：贵州、云南、广西；印度、缅甸、泰国、越南

滇东南耳蕨 **Polystichum auriculum** Ching
分布：云南

薄叶耳蕨 **Polystichum bakerianum** (Atkin. ex C. B. Clarke) Diels
分布：四川、云南、西藏；不丹、印度、克什米尔地区、尼泊尔、巴基斯坦

巴郎耳蕨 **Polystichum balansae** Christ
分布：安徽、浙江、江西、湖南、贵州、福建、广东、广西、海南；日本、越南

宝兴耳蕨 **Polystichum baoxingense** Ching et H. S. Kung
分布：陕西、湖北、四川、贵州

基羽鞭叶耳蕨 **Polystichum basipinnatum** (Baker) Diels
分布：广东、广西

二尖耳蕨 **Polystichum biaristatum** (Blume) T. Moore
分布：台湾；印度尼西亚、缅甸、菲律宾、新加坡、斯里兰卡、泰国、越南

钳形耳蕨 **Polystichum bifidum** Ching
分布：云南

双胞耳蕨 **Polystichum bigemmatum** Ching ex L. L. Xiang
分布：四川

川渝耳蕨 **Polystichum bissectum** C. Chr.
分布：四川、重庆

波密耳蕨 **Polystichum bomiense** Ching et S. K. Wu
分布：西藏

布朗耳蕨 **Polystichum braunii** (Spenn.) Fée
分布：黑龙江、吉林、辽宁、河北、山西、河南、陕西、甘肃、新疆、安徽、湖北、四川、西藏；日本、韩国、俄罗斯；欧洲、北美洲

基芽耳蕨 **Polystichum capillipes** (Baker) Diels
分布：湖北、四川、重庆、贵州、云南、西藏、台湾；不丹、印度、尼泊尔

峨眉耳蕨 **Polystichum caruifolium** (Baker) Diels
分布：四川、重庆、贵州、云南、广西

栗鳞耳蕨 **Polystichum castaneum** (C. B. Clarke) B. K. Nayar et S. Kaur
分布：四川、云南、西藏；印度、缅甸

洞生耳蕨 **Polystichum cavernicola** Li Bing Zhang et H. He
分布：贵州

滇耳蕨 **Polystichum chingiae** Ching
分布：云南；越南

拟角状耳蕨 **Polystichum christii** Ching
分布：贵州、云南；越南

陈氏耳蕨 **Polystichum chunii** Ching
分布：湖南、贵州、广西

卵状鞭叶耳蕨 **Polystichum conjunctum** (Ching) Li Bing Zhang
分布：江西

涪陵耳蕨 **Polystichum consimile** Ching
分布：重庆

轴果耳蕨 **Polystichum costularisorum** Ching ex W. M. Chu et Z. R. He
分布：四川

华北耳蕨 **Polystichum craspedosorum** (Maxim.) Diels
分布：黑龙江、吉林、辽宁、河北、山西、山东、河南、陕西、宁夏、甘肃、浙江、湖南、湖北、四川、贵州；日本、韩国、俄罗斯

粗脉耳蕨 **Polystichum crassinervium** Ching ex W. M. Chu et Z. R. He
分布：湖南、贵州、广东、广西

毛发耳蕨 **Polystichum crinigerum** (C. Chr.) Ching
分布：云南

楔基耳蕨 **Polystichum cuneatiforme** W. M. Chu et Z. R. He
分布：贵州

圆片耳蕨 **Polystichum cyclolobum** C. Chr.
分布：四川、贵州、云南、西藏；不丹、印度、尼泊尔

大关耳蕨 **Polystichum daguanense** Ching ex L. L. Xiang
分布：云南

成忠耳蕨 **Polystichum dangii** P. S. Wang
分布：贵州、广西

反折耳蕨 **Polystichum deflexum** Ching ex W. M. Chu
分布：云南

洱源耳蕨 **Polystichum delavayi** (Christ) Ching ex Li Bing Zhang et H. S. Kung
分布：云南

对生耳蕨 Polystichum deltodon (Baker) Diels
分布：湖南、湖北、四川、重庆、贵州、云南

圆顶耳蕨 Polystichum dielsii Christ
分布：贵州、云南、广西；越南

铺散耳蕨 Polystichum diffundens H. S. Kung et Li Bing Zhang
分布：四川

分离耳蕨 Polystichum discretum (D. Don) J. Sm.
分布：云南、西藏；不丹、印度、克什米尔地区、缅甸、尼泊尔、巴基斯坦、泰国

疏羽耳蕨 Polystichum disjunctum Ching ex W. M. Chu et Z. R. He
分布：云南、广西；越南

杜氏耳蕨 Polystichum duthiei (C. Hope) C. Chr.
分布：甘肃、云南、西藏；印度、尼泊尔

凸脉耳蕨 Polystichum elevatovenusum Ching ex W. M. Chu et Z. R. He
分布：云南

蚀盖耳蕨 Polystichum erosum Ching et K. H. Shing
分布：河南、湖南、湖北、四川、重庆、贵州、云南

缺耳耳蕨 Polystichum exauriforme H. S. Kung et Li Bing Zhang
分布：四川

尖顶耳蕨 Polystichum excellens Ching
分布：湖南、贵州、云南、广西；越南

杰出耳蕨 Polystichum excelsius Ching et Z. Y. Liu
分布：湖南、湖北、重庆

长镰羽耳蕨 Polystichum falcatilobum Ching ex W. M. Chu et Z. R. He
分布：四川、重庆、贵州、云南

凤山耳蕨 Polystichum fengshanense Li Bing Zhang et H. He
分布：广西

流苏耳蕨 Polystichum fimbriatum Christ
分布：贵州、广西；越南

台湾耳蕨 Polystichum formosanum Rosenst.
分布：台湾；日本

柳叶耳蕨 Polystichum fraxinellum (Christ) Diels
分布：贵州、广西、湖南、四川、台湾、云南；越南

寒生耳蕨 Polystichum frigidicola H. S. Kung et Li Bing Zhang
分布：四川

福贡耳蕨 Polystichum fugongense Ching et W. M. Chu ex H. S. Kung et Li Bing Zhang
分布：云南

喜马拉雅耳蕨 Polystichum garhwalicum N. C. Nair et Nag
分布：四川、云南、西藏；印度、尼泊尔

玉龙耳蕨 Polystichum glaciale Christ
分布：甘肃、青海、四川、云南、西藏、台湾；不丹、印度

工布耳蕨 Polystichum gongboense Ching et S. K. Wu
分布：湖北、四川、云南、西藏

大叶耳蕨 Polystichum grandifrons C. Chr.
分布：贵州、云南、台湾、广西；日本

广西耳蕨 Polystichum guangxiense W. M. Chu et H. G. Zhou
分布：广西

闽浙耳蕨 Polystichum gymnocarpium Ching ex W. M. Chu et Z. R. He
分布：浙江、福建

哈巴耳蕨 Polystichum habaense Ching et H. S. Kung
分布：云南

海南耳蕨 Polystichum hainanicola Li Bing Zhang
分布：海南

小戟叶耳蕨 Polystichum hancockii (Hance) Diels
分布：安徽、浙江、江西、湖南、福建、台湾、广东、广西；日本、韩国

芒刺耳蕨 Polystichum hecatopterum Diels
分布：浙江、江西、湖南、湖北、四川、贵州、云南、西藏、台湾、广西

草叶耳蕨 Polystichum herbaceum Ching et Z. Y. Liu
分布：湖南、重庆、贵州

虎克耳蕨 Polystichum hookerianum (C. Presl) C. Chr.
分布：湖南、四川、贵州、云南、西藏、台湾、广西；不丹、印度、尼泊尔、越南

猴场耳蕨 Polystichum houchangense Ching ex P. S. Wang
分布：贵州

川西耳蕨 **Polystichum huae** H. S. Kung et Li Bing Zhang
分布：四川

花山耳蕨 **Polystichum huashanicola** (W. M. Chu et Z. R. He) Li Bing Zhang
分布：云南

宜昌耳蕨 **Polystichum ichangense** Christ
分布：湖南、湖北、重庆、贵州

深裂耳蕨 **Polystichum incisopinnulum** H. S. Kung et Li Bing Zhang
分布：四川

贡山耳蕨 **Polystichum integrilimbum** Ching et H. S. Kung
分布：云南

钝裂耳蕨 **Polystichum integrilobum** (Ching ex Y. T. Hsieh) W. M. Chu ex H. S. Kung et Li Bing Zhang
分布：云南

金佛山耳蕨 **Polystichum jinfoshanense** Ching et Z. Y. Liu
分布：四川、重庆、贵州、云南

韭菜坪耳蕨 **Polystichum jiucaipingense** P. S. Wang et Q. Luo
分布：贵州

九老洞耳蕨 **Polystichum jiulaodongense** W. M. Chu et Z. R. He
分布：四川

康定耳蕨 **Polystichum kangdingense** H. S. Kung et Li Bing Zhang ex Li Bing Zhang
分布：四川

宪需耳蕨 **Polystichum kungianum** H. He et Li Bing Zhang
分布：湖南、重庆

广东耳蕨 **Polystichum kwangtungense** Ching
分布：广东

拉钦耳蕨 **Polystichum lachenense** (Hook.) Bedd.
分布：甘肃、新疆、四川、云南、西藏、台湾；不丹、印度、日本、克什米尔地区、尼泊尔

亮叶耳蕨 **Polystichum lanceolatum** (Baker) Diels
分布：河南、江西、湖南、湖北、四川、贵州

浪穹耳蕨 **Polystichum langchungense** Ching ex H. S. Kung
分布：四川、贵州、云南

宽鳞耳蕨 **Polystichum latilepis** Ching et H. S. Kung
分布：安徽、浙江、江西、湖北、重庆

柔软耳蕨 **Polystichum lentum** (D. Don) T. Moore
分布：西藏；不丹、印度、尼泊尔

鞭叶耳蕨 **Polystichum lepidocaulon** (Hook.) J. Sm.
分布：安徽、江苏、浙江、江西、湖南、福建、台湾、广西；日本、韩国

莱氏耳蕨 **Polystichum leveillei** C. Chr.
分布：贵州

荔波耳蕨 **Polystichum liboense** P. S. Wang et X. Y. Wang
分布：贵州

正宇耳蕨 **Polystichum liui** Ching
分布：湖南、重庆、贵州、广西

矛状耳蕨 **Polystichum lonchitis** (L.) Roth
分布：新疆；阿富汗、印度、日本、克什米尔地区；亚洲、欧洲、北美洲

长芒耳蕨 **Polystichum longiaristatum** Ching
分布：陕西、甘肃、湖北

长齿耳蕨 **Polystichum longidens** Ching et S. K. Wu
分布：西藏

长鳞耳蕨 **Polystichum longipaleatum** Christ
分布：湖南、四川、贵州、云南、西藏、广西；不丹、印度、尼泊尔

长羽耳蕨 **Polystichum longipinnulum** N. C. Nair
分布：云南；印度、缅甸、尼泊尔、泰国、越南

长刺耳蕨 **Polystichum longispinosum** Ching ex Li Bing Zhang et H. S. Kung
分布：四川、贵州、云南

长叶耳蕨 **Polystichum longissimum** Ching et Z. Y. Liu
分布：重庆、贵州

线叶耳蕨 **Polystichum loratum** Hai He et Li Bing Zhang
分布：贵州

黑鳞耳蕨 **Polystichum makinoi** (Tagawa) Tagawa
分布：河北、河南、陕西、宁夏、甘肃、安徽、江苏、浙江、江西、湖南、湖北、四川、贵州、云南、西藏、福建、广西；不丹、日本、尼泊尔

镰叶耳蕨 **Polystichum manmeiense** (Christ) Nakaike
分布：贵州、云南、西藏、台湾；不丹、印度、尼泊尔

黔中耳蕨 Polystichum martinii Christ
分布：贵州

前原耳蕨 Polystichum mayebarae Tagawa
分布：河南、甘肃、浙江、湖北、四川、贵州、云南；日本

印西耳蕨 Polystichum mehrae Fraser-Jenk. et Khullar
分布：四川、云南、西藏；不丹、印度、克什米尔地区、尼泊尔、巴基斯坦

美姑耳蕨 Polystichum meiguense Ching et H. S. Kung
分布：四川

乌柄耳蕨 Polystichum melanostipes Ching et H. S. Kung
分布：云南

蒙自耳蕨 Polystichum mengziense Li Bing Zhang
分布：云南

斜基柳叶耳蕨 Polystichum minimum (Y. T. Hsieh) Li Bing Zhang
分布：重庆、贵州、广西

微小耳蕨 Polystichum minutissimum Li Bing Zhang et H. He
分布：贵州

毛叶耳蕨 Polystichum mollissimum Ching
分布：内蒙古、河北、山西、陕西、甘肃、青海、四川、云南、西藏

穆坪耳蕨 Polystichum moupinense (Franch.) Bedd.
分布：陕西、甘肃、湖北、四川、云南、西藏；不丹、印度、尼泊尔

南亚耳蕨 Polystichum mucronifolium (Blume) C. Presl
分布：云南、台湾；不丹、印度、缅甸、尼泊尔、斯里兰卡、泰国、越南

伴藓耳蕨 Polystichum muscicola Ching ex W. M. Chu et Z. R. He
分布：湖北、四川

南川耳蕨 Polystichum nanchurnicum Ching
分布：重庆

纳雍耳蕨 Polystichum nayongense P. S. Wang et X. Y. Wang
分布：贵州

革叶耳蕨 Polystichum neolobatum Nakai
分布：河南、陕西、宁夏、甘肃、安徽、浙江、江西、湖南、湖北、四川、重庆、贵州、云南、台湾；不丹、印度、日本、尼泊尔

尼泊尔耳蕨 Polystichum nepalense (Spreng.) C. Chr.
分布：四川、云南、西藏、台湾；不丹、印度、缅甸、尼泊尔、菲律宾、越南

黛鳞耳蕨 Polystichum nigrum Ching et H. S. Kung
分布：四川、云南

宁陕耳蕨 Polystichum ningshenense Ching et Y. P. Hsu
分布：陕西

渝黔耳蕨 Polystichum normale Ching ex P. S. Wang et Li Bing Zhang
分布：湖南、重庆、贵州

裸果耳蕨 Polystichum nudisorum Ching
分布：云南、西藏

倒披针耳蕨 Polystichum oblanceolatum H. He et Li Bing Zhang
分布：广西

斜羽耳蕨 Polystichum obliquum (D. Don) T. Moore
分布：四川、贵州、云南、台湾、广西；不丹、印度、克什米尔地区、缅甸、尼泊尔、越南

镇康耳蕨 Polystichum oblongum Ching ex W. M. Chu et Z. R. He
分布：云南

疏果耳蕨 Polystichum oligocarpum Ching ex H. S. Kung et Li Bing Zhang
分布：云南

假半育耳蕨 Polystichum oreodoxa Ching ex H. S. Kung et Li Bing Zhang
分布：云南

藏东耳蕨 Polystichum orientalitibeticum Ching
分布：西藏

南碧耳蕨 Polystichum otomasui Sa. Kurata
分布：江西、福建；日本

高山耳蕨 Polystichum otophorum (Franch.) Bedd.
分布：四川

卵鳞耳蕨 Polystichum ovatopaleaceum (Kodama) Sa. Kurata
分布：安徽；日本、韩国

新对生耳蕨 Polystichum paradeltodon L. L. Xiang
分布：云南

拟穆坪耳蕨 **Polystichum paramoupinense** Ching
分布：四川、西藏

小羽耳蕨 **Polystichum parvifoliolatum** W. M. Chu
分布：云南

尖叶耳蕨 **Polystichum parvipinnulum** Tagawa
分布：台湾

培善耳蕨 **Polystichum peishanii** Li Bing Zhang et H. He
分布：贵州

极小耳蕨 **Polystichum perpusillum** Li Bing Zhang et H. He
分布：贵州

片马耳蕨 **Polystichum pianmaense** W. M. Chu
分布：云南、西藏

乌鳞耳蕨 **Polystichum piceopaleaceum** Tagawa
分布：陕西、甘肃、四川、贵州、云南、西藏、台湾；阿富汗、不丹、印度、日本、克什米尔地区、缅甸、尼泊尔、巴基斯坦、斯里兰卡

棕鳞耳蕨 **Polystichum polyblepharum** (Roem. ex Kunze) C. Presl
分布：江苏、浙江；日本、韩国

芒刺高山耳蕨 **Polystichum prescottianum** (Wall. ex Mett.) T. Moore
分布：西藏、台湾；阿富汗、不丹、印度、尼泊尔

锯鳞耳蕨 **Polystichum prionolepis** Hayata
分布：云南、台湾

文笔峰耳蕨 **Polystichum pseudoacutidens** Ching ex W. M. Chu et Z. R. He
分布：云南

拟栗鳞耳蕨 **Polystichum pseudocastaneum** Ching et S. K. Wu
分布：西藏

拟对生耳蕨 **Polystichum pseudodeltodon** Tagawa
分布：台湾

假亮叶耳蕨 **Polystichum pseudolanceolatum** Ching ex P. S. Wang
分布：贵州

假黑鳞耳蕨 **Polystichum pseudomakinoi** Tagawa
分布：河南、安徽、江苏、浙江、江西、湖南、四川、贵州、福建、广东、广西；日本

假线鳞耳蕨 **Polystichum pseudosetosum** Ching et Z. Y. Liu
分布：重庆

洪雅耳蕨 **Polystichum pseudoxiphophyllum** Ching ex H. S. Kung
分布：江西、湖南、四川、重庆、贵州、云南、广东

中缅耳蕨 **Polystichum punctiferum** C. Chr.
分布：云南、西藏；不丹、印度、缅甸、尼泊尔

吞天井耳蕨 **Polystichum puteicola** Li Bing Zhang
分布：贵州

普陀鞭叶耳蕨 **Polystichum putuoense** Li Bing Zhang
分布：浙江

密果耳蕨 **Polystichum pycnopterum** (Christ) Ching ex W. M. Chu et Z. R. He
分布：云南

昌都耳蕨 **Polystichum qamdoense** Ching et S. K. Wu
分布：甘肃、四川、云南、西藏

倒鳞耳蕨 **Polystichum retrosopaleaceum** (Kodama) Tagawa
分布：安徽、浙江、江西、湖北；日本、韩国

外卷耳蕨 **Polystichum revolutum** P. S. Wang
分布：四川、贵州

斜方刺叶耳蕨 **Polystichum rhombiforme** Ching et S. K. Wu
分布：四川、西藏、云南

菱羽耳蕨 **Polystichum rhomboideum** Ching
分布：甘肃、四川

阔鳞耳蕨 **Polystichum rigens** Tagawa
分布：陕西、甘肃、湖北、重庆；日本

粗壮耳蕨 **Polystichum robustum** Ching ex Li Bing Zhang et H. S. Kung
分布：云南

红鳞耳蕨 **Polystichum rufopaleaceum** Ching ex Li Bing Zhang et H. S. Kung
分布：四川、西藏、云南

岩生耳蕨 **Polystichum rupicola** Ching ex W. M. Chu
分布：云南；缅甸

怒江耳蕨 **Polystichum salwinense** Ching et H. S. Kung
分布：云南

石生耳蕨 **Polystichum saxicola** Ching ex H. S. Kung et Li Bing Zhang
分布：四川

灰绿耳蕨 Polystichum scariosum (Roxb.) C. V. Morton
分布：浙江、江西、湖南、四川、贵州、云南、台湾、广西、海南、香港；印度、日本、斯里兰卡、泰国、越南

半育耳蕨 Polystichum semifertile (C. B. Clarke) Ching
分布：四川、西藏；印度、缅甸、尼泊尔、泰国、越南

刚毛耳蕨 Polystichum setillosum Ching
分布：四川

山东耳蕨 Polystichum shandongense J. X. Li et Y. Wei
分布：山东

陕西耳蕨 Polystichum shensiense Christ
分布：陕西、甘肃、四川、重庆、云南、西藏；不丹、印度、克什米尔地区、尼泊尔、巴基斯坦

边果耳蕨 Polystichum shimurae Sa. Kurata ex Seriz.
分布：浙江；日本

相似柳叶耳蕨 Polystichum simile (Ching ex Y. T. Hsieh) Li Bing Zhang
分布：贵州、云南

中华耳蕨 Polystichum sinense (Christ) Christ
分布：陕西、甘肃、青海、新疆、四川、云南、西藏、台湾；不丹、印度、克什米尔地区、尼泊尔、巴基斯坦；非洲

中华对马耳蕨 Polystichum sinotsus-simense Ching et Z. Y. Liu
分布：湖南、重庆、贵州

草山耳蕨 Polystichum sozanense Ching ex H. S. Kung et Li Bing Zhang
分布：台湾

岩穴耳蕨 Polystichum speluncicola Li Bing Zhang et H. He
分布：贵州

密鳞耳蕨 Polystichum squarrosum (D. Don) Fée
分布：西藏；不丹、印度、克什米尔地区、尼泊尔、巴基斯坦

狭叶芽胞耳蕨 Polystichum stenophyllum (Franch.) Christ
分布：河南、甘肃、湖北、四川、云南、西藏、台湾；不丹、印度、日本、缅甸、尼泊尔

猫儿刺耳蕨 Polystichum stimulans (Kunze ex Mett.) Bedd.
分布：四川、云南、西藏；不丹、印度、尼泊尔

多羽耳蕨 Polystichum subacutidens Ching ex L. L. Xiang
分布：贵州、云南、广西；越南

粗齿耳蕨 Polystichum subdeltodon Ching
分布：重庆

拟流苏耳蕨 Polystichum subfimbriatum W. M. Chu et Z. R. He
分布：云南

近边耳蕨 Polystichum submarginale (Baker) Ching ex P. S. Wang
分布：四川

秦岭耳蕨 Polystichum submite (Christ) Diels
分布：河南、陕西、甘肃、四川

钻鳞耳蕨 Polystichum subulatum Ching ex Li Bing Zhang
分布：四川、贵州

台中耳蕨 Polystichum taizhongense H. S. Kung
分布：台湾

通麦耳蕨 Polystichum tangmaiense H. S. Kung et Tateishi
分布：西藏

离脉柳叶耳蕨 Polystichum tenuius (Ching) Li Bing Zhang
分布：湖南、四川、重庆、贵州、云南、广西；越南

尾叶耳蕨 Polystichum thomsonii (J. D. Hook.) Bedd.
分布：甘肃、四川、贵州、云南、西藏、台湾；缅甸、不丹、尼泊尔、印度、巴基斯坦、阿富汗

天坑耳蕨 Polystichum tiankengicola Li Bing Zhang, Q. Luo et P. S. Wang
分布：贵州

西藏耳蕨 Polystichum tibeticum Ching
分布：西藏

中越耳蕨 Polystichum tonkinense (Christ) W. M. Chu et Z. R. He
分布：贵州、云南、广西；越南

梯羽耳蕨 Polystichum trapezoideum (Ching et K. H. Shing ex K. H. Shing) Li Bing Zhang
分布：四川、广东

戟叶耳蕨 Polystichum tripteron (Kunze) C. Presl
分布：黑龙江、吉林、辽宁、河北、山东、河南、陕西、甘肃、安徽、江苏、浙江、江西、湖南、湖北、四川、贵

州、福建、广东、广西；日本、韩国、俄罗斯

对马耳蕨 **Polystichum tsus-simense** (Hook.) J. Sm.

分布：吉林、河南、甘肃、安徽、江苏、上海、浙江、江西、湖南、湖北、四川、重庆、贵州、云南、西藏、福建、台湾、广东、广西、陕西、山东；朝鲜半岛、日本、越南、印度

单行耳蕨 **Polystichum uniseriale** (Ching ex K. H. Shing) Li Bing Zhang

分布：四川、重庆

细裂耳蕨 **Polystichum wattii** (Bedd.) C. Chr.

分布：云南、西藏；印度、缅甸

维明耳蕨 **Polystichum weimingii** Li Bing Zhang et H. He

分布：云南

武陵山耳蕨 **Polystichum wulingshanense** S. F. Wu

分布：湖南、湖北

西畴柳叶耳蕨 **Polystichum xichouense** (S. K. Wu et Mitsuta) Li Bing Zhang

分布：云南

剑叶耳蕨 **Polystichum xiphophyllum** (Baker) Diels

分布：甘肃、湖南、湖北、四川、贵州、云南、台湾

雅安耳蕨 **Polystichum yaanense** Liang Zhang et Li Bing Zhang

分布：四川

亚东耳蕨 **Polystichum yadongense** Ching et S. K. Wu

分布：西藏

易贡耳蕨 **Polystichum yigongense** Ching et S. K. Wu

分布：西藏

倒叶耳蕨 **Polystichum yuanum** Ching

分布：云南

云南耳蕨 **Polystichum yunnanense** Christ

分布：四川、云南、西藏；尼泊尔

察隅耳蕨 **Polystichum zayuense** W. M. Chu et Z. R. He

分布：西藏

石生柳叶耳蕨 **Polystichum × rupestris** P. S. Wang et Li Bing Zhang

分布：贵州

符藤蕨属 **Teratophyllum** Mett. ex Kuhn

海南符藤蕨 **Teratophyllum hainanense** S. Y. Dong et X. C. Zhang

分布：海南

163. 木贼科 Equisetaceae Michx. ex DC

木贼属 **Equisetum** L.

问荆 **Equisetum arvense** L.

分布：黑龙江、吉林、辽宁、内蒙古、河北、山西、山东、河南、陕西、宁夏、甘肃、青海、新疆、安徽、江苏、浙江、江西、湖北、四川、重庆、贵州、云南、西藏、福建；不丹、印度、日本、韩国、蒙古国、尼泊尔、俄罗斯；亚洲、欧洲、北美洲

披散木贼 **Equisetum diffusum** D. Don

分布：甘肃、江苏、湖南、四川、重庆、贵州、云南、西藏、广西；不丹、印度、日本、克什米尔地区、缅甸、尼泊尔、巴基斯坦、越南

溪木贼 **Equisetum fluviatile** L.

分布：黑龙江、吉林、内蒙古、甘肃、新疆、四川、重庆、西藏；日本、韩国、蒙古国、俄罗斯；亚洲、欧洲、北美洲

木贼 **Equisetum hyemale** L.

分布：黑龙江、吉林、辽宁、内蒙古、河北、河南、陕西、甘肃、新疆、湖北、四川、重庆；日本、韩国、蒙古国、俄罗斯；亚洲、欧洲、美洲

木贼(原亚种) **Equisetum hyemale** subsp. **hyemale**

分布：黑龙江、吉林、辽宁、内蒙古、河北、河南、陕西、甘肃、新疆、湖北、四川、重庆；日本、韩国、蒙古国、俄罗斯；亚洲、欧洲

无瘤木贼 **Equisetum hyemale** subsp. **affine** (Engel.) Calder et Roy Taylor

分布：黑龙江；俄罗斯、危地马拉、墨西哥；北美洲

犬问荆 **Equisetum palustre** L.

分布：黑龙江、吉林、辽宁、内蒙古、河北、山西、河南、陕西、宁夏、甘肃、青海、新疆、江西、湖南、湖北、四川、重庆、贵州、云南、西藏；日本、克什米尔地区、韩国、蒙古国、巴基斯坦、俄罗斯；亚洲、欧洲、北美洲

草问荆 **Equisetum pratense** Ehrh.

分布：黑龙江、吉林、内蒙古、河北、山西、山东、河南、陕西、甘肃、新疆、湖南、湖北；日本、蒙古国、俄罗斯；亚洲、欧洲、北美洲

节节草 **Equisetum ramosissimum** Desf.

分布：安徽、黑龙江、吉林、辽宁、内蒙古、河北、山西、山东、河南、陕西、宁夏、甘肃、青海、新疆、江苏、浙

江、江西、湖南、湖北、四川、重庆、贵州、云南、西藏、福建、台湾、广东、广西、海南；阿富汗、孟加拉国、不丹、印度、印度尼西亚、日本、克什米尔地区、韩国、老挝、马来西亚、蒙古国、缅甸、尼泊尔、巴布亚新几内亚、巴基斯坦、菲律宾、俄罗斯、新加坡、斯里兰卡、泰国、越南、南太平洋岛屿；亚洲、欧洲、非洲，引进到北美洲

节节草(原亚种) Equisetum ramosissimum subsp. **ramosissimum**

分布：黑龙江、吉林、辽宁、内蒙古、河北、山西、山东、河南、陕西、宁夏、甘肃、青海、新疆、安徽、江苏、浙江、江西、湖南、湖北、四川、重庆、贵州、云南、西藏、福建、台湾、广东、广西、海南；阿富汗、不丹、印度、日本、韩国、蒙古国、巴基斯坦、俄罗斯；亚洲、欧洲、非洲

笔管草 Equisetum ramosissimum subsp. **debile** (Roxb. ex Vaucher) Hauke

分布：河南、甘肃、安徽、江苏、上海、浙江、江西、湖南、湖北、四川、重庆、贵州、云南、西藏、福建、台湾、广东、广西、海南、香港、澳门、陕西、山东；日本、印度、尼泊尔、缅甸，中南半岛、泰国、菲律宾、马来西亚、印度尼西亚、新加坡、巴布亚新几内亚岛、新赫布里底群岛、新喀里多尼亚、斐济

蔺木贼 Equisetum scirpoides Michx.

分布：内蒙古、新疆；日本、蒙古国、俄罗斯；欧洲、北美洲

林木贼 Equisetum sylvaticum L.

分布：黑龙江、吉林、内蒙古、山东、新疆；日本、蒙古国、俄罗斯；亚洲、欧洲、北美洲

斑纹木贼 Equisetum variegatum Schleich. ex F. Weber et D. Mohr

分布：吉林、辽宁、内蒙古、新疆、四川；日本、蒙古国、俄罗斯；亚洲、欧洲、北美洲

斑纹木贼(原亚种) Equisetum variegatum subsp. **variegatum**

分布：吉林、内蒙古、新疆、四川；日本、蒙古国、俄罗斯；亚洲、欧洲、北美洲

阿拉斯加木贼 Equisetum variegatum subsp. **alaskanum** (A. A. Eaton) Hultén

分布：辽宁；北美洲

164. 里白科 Gleicheniaceae C. Presl

芒萁属 Dicranopteris Bernh.

大芒萁 Dicranopteris ampla Ching et P. S. Chiu

分布：贵州、云南、西藏、广东、广西、海南

乔芒萁 Dicranopteris gigantea Ching

分布：云南、海南

芒萁 Dicranopteris pedata (Houtt.) Nakaike

分布：山西、甘肃、安徽、江苏、浙江、江西、湖南、湖北、四川、贵州、云南、福建、台湾、广东、广西、海南；印度、印度尼西亚、日本、马来西亚、尼泊尔、新加坡、斯里兰卡、泰国、越南、澳大利亚

大羽芒萁 Dicranopteris splendida (Hand.-Mazz.) Tagawa

分布：云南；缅甸

台湾芒萁 Dicranopteris taiwanensis Ching et P. S. Chiu

分布：台湾；印度、印度尼西亚、马来西亚、斯里兰卡

里白属 Diplopterygium (Diels) Nakai

阔片里白 Diplopterygium blotianum (C. Chr.) Nakai

分布：云南、台湾、广东、广西、海南；柬埔寨、老挝、越南

广东里白 Diplopterygium cantonense (Ching) Nakai

分布：江西、广东、海南

中华里白 Diplopterygium chinense (Rosenst.) De Vol

分布：浙江、江西、湖南、四川、重庆、贵州、云南、西藏、福建、台湾、广东、广西；越南

大里白 Diplopterygium giganteum (Wall. ex Hook. et Bauer) Nakai

分布：湖北、四川、云南、西藏、海南；不丹、印度、缅甸、尼泊尔

里白 Diplopterygium glaucum (Thunb. ex Houtt.) Nakai

分布：安徽、江苏、浙江、江西、湖南、湖北、四川、贵州、云南、福建、台湾、广东、广西；印度、日本

参差里白 Diplopterygium irregulare W. M. Chu et Z. R. He

分布：云南

光里白 Diplopterygium laevissimum (Christ) Nakai

分布：安徽、浙江、江西、湖南、湖北、四川、贵州、云南、福建、台湾、广西、海南；日本、菲律宾、越南

绿里白 Diplopterygium maximum (Ching) Ching et H. S. Kung

分布：四川

厚毛里白 Diplopterygium rufum (Ching) Ching ex X. C. Zhang

分布：云南

假芒萁属 **Sticherus** C. Presl

假芒萁 **Sticherus truncatus** (Willd.) Nakai
分布：云南、海南；柬埔寨、马来西亚、斯里兰卡、泰国、越南

165. 膜蕨科 Hymenophyllaceae Mart.

长片蕨属 **Abrodictyum** C. Presl

窗格长片蕨 **Abrodictyum clathratum** (Tagawa) Ebihara et K. Iwats.
分布：台湾；菲律宾

长片蕨 **Abrodictyum cumingii** C. Presl
分布：台湾；印度尼西亚、巴布亚新几内亚、菲律宾

线片长片蕨 **Abrodictyum obscurum** (Blume) Ebihara et K. Iwats.
分布：云南、台湾、广东、广西、海南；印度、印度尼西亚、日本、马来西亚、巴布亚新几内亚、菲律宾、斯里兰卡、泰国、越南

线片长片蕨(原变种) **Abrodictyum obscurum** var. **obscurum**
分布：云南、台湾、海南；印度、印度尼西亚、日本、马来西亚、巴布亚新几内亚、菲律宾、斯里兰卡

广西长筒蕨 **Abrodictyum obscurum** var. **siamense** (Christ) K. Iwats.
分布：广东、广西、海南；日本、泰国、越南

毛杆蕨属 **Callistopteris** Copel.

毛杆蕨 **Callistopteris apiifolia** (C. Presl) Copel.
分布：台湾、海南；日本、马来群岛、泰国、越南、美拉尼西亚、密克罗尼西亚、波利尼西亚

厚叶蕨属 **Cephalomanes** C. Presl

爪哇厚叶蕨 **Cephalomanes javanicum** (Blume) C. Presl
分布：台湾、海南；印度、印度尼西亚、日本、马来西亚、缅甸、巴布亚新几内亚、泰国、越南

假脉蕨属 **Crepidomanes** C. Presl

南洋假脉蕨 **Crepidomanes bipunctatum** (Poir.) Copel.
分布：湖南、四川、贵州、云南、台湾、广东、广西、海南；印度、日本、马来群岛、马达加斯加、美拉尼西亚、密克罗尼西亚、波利尼西亚；非洲

厚边蕨 **Crepidomanes humile** (G. Forst.) Bosch
分布：台湾；印度尼西亚、日本、马来西亚、菲律宾、泰国、美拉尼西亚、密克罗尼西亚、波利尼西亚

柯氏假脉蕨 **Crepidomanes kurzii** (Bedd.) Tagawa et K. Iwats.
分布：台湾、香港；印度、日本、马来西亚、缅甸、巴布亚新几内亚、菲律宾、斯里兰卡、泰国、澳大利亚、斐济、新喀里多尼亚

长柄假脉蕨 **Crepidomanes latealatum** (Bosch) Copel.
分布：安徽、浙江、江西、湖南、四川、贵州、云南、西藏、福建、台湾、广东、广西、海南；不丹、印度、日本、马来群岛、尼泊尔、斯里兰卡、越南、澳大利亚

阔边假脉蕨 **Crepidomanes latemarginale** (D. C. Eaton) Copel.
分布：湖南、云南、福建、台湾、广东、海南；印度、日本、马来西亚、泰国、越南

团扇蕨 **Crepidomanes minutum** (Blume) K. Iwats.
分布：安徽、浙江、江西、湖南、四川、贵州、云南、福建、台湾、广东、广西、海南；不丹、柬埔寨、印度、印度尼西亚、日本、韩国、马来西亚、尼泊尔、菲律宾、俄罗斯、斯里兰卡、泰国、越南、澳大利亚、美拉尼西亚、密克罗尼西亚、波利尼西亚；非洲

纤小单叶假脉蕨 **Crepidomanes parvifolium** (Baker) K. Iwats.
分布：云南、广西；印度、缅甸、尼泊尔、泰国

石生假脉蕨 **Crepidomanes rupicola** (Racib.) Copel.
分布：台湾；印度尼西亚、菲律宾

西藏瓶蕨 **Crepidomanes schmidianum** (Zenker ex Taschner) K. Iwats.
分布：贵州、云南、西藏、台湾、广西；不丹、喜马拉雅、印度、日本、尼泊尔

西藏瓶蕨(原变种) **Crepidomanes schmidianum** var. **schmidianum**
分布：西藏、广西；不丹、印度、日本、尼泊尔

宽叶假脉蕨 **Crepidomanes schmidianum** var. **latifrons** (Bosch) K. Iwats.
分布：贵州、云南、台湾；喜马拉雅

球杆毛蕨 **Crepidomanes thysanostomum** (Makino) Ebihara et K. Iwats.
分布：台湾；日本、菲律宾

斐济假脉蕨 **Crepidomanes vitiense** (Baker) Bostock
分布：台湾；马来群岛、澳大利亚、美拉尼西亚

毛边蕨属 **Didymoglossum** Desv.

叉脉单叶假脉蕨 **Didymoglossum bimarginatum** (Bosch) Ebihara et K. Iwats.
分布：台湾；印度、日本、马来群岛、斯里兰卡、泰国、

澳大利亚、美拉尼西亚、密克罗尼西亚、萨摩亚

细柄单叶假脉蕨 **Didymoglossum motleyi** (Bosch) Ebihara et K. Iwats.

分布：台湾；日本、马来群岛、缅甸、斯里兰卡、泰国、澳大利亚、美拉尼西亚、密克罗尼西亚

单叶假脉蕨 **Didymoglossum sublimbatum** (Müller Berol.) Ebihara et K. Iwats.

分布：贵州、云南、台湾、广西；印度、印度尼西亚、马来西亚、巴布亚新几内亚、泰国、越南

盾形单叶假脉蕨 **Didymoglossum tahitense** (Nadeaud) Ebihara et K. Iwats.

分布：台湾；印度尼西亚、日本、马来群岛、越南、澳大利亚、美拉尼西亚、密克罗尼西亚、波利尼西亚

毛边蕨 **Didymoglossum wallii** (Thwaites) Copel.

分布：海南；斯里兰卡

膜蕨属 **Hymenophyllum** J. Sm.

蕗蕨 **Hymenophyllum badium** Hook. et Grev.

分布：江西、湖北、四川、贵州、云南、福建、台湾、广东、广西、海南；不丹、印度、日本、马来群岛、尼泊尔、斯里兰卡、越南

华东膜蕨 **Hymenophyllum barbatum** (Bosch) Baker

分布：安徽、浙江、江西、湖南、四川、贵州、云南、福建、台湾、广东、广西、海南；喜马拉雅、印度、日本、韩国、缅甸、泰国、越南

爪哇厚壁蕨 **Hymenophyllum blandum** Racib.

分布：台湾；印度尼西亚、马来西亚、巴布亚新几内亚、菲律宾、泰国

皱叶蕗蕨 **Hymenophyllum corrugatum** Christ

分布：湖北、四川、西藏

厚壁蕨 **Hymenophyllum denticulatum** Sw.

分布：台湾、广东、广西、海南；印度、日本、马来群岛、缅甸、斯里兰卡、泰国、越南、斐济

台湾膜蕨 **Hymenophyllum devolii** Lai

分布：台湾

指状细口团扇蕨 **Hymenophyllum digitatum** (Sw.) Fosberg

分布：台湾；马来群岛、泰国、越南、非洲、印度洋岛屿(马斯克林群岛)、马达加斯加、美拉尼西亚、密克罗尼西亚、波利尼西亚

毛蕗蕨 **Hymenophyllum exsertum** Wall. ex Hook.

分布：四川、云南、西藏、福建、广东、海南；不丹、柬埔寨、印度、老挝、马来西亚、泰国、越南

流苏苞蕗蕨 **Hymenophyllum fimbriatum** J. Sm.

分布：台湾；印度尼西亚、巴布亚新几内亚、菲律宾、越南

南洋厚壁蕨 **Hymenophyllum holochilum** (Bosch) C. Chr.

分布：台湾；马来群岛、泰国、美拉尼西亚、密克罗尼西亚、波利尼西亚

爪哇蕗蕨 **Hymenophyllum javanicum** Spreng.

分布：台湾；印度、印度尼西亚、马来群岛、缅甸、斯里兰卡、泰国、越南、澳大利亚、美拉尼西亚、密克罗尼西亚、波利尼西亚

鳞蕗蕨 **Hymenophyllum levingei** C. B. Clarke

分布：四川、贵州、云南、西藏；不丹、印度、尼泊尔

线叶蕗蕨 **Hymenophyllum longissimum** (Ching et P. S. Chiu) K. Iwats.

分布：湖北、四川、云南、西藏

细口团扇蕨 **Hymenophyllum nitidulum** (Bosch) Ebihara et K. Iwats.

分布：云南、台湾、广西；马来群岛、斯里兰卡、越南

长毛蕗蕨 **Hymenophyllum oligosorum** Makino

分布：江西、台湾；日本、韩国

毛叶蕨 **Hymenophyllum pallidum** (Blume) Ebihara et K. Iwats.

分布：台湾、海南；印度、马来群岛、斯里兰卡、泰国、越南、澳大利亚、美拉尼西亚、密克罗尼西亚、波利尼西亚

星毛膜蕨 **Hymenophyllum pilosissimum** C. Chr.

分布：台湾；印度尼西亚、巴布亚新几内亚、菲律宾

长柄蕗蕨 **Hymenophyllum polyanthos** (Sw.) Sw.

分布：甘肃、安徽、浙江、江西、湖南、四川、贵州、福建、台湾、广东、广西；世界热带和亚热带地区

吊罗蕗蕨 **Hymenophyllum productum** Kunze

分布：台湾、海南；马来群岛、泰国

琉球蕗蕨 **Hymenophyllum riukiuense** Christ

分布：台湾、海南；日本、泰国

宽片膜蕨 **Hymenophyllum simonsianum** Hook.

分布：云南、西藏、台湾；不丹、印度、尼泊尔

撕苞蕗蕨 **Hymenophyllum stenocladum** (Ching et P. S. Chiu) K. Iwats.

分布：云南

瓶蕨属 **Vandenboschia** Copel.

瓶蕨 **Vandenboschia auriculata** (Blume) Copel.
分布：浙江、江西、四川、贵州、云南、西藏、台湾、广东、广西、海南；不丹、柬埔寨、印度、日本、老挝、马来群岛、缅甸、尼泊尔、泰国、密克罗尼西亚

墨兰瓶蕨 **Vandenboschia cystoseiroides** (Christ ex Tardieu et C. Chr.) Ching
分布：云南、海南；越南

城口瓶蕨 **Vandenboschia fargesii** (Christ) Ching
分布：重庆、贵州、云南

管苞瓶蕨 **Vandenboschia kalamocarpa** (Hayata) Ebihara
分布：江西、台湾；日本

罗浮山瓶蕨 **Vandenboschia lofoushanensis** Ching
分布：广东

大叶瓶蕨 **Vandenboschia maxima** (Blume) Copel.
分布：台湾；日本、马来群岛、泰国、越南、澳大利亚，美拉尼西亚、密克罗尼西亚、波利尼西亚

南海瓶蕨 **Vandenboschia striata** (D. Don) Ebihara
分布：四川、贵州、云南、台湾、广东、广西、海南；不丹、印度、日本、老挝、缅甸、尼泊尔、越南

166. 肿足蕨科 Hypodematiaceae Ching

肿足蕨属 **Hypodematium** Kunze

肿足蕨 **Hypodematium crenatum** (Forssk.) Kuhn et Decken
分布：北京、河南、甘肃、安徽、浙江、江西、四川、贵州、云南、台湾、广东、广西；印度、日本、马来西亚、缅甸、菲律宾；亚洲亚热带地区、非洲

稻城肿足蕨 **Hypodematium daochengense** K. H. Shing
分布：四川

福氏肿足蕨 **Hypodematium fordii** (Baker) Ching
分布：安徽、江西、贵州、福建、广东；日本

无毛肿足蕨 **Hypodematium glabrum** Ching ex K. H. Shing
分布：云南

球腺肿足蕨 **Hypodematium glanduloso-pilosum** (Tagawa) Ohwi
分布：山东、河南、江苏、浙江、福建、广西；韩国、日本、泰国

腺毛肿足蕨 **Hypodematium glandulosum** Ching ex K. H. Shing
分布：湖南、贵州

修株肿足蕨 **Hypodematium gracile** Ching
分布：河北、山东、河南、陕西、安徽、浙江、江西、湖南

光轴肿足蕨 **Hypodematium hirsutum** (D. Don) Ching
分布：河南、陕西、甘肃、四川、贵州、云南、西藏；不丹、印度、缅甸、尼泊尔

山东肿足蕨 **Hypodematium sinense** K. Iwats.
分布：山东

鳞毛肿足蕨 **Hypodematium squamuloso-pilosum** Ching
分布：河北、山西、山东、安徽、江苏、浙江、江西、湖南、湖北、贵州、福建

台湾肿足蕨 **Hypodematium taiwanense** Ching ex K. H. Shing
分布：台湾

毛叶肿足蕨 **Hypodematium villosum** F. G. Wang et F. W. Xing
分布：广东

大膜盖蕨属 **Leucostegia** C. Presl

大膜盖蕨 **Leucostegia immersa** C. Presl
分布：云南、西藏、台湾、广西；不丹、柬埔寨、印度、印度尼西亚、马来西亚、缅甸、巴布亚新几内亚、菲律宾、泰国、波利尼西亚

167. 水韭科 Isoëtaceae Dumort.

水韭属 **Isoëtes** L.

高寒水韭 **Isoëtes hypsophila** Hand.-Mazz.
分布：四川、云南

东方水韭 **Isoëtes orientalis** H. Liu et Q. F. Wang
分布：浙江

中华水韭 **Isoëtes sinensis** Palmer
分布：安徽、江苏、浙江、广西

台湾水韭 **Isoëtes taiwanensis** De Vol
分布：台湾

云贵水韭 **Isoëtes yunguiensis** Q. F. Wang et W. C. Taylor
分布：贵州、云南

168. 鳞始蕨科 Lindsaeaceae C. Presl ex M. R. Schomb.

鳞始蕨属 **Lindsaea** Dryand. ex Sm.

华南鳞始蕨 **Lindsaea austrosinica** Ching
分布：广西、海南；柬埔寨、越南

钱氏鳞始蕨 **Lindsaea chienii** Ching
分布：浙江、江西、贵州、云南、福建、台湾、广东、广西、海南；日本、泰国、越南

碎叶鳞始蕨 **Lindsaea chingii** C. Chr.
分布：广西、海南；越南

网脉鳞始蕨 **Lindsaea cultrata** (Willd.) Sw.
分布：台湾；印度、印度尼西亚、马来西亚、菲律宾、斯里兰卡、泰国、太平洋岛屿

线片鳞始蕨 **Lindsaea eberhardtii** (Christ) K. U. Kramer
分布：海南；越南

剑叶鳞始蕨 **Lindsaea ensifolia** Sw.
分布：贵州、云南、福建、台湾、广东、广西、海南；孟加拉国、印度、日本、缅甸、尼泊尔、菲律宾、斯里兰卡、泰国、越南、澳大利亚、太平洋岛屿；亚洲、非洲

向日鳞始蕨 **Lindsaea hainaniana** (K. U. Kramer) Lehtonen et Tuomisto
分布：海南

异叶鳞始蕨 **Lindsaea heterophylla** Dryand.
分布：云南、福建、台湾、广东、广西、海南；印度、日本、马来西亚、斯里兰卡、泰国、越南；非洲

爪哇鳞始蕨 **Lindsaea javanensis** Blume
分布：湖南、贵州、云南、福建、台湾、广东、广西、海南；印度、日本、马来西亚、缅甸、泰国、越南

亮叶鳞始蕨 **Lindsaea lucida** Blume
分布：江西、台湾、广东、海南；孟加拉国、不丹、印度、日本、马来西亚、缅甸、泰国、越南、太平洋岛屿

蔓生鳞始蕨 **Lindsaea merrillii** Copel.
分布：台湾；菲律宾、日本

攀援鳞始蕨 **Lindsaea merrillii** subsp. **yaeyamensis** (Tagawa) K. U. Kramer
分布：台湾；日本

钝齿鳞始蕨 **Lindsaea obtusa** J. Sm.
分布：台湾；马来西亚、泰国、澳大利亚、太平洋岛屿

团叶鳞始蕨 **Lindsaea orbiculata** (Lam.) Mett. ex Kuhn
分布：浙江、江西、湖南、四川、贵州、云南、福建、台湾、广东、广西、海南；印度、印度尼西亚、日本、马来西亚、缅甸、尼泊尔、菲律宾、新加坡、斯里兰卡、泰国、越南

乌蕨属 **Odontosoria** Fée

阔片乌蕨 **Odontosoria biflora** (Kaulf.) C. Chr.
分布：浙江、福建、台湾、广东、海南；日本、菲律宾、太平洋岛屿

乌蕨 **Odontosoria chinensis** (L.) J. Sm.
分布：安徽、福建、广东、广西、贵州、海南、湖北、湖南、江西、四川、台湾、西藏、云南、浙江；孟加拉国、不丹、印度、日本、韩国、马来西亚、缅甸、尼泊尔、菲律宾、斯里兰卡、泰国、越南、马达加斯加、太平洋岛屿(包括波利尼西亚)

香鳞始蕨属 **Osmolindsaea** (K. U. Kramer) Lehtonen et Christenh.

日本鳞始蕨 **Osmolindsaea japonica** (Baker) Lehtonen et Christenh.
分布：江西、四川、贵州、台湾、广东、海南；日本、韩国

香鳞始蕨 **Osmolindsaea odorata** (Roxb.) Lehtonen et Christenh.
分布：福建、广东、广西、贵州、海南、湖南、江西、四川、台湾、西藏、云南、浙江；孟加拉国、不丹、印度、印度尼西亚、日本、马来西亚、缅甸、尼泊尔、巴布亚新几内亚、菲律宾、斯里兰卡、泰国、越南、太平洋岛屿(所罗门群岛)

达边蕨属 **Tapeinidium** (C. Presl) C. Chr.

达边蕨 **Tapeinidium pinnatum** (Cav.) C. Chr.
分布：台湾；印度、印度尼西亚、日本、马来西亚、巴布亚新几内亚、菲律宾、泰国、太平洋岛屿

达边蕨(原变种) **Tapeinidium pinnatum** var. **pinnatum**
分布：台湾；印度、印度尼西亚、日本、马来西亚、菲律宾、泰国、太平洋岛屿

二羽达边蕨 **Tapeinidium pinnatum** var. **biserratum** (Blume) W. C. Shieh
分布：台湾；马来西亚、菲律宾、印度尼西亚(苏门答腊岛)，爪哇、巴布亚新几内亚

169. 藤蕨科 Lomariopsidaceae Alston

拟贯众属 **Cyclopeltis** J. Sm.

拟贯众 **Cyclopeltis crenata** (Fée) C. Chr.
分布：云南、海南；老挝、马来群岛、缅甸、泰国、越南

藤蕨属 **Lomariopsis** Fée

中华藤蕨 **Lomariopsis chinensis** Ching
分布：云南

藤蕨 **Lomariopsis cochinchinensis** Fée
分布：云南；柬埔寨、印度尼西亚、马来西亚、越南

美丽藤蕨 **Lomariopsis spectabilis** (Kunze) Mett.
分布：台湾、海南；印度尼西亚、马来西亚、菲律宾、越南

170. 石松科 Lycopodiaceae P. Beauv. ex Mirb.

石杉属 **Huperzia** Bernh.

伏贴石杉 **Huperzia appressa** (Desv.) Löve et Löve
分布：吉林、陕西、四川、台湾、西藏、云南

曲尾石杉 **Huperzia bucahwangensis** Ching
分布：云南

中华石杉 **Huperzia chinensis** (Herter ex Nessel) Ching
分布：陕西、湖北、四川

赤水石杉 **Huperzia chishuiensis** X. Y. Wang et P. S. Wang
分布：贵州

皱边石杉 **Huperzia crispata** (Ching) Ching
分布：江西、湖南、湖北、四川、重庆、贵州、云南

苍山石杉 **Huperzia delavayi** (Christ et Herter) Ching
分布：四川、西藏、云南

华西石杉 **Huperzia dixitiana** P. Mondal et R. K. Ghosh
分布：四川、西藏；印度、尼泊尔、缅甸

峨眉石杉 **Huperzia emeiensis** (Ching et H. S. Kung) Ching et H. S. Kung
分布：湖南、湖北、四川、重庆、贵州、云南

锡金石杉 **Huperzia herteriana** (Kümmerle) T. Sen et U. Sen
分布：四川、贵州、云南、西藏；不丹、印度、尼泊尔

长柄石杉 **Huperzia javanica** (Sw.) C. Y. Yang
分布：中国广布（除东北、华北、西北）；不丹、柬埔寨、印度、印度尼西亚、日本、韩国、老挝、马来西亚、缅甸、尼泊尔、菲律宾、斯里兰卡、泰国、越南、澳大利亚、美洲、太平洋岛屿。

康定石杉 **Huperzia kangdingensis** (Ching et H. S. Kung) Ching
分布：四川、云南

昆明石杉 **Huperzia kunmingensis** Ching
分布：贵州、云南、广西

雷波石杉 **Huperzia laipoensis** Ching
分布：四川

拉觉石杉 **Huperzia lajouensis** Ching
分布：西藏

雷山石杉 **Huperzia leishanensis** X. Y. Wang
分布：四川、贵州、云南

凉山石杉 **Huperzia liangshanica** (H. S. Kung) Ching et H. S. Kung
分布：四川、云南

亮叶石杉 **Huperzia lucidula** (Michx.) Trevis.
分布：吉林；北美洲

墨脱石杉 **Huperzia medogensis** Ching et Y. X. Lin
分布：西藏

东北石杉 **Huperzia miyoshiana** (Makino) Ching
分布：黑龙江、吉林；日本、韩国；北美洲

苔藓林石杉 **Huperzia muscicola** Ching et W. M. Chu
分布：云南

南川石杉 **Huperzia nanchuanensis** (Ching et H. S. Kung) Ching et H. S. Kung
分布：湖北、重庆、贵州、云南

金发石杉 **Huperzia quasipolytrichoides** (Hayata) Ching
分布：安徽、湖南、台湾；日本

金发石杉(原变种) **Huperzia quasipolytrichoides** var. **quasipolytrichoides**
分布：安徽、台湾；日本

直叶金发石杉 **Huperzia quasipolytrichoides** var. **rectifolia** (J. F. Cheng) H. S. Kung et Li Bing Zhang
分布：江西

红茎石杉 **Huperzia rubicaulis** S. K. Wu et X. Cheng
分布：云南

小杉兰 **Huperzia selago** (L.) Bernh. ex Schrank et Mart.
分布：吉林、新疆；太平洋岛屿；亚洲、欧洲、美洲

蛇足石杉 **Huperzia serrata** (Thunb.) Trevis.
分布：除西北部分地区和华北地区外其他地区均有分布；俄罗斯、澳大利亚（昆士兰）、美国（夏威夷）；亚洲热带和亚热带广布

相马石杉 **Huperzia somae** (Hayata) Ching
分布：台湾；日本、菲律宾

四川石杉 **Huperzia sutchueniana** (Herter) Ching

分布：安徽、浙江、江西、湖南、湖北、四川、重庆、贵州

西藏石杉 **Huperzia tibetica** (Ching) Ching

分布：云南

藤石松属 **Lycopodiastrum** Holub ex R. D. Dixit

藤石松 **Lycopodiastrum casuarinoides** (Spring) Holub ex R. D. Dixit

分布：浙江、江西、湖南、湖北、四川、重庆、贵州、云南、西藏、福建、台湾、广东、广西；亚洲热带和亚热带地区，不丹、印度、日本、尼泊尔，以及东南亚及巴布亚新几内亚

小石松属 **Lycopodiella** Holub

卡罗利小石松 **Lycopodiella caroliniana** (L.) Pic. Serm.

分布：湖南、福建、广东；印度、日本、斯里兰卡；非洲、美洲

小石松 **Lycopodiella inundata** (L.) Holub

分布：福建；日本、俄罗斯；欧洲、北美洲

石松属 **Lycopodium** L.

高山扁枝石松 **Lycopodium alpinum** L.

分布：黑龙江、吉林；印度、日本、韩国、蒙古国、俄罗斯、斯里兰卡；欧洲、北美洲

多穗石松 **Lycopodium annotinum** L.

分布：黑龙江、吉林、辽宁、陕西、甘肃、湖北、四川、重庆、台湾；不丹、印度、日本、韩国、尼泊尔、俄罗斯；欧洲、北美洲

垂穗石松 **Lycopodium cernuum** L.

分布：浙江、江西、湖南、四川、重庆、贵州、云南、西藏、福建、台湾、广东、广西、海南；太平洋岛屿；亚洲热带和亚热带地区、美洲

东北石松 **Lycopodium clavatum** L.

分布：黑龙江、吉林、辽宁、内蒙古；日本、韩国；美洲

扁枝石松 **Lycopodium complanatum** L.

分布：新疆、安徽、浙江、江西、湖南、湖北、四川、贵州、云南、西藏、广东、广西、海南；广布于温带和亚热带地区

海南垂穗石松 **Lycopodium hainanense** (C. Y. Yang) Li Bing Zhang

分布：海南；印度尼西亚、越南

石松 **Lycopodium japonicum** Thunb.

分布：东北地区除外；不丹、柬埔寨、印度、日本、老挝、缅甸、尼泊尔、越南及南亚的其他国家

灰白扁枝石松 **Lycopodium multispicatum** J. H. Wilce

分布：云南、西藏、台湾、广东、广西；菲律宾、泰国、越南

新锐叶石松 **Lycopodium neopungens** H. S. Kung et Li Bing Zhang

分布：黑龙江；俄罗斯；北美洲

玉柏 **Lycopodium obscurum** L.

分布：黑龙江、吉林、辽宁；日本、韩国、俄罗斯；北美洲

矮小扁枝石松 **Lycopodium veitchii** Christ

分布：湖北、四川、云南、西藏、台湾；不丹、印度、缅甸、尼泊尔

笔直石松 **Lycopodium verticale** Li Bing Zhang

分布：山西、陕西、安徽、浙江、江西、湖南、湖北、四川、重庆、贵州、云南、西藏、台湾；日本

玉山扁枝石松 **Lycopodium yueshanense** C. M. Kuo

分布：台湾

成层石松 **Lycopodium zonatum** Ching

分布：山西、四川、云南、西藏；印度

马尾杉属 **Phlegmariurus** (Herter) Holub

华南马尾杉 **Phlegmariurus austrosinicus** (Ching) Li Bing Zhang

分布：江西、四川、贵州、云南、广东、广西

网络马尾杉 **Phlegmariurus cancellatus** (Spring) Ching

分布：西藏；不丹、印度

龙骨马尾杉 **Phlegmariurus carinatus** (Desv. ex Poir.) Ching

分布：云南、台湾、广东、广西、海南；柬埔寨、印度、日本、老挝、马来西亚、菲律宾、新加坡、泰国、越南、太平洋岛屿

柳杉叶马尾杉 **Phlegmariurus cryptomerianus** (Maxim.) Ching ex H. S. Kung et Li Bing Zhang

分布：浙江、台湾；印度、日本、韩国、菲律宾

杉形马尾杉 **Phlegmariurus cunninghamioides** (Hayata) Ching

分布：台湾；日本

金丝条马尾杉 **Phlegmariurus fargesii** (Herter) Ching

分布：四川、重庆、云南、台湾、广西；日本

福氏马尾杉 **Phlegmariurus fordii** (Baker) Ching

分布：浙江、江西、湖南、贵州、云南、福建、台湾、广东、广西、海南；印度、日本

广东马尾杉 **Phlegmariurus guangdongensis** Ching

分布：广东、海南

喜马拉雅石杉 **Phlegmariurus hamiltonii** (Spreng. ex Grev. et Hook.) Li Bing Zhang
分布：云南；不丹、印度、缅甸、尼泊尔

椭圆叶马尾杉 **Phlegmariurus henryi** (Baker) Ching
分布：云南、广西；越南

闽浙马尾杉 **Phlegmariurus mingcheensis** (Ching) Li Bing Zhang
分布：安徽、浙江、江西、湖南、四川、重庆、福建、广东、广西、海南

聂拉木马尾杉 **Phlegmariurus nylamensis** (Ching et S. K. Wu) H. S. Kung et Li Bing Zhang
分布：西藏

卵叶马尾杉 **Phlegmariurus ovatifolius** (Ching) W. M. Chu ex H. S. Kung et Li Bing Zhang
分布：云南

有柄马尾杉 **Phlegmariurus petiolatus** (C. B. Clarke) H. S. Kung et Li Bing Zhang
分布：湖南、四川、重庆、贵州、云南、福建、广东、广西、海南；印度

马尾杉 **Phlegmariurus phlegmaria** (L.) Holub
分布：云南、台湾、广东、广西、海南；柬埔寨、印度、日本、老挝、尼泊尔、泰国、越南、太平洋岛屿；古热带、南美洲

美丽马尾杉 **Phlegmariurus pulcherrimus** (Wall. ex Hook. et Grev.) Löve et Löve
分布：云南、西藏；不丹、印度、尼泊尔

柔软马尾杉 **Phlegmariurus salvinioides** (Herter) Ching
分布：台湾；日本、菲律宾

上思马尾杉 **Phlegmariurus shangsiensis** C. Y. Yang
分布：广西

鳞叶马尾杉 **Phlegmariurus sieboldii** (Miq.) Ching
分布：台湾；日本、韩国

粗糙马尾杉 **Phlegmariurus squarrosus** (G. Forst.) Löve et Löve
分布：广西、云南、西藏、台湾；孟加拉国、不丹、柬埔寨、印度、老挝、马来西亚、缅甸、尼泊尔、菲律宾、斯里兰卡、泰国、太平洋岛屿

台湾马尾杉 **Phlegmariurus taiwanensis** (C. M. Kuo) Li Bing Zhang
分布：台湾

云南马尾杉 **Phlegmariurus yunnanensis** Ching
分布：云南

171. 海金沙科 Lygodiaceae M. Roem.

海金沙属 **Lygodium** Sw.

海南海金沙 **Lygodium circinnatum** (Burm. f.) Sw.
分布：贵州、云南、广东、广西、海南；柬埔寨、印度、老挝、马来西亚、斯里兰卡、越南、澳大利亚、西太平洋岛屿

曲轴海金沙 **Lygodium flexuosum** (L.) Sw.
分布：福建、湖南、贵州、云南、广东、广西、海南；不丹、印度、日本、马来西亚、尼泊尔、菲律宾、斯里兰卡、泰国、越南、澳大利亚

海金沙 **Lygodium japonicum** (Thunb.) Sw.
分布：河南、陕西、甘肃、安徽、江苏、上海、浙江、江西、湖南、湖北、四川、重庆、贵州、云南、西藏、福建、台湾、广东、广西、海南；不丹、印度、印度尼西亚、日本、克什米尔地区、韩国、尼泊尔、菲律宾、斯里兰卡、澳大利亚热带地区；北美洲

掌叶海金沙 **Lygodium longifolium** (Willd.) Sw.
分布：台湾、海南；印度、印度尼西亚、马来西亚、菲律宾

网脉海金沙 **Lygodium merrillii** Copel.
分布：贵州、海南；越南、菲律宾、印度尼西亚

小叶海金沙 **Lygodium microphyllum** (Cav.) R. Br.
分布：云南、福建、台湾、广东、广西、海南；印度、印度尼西亚、马来西亚、缅甸、尼泊尔、菲律宾、澳大利亚、南太平洋岛屿；非洲、北美洲

羽裂海金沙 **Lygodium polystachyum** Wall. ex T. Moore
分布：云南、广西；印度、马来西亚、缅甸、泰国、越南

柳叶海金沙 **Lygodium salicifolium** C. Presl
分布：云南、台湾、海南；不丹、印度、印度尼西亚、缅甸、尼泊尔、泰国、越南

云南海金沙 **Lygodium yunnanense** Ching
分布：贵州、云南、广西；缅甸、泰国

172. 合囊蕨科 Marattiaceae Kaulf.

莲座蕨属 **Angiopteris** Hoffm.

尖齿莲座蕨 **Angiopteris acutidentata** Ching
分布：海南

二回莲座蕨 **Angiopteris bipinnata** (Ching) J. M. Camus
分布：云南

披针莲座蕨 Angiopteris caudatiformis Hieron.
分布：云南、广西；缅甸、越南

长尾莲座蕨 Angiopteris caudipinna Ching
分布：海南

秦氏莲座蕨 Angiopteris chingii J. M. Camus
分布：云南、广西

琼越莲座蕨 Angiopteris cochinchinensis de Vriese
分布：广西、海南；越南

密脉莲座蕨 Angiopteris confertinervia Ching ex C. Chr. et Tardieu
分布：云南；越南

尾叶莲座蕨 Angiopteris danaeoides Z. R. He et Christenh.
分布：广西

滇越莲座蕨 Angiopteris dianyuecola Z. R. He et W. M. Chu
分布：云南；越南

食用莲座蕨 Angiopteris esculenta Ching
分布：云南、西藏

莲座蕨 Angiopteris evecta (G. Forst.) Hoffm.
分布：台湾；巴布亚新几内亚、菲律宾、澳大利亚、南太平洋岛屿、哥斯达黎加（归化种）、美国（夏威夷）、牙买加

福建莲座蕨 Angiopteris fokiensis Hieron.
分布：浙江、江西、湖南、湖北、四川、贵州、云南、福建、广东、广西、海南

海南莲座蕨 Angiopteris hainanensis Ching
分布：海南

楔基莲座蕨 Angiopteris helferiana C. Presl
分布：云南、广西；不丹、印度、缅甸、尼泊尔

河口莲座蕨 Angiopteris hokouensis Ching
分布：云南、广西；越南

伊藤氏莲座蕨 Angiopteris itoi (W. C. Shieh) J. M. Camus
分布：台湾

阔羽莲座蕨 Angiopteris latipinna (Ching) Z. R. He, W. M. Chu et Christenh.
分布：云南

海金沙叶莲座蕨 Angiopteris lygodiifolia Rosenst.
分布：台湾；日本

倒披针莲座蕨 Angiopteris oblanceolata Ching et Chu H. Wang
分布：海南

疏脉莲座蕨 Angiopteris paucinervis W. M. Chu et Z. R. He
分布：广西

疏叶莲座蕨 Angiopteris remota Ching et Chu H. Wang
分布：海南

相马氏莲座蕨 Angiopteris somae (Hayata) Makino et Nemoto
分布：台湾

法斗莲座蕨 Angiopteris sparsisora Ching
分布：云南

圆基莲座蕨 Angiopteris subrotundata (Ching) Z. R. He et Christenh.
分布：云南

尖叶莲座蕨 Angiopteris tonkinensis (Hayata) J. M. Camus
分布：海南；越南

西藏莲座蕨 Angiopteris wallichiana C. Presl
分布：云南、西藏；印度、尼泊尔

王氏莲座蕨 Angiopteris wangii Ching
分布：云南、广西

云南莲座蕨 Angiopteris yunnanensis Hieron.
分布：云南、广西；越南

天星蕨属 **Christensenia** Maxon

天星蕨 Christensenia aesculifolia (Blume) Maxon
分布：云南；印度、印度尼西亚、马来西亚、缅甸、巴布亚新几内亚、菲律宾、越南、太平洋岛屿(所罗门群岛)

合囊蕨属 **Ptisana** Murdock

合囊蕨 Ptisana pellucida (C. Presl) Murdock
分布：台湾；菲律宾

173. 苹科 Marsileaceae Mirb.

苹属 **Marsilea** L.

埃及苹 Marsilea aegyptiaca Willd.
分布：新疆；印度、俄罗斯、马达加斯加；非洲

南国田字草 Marsilea minuta L.
分布：安徽、福建、广东、贵州、海南、湖北、湖南、江苏、江西、陕西、四川、台湾、云南、浙江；古热带，零散逃逸至美洲和加勒比海地区

苹 Marsilea quadrifolia L.

分布：黑龙江、吉林、辽宁、内蒙古、河北、山西、山东、河南、陕西、宁夏、甘肃、青海；日本、韩国；欧洲，引进到北美洲

174. 肾蕨科 Nephrolepidaceae Pic. Serm.

肾蕨属 **Nephrolepis** Schott

长叶肾蕨 Nephrolepis biserrata (Sw.) Schott

分布：云南、台湾、广东、海南；柬埔寨、印度、印度尼西亚、日本、老挝、马来西亚、缅甸、巴基斯坦、菲律宾、新加坡、斯里兰卡、泰国、越南、澳大利亚、太平洋岛屿；亚洲、非洲、美洲

长叶肾蕨(原变种) Nephrolepis biserrata var. **biserrata**

分布：云南、台湾、广东、海南；柬埔寨、印度、印度尼西亚、日本、老挝、马来西亚、缅甸、巴基斯坦、菲律宾、新加坡、斯里兰卡、泰国、越南、澳大利亚、太平洋岛屿；亚洲(西南部)、非洲、北美洲、南美洲

耳叶肾蕨 Nephrolepis biserrata var. **auriculata** Ching

分布：海南

毛叶肾蕨 Nephrolepis brownii (Desv.) Hovenk. et Miyamoto

分布：云南、福建、台湾、广东、广西、海南；柬埔寨、印度、印度尼西亚、日本、老挝、马来西亚、缅甸、菲律宾、新加坡、斯里兰卡、泰国、越南、澳大利亚、太平洋岛屿；亚洲、美洲

肾蕨 Nephrolepis cordifolia (L.) C. Presl

分布：浙江、湖南、贵州、云南、西藏、福建、台湾、广东、广西、海南；孟加拉国、不丹、柬埔寨、印度、印度尼西亚、日本、韩国、老挝、马来西亚、缅甸、尼泊尔、巴基斯坦、菲律宾、新加坡、斯里兰卡、泰国、越南、澳大利亚、太平洋岛屿；亚洲、非洲、美洲

圆叶肾蕨 Nephrolepis duffii T. Moore

分布：云南；最初来源于美拉尼西亚

镰叶肾蕨 Nephrolepis falciformis J. Sm.

分布：云南；柬埔寨、印度、印度尼西亚、老挝、马来西亚、缅甸、巴基斯坦、菲律宾、新加坡、斯里兰卡、泰国、越南、太平洋岛屿；亚洲

175. 条蕨科 Oleandraceae Ching ex Pic. Serm.

条蕨属 **Oleandra** Cav.

华南条蕨 Oleandra cumingii J. Sm.

分布：云南、广东、海南；印度尼西亚、老挝、马来西亚、菲律宾、泰国

光叶条蕨 Oleandra musifolia (Blume) C. Presl

分布：云南、广西、海南；越南、泰国、马来西亚、印度尼西亚、斯里兰卡

轮叶条蕨 Oleandra neriiformis Cav.

分布：西藏；不丹、柬埔寨、印度、印度尼西亚、马来西亚、缅甸、尼泊尔、菲律宾、巴布亚新几内亚、泰国、太平洋岛屿

波边条蕨 Oleandra undulata (Willd.) Ching

分布：云南；印度、老挝、缅甸、泰国、越南

高山条蕨 Oleandra wallichii (Hook.) C. Presl

分布：四川、云南、西藏、台湾、广西；不丹、印度、缅甸、尼泊尔、泰国、越南

176. 球子蕨科 Onocleaceae Pic. Serm.

荚果蕨属 **Matteuccia** Todaro

荚果蕨 Matteuccia struthiopteris (L.) Todaro

分布：黑龙江、吉林、辽宁、河北、山西、河南、甘肃、新疆、湖北、四川、西藏；日本、韩国、俄罗斯；欧洲、北美洲

荚果蕨(原变种) Matteuccia struthiopteris var. **struthiopteris**

分布：黑龙江、吉林、辽宁、河北、山西、河南、甘肃、新疆、湖北、四川、西藏；日本、韩国、俄罗斯；欧洲、北美洲

尖裂荚果蕨 Matteuccia struthiopteris var. **acutiloba** Ching

分布：山西、河南、湖北、四川

球子蕨属 **Onoclea** L.

球子蕨 Onoclea sensibilis var. **interrupta** Maxim.

分布：黑龙江、吉林、辽宁、内蒙古、河北、河南；日本、韩国、俄罗斯

东方荚果蕨属 **Pentarhizidium** Hayata

中华荚果蕨 Pentarhizidium intermedium (C. Chr.) Hayata

分布：河北、山西、湖北、四川、贵州、云南；印度

东方荚果蕨 Pentarhizidium orientale (Hook.) Hayata

分布：山西、河南、甘肃、安徽、浙江、江西、湖南、湖北、四川、重庆、贵州、西藏、台湾、广东、广西；印度、日本、韩国、俄罗斯

177. 瓶尔小草科 Ophioglossaceae Martinov

阴地蕨属 **Botrychium** Sw.

北方阴地蕨 **Botrychium boreale** J. Milde
分布：内蒙古；日本、韩国；欧洲、北美洲(格陵兰岛)

薄叶阴地蕨 **Botrychium daucifolium** Wall. ex Hook. et Grev.
分布：浙江、江西、湖南、四川、重庆、贵州、云南、台湾、广东、广西、海南；不丹、印度、印度尼西亚、缅甸、尼泊尔、菲律宾、斯里兰卡、越南

台湾阴地蕨 **Botrychium formosanum** Tagawa
分布：江西、贵州、云南、台湾、广东、广西；喜马拉雅、日本

华东阴地蕨 **Botrychium japonicum** (Prantl) Underw.
分布：安徽、江苏、浙江、江西、湖南、贵州、福建、台湾、广东；日本、韩国

长白山阴地蕨 **Botrychium lanceolatum** (S. G. Gmelin) Angström
分布：吉林、内蒙古；日本；亚洲、欧洲、北美洲

绒毛阴地蕨 **Botrychium lanuginosum** Wall. ex Hook. et Grev.
分布：湖南、四川、贵州、云南、西藏、台湾、广西；不丹、印度、印度尼西亚、马来西亚、缅甸、尼泊尔、巴布亚新几内亚、菲律宾、斯里兰卡、泰国、越南

扇羽阴地蕨 **Botrychium lunaria** (L.) Sw.
分布：黑龙江、吉林、辽宁、内蒙古、河北、山西、河南、陕西、甘肃、青海、新疆、湖南、四川、云南、西藏、台湾；澳大利亚、太平洋岛屿；亚洲、欧洲、北美洲

日本阴地蕨 **Botrychium nipponicum** Makino
分布：广西；日本、韩国

粗壮阴地蕨 **Botrychium robustum** (Rupr. ex Milde) Underw.
分布：黑龙江、吉林、辽宁、四川、重庆、云南；日本、韩国、俄罗斯

劲直阴地蕨 **Botrychium strictum** Underw.
分布：黑龙江、吉林、辽宁、内蒙古、河南、陕西、甘肃、湖北、四川、重庆；日本、韩国

阴地蕨 **Botrychium ternatum** (Thunb.) Sw.
分布：辽宁、山东、河南、陕西、安徽、江苏、浙江、江西、湖南、湖北、四川、重庆、贵州、福建、台湾、广东、广西；印度、日本、韩国、尼泊尔、越南；亚洲温带和其他温暖地区，包括喜马拉雅地区

蕨萁 **Botrychium virginianum** (L.) Sw.
分布：山西、河南、陕西、甘肃、安徽、浙江、湖南、湖北、四川、重庆、贵州、云南、西藏；喜马拉雅、日本、韩国、俄罗斯；温带亚洲，北半球其他温带地区和中南美洲

七指蕨属 **Helminthostachys** Kaulf.

七指蕨 **Helminthostachys zeylanica** (L.) Hook.
分布：云南、台湾、广东、海南；广布于柬埔寨、印度、日本、老挝、菲律宾、斯里兰卡、泰国、越南、澳大利亚热带地区、西太平洋岛屿

瓶尔小草属 **Ophioglossum** L.

高山瓶尔小草 **Ophioglossum austroasiaticum** M. Nishida
分布：台湾；印度尼西亚

裸茎瓶尔小草 **Ophioglossum nudicaule** L. f.
分布：四川、云南、西藏；印度、尼泊尔

矩圆叶瓶尔小草 **Ophioglossum oblongum** H. G. Zhou et H. Li
分布：广西

带状瓶尔小草 **Ophioglossum pendulum** L.
分布：海南、台湾、云南；印度、印度尼西亚、日本、韩国、马来西亚、菲律宾、斯里兰卡、澳大利亚、美国(夏威夷)；非洲

柄叶瓶尔小草 **Ophioglossum petiolatum** Hook.
分布：湖北、四川、贵州、云南、福建、台湾、海南；印度、印度尼西亚、日本、尼泊尔、菲律宾、斯里兰卡、泰国、澳大利亚、新西兰；北美洲

心叶瓶尔小草 **Ophioglossum reticulatum** L.
分布：河南、陕西、甘肃、江西、湖北、四川、贵州、云南、西藏、福建、台湾；韩国、马达加斯加；非洲、南美洲

狭叶瓶尔小草 **Ophioglossum thermale** Kom.
分布：黑龙江、吉林、辽宁、河北、山东、河南、陕西、安徽、江苏、江西、四川、贵州、云南、台湾；日本、韩国、俄罗斯

瓶尔小草 **Ophioglossum vulgatum** L.
分布：河南、陕西、安徽、浙江、江西、湖南、湖北、四川、贵州、云南、西藏、福建、广东；印度、日本、韩国、斯里兰卡、澳大利亚；欧洲、北美洲

永仁瓶尔小草 **Ophioglossum yongrenense** Ching ex Z. R. He et W. M. Chu
分布：云南

178. 紫萁科 Osmundaceae Martinov

紫萁属 **Osmunda** L.

狭叶紫萁 **Osmunda angustifolia** Ching
分布：湖南、台湾、广东、海南；泰国

粗齿紫萁 **Osmunda banksiifolia** (C. Presl) Kuhn
分布：浙江、江西、福建、台湾、广东；印度尼西亚、日本、巴布亚新几内亚、菲律宾

绒紫萁 **Osmunda claytoniana** L.
分布：辽宁、湖南、湖北、四川、重庆、贵州、云南、西藏、台湾；不丹、印度、日本、韩国、尼泊尔、俄罗斯；北美洲

紫萁 **Osmunda japonica** Thunb.
分布：山东、河南、陕西、甘肃、安徽、江苏、浙江、江西、湖南、湖北、四川、重庆、贵州、云南、西藏、福建、台湾、广东、广西；不丹、印度、日本、克什米尔地区、韩国、缅甸、巴基斯坦、俄罗斯、泰国、越南

宽叶紫萁 **Osmunda javanica** Blume
分布：贵州、云南、广西、海南；印度、印度尼西亚、马来西亚、缅甸、菲律宾、泰国、越南

粤紫萁 **Osmunda mildei** C. Chr.
分布：江西、广东

华南紫萁 **Osmunda vachellii** Hook.
分布：浙江、江西、湖南、四川、重庆、贵州、云南、福建、广东、广西、海南；印度、缅甸、泰国、越南

桂皮紫萁属 **Osmundastrum** C. Presl

桂皮紫萁 **Osmundastrum cinnamomeum** (L.) C. Presl
分布：黑龙江、吉林、安徽、浙江、江西、湖南、四川、重庆、贵州、云南、福建、台湾、广东、广西；印度、日本、韩国、俄罗斯、越南；北美洲

179. 瘤足蕨科 Plagiogyriaceae Bower

瘤足蕨属 **Plagiogyria** (Kunze) Mett.

瘤足蕨 **Plagiogyria adnata** (Blume) Bedd.
分布：安徽、浙江、江西、湖南、湖北、四川、贵州、云南、福建、台湾、广东、广西、海南；印度、印度尼西亚、日本、马来西亚、缅甸、菲律宾、泰国、越南

峨眉瘤足蕨 **Plagiogyria assurgens** Christ
分布：四川、重庆、云南

华中瘤足蕨 **Plagiogyria euphlebia** (Kunze) Mett.
分布：甘肃、安徽、浙江、江西、湖南、湖北、四川、贵州、云南、福建、台湾、广东、广西；不丹、印度、日本、韩国、缅甸、尼泊尔、菲律宾、越南

镰羽瘤足蕨 **Plagiogyria falcata** Copel.
分布：安徽、浙江、江西、湖南、贵州、福建、台湾、广东、广西、海南；菲律宾

粉背瘤足蕨 **Plagiogyria glauca** (Blume) Mett.
分布：四川、台湾、西藏、云南；印度、印度尼西亚、马来西亚、缅甸、巴布亚新几内亚、菲律宾、太平洋西南岛屿(新爱尔兰岛、所罗门群岛)

华东瘤足蕨 **Plagiogyria japonica** Nakai
分布：安徽、江苏、浙江、江西、湖南、湖北、四川、贵州、云南、福建、台湾、广东、广西、海南；印度、日本、韩国

密叶瘤足蕨 **Plagiogyria pycnophylla** (Kunze) Mett.
分布：四川、云南、西藏；不丹、印度、印度尼西亚、马来西亚、缅甸、尼泊尔、巴布亚新几内亚、菲律宾

耳形瘤足蕨 **Plagiogyria stenoptera** (Hance) Diels
分布：湖南、湖北、四川、贵州、云南、台湾、广西；日本、菲律宾、越南

180. 水龙骨科 Polypodiaceae J. Presl et C. Presl

连珠蕨属 **Aglaomorpha** Schott

崖姜 **Aglaomorpha coronans** (Wall. ex Mett.) Copel.
分布：贵州、云南、西藏、福建、台湾、广东、广西、海南；印度、日本、老挝、马来西亚、缅甸、尼泊尔、泰国、越南

连珠蕨 **Aglaomorpha meyeniana** Schott
分布：台湾；菲律宾

节肢蕨属 **Arthromeris** (T. Moore) J. Sm.

尾状节肢蕨 **Arthromeris caudata** Ching et Y. X. Lin
分布：西藏

贯众叶节肢蕨 **Arthromeris cyrtomioides** S. G. Lu et C. D. Xu
分布：云南

美丽节肢蕨 **Arthromeris elegans** Ching
分布：云南、西藏；缅甸

琉璃节肢蕨 **Arthromeris himalayensis** (Hook.) Ching
分布：四川、云南、西藏；不丹、印度、缅甸、尼泊尔

琉璃节肢蕨(原变种) **Arthromeris himalayensis** var. **himalayensis**
分布：四川、云南、西藏；不丹、印度、缅甸、尼泊尔

灰茎节肢蕨 **Arthromeris himalayensis** var. **niphoboloides** (C. B. Clarke) S. G. Lu
分布：云南；不丹

中间节肢蕨 **Arthromeris intermedia** Ching
分布：西藏

节肢蕨 **Arthromeris lehmannii** (Mett.) Ching
分布：浙江、江西、湖南、湖北、四川、贵州、云南、西藏、台湾、广东、广西、海南；不丹、印度、缅甸、尼泊尔、菲律宾、泰国、越南

龙头节肢蕨 **Arthromeris lungtauensis** Ching
分布：浙江、江西、湖南、湖北、四川、贵州、云南、福建、广东、广西；老挝、尼泊尔、越南

多羽节肢蕨 **Arthromeris mairei** (Brause) Ching
分布：山西、江西、湖北、四川、贵州、云南、西藏、广西；印度、缅甸

墨脱节肢蕨 **Arthromeris medogensis** Ching et Y. X. Lin
分布：西藏

黑鳞节肢蕨 **Arthromeris nigropaleacea** S. G. Lu
分布：西藏

隐囊蕨状节肢蕨 **Arthromeris notholaenoides** V. K. Rawat et Fraser-Jenk.
分布：西藏

柳叶节肢蕨 **Arthromeris salicifolia** Ching et Y. X. Lin
分布：西藏

康定节肢蕨 **Arthromeris tatsienensis** (Franch. et Bureau) Ching
分布：四川、云南；不丹、印度、尼泊尔、泰国

狭羽节肢蕨 **Arthromeris tenuicauda** (Hook.) Ching
分布：云南、西藏；印度、缅甸

厚毛节肢蕨 **Arthromeris tomentosa** W. M. Chu
分布：云南

单行节肢蕨 **Arthromeris wallichiana** (Spreng.) Ching
分布：四川、贵州、云南、西藏；不丹、印度、缅甸、尼泊尔、越南

灰背节肢蕨 **Arthromeris wardii** (C. B. Clarke) Ching
分布：云南、西藏；不丹、印度、缅甸、尼泊尔

荷包蕨属 **Calymmodon** C. Presl

短叶荷包蕨 **Calymmodon asiaticus** Copel.
分布：广西、海南；马来西亚、泰国、越南

疏毛荷包蕨 **Calymmodon gracilis** (Fée) Copel.
分布：台湾；婆罗洲、印度尼西亚、马来西亚、菲律宾、泰国、越南

姬荷包蕨 **Calymmodon ordinatus** Copel.
分布：台湾；菲律宾

高平蕨属 **Caobangia** A. R. Smith et X. C. Zhang

高平蕨 **Caobangia squamata** A. R. Smith et X. C. Zhang
分布：广西；越南

戟蕨属 **Christopteris** Copel.

戟蕨 **Christopteris tricuspis** (Hook.) Christ
分布：海南；印度、泰国、越南、马来西亚

金禾蕨属 **Chrysogrammitis** Parris

金禾蕨 **Chrysogrammitis glandulosa** (J. Sm.) Parris
分布：台湾；婆罗洲、印度尼西亚、马来西亚、菲律宾、斯里兰卡

小蒿蕨属 **Ctenopterella** Parris

小蒿蕨 **Ctenopterella blechnoides** (Grev.) Parris
分布：海南；婆罗洲、柬埔寨、印度、印度尼西亚、马来西亚、巴布亚新几内亚、菲律宾、新加坡、斯里兰卡、泰国、太平洋岛屿

毛禾蕨属 **Dasygrammitis** Parris

毛禾蕨 **Dasygrammitis mollicoma** (Nees et Blume) Parris
分布：台湾；婆罗洲、印度尼西亚、马来西亚、巴布亚新几内亚、菲律宾、斯里兰卡、泰国、越南

槲蕨属 **Drynaria** (Bory) J. Sm.

秦岭槲蕨 **Drynaria baronii** Diels
分布：山西、陕西、甘肃、青海、四川、云南、西藏

团叶槲蕨 **Drynaria bonii** Christ
分布：贵州、云南、广东、广西、海南；柬埔寨、印度、马来西亚、泰国、越南

川滇槲蕨 **Drynaria delavayi** Christ
分布：陕西、甘肃、青海、四川、云南、西藏；不丹、缅甸

毛槲蕨 **Drynaria mollis** Bedd.
分布：云南、西藏；不丹、印度、尼泊尔

小槲蕨 Drynaria parishii (Bedd.) Bedd.

分布：云南；缅甸、泰国、越南

石莲姜槲蕨 Drynaria propinqua (Wall. ex Mett.) J. Sm.

分布：四川、贵州、云南、西藏、广西；不丹、印度、缅甸、尼泊尔、泰国、越南

栎叶槲蕨 Drynaria quercifolia (L.) J. Sm.

分布：海南；印度、马来西亚、尼泊尔、巴布亚新几内亚、菲律宾、斯里兰卡、越南、澳大利亚

硬叶槲蕨 Drynaria rigidula (Sw.) Bedd.

分布：云南、海南；马来西亚、缅甸、泰国、越南、澳大利亚热带地区、波利尼西亚

槲蕨 Drynaria roosii Nakaike

分布：安徽、江苏、江西、湖南、湖北、四川、重庆、贵州、云南、福建、广东、广西；印度、泰国、越南

棱脉蕨属 Goniophlebium (Blume) C. Presl

棱脉蕨 Goniophlebium persicifolium (Desv.) Bedd.

分布：海南；印度（东部）、印度尼西亚、马来西亚、巴布亚新几内亚、菲律宾、泰国、越南、太平洋岛屿

穴果棱脉蕨 Goniophlebium subauriculatum (Blume) C. Presl

分布：云南；印度尼西亚、马来西亚、巴布亚新几内亚、菲律宾、泰国、越南、澳大利亚、太平洋岛屿

雨蕨属 Gymnogrammitis Griff.

雨蕨 Gymnogrammitis dareiformis (Hook.) Ching ex Tardieu et C. Chr.

分布：湖南、贵州、云南、广西、海南；不丹、印度、缅甸、尼泊尔、泰国

锡金假瘤蕨属 Himalayopteris S. G. Lu

锡金假瘤蕨 Himalayopteris erythrocarpa (Mett. ex Kuhn) W. Shao et S. G. Lu

分布：西藏；不丹、印度、尼泊尔

伏石蕨属 Lemmaphyllum C. Presl

肉质伏石蕨 Lemmaphyllum carnosum (Wall. ex J. Sm.) C. Presl

分布：四川、贵州、云南；印度、尼泊尔、泰国、越南

披针骨牌蕨 Lemmaphyllum diversum (Rosenst.) Tagawa

分布：山西、甘肃、浙江、江西、湖南、湖北、四川、贵州、云南、福建、台湾、广东、广西

抱石莲 Lemmaphyllum drymoglossoides (Baker) Ching

分布：山西、甘肃、湖北、贵州、广东、广西、福建，长江流域广布

伏石蕨 Lemmaphyllum microphyllum C. Presl

分布：安徽、浙江、江西、湖北、贵州、云南、福建、台湾、广东、广西、海南；印度、日本、韩国、越南

伏石蕨(原变种) Lemmaphyllum microphyllum var. **microphyllum**

分布：安徽、浙江、江西、湖北、云南、福建、台湾、广东、广西；日本、韩国、越南

倒卵伏石蕨 Lemmaphyllum microphyllum var. **obovatum** (Harr.) C. Chr.

分布：云南、福建、台湾、广东、广西、海南

骨牌蕨 Lemmaphyllum rostratum (Beddome) Tagawa

分布：甘肃、浙江、湖北、四川、贵州、云南、台湾、广东、广西、海南；不丹、柬埔寨、印度、印度尼西亚、日本、老挝、缅甸、尼泊尔、泰国、越南

鳞果星蕨属 Lepidomicrosorium Ching et K. H. Shing

鳞果星蕨 Lepidomicrosorium buergerianum (Miq.) Ching et K. H. Shing ex S. X. Xu

分布：甘肃、浙江、江西、湖南、湖北、四川、重庆、云南、广西；日本、越南

滇鳞果星蕨 Lepidomicrosorium subhemionitideum (Christ) P. S. Wang

分布：湖南、四川、云南、西藏、广西；不丹、印度、缅甸、尼泊尔、越南

表面星蕨 Lepidomicrosorium superficiale (Blume) Li Wang

分布：安徽、浙江、江西、湖南、湖北、四川、贵州、云南、西藏、福建、台湾、广东、广西；印度、印度尼西亚、日本、老挝、马来西亚、缅甸、尼泊尔、泰国、越南

瓦韦属 Lepisorus (J. Sm.) Ching

海南瓦韦 Lepisorus affinis Ching

分布：海南

天山瓦韦 Lepisorus albertii (Regel) Ching

分布：内蒙古、河北、山西、河南、陕西、甘肃、青海、新疆、四川、云南、西藏、台湾

狭叶瓦韦 Lepisorus angustus Ching

分布：河南、陕西、甘肃、安徽、浙江、湖南、湖北、四川、重庆、云南、西藏、广西

显脉尖嘴蕨 **Lepisorus annamensis** (C. Chr.) Li Wang
分布：海南；老挝、泰国、越南

星鳞瓦韦 **Lepisorus asterolepis** (Baker) Ching ex S. X. Xu
分布：陕西、安徽、江苏、浙江、江西、湖南、湖北、四川、重庆、贵州、云南、西藏、福建、广西；印度、日本、尼泊尔

二色瓦韦 **Lepisorus bicolor** (Takeda) Ching
分布：四川、贵州、云南、西藏；印度、尼泊尔

丛生瓦韦 **Lepisorus cespitosus** Y. X. Lin
分布：西藏

网眼瓦韦 **Lepisorus clathratus** (C. B. Clarke) Ching
分布：青海、四川、西藏、广西；不丹、印度、日本、克什米尔地区、尼泊尔

汇生瓦韦 **Lepisorus confluens** W. M. Chu
分布：云南

扭瓦韦 **Lepisorus contortus** (Christ) Ching
分布：河南、陕西、甘肃、安徽、浙江、江西、湖北、四川、重庆、云南、福建；不丹、印度、尼泊尔

粗柄瓦韦 **Lepisorus crassipes** Ching et Y. X. Lin
分布：河北、陕西、甘肃、青海、湖北、四川

高山瓦韦 **Lepisorus eilophyllus** (Diels) Ching
分布：甘肃、湖北、四川、贵州、云南、西藏；印度、泰国

片马瓦韦 **Lepisorus elegans** Ching et W. M. Chu
分布：云南

隐柄尖嘴蕨 **Lepisorus henryi** (Hieron. ex C. Chr.) Li Wang
分布：云南；印度、尼泊尔、泰国、越南

异叶瓦韦 **Lepisorus heterolepis** (Rosenst.) Ching
分布：云南

鳞瓦韦 **Lepisorus kawakamii** (Hayata) Tagawa
分布：台湾

瑶山瓦韦 **Lepisorus kuchenensis** (Y. C. Wu) Ching
分布：贵州、云南、台湾、广西

庐山瓦韦 **Lepisorus lewisii** (Baker) Ching
分布：安徽、浙江、江西、湖南、四川、贵州、福建、广东、广西

丽江瓦韦 **Lepisorus likiangensis** Ching et S. K. Wu
分布：陕西、甘肃、青海、四川、贵州

线叶瓦韦 **Lepisorus lineariformis** Ching et S. K. Wu
分布：云南、西藏；印度、尼泊尔

带叶瓦韦 **Lepisorus loriformis** (Wall. ex Mett.) Ching
分布：陕西、甘肃、湖北、四川、云南、西藏；不丹、印度、缅甸、尼泊尔

带叶瓦韦(原变种) **Lepisorus loriformis** var. **loriformis**
分布：陕西、甘肃、湖北、四川、云南

舌叶瓦韦 **Lepisorus loriformis** var. **steniste** (C. B. Clarke) Ching
分布：云南、西藏；印度、缅甸、尼泊尔

绿春瓦韦 **Lepisorus luchunensis** Y. X. Lin
分布：云南

大瓦韦 **Lepisorus macrosphaerus** (Baker) Ching
分布：湖北、四川、贵州、云南、西藏

有边瓦韦 **Lepisorus marginatus** Ching
分布：河北、山西、河南、陕西、甘肃、湖北、四川、重庆、贵州

墨脱瓦韦 **Lepisorus medogensis** Ching et Y. X. Lin
分布：西藏

长柄瓦韦 **Lepisorus megasorus** (C. Chr.) Ching
分布：台湾

丝带蕨 **Lepisorus miyoshianus** (Makino) Fraser-Jenk. et Subh. Chandra
分布：陕西、浙江、湖南、湖北、四川、贵州、云南、西藏、台湾、广东；印度、日本

拟茇瓦韦 **Lepisorus monilisorus** (Hayata) Tagawa
分布：台湾

白边瓦韦 **Lepisorus morrisonensis** (Hayata) H. Itô
分布：四川、云南、西藏、台湾；不丹、印度、尼泊尔

尖嘴蕨 **Lepisorus mucronatus** (Fée) Li Wang
分布：云南、台湾；不丹、柬埔寨、印度、印度尼西亚、马来西亚、菲律宾、斯里兰卡、泰国、越南、澳大利亚、太平洋岛屿

裸叶瓦韦 **Lepisorus nudus** (Hook.) Ching
分布：云南、西藏；不丹、印度、克什米尔地区、缅甸、尼泊尔、斯里兰卡、泰国

粤瓦韦 **Lepisorus obscurevenulosus** (Hayata) Ching
分布：安徽、浙江、江西、湖南、四川、重庆、贵州、云南、福建、台湾、广东、广西；越南

稀鳞瓦韦 **Lepisorus oligolepidus** (Baker) Ching
分布：河南、陕西、安徽、浙江、江西、湖南、四川、重

庆、贵州、云南、西藏、福建、广东、广西；印度、缅甸、日本

长瓦韦 **Lepisorus pseudonudus** Ching
分布：甘肃、四川、云南、西藏；不丹、印度、尼泊尔

拟乌苏里瓦韦 **Lepisorus pseudoussuriensis** Tagawa
分布：台湾

棕鳞瓦韦 **Lepisorus scolopendrium** (Buch.-Ham. ex Ching) Mehra et Bir
分布：四川、贵州、云南、西藏、台湾、海南；不丹、印度、尼泊尔

中华瓦韦 **Lepisorus sinensis** (Christ) Ching
分布：云南；不丹、缅甸、泰国、越南

黑鳞瓦韦 **Lepisorus sordidus** (C. Chr.) Ching
分布：四川、云南；印度

连珠瓦韦 **Lepisorus subconfluens** Ching
分布：云南；印度

滇瓦韦 **Lepisorus sublinearis** (Baker ex Takeda) Ching
分布：云南；不丹、印度、尼泊尔、越南

拟鳞瓦韦 **Lepisorus suboligolepidus** Ching
分布：湖北、四川、贵州、云南、台湾；印度

短柄瓦韦 **Lepisorus subsessilis** Ching et Y. X. Lin
分布：广东、广西

太白瓦韦 **Lepisorus thaipaiensis** Ching et S. K. Wu
分布：河南、陕西、青海

瓦韦 **Lepisorus thunbergianus** (Kaulf.) Ching
分布：河北、陕西、甘肃、安徽、江苏、浙江、江西、湖南、湖北、四川、重庆、贵州、云南、西藏、福建、台湾、海南；不丹、印度、日本、克什米尔地区、韩国、尼泊尔、菲律宾

西藏瓦韦 **Lepisorus tibeticus** Ching et S. K. Wu
分布：四川、西藏、云南

阔叶瓦韦 **Lepisorus tosaensis** (Makino) H. Itô
分布：新疆、安徽、江苏、浙江、江西、湖南、四川、重庆、贵州、云南、西藏、台湾、广东、广西；日本、韩国、越南

软毛瓦韦 **Lepisorus tricholepis** K. H. Shing et Y. X. Lin
分布：西藏

乌苏里瓦韦 **Lepisorus ussuriensis** (Regel et Maack) Ching
分布：黑龙江、吉林、辽宁、河北、山东、河南、安徽、浙江、江西；日本、韩国、俄罗斯

乌苏里瓦韦(原变种) **Lepisorus ussuriensis** var. **ussuriensis**
分布：黑龙江、吉林、辽宁、河北、山东、河南、安徽；日本、韩国、俄罗斯

远叶瓦韦 **Lepisorus ussuriensis** var. **distans** (Makino) Tagawa
分布：山东、安徽、浙江、江西；日本、韩国

宽带瓦韦 **Lepisorus waltonii** (Ching) S. L. Yu
分布：四川、云南、西藏；印度、尼泊尔

薄唇蕨属 Leptochilus Kaulf.

薄唇蕨 **Leptochilus axillaris** (Cav.) Kaulf.
分布：贵州、云南；孟加拉国、印度、印度尼西亚、马来西亚、缅甸、巴布亚新几内亚、菲律宾、泰国

心叶薄唇蕨 **Leptochilus cantoniensis** (Baker) Ching
分布：广东、海南；越南

似薄唇蕨 **Leptochilus decurrens** Blume
分布：广西、贵州、海南、台湾、云南；不丹、印度、印度尼西亚、马来西亚、马来群岛、缅甸、尼泊尔、巴布亚新几内亚、菲律宾、斯里兰卡、泰国、越南、太平洋岛屿(圣诞岛)

掌叶线蕨 **Leptochilus digitatus** (Baker) Noot.
分布：贵州、云南、广东、广西、海南；越南

线蕨 **Leptochilus ellipticus** (Thunb.) Noot.
分布：安徽、江苏、浙江、江西、湖南、四川、重庆、贵州、云南、西藏、福建、台湾、广东、广西、海南；不丹、印度、日本、韩国、缅甸、尼泊尔、菲律宾、泰国、越南

线蕨(原变种) **Leptochilus ellipticus** var. **ellipticus**
分布：安徽、江苏、浙江、江西、湖南、贵州、云南、福建、台湾、广西、海南、香港；日本、韩国、越南

曲边线蕨 **Leptochilus ellipticus** var. **flexilobus** (Christ) X. C. Zhang
分布：江西、湖南、四川、重庆、贵州、云南、台湾、广西；越南

长柄线蕨 **Leptochilus ellipticus** var. **longipes** (Ching) Noot.
分布：海南

滇线蕨 **Leptochilus ellipticus** var. **pentaphyllus** (Baker) X. C. Zhang et Noot.
分布：贵州、云南、西藏、广东、广西

宽羽线蕨 Leptochilus ellipticus var. **pothifolius** (Buch.-Ham. ex D. Don) X. C. Zhang
分布：浙江、江西、湖南、重庆、贵州、云南、福建、台湾、广西、海南、香港；不丹、印度、日本、缅甸、尼泊尔、菲律宾、泰国、越南

断线蕨 Leptochilus hemionitideus (C. Presl) Noot.
分布：安徽、江西、四川、贵州、云南、西藏、福建、台湾、广东、广西、海南；不丹、印度、日本、尼泊尔、泰国

矩圆线蕨 Leptochilus henryi (Baker) X. C. Zhang
分布：陕西、浙江、江西、湖南、湖北、四川、重庆、贵州、云南、福建、台湾、广西

绿叶线蕨 Leptochilus leveillei (Christ) X. C. Zhang et Noot.
分布：贵州、福建、广东、广西

具柄线蕨 Leptochilus pedunculatus (Hook. et Grev.) Fraser-Jenk.
分布：云南、广西、海南；印度、印度尼西亚、泰国、越南

褐叶线蕨 Leptochilus wrightii (Hook. et Baker) X. C. Zhang
分布：江西、云南、福建、台湾、广西、香港；日本、越南

异叶线蕨 Leptochilus × beddomei (Manickam et Irudayaraj) X. C. Zhang et Noot.
分布：云南；印度、缅甸

胄叶线蕨 Leptochilus × hemitomus (Hance) Noot.
分布：浙江、江西、湖南、四川、贵州、福建、广东、广西、海南；日本、印度尼西亚、马来西亚、越南

新店线蕨 Leptochilus × shintenensis (Hayata) X. C. Zhang et Noot.
分布：台湾；日本

剑蕨属 Loxogramme (Blume) C. Presl

顶生剑蕨 Loxogramme acroscopa (Christ) C. Chr.
分布：贵州、云南；越南

黑鳞剑蕨 Loxogramme assimilis Ching
分布：四川、重庆、贵州、云南、广西；越南

剑蕨 Loxogramme avenia (Blume) C. Presl
分布：云南；印度尼西亚、马来西亚、缅甸、泰国、越南

中华剑蕨 Loxogramme chinensis Ching
分布：安徽、浙江、江西、湖南、四川、重庆、贵州、云南、西藏、福建、台湾、广东、广西；不丹、印度、缅甸、尼泊尔、泰国、越南

西藏剑蕨 Loxogramme cuspidata (Zenker) M. G. Price
分布：四川、云南、西藏；不丹、印度、尼泊尔

褐柄剑蕨 Loxogramme duclouxii Christ
分布：河南、陕西、甘肃、安徽、浙江、江西、湖南、湖北、四川、重庆、贵州、云南、台湾、广西；印度、日本、韩国、泰国、越南

台湾剑蕨 Loxogramme formosana Nakai
分布：四川、重庆、贵州、云南、台湾

匙叶剑蕨 Loxogramme grammitoides (Baker) C. Chr.
分布：河南、陕西、甘肃、安徽、浙江、江西、湖南、湖北、四川、重庆、贵州、云南、西藏、福建、台湾；日本

内卷剑蕨 Loxogramme involuta (D. Don) C. Presl
分布：云南、西藏；印度、尼泊尔、泰国、越南

老街剑蕨 Loxogramme lankokiensis (Rosenst.) C. Chr.
分布：贵州、云南、西藏、广东；泰国、越南

拟内卷剑蕨 Loxogramme porcata M. G. Price
分布：云南、西藏；不丹、印度、缅甸、尼泊尔、泰国

柳叶剑蕨 Loxogramme salicifolia (Makino) Makino
分布：河南、甘肃、安徽、浙江、江西、湖南、湖北、四川、重庆、贵州、台湾、广东、广西；日本、韩国、越南

篦齿蕨属 Metapolypodium Ching

篦齿蕨 Metapolypodium manmeiense (Christ) Ching
分布：四川、贵州、云南；柬埔寨、印度、老挝、缅甸、泰国、越南

栗柄篦齿蕨 Metapolypodium microrhizoma (C. B. Clarke ex Baker) S. G. Lu et L. H. Yang
分布：四川、云南、西藏、台湾；不丹、印度、缅甸、尼泊尔、泰国

锯蕨属 Micropolypodium Hayata

锯蕨 Micropolypodium okuboi (Yatabe) Hayata
分布：浙江、湖南、贵州、福建、台湾、广东、广西、海南；日本

锡金锯蕨 Micropolypodium sikkimense (Hieron.) X. C. Zhang
分布：湖南、四川、贵州、云南、西藏、广西；不丹、印度、尼泊尔、越南

星蕨属 Microsorum Link

羽裂星蕨 **Microsorum insigne** (Blume) Copel.

分布：江西、湖南、四川、贵州、云南、西藏、福建、台湾、广东、广西、海南；不丹、印度、印度尼西亚、日本、马来西亚、缅甸、尼泊尔、菲律宾、斯里兰卡、泰国、越南

膜叶星蕨 **Microsorum membranaceum** (D. Don) Ching

分布：四川、贵州、云南、西藏、台湾、广东、广西、海南；不丹、印度、克什米尔地区、缅甸、尼泊尔、斯里兰卡、泰国、越南

有翅星蕨 **Microsorum pteropus** (Blume) Copel.

分布：江西、湖南、贵州、云南、福建、台湾、广西、海南、香港；印度、印度尼西亚、日本、老挝、马来西亚、缅甸、尼泊尔、巴布亚新几内亚、菲律宾、泰国、越南

星蕨 **Microsorum punctatum** (L.) Copel.

分布：重庆、福建、甘肃、广东、广西、贵州、海南、湖北、湖南、四川、台湾、云南；印度、印度尼西亚、马来西亚、缅甸、巴布亚新几内亚、菲律宾、斯里兰卡、泰国、越南、澳大利亚、印度洋岛屿(马斯克林群岛)、马达加斯加、太平洋岛屿；非洲

广叶星蕨 **Microsorum steerei** (Harr.) Ching

分布：贵州、广西、台湾；越南

扇蕨属 Neocheiropteris Christ

扇蕨 **Neocheiropteris palmatopedata** (Baker) Christ

分布：四川、贵州、云南

三叉扇蕨 **Neocheiropteris triglossa** (Baker) Ching

分布：云南

盾蕨属 Neolepisorus Ching

盾蕨 **Neolepisorus ensatus** (Thunb.) Ching

分布：四川、贵州、云南、台湾；印度、日本、韩国、菲律宾

江南星蕨 **Neolepisorus fortunei** (T. Moore) Li Wang

分布：陕西、甘肃、安徽、浙江、湖南、湖北、四川、贵州、云南、西藏、台湾、广西；马来西亚、缅甸、越南

小盾蕨 **Neolepisorus minor** W. M. Chu

分布：云南、浙江

卵叶盾蕨 **Neolepisorus ovatus** (Wall. ex Bedd.) Ching

分布：安徽、江苏、浙江、江西、湖南、湖北、四川、重庆、贵州、云南、广东、广西；越南

显脉星蕨 **Neolepisorus zippelii** (Blume) Li Wang

分布：贵州、云南、广东、广西、海南；印度、印度尼西亚、马来西亚、菲律宾、泰国

滨禾蕨属 Oreogrammitis Copel.

无毛滨禾蕨 **Oreogrammitis adspersa** (Blume) Parris

分布：台湾、海南；婆罗洲、印度尼西亚、马来西亚、巴布亚新几内亚、菲律宾、泰国、越南、太平洋岛屿

南亚滨禾蕨 **Oreogrammitis congener** (Blume) Parris

分布：台湾；婆罗洲、柬埔寨、印度尼西亚、马来西亚、菲律宾、泰国、越南

短柄滨禾蕨 **Oreogrammitis dorsipila** (Christ) Parris

分布：浙江、江西、福建、广东、广西；柬埔寨、日本、老挝、泰国、越南

海南滨禾蕨 **Oreogrammitis hainanensis** Parris

分布：海南

长孢滨禾蕨 **Oreogrammitis nuda** (Tagawa) Parris

分布：台湾

毛滨禾蕨 **Oreogrammitis reinwardtii** (Blume) Parris

分布：台湾；婆罗洲、印度尼西亚、马来西亚、巴布亚新几内亚、菲律宾、斯里兰卡、泰国、越南、澳大利亚、太平洋岛屿

隐脉滨禾蕨 **Oreogrammitis sinohirtella** Parris

分布：浙江、江西、湖南、贵州、福建、广东、广西；泰国、越南

顶育蕨属 Photinopteris J. Sm.

顶育蕨 **Photinopteris acuminata** (Willd.) C. V. Morton

分布：云南；印度尼西亚、老挝、马来西亚、菲律宾、泰国、越南

瘤蕨属 Phymatosorus Pic. Serm.

光亮瘤蕨 **Phymatosorus cuspidatus** (D. Don) Pic. Serm.

分布：四川、贵州、云南、西藏、广东、广西、海南；印度、老挝、缅甸、尼泊尔、泰国、越南

阔鳞瘤蕨 **Phymatosorus hainanensis** (Noot.) S. G. Lu

分布：海南；印度、越南

矛叶瘤蕨 **Phymatosorus lanceus** (Ching et Chu H. Wang) S. G. Lu

分布：海南

多羽瘤蕨 **Phymatosorus longissimus** (Blume) Pic. Serm.

分布：云南、台湾、海南、香港；印度、印度尼西亚、日本、马来西亚、菲律宾、斯里兰卡、泰国、越南、波利尼西亚

显脉瘤蕨 **Phymatosorus membranifolius** (R. Br.) S. G. Lu

分布：云南、台湾、海南；柬埔寨、印度、印度尼西亚、马来西亚、菲律宾、斯里兰卡、泰国、越南、波利尼西亚

瘤蕨 **Phymatosorus scolopendria** (Burm. f.) Pic. Serm.

分布：台湾、广东、海南；印度、日本、马来西亚、缅甸、巴布亚新几内亚、菲律宾、斯里兰卡、泰国、越南、澳大利亚、波利尼西亚；非洲

鹿角蕨属 Platycerium Desv.

绿孢鹿角蕨 **Platycerium wallichii** Hook.

分布：云南；印度、马来西亚、缅甸、泰国

睫毛蕨属 Pleurosoriopsis Fomin

睫毛蕨 **Pleurosoriopsis makinoi** (Maxim. ex Makino) Fomin

分布：黑龙江、辽宁、山西、甘肃、四川、贵州、云南；日本、韩国、俄罗斯

拟水龙骨属 Polypodiastrum Ching

尖齿拟水龙骨 **Polypodiastrum argutum** (Wall. ex Hook.) Ching

分布：贵州、云南、西藏、广西；不丹、印度、缅甸、泰国、尼泊尔

尖齿拟水龙骨(原变种) **Polypodiastrum argutum** var. **argutum**

分布：贵州、云南、西藏、广西；不丹、印度、缅甸、泰国、尼泊尔

狭羽拟水龙骨 **Polypodiastrum argutum** var. **angustum** Ching et S. K. Wu

分布：西藏

川拟水龙骨 **Polypodiastrum dielseanum** (C. Chr.) Ching

分布：四川、贵州、云南；印度

蒙自拟水龙骨 **Polypodiastrum mengtzeense** (Christ) Ching

分布：贵州、云南、台湾、广东、广西；印度、老挝、尼泊尔、菲律宾、泰国、越南

水龙骨属 Polypodiodes Ching

友水龙骨 **Polypodiodes amoena** (Wall. ex Mett.) Ching

分布：山西、安徽、浙江、江西、湖南、湖北、四川、贵州、云南、西藏、台湾、广东、广西；不丹、印度、老挝、缅甸、尼泊尔、泰国、越南

友水龙骨(原变种) **Polypodiodes amoena** var. **amoena**

分布：山西、安徽、浙江、江西、湖南、湖北、四川、贵州、云南、西藏、台湾、广东、广西；不丹、印度、老挝、缅甸、尼泊尔、泰国、越南

红秆水龙骨 **Polypodiodes amoena** var. **duclouxi** (Christ) Ching

分布：四川、云南

柔毛水龙骨 **Polypodiodes amoena** var. **pilosa** (C. B. Clarke et Baker) S. R. Ghosh

分布：浙江、湖北、四川、贵州、云南、西藏；印度、尼泊尔

滇越水龙骨 **Polypodiodes bourretii** (C. Chr. et Tardieu) W. M. Chu

分布：贵州、云南；越南

中华水龙骨 **Polypodiodes chinensis** (Christ) S. G. Lu

分布：河北、山西、河南、陕西、甘肃、安徽、浙江、江西、湖北、四川、贵州、云南、台湾、广东

台湾水龙骨 **Polypodiodes formosana** (Baker) Ching

分布：福建、台湾；日本

喜马拉雅水龙骨 **Polypodiodes hendersonii** (Bedd.) Fraser-Jenk.

分布：西藏；印度、尼泊尔

濑水龙骨 **Polypodiodes lachnopus** (Wall. ex Hook.) Ching

分布：四川、云南、西藏；不丹、印度、尼泊尔

日本水龙骨 **Polypodiodes niponica** (Mett.) Ching

分布：山西、甘肃、安徽、江苏、浙江、江西、湖南、湖北、四川、贵州、云南、西藏、福建、台湾、广东、广西；印度、日本、越南

假毛柄水龙骨 **Polypodiodes pseudolachnopus** S. G. Lu

分布：四川、西藏、云南

大叶水龙骨 **Polypodiodes raishaensis** (Rosenst.) S. G. Lu

分布：台湾

假友水龙骨 **Polypodiodes subamoena** (C. B. Clarke) Ching

分布：云南、西藏；印度、尼泊尔

光茎水龙骨 **Polypodiodes wattii** (Bedd.) Ching

分布：四川、云南、西藏；印度、缅甸、越南

多足蕨属 Polypodium L.

东北水龙骨 **Polypodium sibiricum** Sipl.

分布：黑龙江、吉林、内蒙古、河北；日本、韩国、蒙古

国、俄罗斯；北美洲

欧亚水龙骨 **Polypodium vulgare** L.

分布：新疆；俄罗斯；欧洲

穴子蕨属 Prosaptia C. Presl

海南穴子蕨 **Prosaptia barathrophylla** (Baker) M. G. Price

分布：海南；婆罗洲、柬埔寨、印度尼西亚、马来西亚、菲律宾、泰国、越南

南亚穴子蕨 **Prosaptia celebica** (Blume) Tagawa et K. Iwats.

分布：台湾；婆罗洲、印度尼西亚、马来西亚、菲律宾、泰国

缘生穴子蕨 **Prosaptia contigua** (G. Forst.) C. Presl

分布：云南、台湾、广东、海南；婆罗洲、印度、印度尼西亚、马来西亚、巴布亚新几内亚、菲律宾、斯里兰卡、泰国、澳大利亚、太平洋岛屿

中间穴子蕨 **Prosaptia intermedia** (Ching) Tagawa

分布：云南、广东、广西、海南；越南

俯垂穴子蕨 **Prosaptia nutans** (Blume) Mett.

分布：台湾；婆罗洲、印度尼西亚、马来西亚、巴布亚新几内亚、菲律宾

密毛穴子蕨 **Prosaptia obliquata** (Blume) Mett.

分布：台湾、海南；婆罗洲、印度、印度尼西亚、马来西亚、巴布亚新几内亚、菲律宾、斯里兰卡、泰国、越南

台湾穴子蕨 **Prosaptia urceolaris** (Hayata) Copel.

分布：台湾；菲律宾

石韦属 Pyrrosia Mirb.

贴生石韦 **Pyrrosia adnascens** (Sw.) Ching

分布：云南、福建、台湾、广东、广西、海南；柬埔寨、印度、尼泊尔、泰国、越南

石蕨 **Pyrrosia angustissima** (Giesenh. ex Diels) Tagawa et K. Iwats.

分布：山西、河南、陕西、甘肃、安徽、浙江、江西、湖南、湖北、重庆、贵州、福建、台湾、广东、广西；日本、泰国

相近石韦 **Pyrrosia assimilis** (Baker) Ching

分布：河南、新疆、安徽、浙江、江西、湖南、四川、贵州、云南、福建、广东、广西

波氏石韦 **Pyrrosia bonii** (Christ ex Giesenh.) Ching

分布：贵州、广西；越南

冯氏石韦 **Pyrrosia boothii** (Hook.) Ching

分布：云南、西藏；不丹、印度

光石韦 **Pyrrosia calvata** (Baker) Ching

分布：陕西、甘肃、浙江、湖南、湖北、四川、贵州、云南、福建、广东、广西

下延石韦 **Pyrrosia costata** (Wall. ex C. Presl) Tagawa et K. Iwats.

分布：云南、西藏；不丹、印度、缅甸、尼泊尔、泰国、越南

华北石韦 **Pyrrosia davidii** (Giesenh. ex Diels) Ching

分布：辽宁、内蒙古、河北、山西、山东、河南、陕西、甘肃、湖南、湖北、四川、贵州、云南、西藏、台湾

毡毛石韦 **Pyrrosia drakeana** (Franch.) Ching

分布：河南、陕西、甘肃、湖北、四川、贵州、云南、西藏、广西；印度

琼崖石韦 **Pyrrosia eberhardtii** (Christ) Ching

分布：广东、海南；泰国、越南

剑叶石韦 **Pyrrosia ensata** Ching ex K. H. Shing

分布：云南、西藏

卷毛石韦 **Pyrrosia flocculosa** (D. Don) Ching

分布：云南、广西；孟加拉国、不丹、印度、克什米尔地区、缅甸、尼泊尔、泰国、越南

戟叶石韦 **Pyrrosia hastata** (Houtt.) Ching

分布：安徽；日本、韩国

纸质石韦 **Pyrrosia heteractis** (Mett. ex Kuhn) Ching

分布：四川、云南、西藏、广西、海南；不丹、印度、缅甸、泰国、越南

平滑石韦 **Pyrrosia laevis** (J. Sm. ex Bedd.) Ching

分布：云南；印度、缅甸

披针叶石韦 **Pyrrosia lanceolata** (L.) Farw.

分布：西藏、云南；孟加拉国、不丹、印度、印度尼西亚、老挝、马来西亚、缅甸、尼泊尔、巴布亚新几内亚、菲律宾、斯里兰卡、泰国、越南、印度洋岛屿(留尼汪岛)；非洲

线叶石韦 **Pyrrosia linearifolia** (Hook.) Ching

分布：吉林、台湾；日本、韩国

石韦 **Pyrrosia lingua** (Thunb.) Farw.

分布：辽宁、甘肃、安徽、江苏、浙江、江西、湖南、四川、贵州、云南、福建、台湾、广东、广西、海南；印度、日本、韩国、缅甸、越南

南洋石韦 **Pyrrosia longifolia** (Burm. f.) C. V. Morton

分布：云南、海南；柬埔寨、印度尼西亚、老挝、马来西

亚、缅甸、巴布亚新几内亚、菲律宾、新加坡、泰国、越南、澳大利亚、太平洋岛屿；亚洲

蔓氏石韦 **Pyrrosia mannii** (Giesenh.) Ching

分布：云南、西藏；不丹、印度、缅甸、尼泊尔、泰国

裸叶石韦 **Pyrrosia nuda** (Giesenh.) Ching

分布：四川、云南、海南；不丹、印度、缅甸、尼泊尔

钱币石韦 **Pyrrosia nummulariifolia** (Sw.) Ching

分布：云南；不丹、印度、印度尼西亚、缅甸、菲律宾、泰国

有柄石韦 **Pyrrosia petiolosa** (Christ) Ching

分布：吉林、河北、山西、山东、河南、陕西、江苏、浙江、湖北、四川、贵州、云南；韩国、蒙古国、俄罗斯

抱树石韦 **Pyrrosia piloselloides** (L.) M. G. Price

分布：云南、广西、海南；孟加拉国、柬埔寨、印度、印度尼西亚、老挝、马来西亚、缅甸、巴布亚新几内亚、菲律宾、泰国、越南

槭叶石韦 **Pyrrosia polydactylos** (Hance) Ching

分布：台湾

柔软石韦 **Pyrrosia porosa** (C. Presl) Hovenk.

分布：四川、贵州、云南、西藏、台湾、广西、海南；不丹、印度、缅甸、菲律宾、斯里兰卡、泰国、越南

庐山石韦 **Pyrrosia sheareri** (Baker) Ching

分布：安徽、浙江、江西、湖北、四川、贵州、云南、福建、台湾、广东、广西；越南

相似石韦 **Pyrrosia similis** Ching

分布：四川、贵州、广西

狭叶石韦 **Pyrrosia stenophylla** (Bedd.) Ching

分布：云南、西藏；不丹、印度、缅甸、尼泊尔

柱状石韦 **Pyrrosia stigmosa** (Sw.) Ching

分布：云南、西藏；柬埔寨、印度、印度尼西亚、马来西亚、缅甸、斯里兰卡、泰国、越南

绒毛石韦 **Pyrrosia subfurfuracea** (Hook.) Ching

分布：云南、西藏；不丹、印度、越南

中越石韦 **Pyrrosia tonkinensis** (Giesenh.) Ching

分布：贵州、云南、广东、广西、海南；老挝、泰国、越南

辐禾蕨属 **Radiogrammitis** Parris

无鳞辐禾蕨 **Radiogrammitis alepidota** (M. G. Price) Parris

分布：台湾；菲律宾、越南

牟氏辐禾蕨 **Radiogrammitis moorei** Parris et Ralf Knapp

分布：台湾

刚毛辐禾蕨 **Radiogrammitis setigera** (Blume) Parris

分布：台湾；婆罗洲、印度尼西亚、巴布亚新几内亚、菲律宾

台湾辐禾蕨 **Radiogrammitis taiwanensis** Parris et Ralf Knapp

分布：台湾

革舌蕨属 **Scleroglossum** Alderw.

革舌蕨 **Scleroglossum sulcatum** (Kuhn) Alderw.

分布：台湾、海南；婆罗洲、印度尼西亚、马来西亚、巴布亚新几内亚、菲律宾、斯里兰卡、泰国、越南、太平洋岛屿

修蕨属 **Selliguea** Bory

弯弓假瘤蕨 **Selliguea albidoglauca** (C. Chr.) S. G. Lu, Hovenk. et M. G. Gilbert

分布：四川、云南、西藏；不丹、印度、尼泊尔

灰鳞假瘤蕨 **Selliguea albipes** (C. Chr. et Ching) S. G. Lu, Hovenkamp et M. G. Gilbert

分布：江西、湖南、云南、福建、广东、广西

鹅绒假瘤蕨 **Selliguea chenopus** (Christ) S. G. Lu, Hovenk. et M. G. Gilbert

分布：云南

白茎假瘤蕨 **Selliguea chrysotricha** (C. Chr.) Fraser-Jenk.

分布：云南；缅甸

交连假瘤蕨 **Selliguea conjuncta** (Ching) S. G. Lu, Hovenk. et M. G. Gilbert

分布：河南、陕西、安徽、湖南、湖北、四川、贵州、云南、西藏、福建、广西

钝羽假瘤蕨 **Selliguea conmixta** (Ching) S. G. Lu, Hovenk. et M. G. Gilbert

分布：四川、云南

耿马假瘤蕨 **Selliguea connexa** (Ching) S. G. Lu, Hovenk. et M. G. Gilbert

分布：云南

紫柄假瘤蕨 **Selliguea crenatopinnata** (C. B. Clarke) S. G. Lu, Hovenk. et M. G. Gilbert

分布：湖南、四川、贵州、云南、西藏、广西；印度

十字假瘤蕨 **Selliguea cruciformis** (Ching) Fraser-Jenk.

分布：广东；越南

指叶假瘤蕨 **Selliguea dactylina** S. G. Lu, Hovenk. et M. G. Gilbert

分布：四川、浙江

大围山假瘤蕨 **Selliguea daweishanensis** (S. G. Lu) S. G. Lu, Hovenk. et M. G. Gilbert
分布：云南

掌叶假瘤蕨 **Selliguea digitata** (Ching) S. G. Lu, Hovenk. et M. G. Gilbert
分布：浙江、贵州、广东

黑鳞假瘤蕨 **Selliguea ebenipes** (Hook.) S. Lindsay
分布：湖南、四川、云南、西藏；不丹、印度、尼泊尔、泰国

黑鳞假瘤蕨(原变种) **Selliguea ebenipes** var. **ebenipes**
分布：湖南、四川、云南、西藏；不丹、印度、尼泊尔、泰国

毛轴黑鳞假瘤蕨 **Selliguea ebenipes** var. **oakesii** (C. B. Clarke)
分布：云南、西藏；印度

大叶玉山假瘤蕨 **Selliguea echinospora** (Tagawa) Fraser-Jenk.
分布：台湾

恩氏假瘤蕨 **Selliguea engleri** (Luerss.) Fraser-Jenk.
分布：浙江、江西、贵州、福建、台湾、广西；日本、韩国

修蕨 **Selliguea feei** Bory
分布：广东；印度尼西亚、马来西亚、菲律宾、波利尼西亚

刺齿假瘤蕨 **Selliguea glaucopsis** (Franch.) S. G. Lu, Hovenk. et M. G. Gilbert
分布：四川、云南；印度

大果假瘤蕨 **Selliguea griffithiana** (Hook.) Fraser-Jenk.
分布：安徽、四川、贵州、云南、西藏；不丹、印度、缅甸、尼泊尔、泰国、越南

海南假瘤蕨 **Selliguea hainanensis** (Ching) S. G. Lu, Hovenk. et M. G. Gilbert
分布：云南、海南

金鸡脚假瘤蕨 **Selliguea hastata** (Thunb.) Fraser-Jenk.
分布：山东、河南、陕西、甘肃、安徽、江苏、浙江、江西、湖南、湖北、四川、贵州、云南、西藏、福建、台湾、广东、广西；日本、韩国、菲律宾、俄罗斯

昆明假瘤蕨 **Selliguea hirtella** (Ching) S. G. Lu, Hovenk. et M. G. Gilbert
分布：云南

圆齿假瘤蕨 **Selliguea incisocrenata** (Ching ex W. M. Chu et S. G. Lu) S. G. Lu, Hovenk. et M. G. Gilbert
分布：云南

金平假瘤蕨 **Selliguea kingpingensis** (Ching) S. G. Lu, Hovenk. et M. G. Gilbert
分布：云南

丽江假瘤蕨 **Selliguea likiangensis** (Ching) S. G. Lu, Hovenk. et M. G. Gilbert
分布：云南

宽底假瘤蕨 **Selliguea majoensis** (C. Chr.) Fraser-Jenk.
分布：陕西、安徽、江西、湖南、湖北、四川、贵州、云南、广西

芒刺假瘤蕨 **Selliguea malacodon** (Hook.) S. G. Lu, Hovenk. et M. G. Gilbert
分布：西藏

乌鳞假瘤蕨 **Selliguea nigropaleacea** (Ching) S. G. Lu, Hovenkamp et M. G. Gilbert
分布：四川、云南

毛叶假瘤蕨 **Selliguea nigrovenia** (Christ) S. G. Lu, Hovenk. et M. G. Gilbert
分布：湖北、四川、云南

长圆假瘤蕨 **Selliguea oblongifolia** (S. K. Wu) S. G. Lu, Hovenk. et M. G. Gilbert
分布：云南

圆顶假瘤蕨 **Selliguea obtusa** (Ching) S. G. Lu, Hovenk. et M. G. Gilbert
分布：云南、西藏、广西、海南

峨眉假瘤蕨 **Selliguea omeiensis** (Ching) S. G. Lu, Hovenk. et M. G. Gilbert
分布：四川

尖裂假瘤蕨 **Selliguea oxyloba** (Wall. ex Kunze) Fraser-Jenk.
分布：四川、云南、广东、广西；印度、缅甸、尼泊尔、泰国、越南

透明叶假瘤蕨 **Selliguea pellucidifolia** (Hayata) S. G. Lu, Hovenk. et M. G. Gilbert
分布：台湾

片马假瘤蕨 **Selliguea pianmaensis** (W. M. Chu) S. G. Lu, Hovenk. et M. G. Gilbert
分布：云南

展羽假瘤蕨 **Selliguea quasidivaricata** (Hayata) H. Ohashi et K. Ohashi
分布：台湾

喙叶假瘤蕨 **Selliguea rhynchophylla** (Hook.) Fraser-Jenk.

分布：江西、湖南、湖北、四川、贵州、云南、福建、台湾、广东、广西；柬埔寨、印度、印度尼西亚、老挝、缅甸、尼泊尔、菲律宾、泰国、越南

紫边假瘤蕨 **Selliguea roseomarginata** (Ching) S. G. Lu, Hovenk. et M. G. Gilbert

分布：云南

陕西假瘤蕨 **Selliguea senanensis** (Maxim.) S. G. Lu, Hovenk. et M. G. Gilbert

分布：山西、河南、陕西、四川、云南、西藏；日本

尾尖假瘤蕨 **Selliguea stewartii** (Bedd.) S. G. Lu, Hovenk. et M. G. Gilbert

分布：四川、云南、西藏；印度、尼泊尔

斜下假瘤蕨 **Selliguea stracheyi** (Ching) S. G. Lu, Hovenk. et M. G. Gilbert

分布：湖北、四川、云南、西藏；不丹、印度、尼泊尔

镰羽假瘤蕨 **Selliguea taeniata** (Sw.) Parris

分布：台湾；文莱、印度尼西亚、马来西亚、菲律宾

台湾假瘤蕨 **Selliguea taiwanensis** (Tagawa) H. Ohashi et K. Ohashi

分布：台湾

细柄假瘤蕨 **Selliguea tenuipes** (Ching) S. G. Lu, Hovenk. et M. G. Gilbert

分布：四川、贵州

西藏假瘤蕨 **Selliguea tibetana** (Ching et S. K. Wu) S. G. Lu, Hovenk. et M. G. Gilbert

分布：云南、西藏

三指假瘤蕨 **Selliguea trilobus** (Houtt.) M. G. Price

分布：海南；印度尼西亚、马来西亚、菲律宾、泰国、越南

三出假瘤蕨 **Selliguea trisecta** (Baker) Fraser-Jenk.

分布：四川、贵州、云南；缅甸、泰国

无量山假瘤蕨 **Selliguea wuliangshanense** (W. M. Chu) S. G. Lu, Hovenk. et M. G. Gilbert

分布：云南

屋久假瘤蕨 **Selliguea yakushimensis** (Makino) Fraser-Jenk.

分布：浙江、江西、湖南、贵州、福建、台湾、广西；日本、韩国

蒿蕨属 **Themelium** (T. Moore) Parris

蒿蕨 **Themelium blechnifrons** (Hayata) Parris

分布：台湾；菲律宾

细叶蒿蕨 **Themelium tenuisectum** (Blume) Parris

分布：台湾；婆罗洲、印度尼西亚、马来西亚、巴布亚新几内亚、菲律宾、泰国、太平洋岛屿

裂禾蕨属 **Tomophyllum** (E. Fourn.) Parris

裂禾蕨 **Tomophyllum donianum** (Spreng.) Fraser-Jenk. et Parris

分布：安徽、湖南、四川、贵州、云南、西藏、台湾；不丹、印度、尼泊尔

毛鳞蕨属 **Tricholepidium** Ching

毛鳞蕨 **Tricholepidium normale** (D. Don) Ching

分布：云南、西藏、广西；不丹、印度、印度尼西亚、马来西亚、缅甸、尼泊尔、泰国、越南

剑羽蕨属 **Xiphopterella** Parris

剑羽蕨 **Xiphopterella devolii** S. J. Moore

分布：浙江、福建、台湾、广东、广西；越南

181. 松叶蕨科 Psilotaceae J. W. Griff. et Henfr.

松叶蕨属 **Psilotum** Sw.

松叶蕨 **Psilotum nudum** (L.) P. Beauv.

分布：陕西、安徽、江苏、浙江、江西、湖南、四川、重庆、贵州、云南、福建、台湾、广东、广西、海南；广布于旧世界和新世界的热带及亚热带地区，向北延伸至韩国和日本

182. 凤尾蕨科 Pteridaceae E. D. M. Kirchn.

卤蕨属 **Acrostichum** L.

卤蕨 **Acrostichum aureum** L.

分布：云南、台湾、广东、广西、海南；泛热带地区

尖叶卤蕨 **Acrostichum speciosum** Willd.

分布：广东、海南；马来西亚、泰国、越南、澳大利亚；热带亚洲

铁线蕨属 **Adiantum** L.

毛足铁线蕨 **Adiantum bonatianum** Brause

分布：贵州、云南、湖南、四川

毛足铁线蕨(原变种) **Adiantum bonatianum** var. **bonatianum**

分布：四川、贵州、云南

无芒铁线蕨 Adiantum bonatianum var. **subaristatum** Ching
分布：四川

圆齿铁线蕨 Adiantum breviserratum (Ching) Ching et Y. X. Lin
分布：云南、西藏

团羽铁线蕨 Adiantum capillus-junonis Rupr.
分布：河北、山东、河南、甘肃、四川、贵州、云南、台湾、广东、广西；日本、韩国

铁线蕨 Adiantum capillus-veneris L.
分布：安徽、河北、山西、河南、陕西、江苏、浙江、江西、湖南、湖北、四川、贵州、云南、西藏、福建、台湾、广东、广西；日本、越南；大洋洲

鞭叶铁线蕨 Adiantum caudatum L.
分布：福建、贵州、云南、台湾、广东、广西、海南；不丹、柬埔寨、印度、印度尼西亚、老挝、马来西亚、缅甸、尼泊尔、菲律宾、泰国、越南；广布于旧世界热带

北江铁线蕨 Adiantum chienii Ching
分布：广东

白背铁线蕨 Adiantum davidii Franch.
分布：河北、山西、河南、陕西、甘肃、四川、贵州、云南

长尾铁线蕨 Adiantum diaphanum Blume
分布：江西、福建、台湾、广东、海南；印度尼西亚、马来西亚、越南、澳大利亚、新西兰、波利尼西亚

普通铁线蕨 Adiantum edgeworthii Hook.
分布：辽宁、河北、北京、天津、河南、甘肃、湖北、四川、重庆、贵州、云南、西藏、台湾、广西、陕西、山东；越南、缅甸、印度、尼泊尔、日本、菲律宾

肾盖铁线蕨 Adiantum erythrochlamys Diels
分布：河南、湖北、四川、贵州、西藏、台湾

冯氏铁线蕨 Adiantum fengianum Ching
分布：云南

长盖铁线蕨 Adiantum fimbriatum Christ
分布：河北、山西、陕西、甘肃、青海、四川、云南、西藏

扇叶铁线蕨 Adiantum flabellulatum L.
分布：安徽、浙江、江西、湖南、四川、贵州、云南、福建、台湾、广东、广西、海南；印度、印度尼西亚、日本、马来西亚、缅甸、菲律宾、斯里兰卡、泰国、越南

深山铁线蕨 Adiantum formosanum Tagawa
分布：台湾

白垩铁线蕨 Adiantum gravesii Hance
分布：浙江、湖南、湖北、四川、贵州、云南、广东、广西；越南

毛叶铁线蕨 Adiantum hispidulum Sw.
分布：广东、云南、台湾；印度、印度尼西亚、马来西亚、菲律宾、太平洋岛屿

圆柄铁线蕨 Adiantum induratum Christ
分布：云南、广东、广西、海南；越南

仙霞铁线蕨 Adiantum juxtapositum Ching
分布：福建

粤铁线蕨 Adiantum lianxianense Ching et Y. X. Lin
分布：广东

假鞭叶铁线蕨 Adiantum malesianum J. Ghatak
分布：江西、湖南、四川、贵州、云南、台湾、广东、广西、海南；印度、印度尼西亚、马来西亚、缅甸、菲律宾、斯里兰卡、泰国、越南、波利尼西亚

小铁线蕨 Adiantum mariesii Baker
分布：湖北、四川、贵州、广西

梅山铁线蕨 Adiantum meishanianum F. S. Hsu ex Yea C. Liu et W. L. Chiou
分布：台湾

孟连铁线蕨 Adiantum menglianense Y. Y. Qian
分布：云南

单盖铁线蕨 Adiantum monochlamys D. C. Eaton
分布：浙江、四川、贵州、台湾；日本、韩国

灰背铁线蕨 Adiantum myriosorum Baker
分布：河南、陕西、甘肃、安徽、浙江、湖南、湖北、四川、贵州、云南、西藏、台湾；不丹、印度、克什米尔地区、缅甸、尼泊尔

掌叶铁线蕨 Adiantum pedatum L.
分布：甘肃、黑龙江、吉林、辽宁、河北、山西、河南、陕西、青海、四川、云南、西藏；不丹、印度、日本、韩国、尼泊尔；北美洲

半月形铁线蕨 Adiantum philippense L.
分布：四川、贵州、云南、台湾、广东、广西、海南；不丹、印度、印度尼西亚、克什米尔地区、马来西亚、缅甸、尼泊尔、菲律宾、泰国、越南；非洲、大洋洲

月芽铁线蕨 Adiantum refractum Christ
分布：陕西、浙江、湖南、湖北、四川、贵州、云南、

西藏

荷叶铁线蕨 Adiantum reniforme var. **sinense** Y. X. Lin

分布：四川

陇南铁线蕨 Adiantum roborowskii Maxim.

分布：陕西、甘肃、青海、湖北、四川、贵州、西藏、台湾

陇南铁线蕨(原变种) Adiantum roborowskii var. **roborowskii**

分布：陕西、甘肃、青海、四川、贵州

峨眉铁线蕨 Adiantum roborowskii var. **faberi** (Baker) Y. X. Lin et Prado

分布：湖北、四川

台湾高山铁线蕨 Adiantum roborowskii var. **taiwanianum** (Tagawa) W. C. Shieh

分布：台湾

苍山铁线蕨 Adiantum sinicum Ching

分布：云南

翅柄铁线蕨 Adiantum soboliferum Wall. ex Hook.

分布：云南、台湾、广东、广西、海南；印度、印度尼西亚、尼泊尔、菲律宾、越南；非洲和亚洲的热带和亚热带地区

昌化铁线蕨 Adiantum subpedatum Ching

分布：浙江

西藏铁线蕨 Adiantum tibeticum Ching

分布：西藏；阿富汗、不丹、印度、克什米尔地区、尼泊尔

细叶铁线蕨 Adiantum venustum D. Don

分布：云南、西藏；不丹、印度、克什米尔地区、缅甸、尼泊尔

粉背蕨属 Aleuritopteris Fée

小叶中国蕨 Aleuritopteris albofusca (Baker) Pic. Serm.

分布：河北、甘肃、湖南、四川、贵州、云南、西藏

白边粉背蕨 Aleuritopteris albomarginata (C. B. Clarke) Ching

分布：四川、贵州、云南、西藏、广西；不丹、印度、克什米尔地区、尼泊尔、巴基斯坦

粉背蕨 Aleuritopteris anceps (Blanf.) Panigrahi

分布：浙江、江西、湖南、四川、贵州、云南、福建、广东、广西；不丹、印度、克什米尔地区、尼泊尔、巴基斯坦

银粉背蕨 Aleuritopteris argentea (S. G. Gmelin) Fée

分布：中国广布；不丹、日本、韩国、蒙古国、尼泊尔、俄罗斯

银粉背蕨(原变种) Aleuritopteris argentea var. **argentea**

分布：中国广布；不丹、日本、韩国、蒙古国、尼泊尔、俄罗斯

陕西粉背蕨 Aleuritopteris argentea var. **obscura** (Christ) Ching

分布：辽宁、河北、山西、山东、河南、陕西、甘肃、青海、四川、贵州、云南

金粉背蕨 Aleuritopteris chrysophylla (Hook.) Ching

分布：云南、广西、海南；不丹、印度、尼泊尔

无盖粉背蕨 Aleuritopteris dealbata (C. Presl) Fée

分布：贵州、云南；不丹、印度、尼泊尔、泰国

中间粉背蕨 Aleuritopteris dubia (C. Hope) Ching

分布：四川、贵州、云南；不丹、印度、克什米尔地区、尼泊尔、泰国

裸叶粉背蕨 Aleuritopteris duclouxii (Christ) Ching

分布：湖南、四川、贵州、云南、广西

裸叶粉背蕨(原变种) Aleuritopteris duclouxii var. **duclouxii**

分布：湖南、四川、贵州、云南、广西

硫磺粉背蕨 Aleuritopteris duclouxii var. **sulphurea** (Ching) Ching

分布：四川、云南

杜氏粉背蕨 Aleuritopteris duthiei (Baker) Ching

分布：四川、西藏；不丹、印度、尼泊尔

黑柄粉背蕨 Aleuritopteris ebenipes X. C. Zhang

分布：贵州

台湾粉背蕨 Aleuritopteris formosana (Hayata) Tagawa

分布：四川、贵州、云南、西藏、福建、台湾、广东、广西；不丹、印度、克什米尔地区、尼泊尔、巴基斯坦、菲律宾、泰国

贡山粉背蕨 Aleuritopteris gongshanensis G. M. Zhang

分布：云南

中国蕨 Aleuritopteris grevilleoides (Christ) G. M. Zhang ex X. C. Zhang

分布：四川、云南

阔盖粉背蕨 Aleuritopteris grisea (Blanf) Panigrahi

分布：河北、四川、贵州、云南、西藏、广西；不丹、印

度、克什米尔地区、尼泊尔、巴基斯坦、泰国

克氏粉背蕨 **Aleuritopteris krameri** (Franch. et Sav.) Ching
分布：台湾；日本、泰国

华北粉背蕨 **Aleuritopteris kuhnii** (Milde) Ching
分布：吉林、辽宁、内蒙古、河北、山西、河南、陕西、甘肃、四川、云南、西藏；日本、韩国、俄罗斯

薄叶粉背蕨 **Aleuritopteris leptolepis** (Fraser-Jenk.) Fraser-Jenk.
分布：四川、云南、西藏；不丹、印度、克什米尔地区、缅甸、尼泊尔、巴基斯坦、菲律宾

丽江粉背蕨 **Aleuritopteris likiangensis** Ching
分布：四川、云南

雪白粉背蕨 **Aleuritopteris niphobola** (C. Chr.) Ching
分布：内蒙古、河北、山西、陕西、宁夏、甘肃、四川、西藏

矮粉背蕨 **Aleuritopteris pygmaea** Ching
分布：西藏

莲座粉背蕨 **Aleuritopteris rosulata** (C. Chr.) Ching
分布：四川

棕毛粉背蕨 **Aleuritopteris rufa** (D. Don) Ching
分布：贵州、云南、广西；印度、克什米尔地区、缅甸、尼泊尔、菲律宾、泰国

西畴粉背蕨 **Aleuritopteris sichouensis** Ching et S. K. Wu
分布：云南

美丽粉背蕨 **Aleuritopteris speciosa** Ching et S. K. Wu
分布：西藏

毛叶粉背蕨 **Aleuritopteris squamosa** (C. Hope et C. H. Wright) Ching
分布：云南、海南

绒毛粉背蕨 **Aleuritopteris subvillosa** (Hook.) Ching
分布：四川、贵州、云南、西藏；不丹、印度、缅甸、尼泊尔

绒毛粉背蕨(原变种) **Aleuritopteris subvillosa** var. **subvillosa**
分布：四川、贵州、云南、西藏；不丹、印度、缅甸、尼泊尔

西藏粉背蕨 **Aleuritopteris subvillosa** var. **tibetica** (Ching et S. K. Wu) H. S. Kung
分布：四川、云南、西藏

阔羽粉背蕨 **Aleuritopteris tamburii** (Hook.) Ching
分布：四川、云南；印度、尼泊尔

阔羽粉背蕨(原变种) **Aleuritopteris tamburii** var. **tamburii**
分布：四川、云南；印度、尼泊尔

深绿阔羽粉背蕨 **Aleuritopteris tamburii** var. **viridis** H. S. Kung
分布：四川

金爪粉背蕨 **Aleuritopteris veitchii** (Christ) Ching
分布：四川、广西

雅砻粉背蕨 **Aleuritopteris yalungensis** H. S. Kung
分布：四川

翠蕨属 **Anogramma** Link

薄叶翠蕨 **Anogramma leptophylla** (L.) Link
分布：云南、台湾；印度、越南、澳大利亚、太平洋岛屿；非洲、南美洲

翠蕨 **Anogramma microphylla** (Hook.) Diels
分布：贵州、云南、广西；不丹、印度、缅甸、尼泊尔

车前蕨属 **Antrophyum** Kaulf.

美叶车前蕨 **Antrophyum callifolium** Blume
分布：云南、广西、海南；柬埔寨、印度、印度尼西亚、老挝、马来西亚、菲律宾、斯里兰卡、泰国、越南、澳大利亚

栗色车前蕨 **Antrophyum castaneum** H. Itô
分布：台湾

台湾车前蕨 **Antrophyum formosanum** Hieron.
分布：台湾；日本

车前蕨 **Antrophyum henryi** Hieron.
分布：贵州、云南、台湾、广东、广西；印度、泰国

长柄车前蕨 **Antrophyum obovatum** Baker
分布：江西、湖南、四川、贵州、云南、西藏、福建、台湾、广东、广西；不丹、印度、日本、缅甸、尼泊尔、泰国、越南

小车前蕨 **Antrophyum parvulum** Blume
分布：台湾、海南；印度、印度尼西亚、马来西亚、菲律宾、泰国、越南

无柄车前蕨 **Antrophyum sessilifolium** (Cav.) Spreng.
分布：台湾；菲律宾

书带车前蕨 **Antrophyum vittarioides** Baker
分布：贵州、云南；越南

革叶车前蕨 **Antrophyum wallichianum** M. G. Gilbert et X. C. Zhang

分布：云南、西藏；不丹、印度、缅甸、尼泊尔

戟叶黑心蕨属 **Calciphilopteris** Yesilyurt et H. Schneider

戟叶黑心蕨 **Calciphilopteris ludens** (Wall. ex Hook.) Yesilyurt et H. Schneider

分布：云南；孟加拉国、柬埔寨、印度、印度尼西亚、老挝、马来西亚、缅甸、尼泊尔、菲律宾、泰国、越南、澳大利亚

水蕨属 **Ceratopteris** Brongn.

粗梗水蕨 **Ceratopteris pteridoides** (Hook.) Hieron.

分布：山东、安徽、江苏、江西、湖北；孟加拉国、印度、越南；美洲

水蕨 **Ceratopteris thalictroides** (L.) Brongn.

分布：山东、安徽、江苏、浙江、江西、湖北、四川、贵州、云南、福建、台湾、广东、广西、海南；印度、印度尼西亚、日本、马来西亚、缅甸、尼泊尔、巴布亚新几内亚、菲律宾、斯里兰卡、泰国、越南、澳大利亚、马达加斯加、太平洋岛屿、西印度群岛；非洲、北美洲、中美洲、南美洲

碎米蕨属 **Cheilanthes** Sw.

疏羽碎米蕨 **Cheilanthes belangeri** (Bory) C. Chr.

分布：海南；孟加拉国、柬埔寨、印度、印度尼西亚、缅甸、尼泊尔、菲律宾、泰国、越南

云南旱蕨 **Cheilanthes bhutanica** Fraser-Jenk. et Wangdi

分布：四川、云南；不丹

滇西旱蕨 **Cheilanthes brausei** Fraser-Jenk.

分布：陕西、湖南、四川、贵州、云南

中华隐囊蕨 **Cheilanthes chinensis** (Baker) Domin

分布：湖北、四川、重庆、贵州、广西

凤尾旱蕨 **Cheilanthes christii** Fraser-Jenk. et Yatskievych

分布：四川

毛轴碎米蕨 **Cheilanthes chusana** Hook.

分布：河南、陕西、甘肃、安徽、江苏、浙江、江西、湖南、湖北、四川、重庆、贵州、台湾、广东、广西；日本、菲律宾、越南

脆叶碎米蕨 **Cheilanthes fragilis** Hook.

分布：云南；马来西亚、缅甸

大理碎米蕨 **Cheilanthes hancockii** Baker

分布：甘肃、四川、贵州、云南、西藏；不丹

厚叶碎米蕨 **Cheilanthes insignis** Ching

分布：四川、西藏

旱蕨 **Cheilanthes nitidula** Wall. ex Hook.

分布：河南、甘肃、浙江、江西、湖南、四川、贵州、云南、西藏、福建、台湾、广东、广西；不丹、印度、日本、克什米尔地区、尼泊尔、巴基斯坦、越南

隐囊蕨 **Cheilanthes nudiuscula** (R. Br.) T. Moore

分布：福建、台湾、广东、广西；马来群岛、澳大利亚；大洋洲

碎米蕨 **Cheilanthes opposita** Kaulf.

分布：福建、台湾、广东、海南；印度、缅甸、斯里兰卡、越南

平羽碎米蕨 **Cheilanthes patula** Baker

分布：湖北、重庆、贵州、广西

西南旱蕨 **Cheilanthes smithii** (C. Chr.) R. M. Tryon

分布：四川、云南

薄叶碎米蕨 **Cheilanthes tenuifolia** (Burm. f.) Sw.

分布：福建、广东、广西、海南、湖南、江西、台湾、云南；柬埔寨、印度、老挝、马来西亚、尼泊尔、斯里兰卡、泰国、越南、澳大利亚；大洋洲(包括新西兰)

禾秆旱蕨 **Cheilanthes tibetica** Fraser-Jenk. et Wangdi

分布：甘肃、青海、新疆、西藏；不丹

毛旱蕨 **Cheilanthes trichophylla** Baker

分布：四川、云南、西藏；可能分布于印度

凤了蕨属 **Coniogramme** Fée

尖齿凤了蕨 **Coniogramme affinis** (C. Presl) Hieron.

分布：黑龙江、辽宁、河南、陕西、甘肃、四川、重庆、云南、西藏；印度、缅甸、尼泊尔

尾尖凤了蕨 **Coniogramme caudiformis** Ching et K. H. Shing

分布：四川、浙江

峨眉凤了蕨 **Coniogramme emeiensis** Ching et K. H. Shing

分布：浙江、湖北、四川、重庆、贵州、云南、广东、广西

镰羽凤了蕨 **Coniogramme falcipinna** Ching et K. H. Shing

分布：浙江、四川、重庆

单网凤了蕨 **Coniogramme fauriei** Hieron.

分布：云南；韩国

全缘凤了蕨 **Coniogramme fraxinea** (D. Don) Fée ex Diels

分布：云南、西藏、台湾；印度、印度尼西亚、马来西亚、

尼泊尔、巴基斯坦、菲律宾、越南

普通凤了蕨 **Coniogramme intermedia** Hieron.

分布：黑龙江、吉林、辽宁、河北、河南、陕西、宁夏、甘肃、安徽、浙江、江西、湖南、湖北、四川、贵州、云南、西藏、福建、台湾、广东、广西；不丹、印度、日本、韩国、尼泊尔、巴基斯坦、俄罗斯、越南

普通凤了蕨(原变种) **Coniogramme intermedia** var. **intermedia**

分布：河南、陕西、甘肃、浙江、江西、湖南、四川、贵州、云南、福建、广东、广西；印度、日本、韩国

无毛凤了蕨 **Coniogramme intermedia** var. **glabra** Ching

分布：黑龙江、吉林、辽宁、河北、河南、陕西、宁夏、甘肃、浙江、湖南、湖北、四川、贵州、云南、西藏、福建、台湾；不丹、印度、日本、韩国、尼泊尔、巴基斯坦、俄罗斯、越南

凤了蕨 **Coniogramme japonica** (Thunb.) Diels

分布：河南、陕西、安徽、江苏、浙江、江西、湖南、湖北、四川、贵州、云南、福建、台湾、广东、广西；日本、韩国

井冈山凤了蕨 **Coniogramme jinggangshanensis** Ching et K. H. Shing

分布：浙江、江西、湖南、贵州、福建

海南凤了蕨 **Coniogramme merrillii** Ching

分布：云南、海南；印度、印度尼西亚、尼泊尔、菲律宾

卵羽凤了蕨 **Coniogramme ovata** S. K. Wu

分布：云南

心基凤了蕨 **Coniogramme petelotii** Tardieu

分布：云南；越南

直角凤了蕨 **Coniogramme procera** Fée

分布：云南、西藏、台湾；不丹、印度、缅甸、尼泊尔、泰国、越南

骨齿凤了蕨 **Coniogramme pubescens** Hieron.

分布：云南、西藏；印度、缅甸、尼泊尔

黑轴凤了蕨 **Coniogramme robusta** (Christ) Christ

分布：江西、湖南、四川、贵州、广东、广西

黄轴凤了蕨 **Coniogramme robusta** var. **rependula** Ching et K. H. Shing

分布：江西、贵州

黑轴凤了蕨(原变种) **Coniogramme robusta** var. **robusta**

分布：湖南、贵州、广西

棕轴凤了蕨 **Coniogramme robusta** var. **splendens** Ching et K. H. Shing

分布：江西、四川、贵州、广东

乳头凤了蕨 **Coniogramme rosthornii** Hieron.

分布：河南、陕西、甘肃、湖北、四川、贵州、云南；越南

紫杆凤了蕨 **Coniogramme rubicaulis** Ching

分布：广西

澜沧凤了蕨 **Coniogramme serrulata** (Blume) Fée

分布：云南；印度、印度尼西亚、尼泊尔、菲律宾

紫柄凤了蕨 **Coniogramme sinensis** Ching

分布：河南、陕西、甘肃、浙江、四川

上毛凤了蕨 **Coniogramme suprapilosa** Ching

分布：陕西、重庆、云南

美丽凤了蕨 **Coniogramme venusta** Ching

分布：云南

疏网凤了蕨 **Coniogramme wilsonii** Hieron.

分布：河南、陕西、甘肃、湖南、湖北、四川、贵州

珠蕨属 **Cryptogramma** R. Br.

高山珠蕨 **Cryptogramma brunoniana** Wall. ex Hook. et Grev.

分布：四川、云南、台湾；不丹、印度、日本、尼泊尔

珠蕨 **Cryptogramma raddeana** Fomin

分布：山西、湖北、四川、云南、西藏；尼泊尔、俄罗斯

稀叶珠蕨 **Cryptogramma stelleri** (S. G. Gmelin) Prantl

分布：河北、山西、陕西、甘肃、青海、新疆、四川、云南、西藏、台湾；阿富汗、不丹、印度、日本、克什米尔地区、尼泊尔、俄罗斯；北美洲

黑心蕨属 **Doryopteris** J. Sm.

黑心蕨 **Doryopteris concolor** (Langsd. et Fisch.) Kuhn

分布：台湾、广东、广西、海南；印度、马来西亚、斯里兰卡、越南、澳大利亚、加勒比海岛屿、马达加斯加、墨西哥；非洲、中南美洲

书带蕨属 **Haplopteris** C. Presl

剑叶书带蕨 **Haplopteris amboinensis** (Fée) X. C. Zhang

分布：云南、广东、广西、海南；柬埔寨、印度、印度尼西亚、日本、老挝、马来西亚、缅甸、泰国、越南

姬书带蕨 **Haplopteris anguste-elongata** (Hayata) E. H. Crane

分布：福建、台湾、海南；菲律宾、琉球群岛

带状书带蕨 Haplopteris doniana (Mett. ex Hieron.) E. H. Crane

分布：贵州、云南、西藏、广西；印度、缅甸

唇边书带蕨 Haplopteris elongata (Sw.) E. H. Crane

分布：云南、西藏、福建、台湾、广东、广西、海南；印度尼西亚、日本、老挝、马来西亚、缅甸、尼泊尔、菲律宾、斯里兰卡、泰国、越南、澳大利亚、马达加斯加

书带蕨 Haplopteris flexuosa (Fée) E. H. Crane

分布：安徽、江苏、浙江、江西、湖南、湖北、四川、重庆、贵州、云南、西藏、福建、台湾、广东、广西、海南；不丹、柬埔寨、印度、日本、韩国、老挝、缅甸、尼泊尔、泰国、越南

平肋书带蕨 Haplopteris fudzinoi (Makino) E. H. Crane

分布：安徽、浙江、江西、湖南、湖北、四川、重庆、贵州、云南、福建、广东、广西；日本

海南书带蕨 Haplopteris hainanensis (C. Chr. ex Ching) E. H. Crane

分布：云南、海南；越南

异叶书带蕨 Haplopteris heterophylla C. W. Chen，Y. H. Chang et Y. C. Liu

分布：台湾、海南

喜马拉雅书带蕨 Haplopteris himalayensis (Ching) E. H. Crane

分布：云南、西藏；不丹、印度、尼泊尔

线叶书带蕨 Haplopteris linearifolia (Ching) X. C. Zhang

分布：云南、西藏；印度、缅甸

中囊书带蕨 Haplopteris mediosora (Hayata) X. C. Zhang

分布：四川、云南、西藏、台湾；喜马拉雅、菲律宾

曲鳞书带蕨 Haplopteris plurisulcata (Ching) X. C. Zhang

分布：四川、云南、西藏、台湾；越南

锡金书带蕨 Haplopteris sikkimensis (Kuhn) E. H. Crane

分布：云南、西藏；印度、缅甸、泰国、越南

广叶书带蕨 Haplopteris taeniophylla (Copel.) E. H. Crane

分布：浙江、台湾；菲律宾

一条线蕨属 Monogramma Comm. ex Schkuhr

连孢一条线蕨 Monogramma paradoxa (Fée) Bedd.

分布：台湾；印度尼西亚、菲律宾、斯里兰卡、泰国、密克罗尼西亚、波利尼西亚

针叶蕨 Monogramma trichoidea (Fée) Hook.

分布：台湾、海南；印度尼西亚、马来西亚、菲律宾、泰国

金粉蕨属 Onychium Kaulf.

狭叶金粉蕨 Onychium angustifrons K. H. Shing

分布：四川

黑足金粉蕨 Onychium cryptogrammoides Christ

分布：甘肃、四川、贵州、云南、西藏、台湾；不丹、柬埔寨、印度、老挝、缅甸、尼泊尔、泰国、越南

野雉尾金粉蕨 Onychium japonicum (Thunb.) Kunze

分布：河北、山东、河南、陕西、甘肃、安徽、江苏、浙江、江西、湖南、湖北、四川、贵州、云南、西藏、福建、台湾、广东、广西；不丹、印度、印度尼西亚、日本、韩国、缅甸、尼泊尔、巴基斯坦、菲律宾、泰国、越南、太平洋岛屿

野雉尾金粉蕨(原变种) Onychium japonicum var. **japonicum**

分布：河北、山东、河南、陕西、甘肃、安徽、江苏、浙江、江西、湖南、湖北、四川、贵州、云南、福建、台湾、广西；日本、泰国；大洋洲

栗柄金粉蕨 Onychium japonicum var. **lucidum** (D. Don) Christ

分布：山西、甘肃、浙江、江西、湖北、四川、贵州、云南、西藏、福建、广东、广西；不丹、印度、缅甸、尼泊尔、巴基斯坦、越南

木坪金粉蕨 Onychium moupinense Ching

分布：陕西、湖北、四川、云南；日本、尼泊尔

木坪金粉蕨(原变种) Onychium moupinense var. **moupinense**

分布：湖北、陕西、四川、云南；?日本、尼泊尔

湖北金粉蕨 Onychium moupinense var. **ipii** (Ching) K. H. Shing

分布：湖北

繁羽金粉蕨 Onychium plumosum Ching

分布：四川、云南；不丹、印度、尼泊尔、泰国

金粉蕨 Onychium siliculosum (Desv.) C. Chr.

分布：云南、西藏、台湾、海南；孟加拉国、不丹、柬埔寨、印度、老挝、马来西亚、缅甸、尼泊尔、泰国、越南；大洋洲

蚀盖金粉蕨 Onychium tenuifrons Ching

分布：四川、贵州、云南；不丹、印度、缅甸、尼泊尔、菲律宾

西藏金粉蕨 Onychium tibeticum Ching et S. K. Wu
分布：西藏

金毛裸蕨属 Paragymnopteris K. H. Shing

川西金毛裸蕨 Paragymnopteris bipinnata (Christ) K. H. Shing
分布：内蒙古、河北、河南、陕西、甘肃、湖北、四川、云南、西藏

川西金毛裸蕨(原变种) Paragymnopteris bipinnata var. **bipinnata**
分布：陕西、甘肃、四川、云南、西藏

耳羽金毛裸蕨 Paragymnopteris bipinnata var. **auriculata** (Franch.) K. H. Shing
分布：内蒙古、河北、河南、甘肃、湖北、四川、云南、西藏

滇西金毛裸蕨 Paragymnopteris delavayi (Baker) K. H. Shing
分布：河北、山西、陕西、甘肃、青海、四川、贵州、云南、西藏；不丹、印度、尼泊尔

欧洲金毛裸蕨 Paragymnopteris marantae (L.) K. H. Shing
分布：四川、云南、西藏；印度、尼泊尔、巴基斯坦；亚洲、欧洲、非洲

三角金毛裸蕨 Paragymnopteris sargentii (Christ) K. H. Shing
分布：四川、西藏、云南

金毛裸蕨 Paragymnopteris vestita (Hook.) K. H. Shing
分布：河北、山西、四川、贵州、云南、西藏、台湾；不丹、印度、尼泊尔、巴基斯坦、泰国

泽泻蕨属 Parahemionitis Panigrahi

泽泻蕨 Parahemionitis cordata (Roxb. ex Hook. et Grev.) Fraser-Jenk.
分布：云南、台湾、海南；柬埔寨、印度、老挝、马来西亚、菲律宾、斯里兰卡、泰国、越南

旱蕨属 Pellaea Link

三角羽旱蕨 Pellaea calomelanos (Sw.) Link
分布：四川、云南；印度、尼泊尔、巴基斯坦、印度洋岛屿(马斯克林群岛)、马达加斯加；欧洲、非洲

四川旱蕨 Pellaea connectens C. Chr.
分布：四川

粉叶蕨属 Pityrogramma Link

粉叶蕨 Pityrogramma calomelanos (L.) Link
分布：云南、台湾、海南；柬埔寨、老挝、越南；非洲、南美洲

凤尾蕨属 Pteris L.

猪鬣凤尾蕨 Pteris actiniopteroides Christ
分布：河南、陕西、甘肃、湖北、四川、重庆、贵州、云南、广西

红秆凤尾蕨 Pteris amoena Blume
分布：浙江、云南、西藏、台湾、海南；印度、印度尼西亚、缅甸

细叶凤尾蕨 Pteris angustipinna Tagawa
分布：台湾

线裂凤尾蕨 Pteris angustipinnula Ching et S. H. Wu
分布：广西

线羽凤尾蕨 Pteris arisanensis Tagawa
分布：四川、贵州、云南、台湾、广东、广西、海南；印度、缅甸、尼泊尔、斯里兰卡、泰国、越南

紫轴凤尾蕨 Pteris aspericaulis Wall. ex J. Agardh
分布：四川、云南、西藏、广西；不丹、印度、克什米尔地区、尼泊尔

紫轴凤尾蕨(原变种) Pteris aspericaulis var. **aspericaulis**
分布：四川、云南、西藏、广西；不丹、印度、尼泊尔

高原凤尾蕨 Pteris aspericaulis var. **cuspigera** Ching
分布：四川、西藏、云南

高山凤尾蕨 Pteris aspericaulis var. **subindivisa** (C. B. Clarke) Ching ex S. H. Wu
分布：云南

三色凤尾蕨 Pteris aspericaulis var. **tricolor** (Linden) T. Moore ex E. J. Lowe
分布：云南；不丹、印度

华南凤尾蕨 Pteris austrosinica (Ching) Ching
分布：江西、广东、广西

白沙凤尾蕨 Pteris baksaensis Ching
分布：海南

栗轴凤尾蕨 Pteris bella Tagawa
分布：湖南、云南、台湾、海南；越南

狭眼凤尾蕨 Pteris biaurita L.
分布：贵州、云南、西藏、台湾、广东、广西、海南；孟加拉国、不丹、印度、印度尼西亚、老挝、马来西亚、尼泊尔、菲律宾、斯里兰卡、泰国；泛热带地区

条纹凤尾蕨 Pteris cadieri Christ
分布：江西、贵州、福建、台湾、广东、广西、海南；日

本、越南

条纹凤尾蕨(原变种) Pteris cadieri var. **cadieri**

分布：贵州、福建、台湾、广东、广西；日本、越南

海南凤尾蕨 Pteris cadieri var. **hainanensis** (Ching) S. H. Wu

分布：广东、广西、海南

菜阳河凤尾蕨 Pteris caiyangheensis L. L. Deng

分布：云南

昌江凤尾蕨 Pteris changjiangensis X. L. Zheng et F. W. Xing

分布：海南

密脉凤尾蕨 Pteris confertinervia Ching

分布：台湾

厚叶凤尾蕨 Pteris crassiuscula Ching et Chu H. Wang

分布：海南

欧洲凤尾蕨 Pteris cretica L.

分布：安徽、重庆、福建、广东、广西、贵州、河南、湖北、湖南、江西、陕西、四川、台湾、西藏、云南、浙江；不丹、柬埔寨、印度、日本、克什米尔地区、老挝、尼泊尔、菲律宾、斯里兰卡、泰国、越南、太平洋岛屿(斐济、夏威夷)；亚洲、欧洲、非洲

欧洲凤尾蕨(原变种) Pteris cretica var. **cretica**

分布：河南、陕西、安徽、浙江、江西、湖南、湖北、四川、重庆、贵州、云南、西藏、福建、台湾、广东、广西；柬埔寨、印度、日本、老挝、尼泊尔、菲律宾、斯里兰卡、越南、太平洋岛屿

粗糙凤尾蕨 Pteris cretica var. **laeta** (Wall. ex Ettingsh.) C. Chr. et Tardieu

分布：江西、四川、贵州、云南、西藏、福建、广东、广西；不丹、柬埔寨、印度、尼泊尔、越南

珠叶凤尾蕨 Pteris cryptogrammoides Ching

分布：福建

指叶凤尾蕨 Pteris dactylina Hook.

分布：四川、贵州、云南、西藏、台湾；不丹、印度、尼泊尔

多羽凤尾蕨 Pteris decrescens Christ

分布：贵州、云南、广东、广西；柬埔寨、泰国、越南

多羽凤尾蕨(原变种) Pteris decrescens var. **decrescens**

分布：贵州、云南、广东、广西；柬埔寨、越南

大明凤尾蕨 Pteris decrescens var. **parviloba** (Christ) C. Chr. et Tardieu

分布：广西；越南

岩凤尾蕨 Pteris deltodon Baker

分布：浙江、四川、贵州、云南、台湾、广西；日本、老挝、越南

刺齿半边旗 Pteris dispar Kunze

分布：河南、安徽、江苏、浙江、江西、湖南、湖北、四川、重庆、贵州、福建、台湾、广东、广西；日本、韩国、马来西亚、菲律宾、泰国、越南

剑叶凤尾蕨 Pteris ensiformis Burm. f.

分布：浙江、江西、四川、重庆、贵州、云南、福建、台湾、广东、广西、海南；不丹、柬埔寨、印度、日本、老挝、马来西亚、缅甸、尼泊尔、斯里兰卡、泰国、越南、澳大利亚、斐济、波利尼西亚

剑叶凤尾蕨(原变种) Pteris ensiformis var. **ensiformis**

分布：浙江、江西、四川、重庆、贵州、云南、福建、台湾、广东、广西、海南；柬埔寨、印度(北部)、日本、老挝、马来西亚、缅甸、斯里兰卡、越南、澳大利亚、太平洋群岛

叉羽凤尾蕨 Pteris ensiformis var. **furcans** Ching

分布：重庆

少羽凤尾蕨 Pteris ensiformis var. **merrillii** (C. Chr. ex Ching) S. H. Wu

分布：广东、广西、海南

白羽凤尾蕨 Pteris ensiformis var. **victoriae** Baker

分布：海南；印度、马来西亚、缅甸、斯里兰卡

阔叶凤尾蕨 Pteris esquirolii Christ

分布：湖南、四川、贵州、云南、福建、广东、广西；越南

阔叶凤尾蕨(原变种) Pteris esquirolii var. **esquirolii**

分布：四川、贵州、云南、福建、广东、广西；越南

刺柄凤尾蕨 Pteris esquirolii var. **muricatula** (Ching) Ching et S. H. Wu

分布：湖南

傅氏凤尾蕨 Pteris fauriei Hieron.

分布：安徽、浙江、江西、湖南、贵州、云南、西藏、福建、台湾、广东、广西、海南；日本、越南

傅氏凤尾蕨(原变种) Pteris fauriei var. **fauriei**

分布：浙江、江西、湖南、云南、福建、台湾、广东、广西、海南；日本、越南

百越凤尾蕨 Pteris fauriei var. **chinensis** Ching et S. H. Wu

分布：贵州、广东、广西、海南

疏裂凤尾蕨 Pteris finotii Christ

分布：云南、广东、海南；越南

美丽凤尾蕨 Pteris formosana Baker
分布：台湾；日本

鸡爪凤尾蕨 Pteris gallinopes Ching
分布：湖北、四川、贵州、云南

林下凤尾蕨 Pteris grevilleana Wall. ex J. Agardh
分布：云南、台湾、广东、广西、海南；不丹、印度、印度尼西亚、日本、马来西亚、尼泊尔、菲律宾、泰国、越南

林下凤尾蕨(原变种) Pteris grevilleana var. **grevilleana**
分布：云南、台湾、广东、广西、海南；不丹、印度、印度尼西亚、日本、马来西亚、尼泊尔、菲律宾、泰国、越南

白斑凤尾蕨 Pteris grevilleana var. **ornata** Alderw.
分布：广东、广西；印度、印度尼西亚、马来西亚、缅甸、菲律宾、泰国、越南

广东凤尾蕨 Pteris guangdongensis Ching
分布：广东

狭叶凤尾蕨 Pteris henryi Christ
分布：河南、陕西、贵州、云南、广西、四川、重庆

长尾凤尾蕨 Pteris heteromorpha Fée
分布：云南；马来西亚、缅甸、菲律宾、越南

微毛凤尾蕨 Pteris hirsutissima Ching
分布：四川

胡氏凤尾蕨 Pteris hui Ching
分布：广西

中华凤尾蕨 Pteris inaequalis Baker
分布：浙江、江西、四川、贵州、云南、福建、广东、广西；印度、日本

全缘凤尾蕨 Pteris insignis Mett. ex Kuhn
分布：浙江、江西、湖南、贵州、云南、福建、广东、广西、海南；马来西亚、越南

城户氏凤尾蕨 Pteris kidoi Sa. Kurata
分布：浙江、台湾；日本

平羽凤尾蕨 Pteris kiuschiuensis Hieron.
分布：江西、湖南、四川、重庆、贵州、云南、福建、广东、广西；日本

平羽凤尾蕨(原变种) Pteris kiuschiuensis var. **kiuschiuensis**
分布：江西、湖南、四川、重庆、贵州、云南、福建、广东、广西；日本

华中凤尾蕨 Pteris kiuschinensis var. **centrochinensis** Ching et S. H. Wu
分布：江西、湖南、四川、重庆、贵州、云南、福建、广东

荔波凤尾蕨 Pteris liboensis P. S. Wang
分布：贵州、广西

三轴凤尾蕨 Pteris longipes D. Don
分布：湖南、云南、台湾、广西；广布于不丹、印度、印度尼西亚、缅甸、尼泊尔、菲律宾、斯里兰卡、泰国、越南

长叶凤尾蕨 Pteris longipinna Hayata
分布：台湾

翠绿凤尾蕨 Pteris longipinnula Wall. ex J. Agardh
分布：云南、西藏、海南；不丹、印度、缅甸、尼泊尔

翠绿凤尾蕨(原变种) Pteris longipinnula var. **longipinnula**
分布：云南、海南

毛叶凤尾蕨 Pteris longipinnula var. **hirtula** C. Chr.
分布：云南、西藏；缅甸

两广凤尾蕨 Pteris maclurei Ching
分布：浙江、江西、湖南、福建、广东、广西；日本、越南

岭南凤尾蕨 Pteris maclurioides Ching
分布：广东、广西；越南

硕大凤尾蕨 Pteris majestica Ching
分布：四川、云南、广东

大羽半边旗 Pteris malipoensis Ching
分布：湖南、云南

勐腊凤尾蕨 Pteris menglaensis Ching
分布：云南

琼南凤尾蕨 Pteris morii Masam.
分布：海南

井栏边草 Pteris multifida Poir.
分布：河北、山东、河南、陕西、安徽、江苏、浙江、江西、湖南、湖北、四川、重庆、贵州、福建、台湾、广东、广西；日本、韩国、菲律宾、泰国、越南

南岭凤尾蕨 Pteris nanlingensis R. H. Miao
分布：广东

日本凤尾蕨 Pteris nipponica W. C. Shieh
分布：台湾；日本、韩国

江西凤尾蕨 Pteris obtusiloba Ching et S. H. Wu
分布：浙江、江西、湖南

华西凤尾蕨 Pteris occidentalisinica Ching
分布：四川

长羽凤尾蕨 Pteris olivacea Ching
分布：云南

斜羽凤尾蕨 Pteris oshimensis Hieron.
分布：浙江、江西、湖南、四川、重庆、贵州、福建、广东、广西；日本、越南

斜羽凤尾蕨(原变种) Pteris oshimensis var. **oshimensis**
分布：江西、湖南、四川、重庆、贵州、福建、广东、广西；日本、越南

尾头凤尾蕨 Pteris oshimensis var. **paraemeiensis** Ching
分布：湖南、四川、重庆、广西

稀羽凤尾蕨 Pteris paucipinnula X. Y. Wang et P. S. Wang
分布：贵州

栗柄凤尾蕨 Pteris plumbea Christ
分布：江苏、浙江、江西、湖南、贵州、福建、台湾、广东、广西；柬埔寨、印度、日本、菲律宾、泰国、越南

单叶凤尾蕨 Pteris pseudopellucida Ching
分布：云南；越南

柔毛凤尾蕨 Pteris puberula Ching
分布：云南、西藏；不丹、印度、尼泊尔

五叶凤尾蕨 Pteris quadristipitis X. Y. Wang et P. S. Wang
分布：贵州

方柄凤尾蕨 Pteris quinquefoliata (Copel.) Ching
分布：广东

琉球凤尾蕨 Pteris ryukyuensis Tagawa
分布：台湾；日本、菲律宾

糙坚凤尾蕨 Pteris scabririgens Fraser-Jenk.
分布：西藏；不丹、印度、尼泊尔

红柄凤尾蕨 Pteris scabristipes Tagawa
分布：台湾

半边旗 Pteris semipinnata L.
分布：江西、湖南、四川、贵州、云南、福建、台湾、广东、广西；不丹、印度、印度尼西亚、日本、老挝、马来西亚、缅甸、尼泊尔、菲律宾、斯里兰卡、泰国、越南

有刺凤尾蕨 Pteris setulosocostulata Hayata
分布：四川、贵州、云南、西藏、台湾；日本、菲律宾

隆林凤尾蕨 Pteris splendida Ching
分布：湖南、贵州、广西

隆林凤尾蕨(原变种) Pteris splendida var. **splendida**
分布：湖南、贵州、广西

细羽凤尾蕨 Pteris splendida var. **longlinensis** Ching et S. H. Wu
分布：湖南、广西

狭羽凤尾蕨 Pteris stenophylla Wall. ex Hook. et Grev.
分布：西藏；不丹、印度、尼泊尔

勐海凤尾蕨 Pteris subquinata Wall. ex J. Agardh
分布：云南；不丹、印度、尼泊尔

台湾凤尾蕨 Pteris taiwanensis Ching
分布：台湾

溪边凤尾蕨 Pteris terminalis Wall. ex J. Agardh
分布：重庆、广东、广西、贵州、湖北、湖南、江西、四川、台湾、西藏、云南、浙江；印度、日本、韩国、老挝、马来西亚、尼泊尔、巴基斯坦、菲律宾、越南、太平洋岛屿(斐济、夏威夷)

三叉凤尾蕨 Pteris tripartita Sw.
分布：湖南、台湾、广东、广西、海南；印度、印度尼西亚、马来西亚、菲律宾、斯里兰卡、泰国、越南、澳大利亚、马达加斯加、波利尼西亚、巴西；非洲

波叶凤尾蕨 Pteris undulatipinna Ching
分布：云南

爪哇凤尾蕨 Pteris venusta Kunze
分布：云南、台湾；不丹、柬埔寨、印度、印度尼西亚、老挝、马来西亚、缅甸、尼泊尔、泰国、越南

绿轴凤尾蕨 Pteris viridissima Ching
分布：湖南、贵州、云南

凤尾蕨 Pteris vittata L.
分布：河南、陕西、甘肃、安徽、浙江、江西、湖南、湖北、四川、贵州、云南、西藏、福建、台湾、广东、广西；广布于旧世界热带和亚热带

西南凤尾蕨 Pteris wallichiana J. Agardh
分布：江西、湖南、四川、重庆、贵州、云南、西藏、台湾、广东、广西、海南；不丹、印度、印度尼西亚、日本、克什米尔地区、老挝、马来西亚、尼泊尔、菲律宾、泰国、越南

西南凤尾蕨(原变种) Pteris wallichiana var. **wallichiana**
分布：湖南、四川、重庆、贵州、云南、西藏、台湾、广

东、广西、海南；不丹、印度、印度尼西亚、日本、老挝、马来西亚、尼泊尔、菲律宾、泰国、越南

圆头凤尾蕨 **Pteris wallichiana** var. **obtusa** S. H. Wu
分布：江西、四川、云南

云南凤尾蕨 **Pteris wallichiana** var. **yunnanensis** (Christ) Ching et S. H. Wu
分布：云南

筱英凤尾蕨 **Pteris xiaoyingiae** H. He et Li Bing Zhang
分布：贵州、广西

竹叶蕨属 **Taenitis** Willd. ex Schkuhr

竹叶蕨 **Taenitis blechnoides** (Willd.) Sw.
分布：海南；柬埔寨、印度、印度尼西亚、老挝、马来西亚、斯里兰卡、泰国、越南、太平洋岛屿

183. 轴果蕨科 Rhachidosoraceae X. C. Zhang

轴果蕨属 **Rhachidosorus** Ching

脆叶轴果蕨 **Rhachidosorus blotianus** Ching
分布：贵州、云南、广西；越南

喜钙轴果蕨 **Rhachidosorus consimilis** Ching
分布：四川、贵州、云南

轴果蕨 **Rhachidosorus mesosorus** (Makino) Ching
分布：江苏、浙江、湖北；日本、韩国

台湾轴果蕨 **Rhachidosorus pulcher** (Tagawa) Ching
分布：云南、台湾

云贵轴果蕨 **Rhachidosorus truncatus** Ching
分布：贵州、云南、广西

184. 槐叶苹科 Salviniaceae Martinov

满江红属 **Azolla** Lam.

细叶满江红 **Azolla filiculoides** Lam.
分布：长江以南广布

满江红 **Azolla pinnata** R. Brown subsp. **asiatica** R. M. K. Saunders et K. Fowler
分布：辽宁、河北、山西、山东、河南、安徽、江苏、浙江、江西、湖南、湖北、四川、贵州、云南、福建、台湾、广东、广西；孟加拉国、印度、印度尼西亚、日本、韩国、马来西亚、缅甸、巴基斯坦、菲律宾、斯里兰卡、泰国、越南

槐叶苹属 **Salvinia** Ség.

人厌槐叶苹 **Salvinia molesta** D. S. Mitch.
分布：台湾；广布于旧世界热带地区

槐叶苹 **Salvinia natans** (L.) All.
分布：长江流域；印度、泰国、越南；亚洲、欧洲、非洲

185. 莎草蕨科 Schizaeaceae Kaulf.

莎草蕨属 **Schizaea** Sm.

分枝莎草蕨 **Schizaea dichotoma** (L.) Sm.
分布：台湾、海南；印度、日本、缅甸、泰国、澳大利亚、太平洋岛屿；广布于古热带

莎草蕨 **Schizaea digitata** (L.) Sw.
分布：云南、台湾、广东、海南；印度、日本、缅甸、泰国、越南，广布于古热带的马达加斯加至波利尼西亚

186. 卷柏科 Selaginellaceae Willk.

卷柏属 **Selaginella** P. Beauv.

白毛卷柏 **Selaginella albociliata** P. S. Wang
分布：贵州、广西

白边卷柏 **Selaginella albocincta** Ching
分布：四川、西藏、云南

钝叶卷柏 **Selaginella amblyphylla** Alston
分布：四川、云南、西藏、广西；缅甸、泰国

二形卷柏 **Selaginella biformis** A. Braun ex Kuhn
分布：贵州、云南、广东、广西、海南；印度、印度尼西亚、日本、老挝、马来西亚、缅甸、菲律宾、斯里兰卡、泰国、越南

双沟卷柏 **Selaginella bisulcata** Spring
分布：四川、云南；不丹、印度、印度尼西亚、缅甸、尼泊尔、泰国、越南

大叶卷柏 **Selaginella bodinieri** Hieron.
分布：湖南、湖北、四川、重庆、贵州、云南、广西

小笠原卷柏 **Selaginella boninensis** Baker
分布：台湾；日本

布朗卷柏 **Selaginella braunii** Baker
分布：安徽、浙江、江西、湖南、湖北、四川、重庆、贵州、云南、海南；马来西亚

毛边卷柏 **Selaginella chaetoloma** Alston
分布：贵州、广西

块茎卷柏 Selaginella chrysocaulos (Hook. et Grev.) Spring
分布：四川、贵州、云南、西藏；不丹、印度、克什米尔地区、马来西亚、缅甸、尼泊尔、巴基斯坦、泰国、越南

睫毛卷柏 Selaginella ciliaris (Retz.) Spring
分布：云南、台湾、广东、广西、海南；印度、印度尼西亚、尼泊尔、巴布亚新几内亚、菲律宾、斯里兰卡、泰国、越南、澳大利亚

长芒卷柏 Selaginella commutata Alderw.
分布：广西；越南

蔓生卷柏 Selaginella davidii Franch.
分布：河北、山西、山东、河南、陕西、宁夏、甘肃、安徽、湖南、湖北、四川、重庆、云南、西藏、广西

拟大叶卷柏 Selaginella decipiens Warb.
分布：云南、广西；印度、越南

薄叶卷柏 Selaginella delicatula (Desv. ex Poir.) Alston
分布：安徽、浙江、江西、湖南、湖北、四川、重庆、贵州、云南、福建、台湾、广东、广西、海南；不丹、柬埔寨、印度、印度尼西亚、老挝、马来西亚、缅甸、尼泊尔、菲律宾、斯里兰卡、泰国、越南

棣氏卷柏 Selaginella devolii H. M. Chang, P. F. Lu et W. L. Chiou
分布：台湾

深绿卷柏 Selaginella doederleinii Hieron.
分布：安徽、浙江、江西、湖南、四川、重庆、贵州、云南、福建、台湾、广东、广西、海南；印度、日本、马来西亚、泰国、越南

镰叶卷柏 Selaginella drepanophylla Alston
分布：贵州、云南、广西

疏松卷柏 Selaginella effusa Alston
分布：贵州、云南、西藏、广东、广西；越南

琼海卷柏 Selaginella hainanensis X. C. Zhang et Noot.
分布：海南

攀援卷柏 Selaginella helferi Warb.
分布：贵州、云南、广西；印度、老挝、缅甸、泰国、越南

小卷柏 Selaginella helvetica (L.) Link
分布：黑龙江、吉林、辽宁、内蒙古、河北、山东、陕西、甘肃、青海、四川、云南、西藏；印度、日本、韩国、蒙古国、尼泊尔、俄罗斯；欧洲

异穗卷柏 Selaginella heterostachys Baker
分布：甘肃、安徽、浙江、江西、湖南、四川、重庆、贵州、云南、福建、台湾、广东、广西、海南

印度卷柏 Selaginella indica (Milde) R. M. Tryon
分布：四川、云南、西藏；印度

兖州卷柏 Selaginella involvens (Sw.) Spring
分布：河南、陕西、甘肃、安徽、浙江、江西、湖南、湖北、四川、重庆、贵州、云南、西藏、福建、台湾、广东、广西、海南；不丹、印度、日本、韩国、老挝、马来西亚、缅甸、尼泊尔、菲律宾、斯里兰卡、泰国、越南

贵州卷柏 Selaginella kouytcheensis H. Lév.
分布：贵州、云南

小翠云 Selaginella kraussiana (Kunze) A. Braun
分布：贵州、广东；非洲东部的本地种，引种或逃逸至其他很多国家

缅甸卷柏 Selaginella kurzii Baker
分布：云南；印度、马来西亚、缅甸、泰国、越南

细叶卷柏 Selaginella labordei Hieron. ex Christ
分布：河南、陕西、甘肃、安徽、浙江、江西、湖南、湖北、四川、重庆、贵州、云南、西藏、福建、台湾、广西；缅甸

松穗卷柏 Selaginella laxistrobila K. H. Shing
分布：四川、云南；印度、尼泊尔

膜叶卷柏 Selaginella leptophylla Baker
分布：四川、贵州、云南、台湾、香港；印度、日本、缅甸、泰国、越南

具边卷柏 Selaginella limbata Alston
分布：浙江、江西、湖南、福建、广东；日本

长穗卷柏 Selaginella longistrobilina P. S. Wang, X. Y. Wang et Li Bing Zhang
分布：贵州

琉球卷柏 Selaginella lutchuensis Koidz.
分布：台湾；日本

狭叶卷柏 Selaginella mairei H. Lév.
分布：四川、贵州、云南；缅甸

宽叶卷柏 Selaginella megaphylla Baker
分布：西藏；不丹、印度、缅甸

小叶卷柏 Selaginella minutifolia Spring
分布：云南；印度、马来西亚、缅甸、泰国、越南

江南卷柏 Selaginella moellendorffii Hieron.
分布：河南、陕西、甘肃、安徽、江苏、浙江、江西、湖南、湖北、四川、重庆、贵州、云南、福建、台湾、广东、广西；日本、菲律宾、越南

单子卷柏 Selaginella monospora Spring
分布：贵州、云南、西藏、广东、广西、海南；不丹、印度、缅甸、尼泊尔、泰国、越南

伏地卷柏 Selaginella nipponica Franch. et Sav.
分布：山西、山东、陕西、甘肃、青海、安徽、浙江、江西、湖南、湖北、四川、重庆、贵州、云南、福建、台湾、广东、广西；日本

钱叶卷柏 Selaginella nummularifolia Ching
分布：西藏

微齿卷柏 Selaginella ornata (Hook. et Grev.) Spring
分布：云南、广西；印度尼西亚、马来西亚、泰国、越南

平卷柏 Selaginella pallidissima Spring
分布：四川、云南；印度、尼泊尔

拟双沟卷柏 Selaginella pennata (D. Don) Spring
分布：云南；印度、缅甸、尼泊尔、泰国

黑顶卷柏 Selaginella picta A. Braun ex Baker
分布：江西、云南、西藏、广西、海南；柬埔寨、印度、老挝、缅甸、泰国、越南

地卷柏 Selaginella prostrata (H. S. Kung) Li Bing Zhang
分布：陕西、四川、贵州、云南

拟伏地卷柏 Selaginella pseudonipponica Tagawa
分布：台湾

毛枝攀援卷柏 Selaginella pseudopaleifera Hand.-Mazz.
分布：云南；越南

二歧卷柏 Selaginella pubescens (Wall. ex Grev. et Hook.) Spring
分布：云南；印度、老挝、缅甸、泰国、越南

垫状卷柏 Selaginella pulvinata (Hook. et Grev.) Maxim.
分布：辽宁、河北、山西、河南、陕西、甘肃、四川、重庆、贵州、西藏、广西；印度、韩国、蒙古国、尼泊尔、俄罗斯、泰国、越南

疏叶卷柏 Selaginella remotifolia Spring
分布：浙江、江西、湖南、湖北、四川、重庆、贵州、云南、福建、台湾、广西；印度、印度尼西亚、日本、尼泊尔、菲律宾

高雄卷柏 Selaginella repanda (Desv. ex Poir.) Spring
分布：贵州、云南、台湾、广西、海南；柬埔寨、印度、印度尼西亚、老挝、马来西亚、缅甸、尼泊尔、菲律宾、泰国、越南

海南卷柏 Selaginella rolandi-principis Alston
分布：云南、广西、海南；越南

鹿角卷柏 Selaginella rossii (Baker) Warb.
分布：黑龙江、吉林、辽宁、山东；韩国、俄罗斯

红枝卷柏 Selaginella sanguinolenta (L.) Spring
分布：黑龙江、内蒙古、河北、山西、陕西、宁夏、甘肃、青海、新疆、湖南、四川、贵州、云南、西藏；阿富汗、喜马拉雅、克什米尔地区、蒙古国、尼泊尔、俄罗斯

糙叶卷柏 Selaginella scabrifolia Ching et Chu H. Wang
分布：海南

泰国卷柏 Selaginella siamensis Hieron.
分布：云南；柬埔寨、老挝、泰国、越南

西伯利亚卷柏 Selaginella sibirica (Milde) Hieron.
分布：黑龙江、内蒙古；韩国、俄罗斯；北美洲

中华卷柏 Selaginella sinensis (Desv.) Spring
分布：黑龙江、吉林、辽宁、内蒙古、河北、山西、山东、河南、陕西、宁夏、安徽、江苏

旱生卷柏 Selaginella stauntoniana Spring
分布：吉林、辽宁、河北、山西、山东、河南、陕西、宁夏、台湾；韩国

粗茎卷柏 Selaginella superba Alston
分布：云南；越南

高山卷柏 Selaginella tama-montana Seriz.
分布：台湾

卷柏 Selaginella tamariscina (P. Beauv.) Spring
分布：吉林、内蒙古、山东、安徽、江苏、浙江、江西、湖南、四川、福建、台湾、广东、广西、海南；印度、日本、韩国、菲律宾、俄罗斯、泰国

粗叶卷柏 Selaginella trachyphylla A. Braun ex Hieron.
分布：贵州、广东、广西

毛枝卷柏 Selaginella trichoclada Alston
分布：安徽、浙江、江西、湖南、福建、广东、广西

毛叶卷柏 Selaginella trichophylla K. H. Shing
分布：西藏

翠云草 Selaginella uncinata (Desv. ex Poir.) Spring
分布：陕西、安徽、浙江、江西、湖南、湖北、四川、重庆、贵州、云南、福建、台湾、广东、广西

鞘舌卷柏 Selaginella vaginata Spring
分布：北京、河南、陕西、甘肃、四川、重庆、贵州、云

南、西藏、广西；不丹、印度、克什米尔地区、缅甸、尼泊尔、巴基斯坦、泰国、越南

细瘦卷柏 Selaginella vardei H. Lév.

分布：甘肃、四川、云南、西藏

瓦氏卷柏 Selaginella wallichii (Hook. et Grev.) Spring

分布：云南、广东、广西；马来西亚、缅甸、新加坡、泰国

藤卷柏 Selaginella willdenowii (Desv. ex Poir.) Baker

分布：贵州、云南、广西；柬埔寨、印度尼西亚、老挝、马来西亚、缅甸、泰国、越南

剑叶卷柏 Selaginella xipholepis Baker

分布：江西、贵州、广东、广西

187. 三叉蕨科 Tectariaceae Panigrahi

爬树蕨属 Arthropteris J. Sm.

爬树蕨 Arthropteris palisotii (Desv.) Alston

分布：云南、台湾、广西、海南；印度、印度尼西亚、日本、马来西亚、菲律宾、越南、澳大利亚、波利尼西亚；非洲

黄腺羽蕨属 Pleocnemia C. Presl

台湾黄腺羽蕨 Pleocnemia leuzeana (Gaudich.) C. Presl

分布：台湾；印度尼西亚、菲律宾、西太平洋岛屿

黄腺羽蕨 Pleocnemia winitii Holttum

分布：云南、福建、台湾、广东、广西、海南；印度、缅甸、泰国、越南

牙蕨属 Pteridrys C. Chr. et Ching

毛轴牙蕨 Pteridrys australis Ching

分布：云南、广东；老挝、马来西亚、缅甸、泰国、越南

薄叶牙蕨 Pteridrys cnemidaria (Christ) C. Chr. et Ching

分布：贵州、云南、台湾、广西；印度、老挝、缅甸、越南

云贵牙蕨 Pteridrys lofouensis (Christ) C. Chr. et Ching

分布：贵州、云南

叉蕨属 Tectaria Cav.

顶囊轴脉蕨 Tectaria acrocarpa (Ching) Christenh.

分布：云南

中华轴脉蕨 Tectaria chinensis (Ching et Chu H. Wang) Christenh.

分布：云南

大齿叉蕨 Tectaria coadunata (J. Sm.) C. Chr.

分布：四川、贵州、云南、西藏、台湾、广东、广西；不丹、印度、克什米尔地区、老挝、马来西亚、缅甸、尼泊尔、斯里兰卡、泰国、越南、马达加斯加；热带非洲

下延叉蕨 Tectaria decurrens (C. Presl) Copel.

分布：湖南、贵州、云南、福建、台湾、广东、广西、海南；印度、印度尼西亚、日本、缅甸、尼泊尔、菲律宾、泰国、越南

毛叶轴脉蕨 Tectaria devexa (Kunze) Copel.

分布：四川、重庆、贵州、云南、台湾、广东、广西、海南；印度尼西亚、日本、马来西亚、菲律宾、斯里兰卡、泰国、越南、波利尼西亚

薄叶轴脉蕨 Tectaria dissecta (G. Forst.) Lellinger

分布：台湾；印度、亚洲东部至波利尼西亚

大叶叉蕨 Tectaria dubia (C. B. Clarke et Baker) Ching

分布：云南；不丹、印度、尼泊尔、越南

黑柄叉蕨 Tectaria ebenina (C. Chr.) Ching

分布：贵州、云南；越南

芽胞叉蕨 Tectaria fauriei Tagawa

分布：云南、台湾、海南；印度、日本、马来西亚、泰国、越南

黑鳞轴脉蕨 Tectaria fuscipes (Wall. ex Bedd.) C. Chr.

分布：贵州、云南、西藏、台湾、广西、海南；印度、印度尼西亚、缅甸、越南

鳞柄叉蕨 Tectaria griffithii (Baker) C. Chr.

分布：贵州、云南、台湾；婆罗洲、柬埔寨、印度、印度尼西亚、老挝、马来西亚、缅甸、菲律宾、新加坡、泰国、越南

粗齿叉蕨 Tectaria grossedentata Ching et Chu H. Wang

分布：贵州、云南

沙皮蕨 Tectaria harlandii (Hook.) C. M. Kuo

分布：云南、福建、台湾、广东、广西、海南；日本、越南

思茅叉蕨 Tectaria herpetocaulos Holttum

分布：云南；越南、泰国、缅甸、印度、马来西亚

疣状叉蕨 Tectaria impressa (Fée) Holttum

分布：贵州、云南、台湾、广东、广西、海南；印度、印

度尼西亚、老挝、马来西亚、尼泊尔、泰国、越南

西藏轴脉蕨 **Tectaria ingens** (Atkinson ex C. B. Clarke) Holttum

分布：西藏、广东；印度、马来西亚、越南

台湾轴脉蕨 **Tectaria kusukusensis** (Hayata) Lellinger

分布：云南、台湾、广东、广西、海南；越南

剑叶叉蕨 **Tectaria leptophylla** (C. H. Wright) Ching

分布：云南；越南

绿春叉蕨 **Tectaria luchunensis** S. K. Wu

分布：云南

中型叉蕨 **Tectaria media** Ching

分布：福建、广东、广西、海南

条裂叉蕨 **Tectaria phaeocaulis** (Rosenst.) C. Chr.

分布：江西、云南、福建、台湾、广东、广西、海南；印度尼西亚、日本、泰国、越南

多形叉蕨 **Tectaria polymorpha** (Wall. ex Hook.) Copel.

分布：贵州、云南、台湾、广西、海南；不丹、柬埔寨、印度、印度尼西亚、马来西亚、尼泊尔、菲律宾、斯里兰卡、泰国、越南

五裂叉蕨 **Tectaria quinquefida** (Baker) Ching

分布：贵州、云南、广西；越南

疏羽叉蕨 **Tectaria remotipinna** Ching et Chu H. Wang

分布：云南

洛克叉蕨 **Tectaria rockii** C. Chr.

分布：贵州、云南、台湾、广西、海南；中南半岛、缅甸、泰国、越南

轴脉蕨 **Tectaria sagenioides** (Mett.) Christenh.

分布：云南、广西、海南；印度、印度尼西亚、马来西亚、缅甸、泰国、越南

棕毛轴脉蕨 **Tectaria setulosa** (Baker) Holttum

分布：云南、广东、广西；印度、马来西亚、缅甸、越南

燕尾叉蕨 **Tectaria simonsii** (Baker) Ching

分布：贵州、云南、福建、台湾、广东、广西、海南；印度、日本、泰国、越南

掌状叉蕨 **Tectaria subpedata** (Harr.) Ching

分布：台湾、广西；缅甸、越南

无盖轴脉蕨 **Tectaria subsageniacea** (Christ) Christenh.

分布：贵州、云南、广西；越南

三叉蕨 **Tectaria subtriphylla** (Hook. et Arn.) Copel.

分布：贵州、云南、福建、台湾、广东、广西、海南；印度、印度尼西亚、日本、缅甸、斯里兰卡、泰国、越南、波利尼西亚

多变叉蕨 **Tectaria variabilis** Tardieu et Ching

分布：海南；越南

翅柄叉蕨 **Tectaria vasta** (Blume) Copel.

分布：云南；印度、印度尼西亚、马来西亚、泰国

云南叉蕨 **Tectaria yunnanensis** (Baker) Ching

分布：四川、贵州、云南、台湾、广西、海南；越南

地耳蕨 **Tectaria zeilanica** (Houtt.) Sledge

分布：贵州、云南、福建、台湾、广东、广西、海南；印度、印度尼西亚、老挝、马来西亚、菲律宾、斯里兰卡、泰国、越南、毛里求斯、波利尼西亚

188. 金星蕨科 Thelypteridaceae Ching ex Pic. Serm.

星毛蕨属 **Ampelopteris** Kunze

星毛蕨 **Ampelopteris prolifera** (Retz.) Copel.

分布：江西、湖南、四川、贵州、云南、福建、台湾、广东、广西、海南；世界热带和亚热带地区，美洲除外

边果蕨属 **Craspedosorus** Ching et W. M. Chu

边果蕨 **Craspedosorus sinensis** Ching et W. M. Chu

分布：云南

钩毛蕨属 **Cyclogramma** Tagawa

耳羽钩毛蕨 **Cyclogramma auriculata** (J. Sm.) Ching

分布：云南、台湾；不丹、印度、印度尼西亚、缅甸、尼泊尔

焕镛钩毛蕨 **Cyclogramma chunii** (Ching) Tagawa

分布：广东

无量山钩毛蕨 **Cyclogramma costularisora** Ching ex K. H. Shing

分布：云南

小叶钩毛蕨 **Cyclogramma flexilis** (Christ) Tagawa

分布：四川、贵州

狭基钩毛蕨 **Cyclogramma leveillei** (Christ) Ching

分布：四川、贵州、云南、福建、台湾、广东；日本

马关钩毛蕨 **Cyclogramma maguanensis** Ching ex K. H. Shing

分布：云南

滇东钩毛蕨 **Cyclogramma neoauriculata** (Ching) Tagawa

分布：云南

峨眉钩毛蕨 **Cyclogramma omeiensis** (Baker) Tagawa
分布：四川、云南

西藏钩毛蕨 **Cyclogramma tibetica** Ching et S. K. Wu
分布：西藏

毛蕨属 **Cyclosorus** Link

渐尖毛蕨 **Cyclosorus acuminatus** (Houtt.) Nakai
分布：山东、河南、陕西、甘肃、安徽、江苏、浙江、江西、湖南、湖北、四川、重庆、贵州、云南、福建、台湾、广东、广西、海南；日本、韩国、菲律宾

渐尖毛蕨(原变种) **Cyclosorus acuminatus** var. **acuminatus**
分布：山东、河南、陕西、甘肃、安徽、江苏、浙江、江西、湖南、湖北、四川、重庆、贵州、云南、福建、台湾、广东、广西、海南；日本、韩国、菲律宾

鼓岭渐尖毛蕨 **Cyclosorus acuminatus** var. **kuliangensis** Ching
分布：安徽、浙江、江西、湖南、云南、福建、广东、广西

干旱毛蕨 **Cyclosorus aridus** (D. Don) Ching
分布：安徽、浙江、江西、湖南、四川、重庆、贵州、云南、西藏、福建、台湾、广东、广西、海南；不丹、印度、印度尼西亚、克什米尔地区、马来群岛、尼泊尔、菲律宾、越南、澳大利亚、太平洋岛屿

节状毛蕨 **Cyclosorus articulatus** (Houlston et T. Moore) Panigrahi
分布：贵州、云南、西藏、广西；印度、斯里兰卡、泰国、越南

下延毛蕨 **Cyclosorus attenuatus** Ching ex K. H. Shing
分布：云南

光羽毛蕨 **Cyclosorus calvescens** Ching
分布：贵州、云南、广西；越南

鳞柄毛蕨 **Cyclosorus crinipes** (Hook.) Ching
分布：贵州、云南、西藏、广东、广西、海南；不丹、印度、印度尼西亚、老挝、缅甸、尼泊尔、泰国、越南

狭基毛蕨 **Cyclosorus cuneatus** Ching ex K. H. Shing
分布：重庆、贵州、广西；越南

柱腺毛蕨 **Cyclosorus cylindrothrix** (Rosenst.) Ching
分布：西藏；不丹、印度、缅甸、尼泊尔、泰国

齿牙毛蕨 **Cyclosorus dentatus** (Forssk.) Ching
分布：浙江、江西、湖南、四川、重庆、贵州、云南、西藏、福建、台湾、广东、广西、海南；亚洲热带和亚热带地区、非洲、热带美洲

广叶毛蕨 **Cyclosorus ensifer** (Tagawa) W. C. Shieh
分布：台湾

展羽毛蕨 **Cyclosorus evolutus** (C. B. Clarke et Baker) Ching
分布：湖南、重庆、贵州、云南、广西；印度、泰国

福建毛蕨 **Cyclosorus fukienensis** Ching
分布：浙江、江西、湖南、福建、广东

古斯塔毛蕨 **Cyclosorus gustavii** (Bedd.) Ching
分布：云南；印度、泰国

异果毛蕨 **Cyclosorus heterocarpus** (Blume) Ching
分布：广东、广西、海南；印度尼西亚、马来西亚、菲律宾、泰国、越南、澳大利亚、波利尼西亚

毛囊毛蕨 **Cyclosorus hirtisorus** (C. Chr.) Ching
分布：云南、广西；老挝、缅甸、泰国

河口毛蕨 **Cyclosorus hokouensis** Ching
分布：云南、广西；印度

毛蕨 **Cyclosorus interruptus** (Willd.) H. Itô
分布：江西、云南、福建、台湾、广东、广西、海南；广布于世界热带和亚热带地区

闽台毛蕨 **Cyclosorus jaculosus** (Christ) H. Itô
分布：浙江、江西、湖南、贵州、云南、福建、台湾、广东、广西；不丹、印度、日本、尼泊尔、越南

景洪毛蕨 **Cyclosorus jinghongensis** Ching ex K. H. Shing
分布：云南、广西、海南；泰国、越南

阴生毛蕨 **Cyclosorus latebrosus** (Kunze ex Mett.) Ching
分布：云南；孟加拉国、印度尼西亚、马来西亚、菲律宾

宽羽毛蕨 **Cyclosorus latipinnus** (Benth.) Tardieu
分布：浙江、湖南、贵州、云南、福建、台湾、广东、广西、海南；印度、印度尼西亚、马来西亚、缅甸、菲律宾、斯里兰卡、泰国、越南、澳大利亚、波利尼西亚

美丽毛蕨 **Cyclosorus molliusculus** (Wall. ex Kuhn) Ching
分布：贵州、云南、广西；印度、缅甸、尼泊尔、泰国

南溪毛蕨 **Cyclosorus nanxiensis** Ching ex K. H. Shing
分布：云南

腺脉毛蕨 **Cyclosorus opulentus** (Kaulf.) Nakaike
分布：海南；印度、印度尼西亚、马来西亚、缅甸、菲律

宾、斯里兰卡、泰国、澳大利亚、密克罗尼西亚；非洲、热带美洲

蝶状毛蕨 **Cyclosorus papilio** (C. Hope) Ching

分布：四川、云南、西藏、台湾；印度、克什米尔地区、尼泊尔、斯里兰卡

华南毛蕨 **Cyclosorus parasiticus** (L.) Farw.

分布：浙江、江西、湖南、四川、重庆、贵州、云南、福建、台湾、广东、广西、海南；印度、印度尼西亚、日本、韩国、老挝、缅甸、尼泊尔、菲律宾、斯里兰卡、泰国、越南

小叶毛蕨 **Cyclosorus parvifolius** Ching

分布：福建

高毛蕨 **Cyclosorus procerus** (D. Don) S. Lindsay et D. J. Middleton

分布：云南、西藏；不丹、印度、尼泊尔、泰国

无腺毛蕨 **Cyclosorus procurrens** (Mett.) Copel.

分布：贵州、云南、台湾、广东、广西、海南；印度、印度尼西亚、马来西亚、缅甸、菲律宾

兰屿大叶毛蕨 **Cyclosorus productus** (Kaulf.) Ching

分布：台湾；菲律宾

矮毛蕨 **Cyclosorus pygmaeus** Ching et C. F. Zhang

分布：浙江、江西

糙叶毛蕨 **Cyclosorus scaberulus** Ching

分布：海南

石门毛蕨 **Cyclosorus shimenensis** K. H. Shing et C. M. Zhang

分布：湖南、重庆、贵州

泰国毛蕨 **Cyclosorus siamensis** (Tagawa et K. Iwats.) Panigrahi

分布：云南、台湾；印度、泰国

短尖毛蕨 **Cyclosorus subacutus** Ching

分布：浙江、江西、福建、台湾、广东

巨型毛蕨 **Cyclosorus subelatus** (Baker) Ching

分布：云南；印度、泰国

台湾毛蕨 **Cyclosorus taiwanensis** (C. Chr.) H. Itô

分布：江西、福建、台湾、广东、广西；日本

顶育毛蕨 **Cyclosorus terminans** (J. Sm. ex Hook.) K. H. Shing

分布：海南；印度、印度尼西亚、日本、马来群岛、缅甸、泰国、越南、澳大利亚、密克罗尼西亚、波利尼西亚；非洲

截裂毛蕨 **Cyclosorus truncatus** (Poir.) Farw.

分布：湖南、贵州、云南、西藏、福建、台湾、广东、广西、海南；印度、印度尼西亚、日本、老挝、马来西亚、缅甸、菲律宾、斯里兰卡、泰国、越南、澳大利亚、波利尼西亚

截裂毛蕨(原变种) **Cyclosorus truncatus** var. **truncatus**

分布：湖南、贵州、云南、西藏、福建、台湾、广东、广西、海南；印度、印度尼西亚、日本、老挝、马来西亚、缅甸、菲律宾、斯里兰卡、泰国、越南、澳大利亚、太平洋岛屿

线羽截裂毛蕨 **Cyclosorus truncatus** var. **angustipinnus** Ching

分布：海南

武陵毛蕨 **Cyclosorus wulingshanensis** C. M. Zhang

分布：湖南、四川、重庆、云南、西藏、广西

圣蕨属 **Dictyocline** T. Moore

圣蕨 **Dictyocline griffithii** T. Moore

分布：浙江、江西、四川、贵州、云南、福建、台湾、广西；印度、日本、缅甸、越南

闽浙圣蕨 **Dictyocline mingchegensis** Ching

分布：浙江、江西、福建

戟叶圣蕨 **Dictyocline sagittifolia** Ching

分布：江西、湖南、广东、广西

羽裂圣蕨 **Dictyocline wilfordii** (Hook.) J. Sm.

分布：浙江、江西、四川、贵州、云南、福建、台湾、广东、广西；日本、越南

方秆蕨属 **Glaphyropteridopsis** Ching

峨眉方秆蕨 **Glaphyropteridopsis emeiensis** Y. X. Lin

分布：四川

毛囊方秆蕨 **Glaphyropteridopsis eriocarpa** Ching

分布：重庆

方秆蕨 **Glaphyropteridopsis erubescens** (Wall. ex Hook.) Ching

分布：四川、贵州、云南、台湾；不丹、印度、日本、克什米尔地区、缅甸、尼泊尔、巴基斯坦、菲律宾、越南

光滑方秆蕨 **Glaphyropteridopsis glabrata** Ching et W. M. Chu ex Y. X. Lin

分布：云南

金佛山方秆蕨 **Glaphyropteridopsis jinfushanensis** Ching ex Y. X. Lin

分布：重庆

柔弱方杆蕨 **Glaphyropteridopsis mollis** Ching ex Y. X. Lin
分布：四川

灰白方杆蕨 **Glaphyropteridopsis pallida** Ching ex Y. X. Lin
分布：云南

粉红方杆蕨 **Glaphyropteridopsis rufostraminea** (Christ) Ching
分布：湖北、四川、重庆、贵州、云南

四川方杆蕨 **Glaphyropteridopsis sichuanensis** Y. X. Lin
分布：四川

大叶方杆蕨 **Glaphyropteridopsis splendens** Ching
分布：四川

柔毛方杆蕨 **Glaphyropteridopsis villosa** Ching et W. M. Chu ex Y. X. Lin
分布：云南

茯蕨属 **Leptogramma** J. Sm.

华中茯蕨 **Leptogramma centrochinensis** Ching ex Y. X. Lin
分布：湖北

喜马拉雅茯蕨 **Leptogramma himalaica** Ching
分布：云南、西藏；印度

惠水茯蕨 **Leptogramma huishuiensis** Ching ex Y. X. Lin
分布：贵州

金佛山茯蕨 **Leptogramma jinfoshanensis** Ching et Z. Y. Liu
分布：重庆

毛叶茯蕨 **Leptogramma pozoi** (Lag.) Heywood
分布：台湾；印度、印度尼西亚、日本、斯里兰卡；非洲

峨眉茯蕨 **Leptogramma scallanii** (Christ) Ching
分布：浙江、江西、湖南、四川、贵州、云南、福建、广东、广西；越南

中华茯蕨 **Leptogramma sinica** Ching ex Y. X. Lin
分布：湖南、贵州

小叶茯蕨 **Leptogramma tottoides** H. Itô
分布：浙江、江西、贵州、福建、台湾

雅安茯蕨 **Leptogramma yahanensis** Ching ex Y. X. Lin
分布：四川

针毛蕨属 **Macrothelypteris** (H. Itô) Ching

细裂针毛蕨 **Macrothelypteris contingens** Ching
分布：云南、浙江

针毛蕨 **Macrothelypteris oligophlebia** (Baker) Ching
分布：河北、河南、安徽、江苏、浙江、江西、湖南、湖北、贵州、福建、台湾、广东、广西；日本、韩国

针毛蕨(原变种) **Macrothelypteris oligophlebia** var. **oligophlebia**
分布：河南、安徽、江苏、浙江、江西、湖南、湖北、广西；日本

雅致针毛蕨 **Macrothelypteris oligophlebia** var. **elegans** (Koidz.) Ching
分布：河南、陕西、甘肃、江苏、浙江、江西、湖北、重庆、贵州、福建；日本、韩国

树形针毛蕨 **Macrothelypteris ornata** (Wall. ex J. Sm.) Ching
分布：云南、西藏；不丹、印度、尼泊尔、泰国

桫椤针毛蕨 **Macrothelypteris polypodioides** (Hook.) Holttum
分布：台湾；巴布亚新几内亚、菲律宾、泰国、澳大利亚、太平洋岛屿

刚鳞针毛蕨 **Macrothelypteris setigera** (Blume) Ching
分布：台湾；印度尼西亚、马来西亚

普通针毛蕨 **Macrothelypteris torresiana** (Gaudich.) Ching
分布：河南、安徽、江苏、浙江、江西、湖南、湖北、四川、重庆、贵州、云南、西藏、福建、台湾、广东、广西、海南；不丹、印度、印度尼西亚、日本、缅甸、尼泊尔、菲律宾、越南；美洲热带和亚热带地区、澳大利亚、太平洋岛屿

翠绿针毛蕨 **Macrothelypteris viridifrons** (Tagawa) Ching
分布：安徽、江苏、浙江、江西、湖南、贵州、福建；日本、韩国

龙津蕨属 **Mesopteris** Ching

龙津蕨 **Mesopteris tonkinensis** (C. Chr.) Ching
分布：广西；越南

凸轴蕨属 **Metathelypteris** (H. Itô) Ching

微毛凸轴蕨 **Metathelypteris adscendens** (Ching) Ching
分布：福建、台湾、广东、广西

三角叶凸轴蕨 **Metathelypteris deltoideofrons** Ching ex W. M. Chu et S. G. Lu
分布：湖南、云南

薄叶凸轴蕨 **Metathelypteris flaccida** (Blume) Ching
分布：贵州、云南；不丹、印度、印度尼西亚、马来西亚、尼泊尔、菲律宾、斯里兰卡、泰国、越南

有腺凸轴蕨 **Metathelypteris glandulifera** Ching ex K. H. Shing
分布：广西

凸轴蕨 **Metathelypteris gracilescens** (Blume) Ching
分布：云南、台湾；印度尼西亚、日本、马来西亚、菲律宾、波利尼西亚

林下凸轴蕨 **Metathelypteris hattorii** (H. Itô) Ching
分布：安徽、浙江、江西、湖南、四川、福建、广西；日本

疏羽凸轴蕨 **Metathelypteris laxa** (Franch. et Sav.) Ching
分布：安徽、江苏、浙江、江西、湖南、湖北、四川、重庆、贵州、云南、福建、台湾、广东、广西、海南；日本、韩国

鲜绿凸轴蕨 **Metathelypteris petiolulata** Ching ex K. H. Shing
分布：安徽、浙江、江西、福建

有柄凸轴蕨 **Metathelypteris singalanensis** (Baker) Ching
分布：海南；印度尼西亚、马来西亚、泰国

乌来凸轴蕨 **Metathelypteris uraiensis** (Rosenst.) Ching
分布：云南、西藏、台湾、广东；日本、菲律宾

乌来凸轴蕨(原变种) **Metathelypteris uraiensis** var. **uraiensis**
分布：云南、台湾、广东；日本、菲律宾

西藏凸轴蕨 **Metathelypteris uraiensis** var. **tibetica** (Ching et S. K. Wu) K. H. Shing
分布：西藏

武夷山凸轴蕨 **Metathelypteris wuyishanica** Ching
分布：浙江、福建

假鳞毛蕨属 **Oreopteris** Holub

锡金假鳞毛蕨 **Oreopteris elwesii** (Hook. et Baker) Holttum
分布：云南；印度

亚洲假鳞毛蕨 **Oreopteris quelpaertensis** (Christ) Holub
分布：吉林；日本、韩国、俄罗斯

金星蕨属 **Parathelypteris** (H. Itô) Ching

钝角金星蕨 **Parathelypteris angulariloba** (Ching) Ching
分布：福建、台湾、广东、广西；日本

狭叶金星蕨 **Parathelypteris angustifrons** (Miq.) Ching
分布：福建、台湾；日本

长根金星蕨 **Parathelypteris beddomei** (Baker) Ching
分布：浙江、台湾；印度、印度尼西亚、日本、马来西亚、菲律宾

狭脚金星蕨 **Parathelypteris borealis** (H. Hara) K. H. Shing
分布：陕西、安徽、江西、湖南、四川、贵州、福建、广西；日本

草山金星蕨 **Parathelypteris caoshanensis** Ching ex K. H. Shing
分布：台湾

台湾金星蕨 **Parathelypteris castanea** (Tagawa) Ching
分布：台湾；日本

尾羽金星蕨 **Parathelypteris caudata** Ching ex K. H. Shing
分布：云南、广西

长白山金星蕨 **Parathelypteris changbaishanensis** Ching ex K. H. Shing
分布：吉林

中华金星蕨 **Parathelypteris chinensis** (Ching) Ching
分布：安徽、浙江、江西、湖南、四川、贵州、云南、福建、广东、广西

中华金星蕨(原变种) **Parathelypteris chinensis** var. **chinensis**
分布：安徽、浙江、江西、湖南、四川、福建、广东、广西

毛果金星蕨 **Parathelypteris chinensis** var. **trichocarpa** Ching ex K. H. Shing et J. F. Cheng
分布：江西、贵州、云南

秦氏金星蕨 **Parathelypteris chingii** K. H. Shing et J. F. Cheng
分布：江西、福建、广东

秦氏金星蕨(原变种) **Parathelypteris chingii** var. **chingii**
分布：江西、福建

大羽金星蕨 Parathelypteris chingii var. **major** (Ching) K. H. Shing
分布：广东

马蹄金星蕨 Parathelypteris cystopteroides (D. C. Eaton) Ching
分布：福建、台湾沿海及附近岛屿；日本、韩国

金星蕨 Parathelypteris glanduligera (Kunze) Ching
分布：河南、安徽、江苏、浙江、江西、湖南、湖北、四川、重庆、贵州、云南、福建、台湾、广东、广西、海南；印度、日本、韩国、尼泊尔、越南

金星蕨(原变种) Parathelypteris glanduligera var. **glanduligera**
分布：河南、安徽、江苏、浙江、江西、湖南、湖北、四川、重庆、贵州、云南、福建、台湾、广东、广西、海南；印度、日本、韩国、越南

微毛金星蕨 Parathelypteris glanduligera var. **puberula** (Ching) Ching ex K. H. Shing
分布：安徽、江苏、江西

矮小金星蕨 Parathelypteris grammitoides (Christ) Ching
分布：台湾；日本、韩国、菲律宾

毛脚金星蕨 Parathelypteris hirsutipes (C. B. Clarke) Ching
分布：云南；印度、缅甸

滇越金星蕨 Parathelypteris indochinensis (Christ) Ching
分布：云南、广西；越南

光脚金星蕨 Parathelypteris japonica (Baker) Ching
分布：安徽、江苏、浙江、江西、湖南、四川、贵州、云南、福建、台湾；日本、韩国

光脚金星蕨(原变种) Parathelypteris japonica var. **japonica**
分布：江苏、江西、四川、贵州、福建、台湾；日本、韩国

光叶金星蕨 Parathelypteris japonica var. **glabrata** (Ching) K. H. Shing
分布：江西；日本、韩国

黑叶金星蕨 Parathelypteris nigrescens Ching ex K. H. Shing
分布：云南、广西

中日金星蕨 Parathelypteris nipponica (Franch. et Sav.) Ching
分布：山东、河南、陕西、甘肃、江苏、浙江、江西、湖南、湖北、四川、贵州、云南、福建、广西；日本、韩国、尼泊尔

阔片金星蕨 Parathelypteris pauciloba Ching ex K. H. Shing
分布：福建

长毛金星蕨 Parathelypteris petelotii (Ching) Ching
分布：广西；越南

秦岭金星蕨 Parathelypteris qinlingensis Ching ex K. H. Shing
分布：山西、甘肃

有齿金星蕨 Parathelypteris serrutula (Ching) Ching
分布：浙江、四川、贵州

海南金星蕨 Parathelypteris subimmersa (Ching) Ching
分布：海南

毛盖金星蕨 Parathelypteris trichochlamys Ching ex K. H. Shing
分布：广东

卵果蕨属 Phegopteris (C. Presl) Fée

卵果蕨 Phegopteris connectilis (Michx.) Watt
分布：黑龙江、吉林、辽宁、河南、陕西、四川、贵州、云南、台湾；广布于北半球温带、亚洲中部的山脉和喜马拉雅地区

延羽卵果蕨 Phegopteris decursive-pinnata (H. C. Hall) Fée
分布：河南、江苏、上海、江西、湖南、湖北、四川、重庆、贵州、云南、福建、台湾、广东、广西、陕西、山东；韩国、日本、越南

西藏卵果蕨 Phegopteris tibetica Ching
分布：西藏

新月蕨属 Pronephrium C. Presl

顶芽新月蕨 Pronephrium cuspidatum (Blume) Holttum
分布：台湾；日本、马来西亚、太平洋岛屿(所罗门群岛)

小叶新月蕨 Pronephrium gracile Ching ex Y. X. Lin
分布：云南

新月蕨 Pronephrium gymnopteridifrons (Hayata) Holttum
分布：贵州、云南、台湾、广东、广西、海南；菲律宾

河口新月蕨 Pronephrium hekouense Ching ex Y. X. Lin
分布：云南、海南

针毛新月蕨 Pronephrium hirsutum Ching ex Y. X. Lin
分布：重庆、贵州、云南、福建、广东

岛生新月蕨 **Pronephrium insularis** (K. Iwats.) Holttum
分布：台湾；日本

红色新月蕨 **Pronephrium lakhimpurense** (Rosenst.) Holttum
分布：江西、四川、云南、福建、广东、广西；不丹、印度、尼泊尔、泰国、越南

长柄新月蕨 **Pronephrium longipetiolatum** (K. Iwats.) Holttum
分布：台湾

硕羽新月蕨 **Pronephrium macrophyllum** Ching ex Y. X. Lin
分布：云南、广西

墨脱新月蕨 **Pronephrium medogense** Y. X. Lin
分布：西藏

微红新月蕨 **Pronephrium megacuspe** (Baker) Holttum
分布：江西、云南、台湾、广东、广西；日本、泰国、越南

大羽新月蕨 **Pronephrium nudatum** (Roxb.) Holttum
分布：贵州、云南、西藏；不丹、印度、印度尼西亚、缅甸、尼泊尔、菲律宾、越南

羽叶新月蕨 **Pronephrium parishii** (Bedd.) Holttum
分布：台湾；印度、日本、马来西亚、缅甸、斯里兰卡

披针新月蕨 **Pronephrium penangianum** (Hook.) Holttum
分布：河南、浙江、江西、湖南、湖北、四川、贵州、广东、广西；不丹、印度、克什米尔地区、尼泊尔、巴基斯坦

刚毛新月蕨 **Pronephrium setosum** Y. X. Lin
分布：云南

单叶新月蕨 **Pronephrium simplex** (Hook.) Holttum
分布：云南、福建、台湾、广东、海南；日本、越南

三羽新月蕨 **Pronephrium triphyllum** (Sw.) Holttum
分布：云南、福建、台湾、广东、广西；印度、印度尼西亚、日本、韩国、斯里兰卡、马来西亚、缅甸、澳大利亚

云贵新月蕨 **Pronephrium yunguiense** Ching ex Y. X. Lin
分布：贵州、云南

假毛蕨属 **Pseudocyclosorus** Ching

狭羽假毛蕨 **Pseudocyclosorus angustipinnus** Ching ex Y. X. Lin
分布：贵州

长根假毛蕨 **Pseudocyclosorus canus** (Baker) Holttum et Jeff W. Grimes
分布：西藏；不丹、印度、克什米尔地区、尼泊尔

尾羽假毛蕨 **Pseudocyclosorus caudipinnus** (Ching) Ching
分布：海南

青岩假毛蕨 **Pseudocyclosorus cavaleriei** (H. Lév.) Y. X. Lin
分布：贵州

溪边假毛蕨 **Pseudocyclosorus ciliatus** (Wall. ex Benth.) Ching
分布：云南、广东、广西、海南；不丹、印度、印度尼西亚、马来西亚、缅甸、尼泊尔、新加坡、斯里兰卡、泰国、越南

大明山假毛蕨 **Pseudocyclosorus damingshanensis** Ching ex Y. X. Lin
分布：广西

德化假毛蕨 **Pseudocyclosorus dehuaensis** Y. X. Lin
分布：福建

苍山假毛蕨 **Pseudocyclosorus duclouxii** (Christ) Ching
分布：云南

独龙江假毛蕨 **Pseudocyclosorus dulongjiangensis** W. M. Chu
分布：云南

峨眉假毛蕨 **Pseudocyclosorus emeiensis** Ching ex Y. X. Lin
分布：四川

西南假毛蕨 **Pseudocyclosorus esquirolii** (Christ) Ching
分布：江西、湖南、四川、贵州、云南、福建、台湾、广西；印度、缅甸、尼泊尔、泰国

镰片假毛蕨 **Pseudocyclosorus falcilobus** (Hook.) Ching
分布：浙江、云南、福建、广东、广西、海南；印度、日本、老挝、缅甸、泰国、越南

福贡假毛蕨 **Pseudocyclosorus fugongensis** Y. X. Lin
分布：云南

叉脉假毛蕨 **Pseudocyclosorus furcatovenulosus** Y. X. Lin
分布：四川

贡山假毛蕨 **Pseudocyclosorus gongshanensis** Y. X. Lin
分布：云南

灌县假毛蕨 **Pseudocyclosorus guangxianensis** Ching ex Y. X. Lin
分布：四川

广西假毛蕨 **Pseudocyclosorus guangxiensis** Y. X. Lin
分布：广西

綦江假毛蕨 **Pseudocyclosorus jijiangensis** Ching ex Y. X. Lin
分布：重庆

阔片假毛蕨 **Pseudocyclosorus latilobus** (Ching) Ching
分布：贵州

线羽假毛蕨 **Pseudocyclosorus linearis** Ching et K. H. Shing ex Y. X. Lin
分布：四川

庐山假毛蕨 **Pseudocyclosorus lushanensis** Ching ex Y. X. Lin
分布：江西、福建

泸水假毛蕨 **Pseudocyclosorus lushuiensis** Y. X. Lin
分布：云南

斜展假毛蕨 **Pseudocyclosorus obliquus** Ching ex Y. X. Lin
分布：广西

武宁假毛蕨 **Pseudocyclosorus paraochthodes** Ching ex K. H. Shing et J. F. Cheng
分布：江西

似镰羽假毛蕨 **Pseudocyclosorus pseudofalcilobus** W. M. Chu
分布：云南

毛脉假毛蕨 **Pseudocyclosorus pseudorepens** Ching ex K. H. Shing
分布：云南

青城假毛蕨 **Pseudocyclosorus qingchengensis** Y. X. Lin
分布：四川、广西

双柏假毛蕨 **Pseudocyclosorus shuangbaiensis** Ching ex Y. X. Lin
分布：云南

禾杆假毛蕨 **Pseudocyclosorus stramineus** Ching ex Y. X. Lin
分布：云南

光脉假毛蕨 **Pseudocyclosorus subfalcilobus** Ching ex K. H. Shing
分布：云南

边囊假毛蕨 **Pseudocyclosorus submarginalis** Ching ex Y. X. Lin
分布：四川

普通假毛蕨 **Pseudocyclosorus subochthodes** (Ching) Ching
分布：安徽、浙江、江西、湖南、四川、贵州、云南、福建、广东、广西；日本、韩国

急梳假毛蕨 **Pseudocyclosorus torrentis** Ching ex Y. X. Lin
分布：云南

景烈假毛蕨 **Pseudocyclosorus tsoi** Ching
分布：浙江、江西、湖南、福建、广东、广西

瘤羽假毛蕨 **Pseudocyclosorus tuberculifer** (C. Chr.) Ching
分布：云南、广东、广西；印度

假毛蕨 **Pseudocyclosorus tylodes** (Kunze) Ching
分布：四川、贵州、云南、西藏、台湾、广东、广西、海南；印度、缅甸、菲律宾、斯里兰卡、泰国、越南

新平假毛蕨 **Pseudocyclosorus xinpingensis** Ching ex Y. X. Lin
分布：云南

察隅假毛蕨 **Pseudocyclosorus zayuensis** Ching et S. K. Wu
分布：云南、西藏

紫柄蕨属 Pseudophegopteris Ching

耳状紫柄蕨 **Pseudophegopteris aurita** (Hook.) Ching
分布：江西、重庆、贵州、云南、西藏、福建；不丹、印度、印度尼西亚、日本、马来西亚、缅甸、尼泊尔、巴布亚新几内亚、菲律宾、越南

短柄紫柄蕨 **Pseudophegopteris brevipes** Ching et S. K. Wu
分布：西藏

密毛紫柄蕨 **Pseudophegopteris hirtirachis** (C. Chr.) Holttum
分布：四川、贵州、云南、台湾、广东、广西；印度、尼泊尔

星毛紫柄蕨 **Pseudophegopteris levingei** (C. B. Clarke) Ching
分布：陕西、甘肃、四川、云南、西藏、台湾；阿富汗、不丹、印度、克什米尔地区、巴基斯坦

禾杆紫柄蕨 **Pseudophegopteris microstegia** (Hook.) Ching
分布：四川、重庆、云南、西藏；印度

紫柄蕨 Pseudophegopteris pyrrhorhachis (Kunze) Ching
分布：河南、甘肃、浙江、江西、湖南、湖北、四川、重庆、贵州、云南、西藏、福建、台湾、广东、广西；不丹、尼泊尔、印度、缅甸、越南、斯里兰卡

紫柄蕨(原变种) Pseudophegopteris pyrrhorhachis var. **pyrrhorhachis**
分布：河南、甘肃、江西、湖南、湖北、四川、重庆、贵州、云南、福建、台湾、广东、广西；不丹、印度、缅甸、尼泊尔、越南、斯里兰卡

光叶紫柄蕨 Pseudophegopteris pyrrhorhachis var. **glabrata** (C. B. Clarke) Holttum
分布：湖南、湖北、四川、重庆、贵州、云南；印度、缅甸、喜马拉雅山西南地区

对生紫柄蕨 Pseudophegopteris rectangularis (Zoll.) Holttum
分布：云南、西藏、广西；不丹、印度、印度尼西亚、马来西亚、尼泊尔

光轴紫柄蕨 Pseudophegopteris subaurita (Tagawa) Ching
分布：台湾；日本

西藏紫柄蕨 Pseudophegopteris tibetana Ching et S. K. Wu
分布：西藏

易贡紫柄蕨 Pseudophegopteris yigongensis Ching
分布：西藏

云贵紫柄蕨 Pseudophegopteris yunkweiensis (Ching) Ching
分布：贵州、云南；越南

察隅紫柄蕨 Pseudophegopteris zayuensis Ching et S. K. Wu
分布：西藏

溪边蕨属 **Stegnogramma** Blume

贯众叶溪边蕨 Stegnogramma cyrtomioides (C. Chr.) Ching
分布：四川、贵州

屏边溪边蕨 Stegnogramma dictyoclinoides Ching
分布：云南、台湾；越南

缙云溪边蕨 Stegnogramma diplazioides Ching ex Y. X. Lin
分布：重庆

金佛山溪边蕨 Stegnogramma jinfoshanensis Ching et Z. Y. Liu
分布：四川、重庆、云南

阔羽溪边蕨 Stegnogramma latipinna Ching ex Y. X. Lin
分布：云南

兴文溪边蕨 Stegnogramma xingwenensis Ching ex Y. X. Lin
分布：四川

沼泽蕨属 **Thelypteris** Schmidel

鳞片沼泽蕨 Thelypteris fairbankii (Bedd.) Y. X. Lin, K. Iwatsuki et M. G. Gilbert
分布：云南；印度、新西兰；非洲

沼泽蕨 Thelypteris palustris Schott
分布：黑龙江、吉林、内蒙古、河北、山东、河南、新疆、江苏、四川；广布于北半球温带

沼泽蕨(原变种) Thelypteris palustris var. **palustris**
分布：黑龙江、吉林、内蒙古、河北、山东、河南、新疆、四川；广布于北半球温带地区

毛叶沼泽蕨 Thelypteris palustris var. **pubescens** (G. Lawson) Fernald
分布：黑龙江、吉林、山东、江苏；亚洲和北美洲的温带地区

189. 岩蕨科 Woodsiaceae Herter

滇蕨属 **Cheilanthopsis** Hieron.

长叶滇蕨 Cheilanthopsis elongata (Hook.) Copel.
分布：云南、西藏；不丹、印度、缅甸、尼泊尔

滇蕨 Cheilanthopsis indusiosa (Christ) Ching
分布：四川、云南；不丹

康定岩蕨 Cheilanthopsis kangdingensis (H. S. Kung, Li Bing Zhang et X. S. Guo) Shmakov
分布：四川

膀胱蕨属 **Protowoodsia** Ching

膀胱蕨 Protowoodsia manchuriensis (Hook.) Ching
分布：黑龙江、吉林、辽宁、河北、山东、河南、安徽、浙江、江西、四川、贵州；日本、韩国、俄罗斯

岩蕨属 **Woodsia** R. Br.

西疆岩蕨 Woodsia alpina (Bolton) Gray
分布：西藏；俄罗斯；欧洲、北美洲

蜘蛛岩蕨 Woodsia andersonii (Bedd.) Christ

分布：陕西、甘肃、青海、四川、云南、西藏、台湾；不丹、印度、尼泊尔

赤色岩蕨 Woodsia cinnamomea Christ

分布：四川

栗柄岩蕨 Woodsia cycloloba Hand.-Mazz.

分布：陕西、四川、云南、西藏；印度、尼泊尔

光岩蕨 Woodsia glabella R. Br. ex Richards.

分布：吉林、河北、甘肃、青海、新疆、云南；日本、俄罗斯；欧洲、北美洲

贵州岩蕨 Woodsia guizhouensis P. S. Wang

分布：贵州

华北岩蕨 Woodsia hancockii Baker

分布：黑龙江、吉林、内蒙古、河北、山西、陕西；印度、日本、韩国、尼泊尔、俄罗斯

岩蕨 Woodsia ilvensis (L.) R. Br.

分布：黑龙江、吉林、内蒙古、河北、新疆；哈萨克斯坦、蒙古国、俄罗斯；欧洲、北美洲

东亚岩蕨 Woodsia intermedia Tagawa

分布：黑龙江、吉林、辽宁、河北、山西、山东、河南；日本、韩国、俄罗斯

毛盖岩蕨 Woodsia lanosa Hook.

分布：四川、云南、西藏；不丹、印度、尼泊尔

大囊岩蕨 Woodsia macrochlaena Mett. ex Kuhn

分布：辽宁、河北、山东；日本、韩国、俄罗斯

甘南岩蕨 Woodsia macrospora C. Chr. et Maxon

分布：甘肃

妙峰岩蕨 Woodsia oblonga Ching et S. H. Wu

分布：河北、山东、河南

冈本氏岩蕨 Woodsia okamotoi Tagawa

分布：台湾

嵩县岩蕨 Woodsia pilosa Ching

分布：河南

耳羽岩蕨 Woodsia polystichoides D. C. Eaton

分布：广布于华中、华东(福建除外，包括台湾)、华北、西北、西南(四川、云南)；日本、韩国、俄罗斯

密毛岩蕨 Woodsia rosthorniana Diels

分布：辽宁、河北、陕西、四川、云南、西藏；不丹

陕西岩蕨 Woodsia shensiensis Ching

分布：内蒙古、陕西、四川

山西岩蕨 Woodsia sinica Ching

分布：山西

等基岩蕨 Woodsia subcordata Turcz.

分布：黑龙江、吉林、辽宁、内蒙古、河北、山西；日本、韩国、蒙古国、俄罗斯

裸子植物 GYMNOSPERMS*

190. 南洋杉科 Araucariaceae Hemkel

贝壳杉属 **Agathis** Salisb.

贝壳杉 **Agathis dammara** (Lamb.) Rich. et A. Rich.

分布：广东、福建栽培；原产于印度尼西亚、马来西亚

南洋杉属 **Araucaria** Juss.

大叶南洋杉 **Araucaria bidwillii** Hook.

分布：云南、广东、广西，栽培于福建；原产于澳大利亚

南洋杉 **Araucaria cunninghamii** Aiton ex D. Don

分布：云南、福建、广东、海南；原产于澳大利亚、巴布亚新几内亚

异叶南洋杉 **Araucaria heterophylla** (Salisb.) Franco

分布：云南、福建、广东；原产于澳大利亚

191. 柏科 Cupressaceae Gray

翠柏属 **Calocedrus** Kurz.

台湾翠柏 **Calocedrus formosana** (Florin) W. C. Cheng et L. K. Fu

分布：台湾

翠柏 **Calocedrus macrolepis** Kurz.

分布：贵州、云南、广东、广西、海南；印度、老挝、缅甸、泰国、越南

扁柏属 **Chamaecyparis** Spach

红桧 **Chamaecyparis formosensis** Matsum.

分布：台湾

美国扁柏 **Chamaecyparis lawsoniana** (A. Murray) Parl.

分布：江苏、江西、浙江栽培；原产于北美洲

日本扁柏 **Chamaecyparis obtusa** (Sieb. et Zucc.) Endl.

分布：山东、河南、江苏、浙江、江西、云南、广西，引种于广东；日本

台湾扁柏 **Chamaecyparis obtusa** var. **formosana** (Hayata) Hayata

分布：台湾

日本扁柏(原变种) **Chamaecyparis obtusa** var. **obtusa**

分布：山东、河南、江苏、浙江、江西、云南、台湾、广东、广西；日本

日本花柏 **Chamaecyparis pisifera** (Sieb. et Zucc.) Endl.

分布：山东、甘肃、江苏、江西、四川、贵州、云南；原产于日本

美国尖叶扁柏 **Chamaecyparis thyoides** (L.) Britton, Sterns et Poggenb.

分布：江苏、江西、四川、浙江有栽培；原产于北美洲

柳杉属 **Cryptomeria** D. Don

日本柳杉 **Cryptomeria japonica** (Thunb. ex L. f.) D. Don

分布：山东、河南、甘肃、江苏、江西、湖南、湖北、四川、贵州、云南、福建、台湾、广东、广西、浙江有栽培；日本

杉木属 **Cunninghamia** R. Br. ex Rich. et A. Rich.

台湾杉木 **Cunninghamia konishii** Hayata

分布：福建、台湾；老挝、越南

杉木 **Cunninghamia lanceolata** (Lamb.) Hook.

分布：河南、陕西、甘肃、安徽、江苏、浙江、江西、湖南、湖北、四川、贵州、云南、福建、台湾、广东、广西、海南；柬埔寨、老挝、越南

柏木属 **Cupressus** L.

岷江柏木 **Cupressus chengiana** S. Y. Hu

分布：甘肃、四川

岷江柏木(原变种) **Cupressus chengiana** var. **chengiana**

分布：甘肃、四川

剑阁柏木 **Cupressus chengiana** var. **jiangeensis** (N. Zhao) Silba

分布：四川

---

* 裸子植物部分的编著者：中国科学院植物研究所 王利松和覃海宁。

干香柏 **Cupressus duclouxiana** Hickel
分布：?贵州、四川、云南、西藏

柏木 **Cupressus funebris** Endl.
分布：河南、陕西、甘肃、安徽、浙江、江西、湖南、湖北、四川、贵州、云南、福建、广东、广西，在南方广泛栽培

巨柏 **Cupressus gigantea** W. C. Cheng et L. K. Fu
分布：西藏

地中海柏木 **Cupressus sempervirens** L.
分布：江苏、江西栽培；原产于西亚地中海东部

西藏柏木 **Cupressus torulosa** D. Don
分布：西藏；不丹、印度、克什米尔地区、尼泊尔、越南

福建柏属 **Fokienia** A. Henry et H. H. Thomas

福建柏 **Fokienia hodginsii** (Dunn) A. Henry et H. H. Thomas
分布：浙江、江西、湖南、四川、贵州、云南、福建、广东、广西；老挝、越南

水松属 **Glyptostrobus** Endl.

水松 **Glyptostrobus pensilis** (Staunton ex D. Don) K. Koch
分布：浙江、江西、四川、云南、福建、广东、广西、海南

美洲柏木属 **Hesperocyparis** Bartel et R. A. Price

绿干柏 **Hesperocyparis arizonica** (Greene) Bartel
分布：江苏、江西、广西有栽培；原产于墨西哥、美国

加州柏木 **Hesperocyparis goveniana** (Gordon) Bartel
分布：江苏栽培；原产于美国加利福尼亚州

墨西哥柏木 **Hesperocyparis lusitanica** (Mill.) Bartel
分布：江苏、江西栽培；原产于北美洲

刺柏属 **Juniperus** L.

圆柏 **Juniperus chinensis** L.
分布：黑龙江、内蒙古、河北、山西、山东、河南、陕西、甘肃、安徽、江苏、浙江、江西、湖北、四川、贵州、云南、福建、台湾、广东、广西；日本、朝鲜、缅甸、俄罗斯

圆柏(原变种) **Juniperus chinensis** var. **chinensis**
分布：内蒙古、河北、山西、山东、河南、陕西、甘肃、安徽、江苏、浙江、江西、湖南、湖北、四川、贵州、云南、福建、广东、广西；日本、韩国、缅甸

偃柏 **Juniperus chinensis** var. **sargentii** A. Henry
分布：黑龙江；日本、俄罗斯

西北刺柏 **Juniperus communis** var. **saxatilis** Pall.
分布：黑龙江、吉林、辽宁、内蒙古、新疆；科西嘉岛

密枝圆柏 **Juniperus convallium** Rehder et E. H. Wilson
分布：甘肃、青海、四川、云南、西藏

小果垂枝柏 **Juniperus coxii** A. B. Jacks.
分布：云南、西藏；不丹、印度、缅甸

松潘圆柏 **Juniperus erectopatens** (W. C. Cheng et L. K. Fu) R. P. Adams
分布：四川

刺柏 **Juniperus formosana** Hayata
分布：陕西、甘肃、青海、安徽、江苏、浙江、江西、湖南、湖北、四川、贵州、云南、西藏、福建、台湾

昆明柏 **Juniperus gaussenii** W. C. Cheng
分布：云南

滇藏方枝柏 **Juniperus indica** Bertol.
分布：云南、西藏；不丹、印度、克什米尔地区、尼泊尔

簇生滇藏方枝柏 **Juniperus indica** var. **caespitosa** Farjon
分布：西藏；尼泊尔、不丹

滇藏方枝柏(原变种) **Juniperus indica** var. **indica**
分布：云南、西藏；不丹、印度、克什米尔地区、尼泊尔

昆仑圆柏 **Juniperus jarkendensis** Kom.
分布：新疆、西藏；塔吉克斯坦、吉尔吉斯斯坦

塔枝圆柏 **Juniperus komarovii** Florin
分布：甘肃、青海、四川

小籽刺柏 **Juniperus microsperma** (W. C. Cheng et L. K. Fu) R. P. Adams
分布：四川、西藏

玉山刺柏 **Juniperus morrisonicola** Hayata
分布：台湾

垂枝香柏 **Juniperus pingii** W. C. Cheng ex Ferré
分布：陕西、甘肃、青海、湖北、四川、云南、西藏

直叶香柏 **Juniperus pingii** var. **carinata** Y. F. Yu et L. K. Fu
分布：陕西、甘肃、四川、云南、西藏

万钧柏 **Juniperus pingii** var. **chengii** (L. K. Fu et Y. F. Yu) A. Farjon
分布：云南

西藏香柏 Juniperus pingii var. **miehei** Farjon

分布：西藏

垂枝香柏(原变种) Juniperus pingii var. **pingii**

分布：四川、云南

香柏 Juniperus pingii var. **wilsonii** (Rehder) Silba

分布：陕西、甘肃、青海、湖北、四川、云南、西藏

铺地柏 Juniperus procumbens (Endl.) Sieb. ex Miq.

分布：辽宁、山东、江苏、浙江、江西、云南、福建，栽培于安徽；原产于日本

祁连圆柏 Juniperus przewalskii Kom.

分布：甘肃、青海、四川

新疆方枝柏 Juniperus pseudosabina Fisch. et C. A. Mey.

分布：新疆；阿富汗、哈萨克斯坦、吉尔吉斯斯坦、蒙古国、巴基斯坦、塔吉克斯坦、乌兹别克斯坦

杜松 Juniperus rigida Sieb. et Zucc.

分布：黑龙江、吉林、辽宁、内蒙古、河北、山西、陕西、宁夏、甘肃、青海；日本、朝鲜

叉子圆柏 Juniperus sabina L.

分布：内蒙古、陕西、宁夏、甘肃、青海、新疆、四川；哈萨克斯坦、蒙古国、俄罗斯；亚洲(西南部)、欧洲

沙柏 Juniperus sabina var. **arenaria** (E. H. Wilson) Farjon

分布：陕西、甘肃、青海；蒙古国

兴安圆柏 Juniperus sabina var. **davurica** (Pall.) Farjon

分布：黑龙江、内蒙古；朝鲜、俄罗斯、奥地利

叉子圆柏(原变种) Juniperus sabina var. **sabina**

分布：甘肃、内蒙古、陕西、宁夏、青海、新疆；哈萨克斯坦、蒙古国、俄罗斯

方枝柏 Juniperus saltuaria Rehder et E. H. Wilson

分布：甘肃、青海、四川、云南、西藏

昆仑多子柏 Juniperus semiglobosa Regel

分布：新疆、西藏；阿富汗、印度、克什米尔地区、哈萨克斯坦、吉尔吉斯斯坦、塔吉克斯坦、乌兹别克斯坦

高山柏 Juniperus squamata Buch.-Ham. ex D. Don

分布：陕西、甘肃、安徽、湖北、四川、贵州、云南、西藏、福建、台湾；阿富汗、不丹、印度、克什米尔地区、缅甸、尼泊尔、巴基斯坦

长叶高山柏 Juniperus squamata var. **fargesii** Rehder et E. H. Wilson

分布：陕西、甘肃、安徽、四川、贵州、云南、福建

高山柏(原变种) Juniperus squamata var. **squamata**

分布：陕西、湖北、四川、云南、西藏、台湾；阿富汗、不丹、印度、克什米尔地区、缅甸、尼泊尔、巴基斯坦

大果圆柏 Juniperus tibetica Kom.

分布：甘肃、青海、四川、西藏

台湾清水圆柏 Juniperus tsukusiensis var. **taiwanensis** (R. P. Adams et C. F. Hsieh) R. P. Adams

分布：台湾

水杉属 Metasequoia Hu et W. C. Cheng

水杉 Metasequoia glyptostroboides Hu et W. C. Cheng

分布：辽宁、河北、山西、山东、河南、陕西、安徽、江苏、浙江、江西、湖南、湖北、四川、贵州、云南、福建、广东、广西

侧柏属 Platycladus Spach

垂枝侧柏 Platycladus orientalis (L.) Franco

分布：河北、山西、河南、陕西、甘肃；朝鲜、俄罗斯

北美红杉属 Sequoia Endl.

北美红杉 Sequoia sempervirens (D. Don) Endl.

分布：江苏、江西、福建、台湾、广西、浙江有栽培；原产于北美洲

巨杉属 Sequoiadendron J. Buchholz

巨杉 Sequoiadendron giganteum (Lindl.) J. Buchholz

分布：山东、江苏、江西、浙江有栽培；原产于北美洲

台湾杉属 Taiwania Hayata

台湾杉 Taiwania cryptomerioides Hayata

分布：湖北、四川、贵州、云南、西藏、台湾；越南、缅甸

落羽杉属 Taxodium Rich.

落羽杉 Taxodium distichum (L.) Rich.

分布：河南、安徽、江苏、浙江、江西、湖北、四川、云南、福建、广东、广西；原产于美国

落羽杉(原变种) Taxodium distichum var. **distichum**

分布：河南、安徽、江苏、浙江、江西、湖北、四川、云南、福建、广东、广西；美国

池杉 Taxodium distichum var. **imbricatum** (Nutt.) Croom

分布：河南、安徽、江苏、浙江、江西、湖北、福建；北美洲

墨西哥落叶松 Taxodium mucronatum Ten.

分布：江苏、江西、湖北、四川、浙江有栽培；北美洲

崖柏属 **Thuja** L.

朝鲜崖柏 **Thuja koraiensis** Nakai
分布：吉林；朝鲜

北美香柏 **Thuja occidentalis** L.
分布：河北、山东、河南、安徽、江苏、江西、湖北、四川、贵州、浙江有栽培；原产于北美洲

北美乔柏 **Thuja plicata** Donn ex D. Don
分布：江苏、江西有栽培；北美洲

日本香柏 **Thuja standishii** (Gordon) Carrière
分布：山东、江苏、江西、浙江有栽培；日本

崖柏 **Thuja sutchuenensis** Franch.
分布：四川

罗汉柏属 **Thujopsis** Sieb. et Zucc.

罗汉柏 **Thujopsis dolabrata** (Thunb. ex L. f.) Sieb. et Zucc.
分布：山东、江苏、江西、湖北、贵州、云南、福建、广西、浙江有栽培；原产于日本

黄金柏属 **Xanthocyparis** Farjon et Hiep

越南黄金柏 **Xanthocyparis vietnamensis** Farjon et Hiep
分布：广西；越南

192. 苏铁科 Cycadaceae Pers.

苏铁属 **Cycas** L.

宽叶苏铁 **Cycas balansae** Warb.
分布：云南、广西；老挝、缅甸、泰国、越南

葫芦苏铁 **Cycas changjiangensis** N. Liu
分布：海南

越南苏铁 **Cycas collina** K. D. Hill et al.
分布：云南；越南

厚柄苏铁 **Cycas crassipes** H. T. Chang et Y. C. Zhong et Z. F. Lu
分布：广西

德保苏铁 **Cycas debaoensis** Y. C. Zhong et C. J. Chen
分布：广西

滇南苏铁 **Cycas diannanensis** Z. T. Guan et G. D. Tao
分布：云南

长叶苏铁 **Cycas dolichophylla** K. D. Hill
分布：云南、广西；越南

仙湖苏铁 **Cycas fairylakea** D. Y. Wang
分布：广东

锈毛苏铁 **Cycas ferruginea** F. N. Wei
分布：广西；越南

秀叶苏铁 **Cycas gracilis** Y. Y. Huang, Y. C. Zhong et Z. F. Lu
分布：广西

贵州苏铁 **Cycas guizhouensis** K. M. Lan et R. F. Zou
分布：贵州、云南、广西

海南苏铁 **Cycas hainanensis** C. J. Chen
分布：海南

灰干苏铁 **Cycas hongheensis** S. Y. Yang et S. L. Yang ex D. Y. Wang
分布：云南

念珠苏铁 **Cycas lingshuigensis** G. A. Fu
分布：海南

长柄苏铁 **Cycas longipetiolula** D. Y. Wang
分布：云南、广西；越南

叉叶苏铁 **Cycas micholitzii** Dyer
分布：云南、广西；老挝、越南

石山苏铁 **Cycas miquelii** Warb.
分布：广西；越南

多羽叉叶苏铁 **Cycas multifrondis** D. Y. Wang
分布：云南

多籽苏铁 **Cycas multiovula** D. Y. Wang
分布：云南

多歧苏铁 **Cycas multipinnata** C. J. Chen et S. Y. Yang
分布：云南

攀枝花苏铁 **Cycas panzhihuaensis** L. Zhou et S. Y. Yang
分布：四川、云南

篦齿苏铁 **Cycas pectinata** Buch.-Ham.
分布：云南；越南、泰国、不丹、印度、缅甸、老挝、柬埔寨、尼泊尔、孟加拉国

苏铁 **Cycas revoluta** Thunb.
分布：福建；日本

叉孢苏铁 **Cycas segmentifida** D. Y. Wang et C. Y. Deng
分布：贵州、广西

三亚苏铁 Cycas shanyaensis G. A. Fu

分布：海南

单羽苏铁 Cycas simplicipinna (Smitinand) K. D. Hill

分布：云南；泰国、越南、老挝

南盘江苏铁 Cycas szechuanensis W. C. Cheng et L. K. Fu

分布：贵州、云南、广西；越南

台东苏铁 Cycas taitungensis C. F. Shen, K. D. Hill, C. H. Tsou et C. J. Chen

分布：台湾

广东苏铁 Cycas taiwaniana Carruth.

分布：湖南、云南、广东、广西；越南

绿春苏铁 Cycas tanqingii D. Y. Wang

分布：云南；?越南

193. 麻黄科 Ephedraceae Dumort.

麻黄属 **Ephedra** L.

道浮麻黄 Ephedra dawuensis Y. Yang

分布：四川

双穗麻黄 Ephedra distachya L.

分布：新疆；哈萨克斯坦；亚洲(中部和西部)、欧洲(南部)

木贼麻黄 Ephedra equisetina Bunge

分布：内蒙古、河北、山西、宁夏、甘肃、青海、新疆；阿富汗、哈萨克斯坦、吉尔吉斯斯坦、蒙古国、俄罗斯、塔吉克斯坦、土库曼斯坦、乌兹别克斯坦

木贼麻黄(原变种) Ephedra equisetina var. **equisetina**

分布：内蒙古、河北、山西、宁夏、甘肃、青海、新疆；阿富汗、哈萨克斯坦、吉尔吉斯斯坦、蒙古国、俄罗斯、塔吉克斯坦、土库曼斯坦、乌兹别克斯坦

两性木贼麻黄 Ephedra equisetina var. **monoica** Y. Yang

分布：河北

雌雄麻黄 Ephedra fedtschenkoae Paulsen

分布：新疆；哈萨克斯坦、蒙古国、塔吉克斯坦

山岭麻黄 Ephedra gerardiana Wall. ex C. A. Mey.

分布：青海、新疆、西藏；阿富汗、印度、尼泊尔、巴基斯坦、塔吉克斯坦

灰麻黄 Ephedra glauca Regel

分布：内蒙古、甘肃、青海、新疆；吉尔吉斯斯坦、伊朗、蒙古国、巴基斯坦、土库曼斯坦、塔吉克斯坦

中麻黄 Ephedra intermedia Schrenk ex C. A. Mey.

分布：辽宁、内蒙古、河北、山西、山东、陕西、宁夏、甘肃、青海、新疆、西藏；阿富汗、哈萨克斯坦、吉尔吉斯斯坦、蒙古国、巴基斯坦、俄罗斯、塔吉克斯坦、土库曼斯坦、乌兹别克斯坦；亚洲(西南部)

丽江麻黄 Ephedra likiangensis Florin

分布：四川、贵州、云南、西藏

丽江麻黄(原变种) Ephedra likiangensis var. **likiangensis**

分布：四川、贵州、云南、西藏

匍枝丽江麻黄 Ephedra likiangensis var. **mairei** (Florin) L. K. Fu et Y. F. Yu

分布：四川、云南、西藏

窄膜麻黄 Ephedra lomatolepis Schrenk

分布：新疆；哈萨克斯坦、蒙古国

矮麻黄 Ephedra minuta Florin

分布：青海、四川、云南、西藏

单子麻黄 Ephedra monosperma Gemlin ex C. A. Mey.

分布：内蒙古、河北、山西、甘肃、青海、新疆、四川、西藏；哈萨克斯坦、蒙古国、巴基斯坦、俄罗斯

膜果麻黄 Ephedra przewalskii Stapf

分布：内蒙古、宁夏、甘肃、青海、新疆；哈萨克斯坦、吉尔吉斯斯坦、蒙古国、巴基斯坦、塔吉克斯坦、乌兹别克斯坦

细子麻黄 Ephedra regeliana Florin

分布：新疆；阿富汗、印度、哈萨克斯坦、吉尔吉斯斯坦、巴基斯坦、塔吉克斯坦、乌兹别克斯坦

斑子麻黄 Ephedra rhytidosperma Pachom.

分布：内蒙古、宁夏、甘肃

日土麻黄 Ephedra rituensis Y. Yang, D. Z. Fu, G. Zhu

分布：青海、新疆、西藏

藏麻黄 Ephedra saxatilis (Stapf) Royle ex Florin

分布：云南、西藏；不丹、尼泊尔、印度

草麻黄 Ephedra sinica Stapf

分布：黑龙江、吉林、辽宁、内蒙古、河北、山西、陕西、宁夏、甘肃；蒙古国

194. 银杏科 Ginkgoaceae Engl.

银杏属 **Ginkgo** L.

银杏 **Ginkgo biloba** L.
分布：河北、山西、山东、河南、陕西、甘肃、安徽、江苏、浙江、江西、湖北、四川、贵州、云南、福建

195. 买麻藤科 Gnetaceae Blume

买麻藤属 **Gnetum** L.

球子买麻藤 **Gnetum catasphaericum** H. Shao
分布：云南、广西

闭苞买麻藤 **Gnetum cleistostachyum** C. Y. Cheng
分布：云南

巨子买麻藤 **Gnetum giganteum** H. Shao
分布：广西

灌状买麻藤 **Gnetum gnemon** L.
分布：云南、西藏；印度、印度尼西亚、马来西亚、缅甸、菲律宾、泰国、越南、太平洋岛屿

细柄买麻藤 **Gnetum gracilipes** C. Y. Cheng
分布：云南、广西

海南买麻藤 **Gnetum hainanense** C. Y. Cheng ex L. K. Fu, Y. F. Yu et M. G. Gilbert
分布：贵州、云南、福建、广东、广西、海南

罗浮买麻藤 **Gnetum luofuense** C. Y. Cheng
分布：江西、福建、广东、香港

买麻藤 **Gnetum montanum** Markgr.
分布：云南、广东、广西；不丹、印度、老挝、缅甸、泰国、越南

小叶买麻藤 **Gnetum parvifolium** (Warb.) Chun
分布：江西、湖南、贵州、云南、福建、广东、广西；老挝、越南

垂子买麻藤 **Gnetum pendulum** C. Y. Cheng
分布：贵州、云南、西藏、广西

196. 松科 Pinaceae Spreng. ex Rudolphi

冷杉属 **Abies** Miller

百山祖冷杉 **Abies beshanzuensis** M. H. Wu
分布：浙江、江西、湖南、广西

百山祖冷杉(原变种) **Abies beshanzuensis** var. **beshanzuensis**
分布：浙江

资源冷杉 **Abies beshanzuensis** var. **ziyuanensis** (L. K. Fu et S. L. Mo) L. K. Fu et Nan Li
分布：江西、湖南、广西

察隅冷杉 **Abies chayuensis** C. Y. Cheng et L. K. Fu
分布：西藏

秦岭冷杉 **Abies chensiensis** Tiegh.
分布：河南、陕西、甘肃、湖北、四川、云南、西藏

秦岭冷杉(原亚种) **Abies chensiensis** subsp. **chensiensis**
分布：河南、陕西、甘肃、湖北、四川

大黄果冷杉 **Abies chensiensis** subsp. **salouenensis** (Bordères et Gaussen) Rushforth
分布：云南、西藏

玉龙雪山冷杉 **Abies chensiensis** subsp. **yulongxueshanensis** (Rushforth) Silba
分布：云南

苍山冷杉 **Abies delavayi** Franch.
分布：云南、西藏；缅甸

墨脱冷杉 **Abies delavayi** var. **motuoensis** C. Y. Cheng et L. K. Fu
分布：西藏

锡金冷杉 **Abies densa** Griff.
分布：西藏；不丹、印度、尼泊尔

黄果冷杉 **Abies ernestii** Rehder
分布：甘肃、湖北、四川、云南、西藏

黄果冷杉(原变种) **Abies ernestii** var. **ernestii**
分布：甘肃、湖北、四川、西藏

云南黄果冷杉 **Abies ernestii** var. **salouenensis** (Bordères et Gaussen) W. C. Cheng et L. K. Fu
分布：云南、西藏

冷杉 **Abies fabri** (Mast.) Craib
分布：四川

冷杉(原亚种) **Abies fabri** subsp. **fabri**
分布：四川

梵净山冷杉 **Abies fanjingshanensis** W. L. Huang, Y. L. Tu et S. T. Fang
分布：贵州

巴山冷杉 **Abies fargesii** Franch.
分布：河南、陕西、甘肃、湖北、四川

巴山冷杉(原变种) **Abies fargesii** var. **fargesii**
分布：河南、陕西、甘肃、湖北、四川

岷江冷杉 **Abies fargesii** var. **faxoniana** (Rehder et E. H. Wilson) Tang S. Liu
分布：甘肃、四川

四川冷杉 **Abies fargesii** var. **sutchuenensis** Franch.
分布：甘肃、四川

中甸冷杉 **Abies ferreana** Bordères et Gaussen
分布：四川、云南、西藏

日本冷杉 **Abies firma** Sieb. et Zucc.
分布：辽宁、山东、江西、台湾，栽培于江苏；日本

多雄拉冷杉 **Abies fordei** Rushforth
分布：西藏

川滇冷杉 **Abies forrestii** Coltm.-Rog.
分布：四川、云南、西藏

川滇冷杉(原变种) **Abies forrestii** var. **forrestii**
分布：四川、云南、西藏

长苞冷杉 **Abies georgei** Orr
分布：四川、云南、西藏

长苞冷杉(原变种) **Abies georgei** var. **georgei**
分布：四川、云南、西藏

急尖长苞冷杉 **Abies georgei** var. **smithii** (Viguié et Gaussen) W. C. Cheng et L. K. Fu
分布：云南

杉松 **Abies holophylla** Maxim.
分布：黑龙江、吉林、辽宁；朝鲜、俄罗斯

台湾冷杉 **Abies kawakamii** (Hayata) T. Ito
分布：台湾

臭冷杉 **Abies nephrolepis** (Trautv. ex Maxim.) Maxim.
分布：黑龙江、吉林、辽宁、河北、陕西；韩国、俄罗斯

怒江冷杉 **Abies nukiangensis** C. Y. Cheng et L. K. Fu
分布：四川、云南；印度、缅甸、越南

紫果冷杉 **Abies recurvata** Mast.
分布：甘肃、四川

鲜卑冷杉 **Abies sibirica** Ledeb.
分布：新疆；哈萨克斯坦、蒙古国、俄罗斯

藏冷杉 **Abies spectabilis** (D. Don) Spach
分布：西藏；阿富汗、印度、克什米尔地区、尼泊尔

鳞皮冷杉 **Abies squamata** Mast.
分布：甘肃、青海、四川、西藏

元宝山冷杉 **Abies yuanbaoshanensis** Y. J. Lu et L. K. Fu
分布：广西

银杉属 **Cathaya** Chun et Kuang

银杉 **Cathaya argyrophylla** Chun et Kuang
分布：湖南、四川、贵州、广西

雪松属 **Cedrus** Mill.

非洲北部雪松 **Cedrus atlantica** (Endl.) Manetti ex Carrière
分布：栽培于江苏；原产于西非(北部)

雪松 **Cedrus deodara** (Roxb.) G. Don
分布：西藏，栽培于中国多地

油杉属 **Keteleeria** Carrière

铁坚油杉 **Keteleeria davidiana** (Bertrand) Beissn.
分布：陕西、甘肃、湖南、湖北、四川、贵州、云南、台湾、广西

铁坚油杉(原变种) **Keteleeria davidiana** var. **davidiana**
分布：陕西、甘肃、湖南、湖北、四川、贵州、云南、广西

台湾油杉 **Keteleeria davidiana** var. **formosana** (Hayata) Hayata
分布：台湾

云南油杉 **Keteleeria evelyniana** Mast.
分布：四川、贵州、云南；老挝、越南

油杉 **Keteleeria fortunei** (A. Murray) Carrière
分布：浙江、江西、湖南、贵州、云南、福建、广东、广西；越南

落叶松属 **Larix** Mill.

欧洲落叶松 **Larix decidua** Mill.
分布：辽宁，栽培于江西；欧洲

落叶松 **Larix gmelinii** (Rupr.) Kuzen.
分布：黑龙江、吉林、内蒙古、河北、山西、河南；朝鲜、蒙古国、俄罗斯

落叶松(原变种) **Larix gmelinii** var. **gmelinii**
分布：黑龙江、吉林、内蒙古；韩国、蒙古国、俄罗斯

黄花落叶松 **Larix gmelinii** var. **olgensis** (A. Henry) Ostenf. et Syrach
分布：吉林、辽宁；朝鲜、俄罗斯

华北落叶松 **Larix gmelinii** var. **principis-rupprechtii** (Mayr) Pilg.
分布：河北、山西、河南

藏红杉 **Larix griffithii** Hook. f.
分布：西藏；不丹、尼泊尔、印度

日本落叶松 **Larix kaempferi** cv. Glabrescens
分布：辽宁

贡布红杉 **Larix kongboensis** R. R. Mill
分布：西藏

四川红杉 **Larix mastersiana** Rehder et E. H. Wilson
分布：四川

红杉 **Larix potaninii** Batalin
分布：陕西、甘肃、四川、云南、西藏

红杉(原变种) **Larix potaninii** var. **potaninii**
分布：甘肃、四川、云南

大果红杉 **Larix potaninii** var. **australis** A. Henry ex Hand.-Mazz.
分布：四川、云南、西藏

秦岭红杉 **Larix potaninii** var. **chinensis** (Beissn.) L. K. Fu et Nan Li
分布：陕西

喜马拉雅红杉 **Larix potaninii** var. **himalaica** (W. C. Cheng et L. K. Fu) Farjon et Silba
分布：西藏；尼泊尔

西伯利亚落叶松 **Larix sibirica** Ledeb.
分布：新疆；蒙古国、俄罗斯

怒江红杉 **Larix speciosa** W. C. Cheng et Y. W. Law
分布：云南、西藏

长苞铁杉属 **Nothotsuga** Hu ex C. N. Page

长苞铁杉 **Nothotsuga longibracteata** (W. C. Cheng) Hu ex C. N. Page
分布：江西、湖南、贵州、福建、广东、广西

云杉属 **Picea** A. Dietr.

欧洲云杉 **Picea abies** (L.) H. Karst.
分布：北京、山东、江西；欧洲

云杉 **Picea asperata** Mast.
分布：陕西、宁夏、甘肃、青海、四川、西藏

云杉(原变种) **Picea asperata** var. **asperata**
分布：陕西、宁夏、甘肃、青海、四川

裂鳞云杉 **Picea asperata** var. **notabilis** Rehder et E. H. Wilson
分布：四川

大果云杉 **Picea asperata** var. **ponderosa** Rehder et E. H. Wilson
分布：四川

白皮云杉 **Picea aurantiaca** Mast.
分布：四川、?西藏

麦吊云杉 **Picea brachytyla** (Franch.) E. Pritz.
分布：河南、陕西、甘肃、湖北、四川、云南、西藏

麦吊云杉(原变种) **Picea brachytyla** var. **brachytyla**
分布：河南、陕西、甘肃、湖北、四川、云南、西藏

油麦吊云杉 **Picea brachytyla** var. **complanata** (Mast.) W. C. Cheng ex Rehder
分布：四川、云南、西藏；不丹、缅甸

青海云杉 **Picea crassifolia** Kom.
分布：内蒙古、宁夏、甘肃、青海

缅甸云杉 **Picea farreri** C. N. Page et Rushforth
分布：云南；缅甸

卵果鱼鳞云杉 **Picea jezoensis** (Sieb. et Zucc.) Carrière
分布：黑龙江、吉林、内蒙古；日本、朝鲜、俄罗斯

长白鱼鳞云杉 **Picea jezoensis** var. **komarovii** (V. N. Vassil.) W. C. Cheng et L. K. Fu
分布：吉林；朝鲜、俄罗斯

兴安鱼鳞云杉 **Picea jezoensis** var. **microsperma** (Lindl.) W. C. Cheng et L. K. Fu
分布：黑龙江、吉林、内蒙古；日本、俄罗斯

红皮云杉 **Picea koraiensis** Nakai
分布：黑龙江、吉林、辽宁；朝鲜、俄罗斯

丽江云杉 **Picea likiangensis** (Franch.) E. Pritz.
分布：青海、四川、云南、西藏；不丹

丽江云杉(原变种) **Picea likiangensis** var. **likiangensis**
分布：四川、云南、西藏；不丹

黄果云杉 **Picea likiangensis** var. **hirtella** (Rehder et E. H. Wilson) W. C. Cheng
分布：四川、西藏

川西云杉 **Picea likiangensis** var. **rubescens** Rehder et E. H. Wilson
分布：青海、四川、西藏

林芝云杉 **Picea linzhiensis** (W. C. Cheng et L. K. Fu) Rushforth
分布：四川、云南、西藏

白扦 **Picea meyeri** Rehder et E. H. Wilson
分布：内蒙古、河北、山西、陕西

康定云杉 **Picea montigena** Mast.
分布：四川

台湾云杉 **Picea morrisonicola** Hayata
分布：台湾

大果青扦 **Picea neoveitchii** Mast.
分布：山西、河南、陕西、甘肃、湖北、四川

西伯利亚云杉 **Picea obovata** Ledeb.
分布：新疆；哈萨克斯坦、蒙古国、俄罗斯

紫果云杉 **Picea purpurea** Mast.
分布：甘肃、青海、四川

鳞皮云杉 **Picea retroflexa** Mast.
分布：青海、四川

雪岭杉 **Picea schrenkiana** Fisch. et C. A. Mey.
分布：新疆；哈萨克斯坦、吉尔吉斯斯坦

长叶云杉 **Picea smithiana** (Wall.) Boiss.
分布：西藏；阿富汗、印度、克什米尔地区、尼泊尔、巴基斯坦

喜马拉雅云杉 **Picea spinulosa** (Griff.) A. Henry
分布：西藏；不丹、尼泊尔、印度

日本云杉 **Picea torano** (Sieb. ex K. Koch) Koehne
分布：北京、山东、浙江有栽培；日本

青扦 **Picea wilsonii** Mast.
分布：内蒙古、河北、山西、陕西、甘肃、青海、湖北、四川

松属 Pinus L.

华山松 **Pinus armandii** Franch.
分布：山西、河南、陕西、甘肃、湖北、四川、贵州、云南、西藏、台湾、海南；缅甸

华山松(原变种) **Pinus armandii** var. **armandii**
分布：山西、河南、陕西、甘肃、湖北、四川、贵州、云南、西藏、海南；缅甸

大别山五针松 **Pinus armandii** var. **dabeshanensis** (C. Y. Cheng et Y. W. Law) Silba
分布：河南、安徽、湖北

台湾果松 **Pinus armandii** var. **mastersiana** (Hayata) Hayata
分布：台湾

北美短叶松 **Pinus banksiana** Lamb.
分布：黑龙江、辽宁、北京、河南、江苏、江西、山东有栽培；北美洲

不丹松 **Pinus bhutanica** Grierson
分布：西藏；不丹

白皮松 **Pinus bungeana** Zucc. ex Endl.
分布：山西、山东、河南、陕西、甘肃、湖北、四川

加勒比松 **Pinus caribaea** Morelet
分布：江苏、福建、广东、广西、江西有栽培；加勒比地区；中美洲

高山松 **Pinus densata** Mast.
分布：青海、四川、云南、西藏

赤松 **Pinus densiflora** Sieb. et Zucc.
分布：黑龙江、吉林、辽宁、山东、江苏；日本、韩国、俄罗斯

萌芽松 **Pinus echinata** Mill.
分布：江苏、福建、浙江有栽培；北美洲

湿地松 **Pinus elliottii** Engelm.
分布：安徽、江苏、浙江、江西、湖南、湖北、云南、福建、台湾、广东、广西；北美洲

海南五针松 **Pinus fenzeliana** Hand.-Mazz.
分布：河南、安徽、湖北、四川、贵州、广西、海南；越南

脆果松 **Pinus fragilissima** Businsky
分布：台湾

西藏白皮松 **Pinus gerardiana** Wall. ex D. Don
分布：西藏；阿富汗、印度、克什米尔地区、巴基斯坦

巴山松 **Pinus henryi** Mast.
分布：陕西、湖南、湖北、四川、重庆

黄山松 Pinus hwangshanensis W. Y. Hsia

分布：河南、安徽、江苏、浙江、江西、湖南、湖北、贵州、云南、福建、广西

卡西亚松 Pinus kesiya Royle ex Gordon

分布：云南、西藏；印度、老挝、缅甸、菲律宾、泰国、越南

卡西亚松(原变种) Pinus kesiya var. **kesiya**

分布：云南、西藏；印度、老挝、缅甸、菲律宾、泰国、越南

思茅松 Pinus kesiya var. **langbianensis** (A. Chev.) Gaussen ex Bui

分布：云南；越南、老挝、泰国、菲律宾

红松 Pinus koraiensis Sieb. et Zucc.

分布：黑龙江、吉林；日本、朝鲜、俄罗斯

南亚松 Pinus latteri Mason

分布：广东、广西、海南；柬埔寨、老挝、缅甸、泰国、越南

马尾松 Pinus massoniana Lamb.

分布：河南、陕西、安徽、江苏、浙江、江西、湖南、湖北、四川、贵州、云南、福建、台湾、广东、广西、海南

雅加松 Pinus massoniana var. **hainanensis** W. C. Cheng et L. K. Fu

分布：海南

马尾松(原变种) Pinus massoniana var. **massoniana**

分布：河南、陕西、安徽、江苏、浙江、江西、湖南、湖北、四川、贵州、云南、福建、台湾、广东、广西

台湾五针松 Pinus morrisonicola Hayata

分布：台湾

欧洲黑松 Pinus nigra J. F. Arnold

分布：辽宁、山东、江苏、浙江、江西、湖北、北京栽培；亚洲(西南部)、欧洲、非洲

直叶五针松 Pinus orthophylla Businsky

分布：湖南、广东、广西、海南；越南

长叶松 Pinus palustris Mill.

分布：山东、江苏、江西、福建、浙江有栽培；北美洲

日本五针松 Pinus parviflora Sieb. et Zucc.

分布：山东，广泛栽培于长江流域各地；日本

海岸松 Pinus pinaster Aiton

分布：江西，栽培于江苏；欧洲、非洲

西黄松 Pinus ponderosa C. Lawson

分布：河南、江苏、江西、辽宁有栽培；北美洲

偃松 Pinus pumila (Pall.) Regel

分布：黑龙江、吉林、内蒙古；日本、朝鲜、蒙古国、俄罗斯

刚松 Pinus rigida Mill.

分布：辽宁、江苏、江西、福建、山东有栽培；北美洲

西藏长叶松 Pinus roxburghii Sarg.

分布：西藏；不丹、印度、克什米尔地区、尼泊尔、巴基斯坦

晚松 Pinus serotina Michx.

分布：江苏、浙江、江西；北美洲

新疆五针松 Pinus sibirica Du Tour

分布：黑龙江、内蒙古、新疆；哈萨克斯坦、蒙古国、俄罗斯

巧家五针松 Pinus squamata X. W. Li

分布：云南

北美乔松 Pinus strobus L.

分布：北京、江苏、江西、辽宁有栽培；北美洲

欧洲赤松 Pinus sylvestris L.

分布：黑龙江、吉林、辽宁、内蒙古、北京栽培；哈萨克斯坦、蒙古国、俄罗斯；亚洲(西南部)、欧洲

樟子松 Pinus sylvestris var. **mongolica** Litv.

分布：黑龙江、内蒙古；蒙古国、俄罗斯

欧洲赤松(原变种) Pinus sylvestris var. **sylvestris**

分布：黑龙江、吉林、辽宁、内蒙古、北京栽培；哈萨克斯坦、蒙古国、俄罗斯

油松 Pinus tabuliformis Carrière

分布：吉林、辽宁、内蒙古、河北、山西、山东、河南、陕西、宁夏、甘肃、青海、湖南、湖北、四川；韩国

油松(原变种) Pinus tabuliformis var. **tabuliformis**

分布：吉林、辽宁、内蒙古、河北、山西、山东、河南、陕西、宁夏、甘肃、青海、四川

黑皮油松 Pinus tabuliformis var. **mukdensis** (Uyeki ex Nakai) Uyeki

分布：吉林、辽宁、河北；朝鲜

扫帚油松 Pinus tabuliformis var. **umbraculifera** Liou et Z. Wang

分布：辽宁、河北

火炬松 Pinus taeda L.

分布：河南、安徽、江苏、江西、湖南、湖北、福建、台

湾、广东、广西、浙江有栽培；北美洲

台湾松 **Pinus taiwanensis** Hayata

分布：河南、安徽、江苏、浙江、江西、湖南、湖北、贵州、云南、福建、台湾、广西

黑松 **Pinus thunbergii** Parl.

分布：辽宁、北京、山东、江苏、江西、湖北、云南、浙江广泛栽培；日本、朝鲜

热带松 **Pinus tropicalis** Morelet

分布：广东有栽培；古巴

矮松 **Pinus virginiana** Mill.

分布：江苏、江西有栽培；北美洲

乔松 **Pinus wallichiana** A. B. Jacks.

分布：云南、西藏；阿富汗、不丹、印度、克什米尔地区、缅甸、尼泊尔、巴基斯坦

毛枝五针松 **Pinus wangii** Hu et W. C. Cheng

分布：云南；越南

云南松 **Pinus yunnanensis** Franch.

分布：四川、贵州、云南、西藏、广西

云南松(原变种) **Pinus yunnanensis** var. **yunnanensis**

分布：贵州、云南、西藏、广西

地盘松 **Pinus yunnanensis** var. **pygmaea** (J. R. Xue) J. R. Xue

分布：四川、云南

金钱松属 **Pseudolarix** Gordon

金钱松 **Pseudolarix amabilis** (J. Nelson) Rehder

分布：安徽、江苏、浙江、江西、湖南、湖北、四川、福建

黄杉属 **Pseudotsuga** Carrière

短叶黄杉 **Pseudotsuga brevifolia** W. C. Cheng et L. K. Fu

分布：贵州、广西

澜沧黄杉 **Pseudotsuga forrestii** Craib

分布：云南

华东黄杉 **Pseudotsuga gaussenii** Flous

分布：安徽、浙江

大果黄杉 **Pseudotsuga macrocarpa** (Vasey) Mayr

分布：江西；北美洲

花旗松 **Pseudotsuga menziesii** (Mirb.) Franco

分布：北京、江西有栽培；北美洲

黄杉 **Pseudotsuga sinensis** Dode

分布：陕西、安徽、浙江、江西、湖南、湖北、四川、贵州、云南、福建、台湾

铁杉属 **Tsuga** (Endl.) Carrière

铁杉 **Tsuga chinensis** (Franch.) Pritz.

分布：河南、陕西、甘肃、安徽、浙江、江西、湖南、湖北、四川、贵州、云南、西藏、福建、台湾、广东、广西

铁杉(原变种) **Tsuga chinensis** var. **chinensis**

分布：河南、陕西、甘肃、安徽、浙江、江西、湖南、湖北、四川、贵州、云南、西藏、福建、广东、广西

大果铁杉 **Tsuga chinensis** var. **robusta** C. Y. Cheng et L. K. Fu

分布：湖北、四川

云南铁杉 **Tsuga dumosa** (D. Don) Eichler

分布：四川、云南、西藏；不丹、印度、缅甸、尼泊尔、越南

丽江铁杉 **Tsuga forrestii** Downie

分布：四川、贵州、云南

矩鳞铁杉 **Tsuga oblongisquamata** (W. C. Cheng et L. K. Fu) L. K. Fu et Nan Li

分布：甘肃、湖北、四川

197. 罗汉松科 Podocarpaceae Endl.

鸡毛松属 **Dacrycarpus** (Endl.) de Laub.

鸡毛松 **Dacrycarpus imbricatus** (Blume) de Laub.

分布：云南、广东、广西、海南；缅甸、越南、菲律宾、马来西亚、巴布亚新几内亚

陆均松属 **Dacrydium** Sol. ex Lamb.

陆均松 **Dacrydium pectinatum** de Laub.

分布：海南；印度尼西亚、菲律宾

竹柏属 **Nageia** Gaertn.

长叶竹柏 **Nageia fleuryi** (Hickel) de Laub.

分布：云南、台湾、广东、广西、海南；柬埔寨、老挝、越南

竹柏 **Nageia nagi** (Thunb.) Kuntze

分布：浙江、江西、湖南、四川、福建、台湾、广东、广西、海南；日本

肉托竹柏 **Nageia wallichiana** (C. Presl) Kuntze

分布：云南；孟加拉国、柬埔寨、印度、印度尼西亚、老

挝、马来西亚、缅甸、巴布亚新几内亚、菲律宾、泰国、越南

罗汉松属 **Podocarpus** L'Hér. ex Pers.

海南罗汉松 **Podocarpus annamiensis** N. E. Gray
分布：海南；缅甸、越南

短叶罗汉松 **Podocarpus chinensis** Wall. ex J. Forbes
分布：陕西、安徽、江苏、江西、湖南、湖北、四川、贵州、云南、福建、广西；日本

柱冠罗汉松 **Podocarpus chingianus** (N. E. Gray) S. Y. Hu
分布：江苏、浙江

兰屿罗汉松 **Podocarpus costalis** C. Presl
分布：台湾；菲律宾

罗汉松 **Podocarpus macrophyllus** (Thunb.) Sweet
分布：安徽、江苏、浙江、江西、湖南、湖北、四川、贵州、云南、福建、广东、广西；日本

台湾罗汉松 **Podocarpus nakaii** Hayata
分布：台湾

百日青 **Podocarpus neriifolius** D. Don
分布：浙江、江西、湖南、四川、贵州、云南、西藏、福建、广东、广西；不丹、柬埔寨、印度、印度尼西亚、老挝、马来西亚、缅甸、尼泊尔、巴布亚新几内亚、菲律宾、泰国、越南、太平洋岛屿

皮氏罗汉松 **Podocarpus pilgeri** Foxw.
分布：云南、广东、广西、海南；越南、老挝、泰国、菲律宾、印度尼西亚、巴布亚新几内亚

小叶罗汉松 **Podocarpus wangii** C. C. Chang
分布：云南、广东、广西、海南

198. 金松科 Sciadopityaceae Luerss.

金松属 **Sciadopitys** Siebold et Zucc.

金松 **Sciadopitys verticillata** (Thunb.) Sieb. et Zucc.
分布：山东、江苏、上海、浙江、江西、湖北有栽培；日本

199. 红豆杉科 Taxaceae Gray

穗花杉属 **Amentotaxus** Pilg.

穗花杉 **Amentotaxus argotaenia** (Hance) Pilg.
分布：甘肃、江苏、浙江、江西、湖南、湖北、四川、贵州、西藏、福建、台湾、广东、广西；越南

穗花杉(原变种) **Amentotaxus argotaenia** var. **argotaenia**
分布：甘肃、江苏、浙江、江西、湖南、湖北、四川、贵州、西藏、福建、台湾、广东、广西；越南

短叶穗花杉 **Amentotaxus argotaenia** var. **brevifolia** K. M. Lan et F. H. Zhang
分布：贵州

台湾穗花杉 **Amentotaxus formosana** H. L. Li
分布：台湾

云南穗花杉 **Amentotaxus yunnanensis** H. L. Li
分布：贵州、云南；越南

三尖杉属 **Cephalotaxus** Sieb. et Zucc. ex Endl.

三尖杉 **Cephalotaxus fortunei** Hook.
分布：河南、陕西、甘肃、安徽、浙江、江西、湖南、湖北、四川、贵州、云南、福建、广东、广西；缅甸

三尖杉(原变种) **Cephalotaxus fortunei** var. **fortunei**
分布：河南、陕西、甘肃、安徽、浙江、江西、湖南、湖北、四川、贵州、云南、福建、广东、广西；缅甸

高山三尖杉 **Cephalotaxus fortunei** var. **alpina** H. L. Li
分布：陕西、甘肃、四川、云南

贡山三尖杉 **Cephalotaxus griffithii** Hook. f.
分布：云南；缅甸

海南粗榧 **Cephalotaxus hainanensis** H. L. Li
分布：云南、西藏、广东、广西、海南；越南、缅甸、泰国

喜马拉雅粗榧 **Cephalotaxus harringtonii** (Knight ex J. Forbes) K. Koch
分布：四川、台湾；韩国、日本、印度、越南、缅甸、老挝、泰国、马来西亚

喜马拉雅粗榧(原变种) **Cephalotaxus harringtonii** var. **harringtonii**
分布：四川；韩国、日本、印度、越南、缅甸、老挝、泰国、马来西亚

台湾粗榧 **Cephalotaxus harringtonii** var. **wilsoniana** (Hayata) Kitam.
分布：台湾

矮三尖杉 **Cephalotaxus nana** Nakai
分布：湖南、湖北、四川、重庆、贵州、福建、广西；日本、韩国

篦子三尖杉 Cephalotaxus oliveri Mast.
分布：江西、湖南、湖北、四川、贵州、云南、广东

粗榧 Cephalotaxus sinensis (Rehder et E. H. Wilson) H. L. Li
分布：河南、陕西、甘肃、安徽、江苏、浙江、江西、湖南、湖北、四川、贵州、云南、福建、台湾、广东、广西

白豆杉属 Pseudotaxus W. C. Cheng

白豆杉 Pseudotaxus chienii (W. C. Cheng) W. C. Cheng
分布：浙江、江西、湖南、广东、广西

红豆杉属 Taxus L.

石灰岩红豆杉 Taxus calcicola L. M. Gao et Mich. Moller
分布：贵州、云南；越南

密叶红豆杉 Taxus contorta Griff.
分布：西藏；印度、克什米尔地区、尼泊尔、巴基斯坦

东北红豆杉 Taxus cuspidata Sieb. et Zucc.
分布：黑龙江、吉林、辽宁、陕西；日本、朝鲜、俄罗斯

东北红豆杉(原变种) Taxus cuspidata var. **cuspidata**
分布：黑龙江、吉林、辽宁、陕西；日本、韩国、俄罗斯

矮紫杉 Taxus cuspidata var. **nana** Rehder
分布：北京栽培；原产于日本

佛洛林红豆杉 Taxus florinii Spjut
分布：四川、云南

须弥红豆杉 Taxus wallichiana Zucc.
分布：河南、陕西、甘肃、安徽、浙江、江西、湖南、湖北、四川、贵州、云南、西藏、福建、台湾、广东、广西；不丹、印度、老挝、缅甸、越南

须弥红豆杉(原变种) Taxus wallichiana var. **wallichiana**
分布：四川、云南、西藏；不丹、印度、缅甸、越南

红豆杉 Taxus wallichiana var. **chinensis** (Pilg.) Florin
分布：陕西、甘肃、安徽、湖南、湖北、四川、贵州、云南、福建、广西、浙江、江西有栽培；越南

南方红豆杉 Taxus wallichiana var. **mairei** (Lemée et H. Lév.) L. K. Fu et Nan Li
分布：河南、陕西、甘肃、安徽、浙江、江西、湖南、湖北、四川、贵州、云南、福建、台湾、广东、广西；印度、缅甸、越南

榧树属 Torreya Arn.

巴山榧树 Torreya fargesii Franch.
分布：陕西、安徽、江西、湖南、湖北、四川、云南

榧树 Torreya grandis Fortune ex Lindl.
分布：安徽、江苏、浙江、江西、湖南、贵州、福建

榧树(原变种) Torreya grandis var. **grandis**
分布：安徽、江苏、浙江、江西、湖南、贵州、福建

九龙山榧树 Torreya grandis var. **jiulongshanensis** Zhi-yun Li
分布：浙江

长叶榧树 Torreya jackii Chun
分布：浙江、江西、福建

日本榧树 Torreya nucifera (L.) Sieb. et Zucc.
分布：山东、江苏、上海、江西、浙江有栽培；日本

云南榧树 Torreya yunnanensis C. Y. Cheng et L. K. Fu
分布：云南